运输类飞机
自动飞行控制系统

徐军　欧阳绍修　著

国防工业出版社

·北京·

内 容 简 介

  本书从飞机动力学模型、系统设计和数学仿真3个方面描述了现代运输类飞机自动飞行控制系统的基本理论、设计及仿真方法。详细推导了飞机动力学运动方程和简化的数学模型;在确定了系统控制模式后设计了控制律,给出了控制律随飞行状态进行调节的方法和实例;最后介绍了系统数学仿真的方法、特点和过程,并对仿真结果进行了分析。本书在理论内容的选择上力图既能适应当前的现状,又能跟上未来的发展,写作上力求条理清楚,深入浅出,理论联系实际,使读者能易于理解和应用。

  本书的读者对象为从事飞行控制、飞行动力学和飞行器总体设计等专业的工程技术人员,也可作为高等院校飞行器控制、制导和仿真、飞行动力学及飞行器设计等专业本科生和研究生的专业教材或参考书。

图书在版编目(CIP)数据

运输类飞机自动飞行控制系统 / 徐军,欧阳绍修著.
—北京:国防工业出版社,2013.7
ISBN 978-7-118-08835-9

Ⅰ.①运... Ⅱ.①徐... ②欧... Ⅲ.①运输机 – 自动
飞行控制 – 飞行控制系统 Ⅳ.①V249.1 ②V271.2

中国版本图书馆 CIP 数据核字(2013)第 162182 号

※

*国防工业出版社*出版发行
(北京市海淀区紫竹院南路23号 邮政编码100048)
北京嘉恒彩色印刷责任有限公司
新华书店经售
*
开本710×1000 1/16 印张 22¼ 字数436千字
2013 年 7 月第 1 版第 1 次印刷 印数1—3000册 定价 68.00 元

(本书如有印装错误,我社负责调换)

国防书店:(010)88540777   发行邮购:(010)88540776
发行传真:(010)88540755   发行业务:(010)88540717

前　言

本书详细介绍了现代运输类飞机自动飞行控制系统的动力学模型、设计和数学仿真的理论及方法。在阐述了自动飞行控制系统有关理论的基础上,通过具体飞机作为例子来研究飞行动力学模型的计算、自动飞行控制系统的设计以及数学仿真等问题,着重于建立飞行动力学模型以及系统控制律的分析和设计,具有较强的理论性和实用性。

对飞机自动控制、飞行动力学和飞机设计等专业的学生来说,本书可用作飞行控制系统或飞行动力学等课程的教材或参考书。本书从控制任务需求出发,对飞行动力学模型建立、分析及自动飞行控制系统理论等问题的详尽阐述,能使他们易于了解和想象自动飞行控制系统在飞行控制中的作用和过程,更好地掌握飞机飞行动力学和自动飞行控制系统之间的关系;通过对实际算例的学习可以了解和掌握其专业工作的主要内容和方法。

如果将本书作为教材使用,建议将第2章、第3章和第4章作为一个教学单元,将第7章和第9章组成一个教学单元,第8章和第10章再组成一个教学单元,而将第5章和第6章中的内容则分别组合到有关教学单元中,这样可以保持教学和知识上的连贯性及一致性。

本书也可作为航空科研设计单位和工厂中从事飞机飞行控制、飞行动力学及飞机总体设计等专业工作者的参考书。书中的算例与工程研制中理论设计阶段的工作内容基本是一致的,因此读者在掌握或基本了解了第2章~第4章的知识后,可以仿照算例完成其理论设计阶段的主要研制工作,即系统建模和控制律分析、设计及数学仿真。

本书的主要理论基础是古典及现代控制理论、高等数学和理论力学。有关计算机控制和 Matlab/Simulink 软件的知识也有利于对本书中有关理论和方法的理解,当然如果学习过航空概论等课程的话,则可以更好地了解本书中一些名词术语和概念。即使阅读本书的读者已经基本了解和掌握上述知识,但还是建议配合有关文献和教科书使用本书。

第1章概述部分,对自动飞行控制系统的历史、研制以及本书的重点进行说明。

第2章主要介绍了飞机飞行的空气动力学基础,是为了体现本书的系统性而编写的。这些基础是亚声速飞行时一些重要概念和方法,当然所引用的"航空空间"完全是为了指出航空飞行和临近空间内飞行的区别,以便将航空飞行的空间限制在适当的范围内。已经掌握这方面知识的读者可以跳过这一章。

第3章是飞行动力学基础。介绍了飞机运动的表示、分类和坐标系变换等基本问题,对飞机所受到的力和力矩进行了分析和计算,并建立了飞机非线性的飞行动力学模型,它是第4章的基础。

第4章描述了飞机小扰动线性化运动模型的建立。应用泰勒公式对非线性动力学方程进行小扰动线性化处理,得到了在机体轴系和速度轴系下状态空间方程形式的纵向和横侧向小扰动运动线性方程。在线性方程的基础上,通过解析计算方法研究了纵向和横侧向运动按时间尺度的特征,建立了描述这些运动的近似方程。并研究了纵向和横侧向运动的特性以及飞行状态(高度和速度)对其特性的影响。本章的最后给出了适用于自动飞行控制系统的发动机模型的建立方法。

第5章描述了风的性质和模型,详细分析了风作用下的飞机运动模型,推导了风作用下的飞机动力学模型。

第6章研究了自动飞行控制系统的工作模式以及与控制系统的关系,并介绍了自动飞行控制系统的技术性能指标要求。

第7章和第8章是纵向和横侧向自动飞行控制系统的设计。分析了系统控制律的结构和基于根轨迹方法的控制律参数设计以及扰动对控制系统的影响,并且给出了控制律参数随飞行状态调节的设计方法。

第9章和第10章是对自动飞行控制系统中一些重要的工作模式进行数学仿真。介绍了数学仿真的方法和其过程,并分析了仿真的结果。

最后在附录中给出大气数据表、与本书内容有关的自动控制理论和公式,便于读者使用。

限于作者的水平,书中难免存在不足,热忱欢迎各方面的专家和广大读者批评指正。

目　　录

第1章 概　述

1.1　从有人驾驶飞行到自动驾驶飞行

　　1903 年 12 月 17 日,莱特兄弟在美国北卡罗来纳州进行了人类历史上首次有动力飞行。最后一次飞行持续了 59s,逆风(32km/h)飞过了约 260m,这架飞机像海豚似地飞行,每次飞行都是在飞行滑行触地时猛然结束。莱特兄弟的飞机是静不稳定的,但具有良好的可操纵性,这也是莱特兄弟对航空的重要贡献之一,即:他们开发了一个完整的飞行操纵系统,该系统对飞机具有足够的控制能力。这也标志着人类进入了可操纵(驾驶)的动力飞行阶段,同一时期,许多航空先驱者都为可操纵的动力飞行作出了贡献[1]。

　　直到 1914 年,斯佩雷父子发明了第一台自动驾驶仪[1],正式宣告了自动飞行的时代到来。该自动驾驶仪可以保持飞机的俯仰角、滚转角和航向角。为了演示自动驾驶的效果,劳伦斯·斯佩雷在飞机平稳水平飞行后,转换为自动驾驶仪控制,之后他站起来,并让他的机械师出来沿着机翼行走,干扰飞机的平衡,自动驾驶仪则向副翼、方向舵和升降舵提供操纵指令,使得飞机保持机翼水平状态。

　　从功能和组成上来看,斯佩雷父子的自动驾驶仪与现代自动飞行控制系统类似。功能上,该自动驾驶仪能保持飞机姿态角的稳定,以保持飞机的水平飞行;组成上,它由两个双自由度电动陀螺、磁离合器和空气涡轮驱动的执行机构(气动舵机)组成。其执行机构通过磁离合器和飞机操纵系统相连,因此自动驾驶仪通过操纵系统实现了对飞机的控制。斯佩雷父子的自动驾驶仪组成及其控制方式是现代自动飞行控制系统的雏形和基础,它具备了以下几个特点:

　　(1)自动驾驶仪是一个能代替人工操纵飞机的自动控制系统。

　　(2)和飞机操纵系统并立,且是通过飞机操纵系统来实现对飞机的自动控制。

　　(3)对飞机来说,人工操纵系统是必需的,而自动驾驶仪是辅助性的。

　　上述特点也是自动驾驶仪或自动飞行控制系统的设计原则。

　　20 世纪 30 年代以前,由于技术水平所限,陀螺存在较大的漂移,利用摆的修正又极易受到干扰,需要经常调整,设备笨重且不可靠。而那时候飞机设计师已经能够设计具有静稳定性的飞机了,飞机的稳定性和操纵性得到了改善,人们可以得心应手地来操纵飞机,所以自动飞行并不是那时所关心的重要目标。

但随着跨洋飞行时代的到来,由于飞行速度较慢,驾驶员需要花费更多的时间、体力和精力,因此减轻驾驶员的工作负担和疲劳成为了飞机设计师面临的主要问题。在 20 世纪 30 年代的几次环球飞行记录,飞机都装有自动驾驶仪。如 1933 年,美国人威利·波斯特(Wiley Post)独自驾驶单引擎飞机 Winnie Mae,花了 7 天 18 小时 48 分钟,飞行了 2.511 万 km,创下了最短时间环游世界的壮举,在 Winnie Mae 飞机上就装有自动驾驶仪,大大缓解了驾驶员的工作负担。

第二次世界大战促进了自动飞行的进一步发展。这一方面解决了驾驶员的长途飞行疲劳问题,另一方面自动驾驶仪配合轰炸瞄准系统可以提高水平轰炸精度,如美国 B-24 飞机的 C-1 型自动驾驶仪。在那个阶段,组成自动驾驶仪的设备性能也得到了提高,陀螺由单通道变成了双通道,气动-液压舵机式自动驾驶仪变成了全电式自动驾驶仪。自动驾驶仪的功能也从简单的姿态角稳定控制增加到机动、爬高和自动高度保持控制等。

第二次世界大战后,喷气发动机的出现标志着高速飞行的时代到来,飞机空气动力学及飞行动力学特性和亚声速飞机时代相比呈现出更为复杂的状况,飞机的稳定性和操纵性面临着前所未有的挑战。随着飞行包线扩大所带来的问题:舵机铰链力矩达吨米级而不得不采用液压助力器[2],从而带来了由于操纵系统所引起的、新的稳定性问题;由于飞机结构弹性的影响,通过自动驾驶仪的耦合引起了飞机结构的不稳定问题。此时,人们意识到单纯采用朴素的物理方法来设计自动驾驶仪是不够的,需要把有关飞行动力学、自动控制原理等理论结合起来,才能设计出性能稳定和优异的自动驾驶仪。而当时,古典控制理论也发展到了非常完善的阶段,频率响应、根轨迹法以及稳定性等设计方法和理论已经能成功地应用到自动驾驶仪的设计中了。

显然结合飞行动力学来研究自动飞机控制系统是必要的,飞机飞行过程的复杂性决定了只有通过飞行动力学的研究,才能对飞机运动建立数学模型,也只有这样才能深刻了解其运动特性和正确评估设计结果,所以飞行动力学在自动飞行控制系统研究中有着相当重要的地位。

从飞行动力学的角度来看,自动控制系统的作用是改变了飞机的动力学响应,也就是说当飞机自动飞行时,飞机和自动控制系统组成了一个新的动力学系统,而通过自动控制系统具有能被调整的特性,就可容易地达到改变这个新动力学系统性能的目的,这一点从自动飞行控制系统的数学模型中可以明显地看出来。因此,通过自动控制系统来改变飞机飞行品质是可行的。当然,那时飞行动力学的研究者主要还是致力于通过空气动力学的方法使飞机具备良好操纵性和稳定性。

从自动控制系统角度来说,自动飞行控制系统是通过飞机的操纵系统完成对飞机的控制,达到自动飞行的目的。因此,它就是一个能实现自动飞行的控制系统而已,自动控制系统完全可以仿照人操纵飞机的方式。所以在那时,对于自动飞行控制系统的工程师来说,飞机设计完成(也就是控制对象确定)以后,才能进行自动控制系统的设计,而设计自动飞行控制系统的目的就是部分地代替人工操纵飞机。

在自动飞行控制系统工程实现中,自动飞行控制系统与飞机的操纵系统并联,并且有安全措施实现随时从操纵系统中断开的能力,这也就是说,自动飞行控制系统在飞机设计中还是处在一个次要的地位,这是由于其系统是部分地代替人工操纵飞机这一目的所决定的,与飞机的性能无关。事实上,飞行控制工程师也不会从飞机性能设计的角度来看待控制系统的作用,同时对于亚声速的螺旋桨飞机的飞行品质来说,也没有这样的需求。

随着喷气时代的来临,飞机的速度得到了极大地提高,从高亚声速、跨声速到超声速,飞机的纵向静稳定性出现问题。随着速度的提高引起焦点位置的前移,使得飞机的纵向静稳定性不足甚至就是静不稳定的。这一问题首先出现在美国在 20 世纪 60 年代设计的 3 倍声速 F - 12 的初期研制中,在满足飞机总体性能的条件下,单纯通过气动技术显然已经无法解决。因此,F - 12 飞机在控制系统的帮助下,依靠三余度的自动增稳系统,使静不稳定的飞机得以安全飞行,并满足了操纵品质的要求。这也是主动控制技术在飞机中的首次应用,这个应用导致了飞机设计中的随控布局思想。

1966—1968 年,美国空军飞行动力实验室完成了载荷减缓和模态稳定(LAMS)的研究与验证,其目的就是研究利用控制系统来增强运动稳定性、减轻结构载荷的可行性与技术。这项计划与其他一些飞机(如 F - 4、F - 111)开展的控制增稳研究,使这些技术逐渐得到验证。到 20 世纪 60 年代后期,美国在马赫数为 2 这一级别的高性能战斗机上,开始广泛使用控制增稳系统。显然这些研究和应用,还是基于前面所阐述的事实,就是在操纵系统中安装有控制系统后的飞机,其飞行品质是由控制系统和飞机所组成的新动力学系统共同确定的。从理论上来说,这些技术给单纯采用空气动力学方法来调整飞机飞行品质的方法带来了新的思路,为随控布局的飞机设计思想产生打下了基础[1]。

对大型飞机来说,在 1971—1974 年进行了 B - 52 飞机的随控布局验证计划,验证适用于大飞机的主动控制技术,包括颤振抑制、机动载荷控制、乘坐品质控制、机体疲劳控制和增稳,取得了很大的成果。这些成果被后续的大飞机所应用,如 B - 1 轰炸机采用了放宽静稳定性技术,C - 5A 采用了机动载荷控制等。

技术验证最后的结果就是电传操纵系统得到了广泛地应用,在运输类飞机的典型应用就是 B777 和 A320 飞机。当然空中客车公司在 A320 飞机中采用电传操纵系统的最初想法是要与波音系列飞机有差异。对亚声速的运输类飞机而言,采用电传操纵系统就可以对飞机的性能进行低成本改进(相对于气动外形改进而言),譬如放宽纵向静稳定性以减小配平阻力,换来飞机航程的增加。当然,采用电传操纵系统也会带来一定风险,特别对于亚声速的运输类飞机来说,需要在性能和成本之间做出折中。

电传操纵系统并不能真正地被包含在自动飞行控制系统的范畴内,它们还是属于飞机操纵系统。自动飞行控制系统的特点在于代替驾驶员自动完成规定的飞行任务,如果将改善飞行品质的控制系统(电传操纵系统)作为内回路的话,那么自动飞行控制系统则是外回路。从技术的发展历程来看,基于负反馈原理的自动飞行控制系统可改善飞机动力学性能的这一特点,对电传操纵系统或随控布局产生的指引性作用是不能低估的。两者对飞机控制作用的形式是类似的,即都是采用舵机来实现对舵面的控制,进而达到对飞机飞行的控制作用,两者的差别只是对舵面的控制权限不同而已。

在 20 世纪 70 年代以前,人们还把自动飞行控制系统称为自动驾驶仪。在那个时候,自动驾驶仪的控制功能和任务还稍显简单,是驾驶员在飞行中的辅助设备,它不能完成飞机在整个飞行包线实现自动飞行的任务。而随着技术的发展和长距离、长时间以及降低使用成本的要求,自动驾驶仪的功能逐步完善,已经能满足飞机在整个飞行包线内自动飞行的要求,因此自动驾驶仪的称呼已经逐步被自动飞行控制系统所代替。

在现代运输类飞机中,自动飞行控制系统功能完善、操作使用简单且具有高可靠性,自动飞行控制系统已经成了飞行中不可或缺的系统,除了在滑跑起飞和着地后的滑行阶段外,自动飞行控制系统几乎可在全飞行包线范围内使用,极大地提高了飞行安全性,并减轻了驾驶员的工作强度,使得驾驶员可以有更多的精力对飞行态势进行监控以确保安全。从另一个方面来讲,自动飞行控制系统也可降低飞机的使用成本,实现了定时、精确和快捷的飞行,而对驾驶员来说,飞行变得更加容易和富有乐趣了!

现代运输类飞机的自动飞行控制系统包括了自动驾驶仪和飞行导引系统(Flight Guidance System)功能,而飞行导引系统相当于自动飞行的指令产生系统,它根据飞行管理计算机所确定的飞行目标,自动形成在整个飞行阶段的轨迹指令。这一指令如果应用于自动驾驶仪(此时自动驾驶仪更像是一个轨迹控制系统),则可以实现自动飞行;如果应用于电子显示系统,则驾驶员可通过人工飞行来完成指令所对应的飞行状态(如高度、空速保持等)。显然,后者有利于降低人工驾驶飞行时操纵的复杂性。但不管怎样,自动飞行控制系统还是保留了斯佩雷父子自动驾驶仪的重要特征。

当然,上述所描述的是在运输类飞机上的情形。而对于单座或双座的歼击飞机,自动飞行、特别是长时间的自动巡航飞行并不是这类飞机的主要任务,而且其飞行速度快、飞行时间短,自动飞行并不是主要的性能要求,除非是进行跨洋飞行时,自动飞行才可能是个要求。因此一般来说,自动飞行控制系统主要是应用于飞行距离远、飞行时间长的运输类飞机中,已经成为了运输类飞机不可或缺的系统,当然这一结论也完全适用于远程飞行的大型轰炸机。

1.2　飞机飞行的物理基础

由于自动飞行控制系统的控制对象是飞机,了解及掌握其飞行的基本物理基础和方法是必要的。实际上一个好的系统设计者,必须对飞行原理有着深刻的认识,并且具有飞行动力学的理论知识和解决其问题的能力。

由于地球对任何物体都存在引力作用,因此物体在空中飞行时,一般需要空气提供浮力或升力来平衡或部分平衡物体重力,以免物体掉下。

所以从空气动力学的角度来说,飞行器一般可分为两类:一类是依靠空气的浮力(或称空气静升力)保持在空中飞行的,譬如氢气球、热气球和飞艇。它们的共同特点是依靠浮力来平衡重力的作用。由于浮力在静止的空气中就能产生,因此这类飞行器只能缓慢地向前运动,其飞行轨迹受风的影响很大,而且操纵比较困难。

另一类是依靠空气动力(升力)保持在空中飞行的飞行器,如固定翼飞机或旋翼机。此种飞行器一般重于空气且具有一定形状剖面的机翼,并在与空气存在相对运动时产生垂直于运动方向的力,即空气升力,此力可平衡重力以维持飞行器在空气中,但前提是需要飞行器相对于空气具有一定的速度。

升力产生的可能性,可以用伯努利方程来解释。由流体力学可知,沿流线成立的伯努利方程可以写成:

$$p = p_\infty + \frac{1}{2}\rho V_\infty^2 - \frac{1}{2}\rho V^2$$

式中:V 为空气速度(m/s);p 为物体所受到的压力(Pa 或 N/m^2);ρ 为空气密度(kg/m^3,考虑不可压缩流动时密度为常数);下标 ∞ 表示无穷远状态,即来流状态。

依据儒可夫斯基升力定理,与流体作相对运动的旋转运动导致了升力的产生,这种流体的旋转运动在物体上表面与来流速度叠加后是流体速度增加,在下表面正好相反,使流体速度减小。这个结论应用于伯努利方程后,就会发现物体上表面的压力小于下表面的压力,因此上下表面压力的合力就产生了方向向上的升力。

既然升力与飞行方向垂直,那么可以看成是一种不对称的力,显然这种不对称力的产生需要飞行器几何不对称或相对运动不对称才能产生。飞机的机翼做成向上弯曲或者使翼弦与运动方向成一定的角度(该角度在飞机对称面内投影为迎角),是产生不对称力的一种方式。

虽然可以用升力来平衡重力,但飞机起飞降落阶段也可以用发动机的推力(拉力)来平衡重力,这也包括垂直起降飞机在垂直起降阶段的情况。提供升力是有代价的,有升力就有平行于运动方向的阻力,阻力则需要发动机提供的动力来克服。为了获得有效率的飞行,升力和阻力之比就显得非常重要了,该指标体现了飞机的空气动力效率。

为了控制飞机的姿态,需要有相关的气动操纵舵面,只要在远离飞机重心的气动舵面上有一个很小的升力变化,就可以产生一个足以使飞机姿态发生变化的力矩,这是一种高效率的力矩操纵方法。它不仅仅是对飞机姿态的控制,实际上最终实现的是对飞行轨迹的控制,从姿态到轨迹是复杂的动力学过程,它还与飞机发动机的可用功率有关。对于飞机的驾驶者来说,操纵舵面的目的就是使飞机飞行轨迹按要求发生改变,这样才能符合飞机一般使用目的——开始离地起飞,最后着地降落! 上述这些问题就是飞行动力学的研究范畴了,飞行动力学(或飞行力学)研究的是飞行器在外力和外力矩作用下所表现出的运动性质,而空气动力学则是研究飞行器与空气产生相对运动后的力和力矩是如何产生的以及性质等有关问题。从自动控制原理的角度讲,飞行动力学是研究飞机对象特性的方法,也是建立对象模型的理论。

对于亚声速的运输类飞机而言,最重要的空气动力学理论就是伯努利方程和儒可夫斯基升力定理,前者可以用来解释升力产生的可能性,而后者则可以用于翼型设计和升力计算。当然,许多空气动力学家为空气动力学理论做出了卓越的贡献,在这里就不做详细介绍了,可以参见文献[2,3]。

采用空气动力学原理使重于空气的物体能悬于空气飞行,而且使操纵和控制成为了可能,这是一个非常巧妙和令人惊叹的物理学原理,是航空爱好者(先驱)、工程师和科学家对人类的重要贡献。

1.3 自动飞行控制系统的描述和工作模式

自动飞行控制系统的描述方法分为两种情况,一种是真实的物理组成描述,也就是系统的组成硬件(目前,一般都采用数字计算机和相关集成化的电子电路以及机电作动装置)和软件,并经常以这些硬件之间电气连接图的形式给出(图1-1);另外一种是原理性的描述,也就是将系统硬件抽象为数学模型后,以自动控制系统中常用的方框图形式给出(图1-2)。

图1-1和图1-2两种形式用处不同。前者更多地用在系统的工程设计中,它更注重系统的实际组成和硬件之间的关系,适合于工程制造、调试和使用说明。而后者则更多地用在原理性的说明和控制律设计、仿真中,它指出了系统输入和输出之间的定量关系,例如当飞机姿态(可用陀螺测量)变化一定角度后,舵面应偏转多少角度,这同样可用于系统调试。对于自动飞行控制系统来说,两者的描述是应用在系统研制的不同阶段,因此具有相同的重要性。

现代自动飞行控制系统和飞行管理计算机、惯性导航系统和无线电导航系统以及电子飞行显示系统交联,往往难以区分自动飞行控制系统和其他系统的边界。从现代自动飞行控制系统的发展来看,这种边界更加模糊,因而更多地按功能的分类进行系统定义。

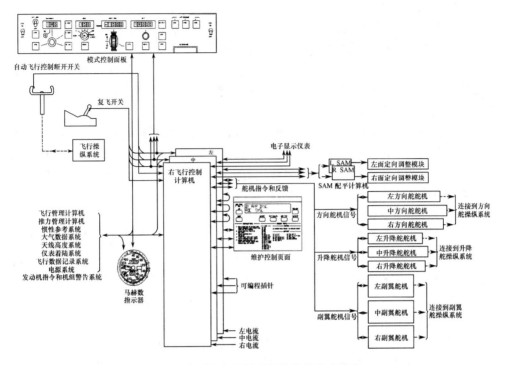

图1-1 自动飞行控制系统的物理组成描述

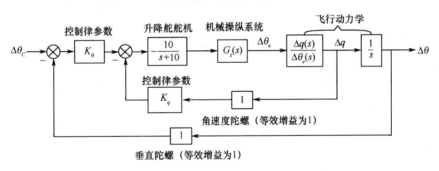

图1-2 自动飞行控制系统的方框图

现代飞机上测量飞机运动的传感器也非常完备和可靠,加之信息传输网络化的便利性,因此传感器的信息是多系统共用的。譬如,飞机姿态角一般就来自惯性导航系统或捷联航向姿态系统(AHRS),分别用于自动飞行控制系统和电子飞行显示系统。信息的共用是发展趋势,自动飞行控制系统本身可以不配备或减少配备自用的传感器,这样可减轻飞机的重量,除非有特别的需要系统才自带传感器。

因此,现代自动飞行控制系统的组成是复杂的,特别是和飞机上其他系统采用网络化的信息交联后,飞行控制系统的组成变得非常庞大。从自动飞行控制系统专业的角度讲,现代自动飞行控制系统主要包括独立的三大部分:

（1）飞行控制计算机。

（2）舵机（对各个舵面进行控制的舵机，一般情况下由多个舵机组成）。

（3）自动飞行模式选择板，提供人机交互的界面。

飞行控制计算机是自动飞行控制系统的核心，完成所有信息的采集、处理，形成控制指令以驱动舵机完成对舵面的控制任务。飞行导引系统的功能一般也是由飞行控制计算机完成的，从理论上来说飞行导引系统是独立的系统，但从形式上来说，则是可以在飞行控制计算机中由软件实现。飞行控制计算机现在一般均采用通用计算机为基础平台构建，而控制律和工作逻辑则通过软件来实现，这是目前的技术趋势。为了使自动飞行控制系统具有高的可靠性，需要从计算机的硬件和软件两个方面来着手，硬件一般可以采用带监控的多余度技术，而软件则可以采用容错或余度技术来实现。

一般在小的气动舵面铰链力矩下使用电动舵机，而在大铰链力矩下则使用电液舵机。由于安装空间的限制等原因，舵机并不直接连接到飞机舵面上，而是通过机械装置使舵机和飞机机械操纵系统并联（如果是电传操纵系统则可省略），通过机械操纵系统完成对飞机舵面（升降舵、方向舵和副翼以及扰流板或其他气动操纵面）的控制。

自动飞行模式选择板主要是给驾驶员提供自动控制模式的选择、人工给定操纵飞机指令以及显示有关系统状态的信息，实际上就是自动飞行控制系统的人机操作界面。由于飞机的空间运动具有多个自由度，因此就具备了多种可能的自动飞行模式，对自动飞行控制系统来说，这些模式也就是系统的自动控制模式或工作模式。一个复杂的飞行任务是由多个工作模式组合成的，这些模式由驾驶员按需要来选择。

自动飞行控制系统内部独立部件间以及与外部系统的信号互联，已经从模拟式发展为数字和模拟混合式的互联方式，例如 ARINC429、MIL－STD－1553B 和模拟信号的混合形式。未来的发展方向则是基于数字网络的信号互联形式，而由 TCP/IP 协议进行可靠性和安全性加固而来的 AFDX，将是未来运输类飞机自动飞行控制系统最有前途的信号互联方式。

自动飞行控制系统可以提供多种工作模式进行自动飞行。所谓"模式"就是驾驶员所确定的、按某个运动量进行自动飞行的形式。在每个工作模式中，可以采用一个或多个基本控制系统来协调完成。在纵向运动控制中有下列基本模式：

（1）俯仰角控制。

（2）垂直速度控制。

（3）高度保持控制。

（4）高度预选控制或垂直导航控制。

（5）速度（空速）或马赫数控制。

（6）下滑道控制（截获和跟踪 GS 下滑道）。

横侧向运动控制中,有下列基本模式:

(1) 航向预选和保持控制;

(2) 滚转角控制;

(3) VOR/LOC 控制(截获和跟踪 VOR/LOC 航道);

(4) 水平航迹控制(跟踪和保持在确定的水平航迹)。

对纵向运动控制来说,自动飞行控制系统的执行元件主要是升降舵、发动机油门;而横侧向运动控制的则是副翼(或扰流片)和方向舵。因此,在纵向和横侧向运动控制模式中,由于执行元件的唯一性,使得所选择的模式必须也是唯一的,也就是说在纵向运动控制中,驾驶员只能在众多的模式中根据需要选用一个模式;同样,在横侧向运动控制模式的选择中也是如此。但是两种控制模式是可以同时存在,并共同用于控制飞机自动飞行的,理由则是不言而喻的。

无论是纵向还是横侧向控制模式,驾驶员可以任意转换模式,即从一种模式的自动飞行形式转换为另一种形式的自动飞行形式,转换时飞机的飞行应该是平稳的,不应由于转换出现的动态过程而引起飞机运动的突变。

1.4　自动飞行控制系统的研制

自动飞行控制系统的研制,一般经历如下几个典型的过程:

(1) 确定系统的技术性能指标。

(2) 根据飞机的风洞试验数据进行系统的理论设计和数学仿真。

(3) 详细设计和制造。

(4) 系统的半物理仿真试验。在地面验证和调整系统,使其满足技术性能指标。

(5) 系统试飞。通过试飞验证、调整和确定系统的技术性能指标。

一般来说,在完成飞机性能和气动外形设计以及风洞试验,并确定了自动飞行的具体功能和性能后,就可以进行初步理论设计,按功能要求进行系统控制律的设计和数学仿真,并且确定自动飞行控制系统符合规范要求的基本性能指标。

风洞试验后可以得到飞机的空气动力系数,通过这些系数计算出空气动力导数,从而建立飞机的动力学模型,这些模型反映了飞机的运动,也是设计系统控制律的依据。

从上述自动飞行控制系统的研制历程来说,从系统设计的角度可分为两个重要的阶段:一是理论设计阶段;二是工程设计阶段(将理论设计结果工程化)。本书适用于理论设计阶段工作的指引和参考。目前,工程设计的主要特征是系统功能(含系统工作程序、安全性及控制律)的软件化定义,而硬件则采用通用化、标准化和高可靠性的数字计算机系统。因此,工程设计的主要工作在于系统功能的软件设计,而数字计算机的硬件和操作系统可以采用符合要求的通用和标准化设备,这样可以节约工程设计的时间和投入。

　　理论设计阶段则主要包含两个主要方面的工作：一是确定自动飞行控制系统的控制模式、性能指标，并设计每个模式下的控制律；二是对每个模式下的控制律进行数学仿真，以验证控制律在所要求的飞行包线内的正确性和性能是否满足要求。

　　理论设计工作的意义：一是确定了自动飞行控制系统的可行性；二是为自动飞行控制系统工程化提供依据和性能指标。理论设计的主要成果就是：各个自动飞行控制模式下的控制律和数学仿真结果。控制律的设计过程指出了所得到控制律的正确性和符合性，同时也描述控制律作用于飞机后的动力学行为，帮助使用者预计自动飞行控制过程中运动特性和可能的运动形式；数学仿真可以验证其控制律能否满足系统总体性能指标并预测飞机运动的可能行为。

　　在进行半物理仿真时，所建立的仿真系统应该和飞机的实际情况一致或接近，特别是自动飞行控制系统并联在机械操纵系统飞机的仿真，需要考虑机械操纵系统传动比和非线性环节对自动飞行控制系统的影响，也就是说仿真系统中必须包括机械操纵系统环节的数学模型或原型。

1.5　自动飞行控制系统的理论设计和数学仿真方法

　　自动飞行控制系统实质上是一个自动控制系统或具有反馈的控制系统，因此系统的分析和设计理论还采用基本的自动控制理论及方法。

　　从目前来看，古典控制理论和方法对自动飞行控制系统的分析和设计还是适用的。主要原因在于有关飞行品质规范还是采用系统的极点进行计算和评价，这也是古典控制理论在自动飞行控制系统分析设计中仍然占有一席之地的重要原因。当然，这与飞机飞行动力学的特性也有一定的关系，特别是对于运输类飞机来说更是这样。

　　在采用自动飞行控制系统进行飞行时，一般都需要在飞机基本配平后才接通系统，即转换为由自动飞行控制系统对飞机进行操纵。所谓的配平，即是飞机处于对称平衡运动的飞行状态（也称基准运动状态），如果此时自动飞行控制系统被接通工作，由于自动飞行控制系统是基于负反馈的有差控制系统，外部扰动（大气或舵面偏转等）引起的飞机运动是偏离出平衡状态的运动，并且是有限的，这样飞机的运动可以认为是围绕着基准运动进行的小范围内的或小扰动运动，按照泰勒公式，这种小扰动运动只要足够小，就可以近似为线性运动。

　　这样飞机飞行动力学就具有如下特征：①可以用线性微分方程进行描述；②纵向和横侧向运动交联运动不明显，纵向和横侧向运动可以分开处理；③纵向操纵主要依赖升降舵、横侧向操纵则主要是副翼和方向舵。从而飞机的运动也可以方便地采用传递函数来描述，采用古典线性控制理论进行系统设计是可行的，也是符合实际情况的。特别是根轨迹分析和设计方法是重要的手段,它的好处是规范或标准要求的性能和系统可能的性能变化可以在一张根轨迹图上表示出来,便于设计者选择控制律参数。

从本质上来说,飞机动力学是具有非线性特征的,当然这可能适用于更为普遍的情形,譬如战斗机大机动飞行。但对于运输类飞机来说,大机动飞行可能是不能容许的,因此更适合用线性方程来描述其动力学行为。另外一个特征就是多输入,现代运输类飞机除了典型的升降舵副翼和方向舵外还有一些额外的操纵面,譬如扰流板,但是由于小扰动运动情形下的纵、横向运动的近似解耦,使得飞机线性模型降阶是可能的,这样也就减小了多输入的特征。对于线性模型来说,多输入下的输出可以通过基于单输入的结果线性叠加获得,所以完全可以利用该原理设计多输入情况下的系统。

综上所述,当前用于自动飞行控制系统分析和设计的古典控制理论仍处于重要地位,并且方法简单、理论成熟和性能实用,设计结果易于调整,可以通过调整设计参数得到适合工程应用的设计结果,但缺点是需要有一定的经验积累,才能设计出性能优良的系统。

现代控制理论在系统设计中也得到了应用,但有时其设计结果并不能被工程上所采纳,其中一个重要原因在于设计结果的唯一性可能会导致高增益系统,那么这将可能使系统对建模误差不具有稳定性。

在采用适当的控制理论对系统进行分析和设计前,必须要认识到,任何来自风洞试验结果的气动数据与未来实际飞机的气动数据都是有误差的,任何设计的结果都必须考虑这一误差。从当前来看,在设计中采用小增益设计,尽管可能是保守的,但好处是可以得到实际稳定的系统,这样就降低了首次使用自动飞行控制系统的风险。当然最佳和实用的控制律参数并不是设计出来的,而是通过飞行试验得到的,理论设计的结果只是指出了获得最优结果的正确方向。

在另一方面,由于飞机动力学模型参数是随飞机的速度和高度而改变的,因此在整个飞行包线内不可能由固定参数的控制律来保证其性能一致。为了使自动飞行控制系统的性能在飞行包线内性能基本保持一致,就需要使控制律参数随着飞行的高度和速度而改变,即控制律参数需要随飞行状态进行调整,简称为控制律调参。一般来说,在确定的性能条件下,采用多个典型飞行状态下的模型设计出多个控制律,这样就可形成飞行状态(高度和速度)和控制律参数的函数。一般飞行状态用动压来表征,并且将这个函数以表格的形式载入计算机,根据当时飞行的动压(高度和速度)插值得到控制律参数并用于控制指令计算。当然,这个表格函数数据越多,系统也就越稳定,性能也就更趋于一致。事实上,在飞机进入到自动飞行状态时,飞机飞行状态的变化并不是很激烈的,而且这些飞行状态也可以事先被较准确的估计出来,因此可以通过数学仿真来验证其调参设计的性能是否满足。

数学仿真的目的在于验证设计的控制律能否达到其功能和性能要求。数学仿真时应该建立较为完整、接近实际情况的模型（譬如加入了非线性和滤波器等环节，采用完整的飞行动力学模型），而不能使用设计模型时的数学模型，否则就失去了数学仿真的意义了。当前使用较多的数学仿真工具是 Matlab/Simulink 软件，该软件本身就是针对控制系统而编写的，因此自动飞行控制系统的设计和仿真采用该软件工具可以极大地提高工作效率。

本书中的系统分析和设计将主要以古典控制理论为主，提供系统设计的基本方法，这也是自动飞行控制系统分析和设计的入门方法，事实证明也是一种实用和有效的方法，是系统设计工程师必备的基本能力之一。

第2章

空气动力学基础

本章是空气动力学的基础,是为了本书的系统性而编写的,已经对空气动力学知识了解的读者可以跳过这一章。本章的内容主要根据文献[2,3,4]编写。

飞行器与所在的飞行空间密切相关,对飞机来说主要在大气层内飞行,因此大气层的物理特性决定了气动力和力矩的产生机制,或者进一步说也决定了飞机的动力学特性。从这个角度来说,飞行控制系统与空气动力学和飞行动力学紧密相关,它们决定了飞行控制系统中的被控对象——飞机运动的数学模型。事实上,在研究或讨论飞行控制问题时,就经常涉及到飞行动力学和空气动力学问题,并需要用这些理论来解释飞行控制机理。

严格来说,地球大气指的是由地球引力场和磁场所束缚,包裹着固体地球和水圈的气体层,它随着地球一起运动。大气的主要成分有:①混合气体,以氧气和氮气为主,称为干空气;②水的三相(水汽、水粒和冰粒),包括水汽和云雾;③固态或液态的其他小颗粒子,即气溶胶粒子。因此,飞机是在大气中飞行的,而非仅仅是在空气中飞行的,但通常理解的大气就是包裹地球表面的空气,这样在一般情况下也可以认为两者是一致的。

2.1 空气的物理属性

1. 空气的连续性假设

实际的空气是由一个个分子组成的,分子之间存在间隙,它们不断地作随机运动。在这种运动中,分子在两次连续碰撞之间所走过的平均路程称为分子的平均自由行程。

在标准大气条件下,空气的平均自由行程约为 0.6×10^{-5} cm。由于飞机的特征长度(表示飞机几何尺寸大小的、有代表性的长度,如两机翼翼尖之间的距离)往往远大于空气平均自由行程,所以研究飞机与空气作相对运动和它们之间的相互作用力时,可以忽略空气的微观结构,而只考虑它的宏观特性。也就是把空气看成是连绵的、没有间歇的流体。这种假设称为连续性假设。

在这种假设下,可以把描述空气物理特性的密度、温度和压强等参数看成是空间的连续函数,才能利用连续函数的性质和计算特性进行研究。

由于分子平均自由行程和压强成反比,在大气中,随着高度的增加,压强的减小,平均自由行程也增大了,在80km的高空约为0.5cm,在120km的高度上,则长达3m,在这个时候,连续性假设就不成立了。从空气动力学的角度,约70km高度以下,是连续流区,130km以下是自由分子区。实际上,即使在连续流区,40~70km范围的密度很低,属于低密度流区,相应的飞行器雷诺数很小。70~100km之间也可以视作滑移流区,即仍然可以用连续介质力学方程描述,只是固体上的流动边界条件需要用滑移条件替代。在100~130km之间属于过渡流区,流体既不怎么连续,也不怎么稀薄。

2. 空气压强

一个受力的固体元件,在它内部任意切出一个剖面,在这个剖面上,一般既有法向力又有切向力。同样,在流动着的流体内部任意取出一个面积为 $\Delta\omega$ 的剖面来看,剖面上一般也有法向力 ΔP 和切向力 ΔT,如图2-1所示。切向力完全是由于流体的黏性机制所引起的,而黏性机制需要在流体流动时才能表现出来;而法向力总是存在的,无论流体是静止还是流动状态。法向应力定义为

$$P = \lim_{\Delta\omega \to 0} \frac{\Delta P}{\Delta\omega} \tag{2-1}$$

流体中的法向应力 P,即垂直作用在单位表面面积上的力称为压强。压强的单位是 N/m²(牛顿/米²)。在某高度的大气静压强就是指:该高度点以上的空气作用于单位面积上的空气重量。

3. 空气密度

空气内部某一点 P 处的密度,围绕 P 点划取一块微小空间,如图2-2所示。设这块空间的体积为 ΔV,其中所包含的空气质量为 Δm,则该空间内空气的平均密度为

$$\bar{\rho} = \frac{\Delta m}{\Delta V} \tag{2-2}$$

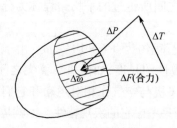

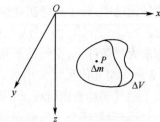

图2-1　流体上所受到的力和压强　　　　图2-2　空气的密度

令 $\Delta V \rightarrow 0$，这时 $\Delta m/\Delta V$ 的极限值定义为 P 点的空气密度，即

$$\rho = \lim_{\Delta V \to 0} \frac{\Delta m}{\Delta V} \qquad (2-3)$$

因此，密度（或称质量密度）就是单位体积内所含的质量。在国际单位制中，密度的单位是 kg/m^3（千克/米^3）。

4. 空气温度

温度是飞机在大气中飞行中的重要参数之一，温度影响空气的性质，如密度和黏度。温度是物质中分子运动的量度，因此空气温度就是空气分子运动的测量。空气中热能的流动是由于空气中温度分布不均匀所致，当温度不同的空气相互接触就产生了空气流动，较高温度的空气始终流向较低温度的空气，温度的概念可以用来确定空气流动的方向，空气温度具有随着高度的增加而显著减小的性质。温度 T 的单位用摄氏度（℃）或绝对温度（热力学温度 K）表示。摄氏度和绝对温度在数值上相差 273。

一般把某高度上的空气温度 T 与海平面标准大气温度 T_0 之比记为

$$\theta = \frac{T}{T_0} \qquad (2-4)$$

5. 气体状态方程和空气的可压缩性

压强（P）、密度（ρ）和温度（T）是气体的重要参数，气体状态方程就是将这 3 个参数联系起来。根据气体分子运动理论，气体的状态方程可以写为

$$P = \rho R T \qquad (2-5)$$

式中：R 为气体常数，其数值大小因气体而不同；T 为绝对温度；空气的气体常数 $R = 287.053 J/(kg \cdot K)$，此时，式（2-5）就描述了空气的压强、密度和温度的状态方程。

该方程表明，如果对空气施加适当的压力，其密度或体积会发生变化。这种性质称为空气的压缩性或称为弹性。

气流流过物体时，因受到物体的影响，气流中各点的速度和压强会发生变化，如果流速不大，则引起的密度变化会非常小，因此在一定的速度范围内，其密度的变化可以忽略不计。由此，在空气动力学中所谓的空气可压缩性，不是指静止空气在外加压力作用下的压缩性；而是指空气在流动过程中，由于本身压强变化所引起的密度变化。一般用压强对密度的导数 $dP/d\rho$ 来衡量空气流的可压缩性大小，并且可以证明该导数等于声速的平方。

6. 黏度

实际流体都是有黏性的，空气也有。只是因为它的黏性小，感觉不到而已。下面通过试验来描述空气的黏性问题。

假设有一股直线的、均匀气流，其速度为 V_∞（下标 ∞ 表示在物体的远前方），在

气流里顺着气流来向放置一块很薄的平板,如图 2-3 所示。用风速测量仪测量平板某点沿法线方向上的气流速度分布,得到如图 2-3(a)所示的气流速度分布图。

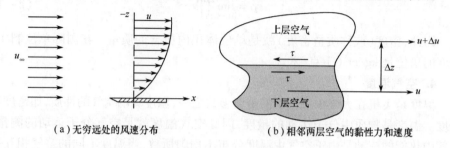

(a)无穷远处的风速分布　　　　　(b)相邻两层空气的黏性力和速度

图 2-3　空气的黏性表现

　　气流在没有流到平板之前,气流是均匀分布的,流到平板后,直接贴着板面上的那一层气流,其速度降为零;沿法线向上,气流速度逐渐变大,在离平板相当远的地方,气流速度才和原来的 V_∞ 基本上没有显著的差别。气流速度沿法线方向上的这种变化,正是空气黏性的表现。黏性使得直接挨着板面的一层空气完全黏在板面上,气流速度为零,且和平板没有相对速度。以后一层牵扯一层,离板面越远,受到的牵扯作用越小。严格地说,只有 $(-z)\to\infty$ 时,流速才能和 V_∞ 相等。

　　不过如果 V_∞ 很大的话(例如和飞机的飞行速度相似,由每秒几十米到几百米),由于空气的黏性小,流速由零增加到与 V_∞ 没有显著差别的法向距离就很短,如果板长以米计的话,那么这个距离是以毫米计的。

　　上述事实说明,由于空气黏性的作用,气流速度就变成不均匀了,速度 u 是离开板面距离 z 的函数,即

$$u = f(z) \tag{2-6}$$

　　由于相邻两层的气流速度是有差别的(即 $\mathrm{d}u/\mathrm{d}z \neq 0$),故二者之间必有摩擦力在起作用。单位面积上的摩擦力称为摩擦应力,记为 τ。这个摩擦力对于较快的那层气流来说是阻止流动的后拽力;而对于下层速度较慢的气流,则是顺流向的拉力,如图 2-3(b)所示。

　　而紧挨着板面的那层气流对板面也是有一个牵扯力的作用,这就是气流相对于板面的摩擦力。对平板而言,这个摩擦力的指向是与 V_∞ 一致的。如果空气不动,平板以速度 V_∞ 向左运动,那么,作用在板面上的这个摩擦力的方向就向右,是阻碍平板向左运动的,故称这个摩擦力为摩擦阻力。

　　牛顿研究了这种摩擦力,并指出流体内部的摩擦应力 τ 和速度梯度 $\mathrm{d}u/\mathrm{d}z$ 的关系为

$$\tau = \mu \frac{\mathrm{d}u}{\mathrm{d}z} \tag{2-7}$$

　　式(2-7)称为牛顿黏性内摩擦定律。μ 称为动力黏度或黏性系数,单位为

$(N \cdot s)/m^2$。不同的流体介质的 μ 值是不同的,同一介质的 μ 随温度而变化,一般来说温度升高,动力黏度提高,可以用简单的公式来表述动力黏度随温度变化的特性:

$$\frac{\mu_1}{\mu_0} = \left(\frac{T_1}{T_0}\right)^{\frac{3}{4}} \qquad (2-8)$$

式中:温度采用的是热力学温度单位(K),下标"0"表示参考条件。

动力黏度 μ 是反映了流体介质本身的固有物理特性的系数,而摩擦应力不但取决于动力黏度 μ,还与当地的速度梯度 du/dz 有关。所谓理想流体,是指 μ 和 du/dz 都很小,$\tau \approx 0$ 的流体。

在许多空气动力学问题中,动力黏度和空气密度常常是同时出现的参数,将动力黏度与空气密度之比定义为运动黏度:

$$\nu = \frac{\mu}{\rho} \qquad (2-9)$$

运动黏度的单位是 m^2/s(米^2/秒)。在温度 $T = 288.15K$,压力 $P = 101.08kPa$ 时,空气的运动黏度 $\nu = 1.46075 m^2/s$。

另一个与运动黏度有关的重要参数就是雷诺数,雷诺数是个无量纲的量,定义为

$$Re = \frac{\rho Vl}{\mu} = \frac{Vl}{\nu} \qquad (2-10)$$

式中:l 为特征长度;V 为流体速度。雷诺数可以认为是流体的惯性力和黏性力(黏滞力)之比。

7. 声速和马赫数

飞机的速度 V 与当地声速 a 之比是非常重要的参数,称为马赫数,因奥地利物理学家 Ernst Mach 而得名。马赫数定义为

$$Ma = \frac{V}{a} \qquad (2-11)$$

飞机速度和当地声速的单位是一致的。飞机在空中飞行时,会产生对空气压力的扰动,这个扰动所产生的扰动波(不是气体微团)从飞机处以声速向空间的各个方向传播。因此,如果飞机本身以小于马赫数1飞行时,那么压力扰动的传播速度或行进速度快于飞机速度,也就是说压力对空气的影响始终在飞机的前面,或者说飞机始终在已经被扰动了的空气中飞行。而飞机本身以大于马赫数1飞行时,那么压力扰动的前进速度要慢于飞机的速度,这样飞机前面的空气始终是未被压力扰动的。

由于飞机的空气动力学特性依赖环绕飞机的气流状态,随着飞机飞行的马赫数增加,根据运动的相对性原理和静止空气的假设,那么环绕飞机的气流可能是亚

声速、跨声速或超声速的气流,根据不同气流的马赫数,可以定义具有不同物理特性的气流:

非压缩的亚声速气流 $\qquad 0.0 < Ma < 0.5$

压缩的亚声速气流 $\qquad 0.5 < Ma < 0.8$

跨声速气流 $\qquad 0.8 < Ma < 1.2$

超声速气流 $\qquad 1.2 < Ma < 5$

高超声速气流 $\qquad Ma > 5$

当 $Ma > 0.5$ 后,为了精确计算空气动力和力矩,必须要考虑空气的可压缩性影响。

马赫数与当地的声速有关,而声速则与当地环境的绝对温度和空气特性有关系:

$$a = (\gamma R T)^{\frac{1}{2}} \tag{2 - 12}$$

式中:γ 为比热比;R 为气体常数;T 为温度。环境温度又与高度有关,因此飞机在同一个速度下,在不同高度下的马赫数是不同的。

2.2　流场

1. 流场及其描述

流体是可以流动的任何物质或介质。为此,流体应具有这样的性质:在剪切力的作用下可以不断地变形,剪切力是和流动元表面相切的力。在静止的时候,流体中不应存在剪切应力。流体可以传递选定的任何法向力或垂直于流动元剖面上的力,这个垂直力和垂直应力分别是压力和压强。

气体是流体,但压力和温度的影响会明显改变它的单位体积重量或单位体积质量(密度),因此一般认为,气体是可以被压缩的。空气动力学中的流体或气体主要就是指空气。

流体所占据的空间称为流场。流场的数学描述为连续函数,即把表示流场物理特性的变量,如流动速度、加速度以及密度、温度和压强等,均可表示为空间几何位置和时间的函数。注意到上述物理量并不是对流场中单个分子行为的描述,而是对具有统计意义的分子群行为的描述。因此,流场中某点的流速、密度、温度和压强等实际指的是以该点为中心的一个很小邻域中的分子群的物理特性,这种分子群也称为流体微团。

2. 定常流和非定常流

如果流场中每点的速度、密度和压强等物理参数均不随时间变化,这样的流动称为定常流。在定常流中,速度、密度和压强等参数只是空间几何位置的函数,且流线形状也不随时间变化。

反之,如果流场中每点的速度、密度和压强等物理参数不仅与空间几何位置有关,而且随时间变化,这种流动称为非定常流。

在空气动力学中,研究的大部分问题是定常流问题。

3. 流线

流场中存在一类曲线,在某个瞬间,曲线上每点的切线与当地流速(流体微团速度)方向一致,这类曲线称为流线。因此,对于定常流而言,流体的微团是不会穿过流线,流线之间也不会相交。

4. 流管

由于流体微团不会穿过流线,并且流线之间也不相交,因此,可以想象许多条流线围成管状(管的横截面外缘是一封闭的曲线)。在定常流中,流管形状保持不变,流体也只能在流管内流动,流体也不能穿越流管管壁流入或流出。就这一点而言,流管就像一根真实的管道,如图 2-4 所示。

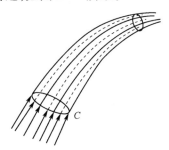

图 2-4　流管中的运动情况

5. 流动的相对性

不论是物体静止、空气运动,还是空气静止、物体运动,只要这两种运动中,物体和空气之间具有同一个速度的相对运动,那么流场中各点的物理量和作用于物体的空气动力是完全相同的。这称为运动的相对性原理。流动的相对性也是符合这一原理的。

2.3　低速一维流的基本方程

低速一维流的基本方程可用于解释升力产生的机制,大部分以亚声速飞行的运输类飞机升力特性都能近似满足这一基本方程。尽管如此,有关研究[2]还是指出了采用这种方法解释升力机理存在的问题。

1. 连续方程

流体的连续方程实际表明了流体质量守恒,作为物质的流体既不能创造也不会消失。

在一般空间流动中,可以将整个流场划分为许多基元流管,如图 2-5 中截面为 S 的流管所示。一般认为这些基元流管的截面积是无限小的,因而在它的每个截面上的气流参数都可以认为是均匀分布的,所以各流动参数(速度、压强等)都只是沿基元流管轴线的坐标的函数,这样的流动称为一维流。

质量守恒定律在一维流中的具体形式就是流过任何截面的流量是相等的。根据这一定律就可以推出低速一维流的连续方程。

在图2-6中,假定 EF 和 GH 分别是基元流管沿流管轴线截面的管壁,在流管上分别截取两个与轴线垂直的横截面1和2,图2-6中所示的投影分别为1-1和2-2。设截面1的管截面积是 A_1,流速是 V_1,密度是 ρ_1,静压是 P_1;截面2的管截面积则是 A_2,流速是 V_2,密度是 ρ_2,静压是 P_2。如果流动是定常的,各截面的所有参数都不随时间变化,而仅是空间位置的函数。那么,每秒钟流过两截面1、2的质量分别为 $\rho_1 V_1 A$ 和 $\rho_2 V_2 A$,而流过其他任一截面的质量是 $\rho V A$。这样按质量守恒定律得到

$$\rho_1 V_1 A_1 = \rho_2 V_2 A_2 = \rho V A \qquad (2-13)$$

式(2-13)称为一维流连续方程。对于不可压流,密度 ρ 为常数,式(2-13)成为

$$V_1 A_1 = V_2 A_2 = V A \qquad (2-14)$$

式(2-14)表明,在一维定常不可压流里,流管沿轴线的横截面(与轴线垂直)上的流速与横截面面积成反比。横截面面积小处,则流速必大,反之亦然。

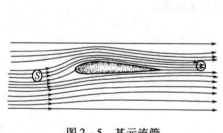

图2-5 基元流管

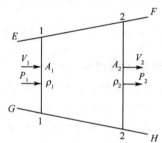

图2-6 一维流的连续性

2. 低速不可压流的伯努利方程

伯努利方程是低速不可压流的能量方程。在低速流动中,由于流体的温度不变,内能不变,因而流体微团的总能量就是动能和压力势能之和(由于空气密度小,因此可以不考虑由于空气微团重量所引起的高度势能;但对液体则不能忽略)。动能和势能之和称为机械能。

因此,可以按机械能守恒的原理来推导低速气流沿流管运动时的能量方程,即伯努利方程。

如图2-6所示,单位时间内通过截面1的气体质量为 m,其动能为 $(m V_1^2)/2$;当通过截面2时,质量还是 m,其动能为 $(m V_2^2)/2$。而压力势能则等于单位时间内压力在流体经过的路程上所做的功。因此,截面1上的压力势能等于 $P_1 A_1 V_1$,截

面 2 上的压力势能等于 $P_2A_2V_2$。按机械守恒定律可得到

$$\frac{1}{2}mV_1^2 + P_1A_1V_1 = \frac{1}{2}mV_2^2 + P_2A_2V_2 \qquad (2-15)$$

由连续方程式(2 - 14)得到在单位时间内通过截面 1 和 2 上的质量为

$$m = \rho_1 V_1 A_1 = \rho_2 V_2 A \qquad (2-16)$$

把式(2 - 16)代入式(2 - 15)消去 m,再应用式(2 - 14)消去 A_1 和 A_2,得

$$P_1 + \frac{1}{2}\rho_1 V_1^2 = P_1 + \frac{1}{2}\rho_2 V_2^2 \qquad (2-17)$$

根据式(2 - 17)的推导,显然在流管中任意选择的两个截面上都是成立的,也就意味着在任何流管截面上下式成立:

$$P + \frac{1}{2}\rho V^2 = c(常数) \qquad (2-18)$$

式(2 - 18)称为伯努利方程。式中:P 是气体静压;第二项称为动压或速压。伯努利方程的物理意义是:对于理想流体的不可压气流,沿流管(或流线)的任一截面(或任一点)处的静压与动压之和为常数。这个常数和气流速度等于零的气体压力 P_0 相等,也称为总压,总压 P_0 代表单位气体的总的机械能。伯努利方程也指出:对于低速定常流动,在同一个流管内,流速大的地方,则静压小;而流速小的地方,则静压大。在应用伯努利方程时,应注意其使用条件是:①理想流体(无黏性);②不可压缩(密度不变);③沿一维流管(或流线)。

3. 可压缩流的伯努利方程

在大于 100m/s 数量级的速度下,气流不能再假定为密度不变的不可压缩流,随着速度的增加,空气被压缩,则密度 ρ 不再是常数。现代运输类飞机在巡航飞行时,速度一般在 $0.5 < Ma < 0.8$ 范围内,因此速度基本上都大于 100m/s,因此需要考虑空气的压缩性效应。

如果假定气流是绝热的情况下,可压缩流体的伯努利方程为

$$\frac{\gamma}{\gamma - 1}\frac{P}{\rho} + \frac{1}{2}\rho V^2 = c(常数) \qquad (2-19)$$

式中:γ 称为比热比,对于空气 $\gamma = 1.4$。

2.4 航空空间和标准大气特性

飞机的飞行和空间环境紧密相关,其空间环境的大气特性不但决定了其空气动力学特性,而且飞机利用所处空间环境的特性来确定其空间位置,例如,利用大气静压随高度的改变,来间接测量飞机的飞行高度;利用朝向飞机的空气压力来测量飞行速度等。同时,由于空中交通的日益繁忙,对飞行空间环境也提出了很多新的技术要求,而这些要求显然要基于空间环境物理性质。因此,对飞机飞行环境的

深入分析有利于了解飞机空气动力学和对飞机运动测量的实质和根本,也有利于了解空中交通管制的目的和方法。

1. 航空空间

国际民用航空组织(International Civil Aviation Organization,ICAO)将标准海平面18.3km高度以下的空域作为航空管辖的范围。至少在这一范围内,可以成为标准的航空空间。也可以把普通航空飞行器(飞机)能经常达到的高度范围作为航空空间,某些侦察机可以飞到接近30km的高度。最近由于把高度为20~100km范围内的空间定义为临近空间,因此航空空间有可能被严格定义在高度20km以下(国外经常取65000英尺(1英尺=0.3048m)以下)。

2. 大气结构

重点研究海平面以上20km高度内的大气结构。地球大气是地球的组成部分,它随着地球一起运动,大气总质量约为5.13×10^{18}kg,占地球总质量的百万分之一。地球大气总质量的90%集中在地表15km高度以内,总质量的99.9%在50km的高度以内。大气的主要成分是氧和氮,随着高度的变化大气成分发生变化。

大气温度随着高度的变化而呈现规律性的变化,地球大气按照温度的垂直分布特性可以分为以下5层(图2-7)。

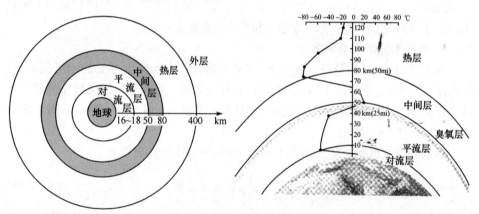

图2-7 大气结构示意图

(1)对流层。对流层是最接近海平面的一层,其温度随高度的增加而降低,其厚度随纬度与季节等因素而变化。在地球的南北极约为海平面以上7~8km,在赤道上约为海平面以上16~18km,在中纬度和高纬度约为海平面以上8~12km。这一层的空气质量几乎占地球大气全部质量的75%,层内的风速、风向、压强、密度、温度和湿度等经常变化,风、雨、雷、电电等气象变化均发生在这一层。

(2)平流层。从对流层顶端到海拔高度约为50km之间,层内温度随高度增加而增加,25km以下温度递减率接近零,25km以上受臭氧吸收太阳紫外线的影

响,温度随高度增加明显增加,层内大气无上下对流,只有水平方向的流动,所以称
为平流层。这一层的空气质量约占地球大气全部质量的 25%。这一层内的另一
个特点是水蒸气很少。普通飞机或旋翼机基本上是在平流层以下的空间内飞行。

（3）中间层。从平流层顶端到海拔高度约为 80km 之间为中间层。该层空气
质量仅占地球大气全部质量的 1/3000。在 50~53km 之间,气温随高度增加而上
升,到 53km 处温度最高,达 282.66K,高度继续增加时气温反而下降,到 80km 处
降为 196.86K,是大气中最冷的部分,由于下层气温高于上层气温,有利于空气的
垂直流动,故又称为高空对流层或上对流层。中间层的顶部尚有水汽存在。

（4）热层。海拔高度 80km 以上,大气温度又急剧上升,到海拔 150km 左右,
温度可达 1000K,在海拔高度 400km 左右,可达 1500~1600K。将海拔高度 80~
400km 范围内称为热层。该层空气密度很小,其质量只占大气总质量的 0.5%。
在海拔高度 120km 的高空,声波已经难以传播了。

（5）外层。海拔高度 400~1600km 范围内称为外层,层内空气质量仅仅占地
球大气质量的 $1/10^{11}$。根据测量数据推算,大气边界约位于海拔高度 2000~
3000km 处,在那里基本上就找不到气体了。

大气按照电离特性又可分为电离层和非电离层,海拔高度 50km 以下的范围
是非电离层,大气处于中性原子状态。从 50km 开始以上,部分大气分子受太阳电
磁辐射和其他粒子的辐射而电离,形成由电子、正离子、负离子和中性粒子组成的
电离介质区,它一般延伸到地球大气的外缘,称为电离层。

从空气动力学的角度,大气又可分为连续流区、过渡区和自由分子流区。海拔
高度约 70km 以下,是连续流区;海拔高度 130km 以上是自由分子流区。实际上,
即使在连续流区,海拔高度 40~70km 范围的密度很低,属于低密度流区,相应的
飞行器雷诺数很小。在海拔高度 70~100km 之间也可以视作滑移流区,仍可以用
连续介质力学方程描述,只是固体上的流动边界条件需要用滑移条件代替。在
100~130km 的海拔高度范围内属于过渡流区,流体既不怎么连续,也不怎么稀薄。

3. 标准大气

飞机的飞行与大气数据有着密切的关系,从测量的角度来说,基于不同的基准
会产生不同的结果,如果有着不同测量基准的飞机在同一空间飞行,必将会引起混
乱,并可能威胁飞行安全。因此,必须有一个公共的标准,作为衡量比较飞机性能
的依据,这就是标准大气。现代标准大气起始于 1920 年,在美国和欧洲独立制定。
美国标准大气是由美国国家航空咨询委员会(National Advisory Committee for Aero-
nautics,NACA)制定,而欧洲标准大气则是由国际航空委员会(International Com-
mission for Aerial Navigation,ICAN)制定。两个标准大气基本上是相同的,只有一
些很细小的差别。1952 年,国际民用航空组织制定了国际标准大气,解决上述两
种标准中的差别。国际标准大气被广泛采用,本书采用的就是国际标准大气数据。

国际标准大气采用平均海平面作为零高度,规定了在海平面上的大气温度、压

强和密度等参数的数值,见附录表 A - 1 列。此外,还规定了标准大气参数的数学模型和数据变化梯度,一般情况下,数学模型的形式习惯将大气参数表示为关于海平面高度的解析函数,这样通过这些模型和变化梯度就可以计算出在不同高度下的大气参数,将这些参数制成表格后就称为国际标准大气表。附录表 A - 1 为海平面到 30km 高度内的国际标准大气表,采用的是国际单位制。

4. 标准大气的高度定义

为了给出精确的标准大气数学模型,需要明确高度的定义。以海平面为基准测量的高度称为几何高度 h_G,以地球地心为基准测量的高度为绝对高度 h_a。地球赤道半径为 $r = 6378.2km$,两极半径为 $r = 6356.8km$,赤道重力加速度为 $g_0 = 9.7804m/s^2$,两极重力加速度为 $g_0 = 9.8322m/s^2$。赤道自转线速度 465m/s,假定地球是个半径为 r 的理想球体(理想球体的半径为 6371km),则几何高度和绝对高度之间的关系为 $h_a = h_G + r$。

由于当地的重力加速度随着绝对高度的变化而变化,根据牛顿万有引力定律,重力加速度与绝对高度成反比,即

$$g = g_0 \left(\frac{r}{r + h_G} \right) \tag{2-20}$$

在空中交通管制中,其高度层定义是以标准海平面作为测量基准的,因此海平面高度甚为重要。

5. 标准大气数学模型

国际标准大气模型是以人类聚居的北半球中纬度年平均大气物理属性测量数据为依据,建立起来的国际公认的大气标准模型,并视大气为完全气体,满足完全气体的状态方程(在空气动力学中,完全气体也就是理想气体,是没有黏性的气体,即使有黏性的气体也满足该状态方程)。

在建立标准大气数学模型时,除非特别说明,一般高度为几何高度,并用 h 表示。认为大气是完全气体,满足完全气体状态方程。如果流体没有流动,则流体压力满足流体静力学方程:

$$dP = -\rho g dh \tag{2-21}$$

假设在大气层内重力加速度为常数,并等于海平面处的值 g_0,式(2-21)可以写为

$$dP = -\rho g_0 dh \tag{2-22}$$

用气体状态方程式(2-5)去除式(2-22)得到

$$\frac{dP}{P} = -\frac{g_0}{RT} dh \tag{2-23}$$

从高度 h_1 到 h 对式(2-23)积分,高度 h_1 对应的大气压力为 P_1,高度 h 对应

的大气压力(静压)为 P,得到

$$\int_{P_1}^{P} \frac{\mathrm{d}P}{P} = -\int_{h_1}^{h} \frac{g_0}{RT}\mathrm{d}h \qquad (2-24)$$

根据试验测定,大气温度 T 随高度 h 呈规律性变化,大气分层就是根据这一关系得到的。这个规律变化大致分为两类:一是 T 与高度无关,也就是在某个高度范围内 T 为常数,这一范围可以看作是等温层;二是 T 与 h 呈线性变化,可以看作是梯度层。

如果 T 为常数,由式(2-24)积分得

$$\ln \frac{P}{P_1} = -\frac{g_0}{RT}(h-h_1) \qquad (2-25)$$

或者

$$\frac{P}{P_1} = \mathrm{e}^{-\frac{g_0}{RT}(h-h_1)} \qquad (2-26)$$

如果以标准海平面为测量基准,则 $h_1 = 0$,P_1 为标准海平面大气压力,则式(2-25)给出了当地高度 h 的测量方法。

再根据气体状态方程式(2-5),有 $P/P_1 = \rho T/\rho_1 T_1 = \rho/\rho_1$,代入式(2-26),得

$$\frac{\rho}{\rho_1} = \mathrm{e}^{-\frac{g_0}{RT}(h-h_1)} \qquad (2-27)$$

式(2-26)和式(2-27)给出了等温层标准大气压力和密度随高度变化的关系式。

在温度随高度呈线性变化的区域为梯度层时,其温度是高度的线性函数,其变化规律可写为

$$T = T_1 + \alpha(h-h_1) \qquad (2-28)$$

式中:$\alpha = \mathrm{d}T/\mathrm{d}h$,表示单位高度内温度的变化。在每个不同的梯度层,$\alpha$ 值是不同的,但在同一个梯度层,α 值则是不变的。

若设 h_1、T_1 是某一梯度层的起始位置和当地的温度,h 和 T 是该层内任意高度和对应的当地温度。因为梯度 $\alpha = \mathrm{d}T/\mathrm{d}h$,意味着 $\mathrm{d}h = \mathrm{d}T/\alpha$,将其代入式(2-23),得

$$\frac{\mathrm{d}P}{P} = -\frac{g_0}{\alpha R} \cdot \frac{\mathrm{d}T}{T} \qquad (2-29)$$

将方程式(2-29)从高度 h_1 积分到高度 h 为

$$\int_{P_1}^{P} \frac{\mathrm{d}P}{P} = -\frac{g_0}{\alpha R}\int_{T_1}^{T} \frac{\mathrm{d}T}{T} \qquad (2-30)$$

得

$$\ln\frac{P}{P_1} = -\frac{g_0}{\alpha R}\ln\frac{T}{T_1} \tag{2-31}$$

整理得

$$\frac{P}{P_1} = \left(\frac{T}{T_1}\right)^{-\frac{g_0}{\alpha R}} = \left[1 + \frac{\alpha(h-h_1)}{T_1}\right]^{-\frac{g_0}{\alpha R}} \tag{2-32}$$

再根据 $\dfrac{P}{P_1} = \dfrac{\rho T}{\rho_1 T_1}$,进一步可得

$$\frac{\rho T}{\rho_1 T_1} = \left(\frac{T}{T_1}\right)^{-\frac{g_0}{\alpha R}} \tag{2-33}$$

从而得到温度为梯度层的密度关系式为

$$\frac{\rho}{\rho_1} = \left(\frac{T}{T_1}\right)^{-\left(\frac{g_0}{\alpha R}\right)-1} = \left[1 + \frac{\alpha(h-h_1)}{T_1}\right]^{-\left(\frac{g_0}{\alpha R}\right)-1} \tag{2-34}$$

由于温度和高度有规律性的变化,并且这个规律可以通过试验测定,根据式(2-26)和式(2-27)以及式(2-32)和式(2-34)可以分别得到压力、密度和温度随高度变化的关系。

2.5　飞机几何参数

1. 机翼剖面参数

机翼是飞机产生升力的主要部件,而升力和机翼的几何参数有关。对于平直机翼,用平行于飞机对称面的平面把机翼剖开,所形成的机翼剖面称为翼型,如图2-8(a)所示。而对于后掠机翼,翼型指的是与机翼前缘相垂直的剖面,如图2-8(b)所示。

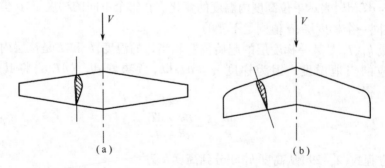

图2-8　机翼翼型示意图

图2-9给出了翼型的几何参数,这些参数定义如下。

(1)翼弦 c。连接前缘 A 和后缘 B 直线的长度。也称 AB 线为几何弦。此外

还有一条与 B 点有关的弦线称为气动弦,它是通过后缘 B 点且与升力为零时远前方气流速度平行的直线,气动弦只有方向意义,而没有长度意义。气动弦也称为零升力线。

对于对此翼型来说,几何弦和气动弦是重合的,非对称翼型的几何弦和气动弦是不重合的,具有正弯度的机翼的气动弦是在几何弦的上方。

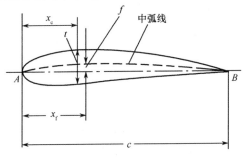

图 2-9　翼型几何参数定义

（2）厚度 t。垂直于几何弦并介于上下表面之间的各线段长度,代表翼剖面沿几何弦线的厚度分布,其中最大者（最大厚度）称为翼剖面厚度,用 t 表示。相对厚度定义为

$$F = \frac{t}{c} \times 100\% \tag{2-35}$$

对于亚声速运输类飞机的翼型,相对厚度约为 8% ~20%,文献[3]认为是12% ~16%。超声速飞机的机翼较薄,相对厚度在 6% 以下。

最大厚度的位置由前缘开始量起,记为 x_c,通常用相对值 $\bar{x}_c = x_c/c$ 来表示。

（3）上下表面的曲线和弯度。从前缘经翼型上表面到后缘的一段曲线称为上翼表面曲线,经下翼表面的称为下翼表面曲线。垂直于几何弦线的诸个直线与上下翼表面的交点间线段的中点连线,称为翼型的中弧线。中弧线离几何弦的最大高度称为弯度,它表示翼型的非对称程度。一般用相对弯度来描述:

$$\bar{f} = \frac{f}{c} \times 100\% \tag{2-36}$$

最大弯度的位置也是由前缘开始量起的,记为 x_f,通常用相对值 $\bar{x}_f = x_f/c$ 表示。超声速翼型大都是对称的,即上下翼表面的曲线相同,相对于几何弦是对称的,这样 $\bar{f} = 0$。亚声速运输类飞机翼型表面曲线较为复杂且不对称,弯度大约为2% ~6%。

2. 机翼平面形状参数

常用的机翼平面形状有三角翼、后掠翼和平直翼。描述机翼几何形状的常用几何参数如图 2-10 所示。

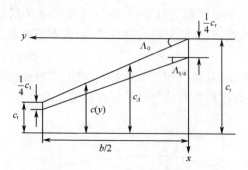

图 2 - 10 机翼的几何形状

机翼平面形状的几何参数定义如下：

（1）翼展 b：左右翼尖之间垂直于飞机对称面的直线距离。

（2）翼弦 c：平行于飞机对称面的翼剖面的弦长，c_r 表示翼根弦长，c_t 表示翼尖弦长。

（3）翼面积 S_w：机翼在结构坐标系 xy 平面上的投影面积。当大展弦比时，翼面积包括被机身所覆盖的面积；在小展弦比时，翼面积通常仅指左右两侧外露机翼的面积。

（4）展弦比 A：翼展与平均弦长之比，即

$$A = \frac{b}{c_{pj}} \tag{2-37}$$

而平均弦长 $c_{pj} = S_w/b$，从而展弦比为

$$A = \frac{b^2}{S_w} \tag{2-38}$$

（5）梯形比：翼尖弦长 c_t 与翼根弦长 c_r 之比，即

$$\lambda = \frac{c_t}{c_r} \tag{2-39}$$

（6）后掠角 Λ：机翼前缘线（或后缘线）在 xy 平面上的投影与 oy 轴之间的夹角称为前（后）缘后掠角 Λ_0，用 1/4 弦线处的连线代替前缘线，则为 1/4 弦线点后掠角 $\Lambda_{1/4}$。

（7）上反角和下反角 ψ：一侧机翼翼弦平面与 xz 平面的夹角。翼梢向上翘的称为上反角（$\psi > 0$）；翼梢下垂则称为下反角（$\psi < 0$）。

（8）平均空气动力弦 c_A：假定一个矩形机翼和给定机翼（可以是任意形状的）的面积相同，俯仰力矩相同以及气动合力也相同，那么此矩形机翼的弦长称为给定机翼的平均气动弦，以 c_A 表示。根据该定义，可以推出平均气动弦和任意形状机翼翼弦的关系为

$$c_A = \frac{2}{S_w}\int_0^{\frac{b}{2}} c^2(y)\,\mathrm{d}y$$

式中：$c(y)$ 为沿展向坐标 y 的弦长；c_A 为飞机的纵向特征长度,在俯仰力矩系数的定义中用得到,飞机的重心和焦点位置也是以飞机的平均气动弦的位置来表示的,它是一个特别重要的几何参数。

第**3**章
飞行动力学基础

3.1 飞机运动的表示

在自动飞行控制系统中,飞机是其控制对象,是对刚体飞机在三维空间内、六自由度运动的控制。建立刚体飞机运动数学模型实际上就是通过牛顿第二定律来建立其描述动力学过程的微分方程;同时由于刚体飞机的力、力矩和速度及角速度都是矢量,需要在适当的坐标系中来描述这些矢量,以得到形式简单的数学模型。

坐标系的选择和运动方程建立的物理机理及应用有一定的关系,例如力和重心位移的描述可在不同坐标系下进行。然而从数学上来看,坐标系之间总是可以通过变换矩阵来建立起联系,这样就可以得到基于不同坐标系下描述的结果。

3.1.1 参考坐标系

参考坐标系一般都采用三轴正交坐标系,这与飞机刚体空间运动自由度有关。参考坐标系也和飞机运动变量的定义或测量有关系。例如,机体坐标系和地面坐标系之间的相对关系就可以用来定义飞机相对于地面坐标系姿态的欧拉角,且结果与在地面观察或用传感器测量是基本一致的。

1. 地面坐标系(地轴系 $o_e x_e y_e z_e$)

地面坐标系是固定于地球的一种参考系,可以用来描述飞机重心相对于地面的位置和方向,飞机的航程、高度都是在该坐标系下定义的。在飞机飞行动力学的问题中,可以忽略地球相对于惯性坐标系的转速(地球的自转和公转),而把任何固定于地球的坐标系和作为惯性坐标系,并可将地面视为平面而非曲面。

地面坐标系的原点和3个坐标轴均相对于地面固定不动。原点 o_e 可以取地面上的任何一点(如飞机起飞点),$o_e x_e$ 轴处于地平面内并指向某方向(如飞机的航线方向);$o_e y_e$ 轴也在地平面内,与 $o_e z_e$ 轴垂直指向 $o_e x_e$ 轴的右方;$o_e z_e$ 轴则满足右手法则垂直地面指向地心,如图 3-1 所示。地面坐标系的3个轴也称为地轴。

2. 机体坐标系(体轴系 $o_b x_b y_b z_b$)

固定在飞机上的坐标系,其原点通常在飞机的重心,纵轴 $o_b x_b$ 位于飞机对称平面内,与飞机机身设计轴线(或翼根弦线)平行并指向前方(飞行方向),横轴 $o_b y_b$ 垂直于飞机参考平面指向纵轴 $o_b x_b$ 的右方,竖轴 $o_b z_b$ 在飞机对称平面内,垂直于纵轴 $o_b x_b$ 且按右手法则指向下方,如图 3-1 所示。机体坐标系的 3 个轴也称为机体轴。此处的对称面为飞机几何对称平面,即 $o_b x_b y_b$ 平面,显然飞机在几何上是关于对称面左右对称的。

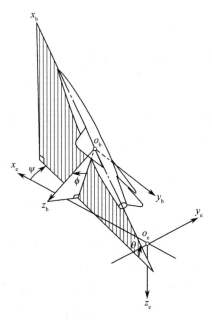

图 3-1　地面坐标系和机体坐标系

3. 速度坐标系(速度轴系 $o_a x_a y_a z_a$)

速度坐标系也称气流坐标系,是固定于大气的坐标系。原点 o_a 通常固定于飞机的重心,其 $o_a x_a$ 轴沿飞行速度的方向, $o_a z_a$ 轴在飞机对称平面内且垂直于 $o_a x_a$ 轴指向下方, $o_a y_a$ 轴垂直于 $o_a x_a$ 轴和 $o_a z_a$ 轴指向右方。注意,飞行速度不一定在飞机对称平面内,如图 3-2 所示。速度坐标系的 3 个轴也称为速度轴。

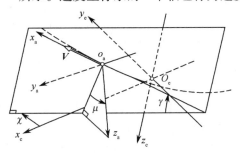

图 3-2　地面坐标系和速度坐标系

气动力(即阻力、侧力和升力)是定义在速度坐标系上的,阻力和 $o_a x_a$ 轴重合,侧力和 $o_a y_a$ 轴重合,升力和 $o_a z_a$ 轴重合,升力和侧力与速度 V 垂直。

刚体飞机的运动模型一般都可以在上述 3 个坐标系内建立和描述。当然还可以选择其他坐标系。由于坐标系之间存在变换矩阵,因而在某个坐标系下建立的模型总可以通过变换矩阵变换到另一个坐标系下。

3.1.2 飞机运动变量定义

飞机运动变量是在选定的坐标系下来描述飞机运动的,也是在选定的坐标系下定义的,因而也是在该坐标系下建立的刚体飞机运动方程中的变量。

1. 飞机姿态角

飞机姿态角又称体轴系欧拉角,用来表示飞机相对于地面的姿态或角度,描述了机体坐标系相对于地面坐标系的关系,或者说是基于地面坐标系对机体坐标系的测量或观察,如图 3-1 所示。

(1)俯仰角 θ:机体轴 $o_b x_b$ 与地平面之间的夹角,以飞机抬头为正。

(2)偏航角 ψ:机体轴 $o_b x_b$ 在地平面上的投影与地面坐标系 $o_e x_e$ 轴间的夹角,以机头右偏航为正或其投影在地轴 $o_e x_e$ 右边为正。

(3)滚转角(又称倾斜角)ϕ:指机体轴 $o_b z_b$ 与包含机体轴 $o_b x_b$ 的铅垂面之间的夹角,飞机向右倾斜是滚转角为正(从机尾观察)。

这 3 个角度反映了机体坐标系和地面坐标之间的关系,也是两个坐标系变换矩阵的基本元素。由于欧拉角是通过绕坐标系轴的旋转得到的,因此为了避免出现多个欧拉角,一般将机体坐标系的欧拉角范围限制为

$$\begin{cases} -\pi/2 \leq \theta \leq \pi/2 \\ -\pi \leq \phi \leq \pi \text{ 或 } 0 \leq \phi < 2\pi \\ -\pi \leq \psi \leq \pi \text{ 或 } 0 \leq \psi < 2\pi \end{cases} \tag{3-1}$$

2. 飞机轨迹角

飞机轨迹角又称速度坐标系欧拉角,用来表示飞行速度矢量在地面坐标系中的方向关系。在地面坐标系中定义轨迹角是有意义的,因为飞机的航程和高度等轨迹的测量都是以地球作为基准的,如图 3-2 所示。

(1)航迹倾斜角 γ:飞行速度矢量与地平面之间的夹角,以飞机向上飞时为正,此角也叫爬升角。

(2)航迹方位角 χ:飞行速度矢量在地平面内的投影与地面坐标系 $o_e x_e$ 轴间的夹角,以速度在地面的投影在 $o_e x_e$ 之右时为正。

(3)航迹滚转角 μ:速度坐标系 $o_a z_a$ 轴与包含速度坐标系 $o_a x_a$ 轴的铅垂面间的夹角,以飞机右倾斜为正。

以上 3 个角度实际上也是航道坐标系和地面坐标系之间的关系。航迹坐标系

定义为:原点 o_w 选在飞机重心,轴 $o_w x_w$ 与飞机速度矢量方向一致并重合;轴 $o_w z_w$ 在包含飞行速度矢量的铅垂平面内指向下;轴 $o_w y_w$ 垂直于平面 $o_w x_w z_w$(因而是水平的)指向右。

3. 飞机气动角

飞机气动角表示飞机速度矢量相对于机体坐标系之间的关系,一般情况下,可以用两种方法来表示。一种是将飞行速度矢量直接投影到机体坐标系的 3 个机体轴上,因此飞行速度矢量可以用机体轴上的 3 个正交分量 (u,v,w) 来表示;另一种则是用飞行速度量的大小和两个适当定义的角度表示(极坐标表示),如图 3 - 3 所示。

(1)迎角 α:速度矢量 $\boldsymbol{V}$ 在飞机对称平面上的投影与机体轴 $o_a x_a$ 的夹角。以飞行速度矢量 $\boldsymbol{V}$ 的投影在机体轴 $o_a x_a$ 之下为正。

(2)侧滑角 β:速度矢量 $\boldsymbol{V}$ 与飞机对称平面间的夹角。以 $\boldsymbol{V}$ 处于对称面之右时为正(顺 $o_b x_b$ 方向观察)。

迎角和侧滑角对确定作用在飞机上的气动力十分重要。图 3 - 3 描述了迎角、侧滑角与飞行速度 $\boldsymbol{V}$ 在机体轴上的分量 (u,v,w) 的关系:

速度 V_0(V_0 是 $\boldsymbol{V}$ 的模)

$$V_0 = \sqrt{u^2 + v^2 + w^2} \qquad (3-2)$$

迎角

$$\alpha = \arctan \frac{w}{u}, \quad -\pi \leqslant \alpha \leqslant \pi \qquad (3-3)$$

侧滑角

$$\beta = \arcsin \frac{v}{V_0}, \quad -\pi \leqslant \beta \leqslant \pi \qquad (3-4)$$

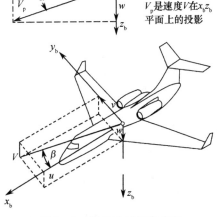

图 3 - 3　迎角和侧滑角定义

机体轴上的速度分量：

$$\begin{cases} u = V_0\cos\beta\cos\alpha \\ v = V_0\sin\beta \\ w = V_0\cos\beta\sin\alpha \end{cases} \tag{3-5}$$

需要注意的是,此处的机体迎角与空气动力学理论和风洞试验中用到的迎角相差一个常数,即零升迎角。若零升迎角为零(此时飞机体轴平行于平均气动弦),则两个角度相等。因此,这里的机体迎角 α 是以飞机构造轴线(机体纵轴)为基准和速度矢量间的夹角来定义的,而空气动力学理论以及风洞试验中的迎角 α_w 则是以机翼弦线为基准和速度矢量间的夹角定义的,零升迎角 α_i 也称机翼的安装迎角,如图 3-4 所示。它们之间的关系为

$$\alpha_w = \alpha + \alpha_i \tag{3-6}$$

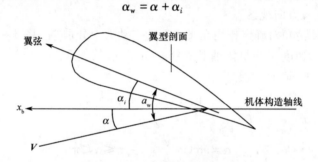

图 3-4　安装迎角和机身迎角

在用风洞试验数据进行稳定性导数计算时,必须要将风洞试验曲线中的迎角 α_w 按式(3-6)换算为关于 α 的曲线,再进行稳定性导数计算,才能应用于飞机运动模型。

对于无扭转机翼的安装迎角可借鉴经验数值,一般民用飞机大约为 $2°$,运输类飞机为 $1°$,军用战斗机为 $0°$。

3.1.3　坐标系变换

1. 地面坐标系和机体坐标系间的变换

地面坐标系和机体坐标系之间的变换阵——方向余弦表如表 3-1 所列。

表 3-1　地面坐标系和机体坐标系间的方向余弦表

	x_e	y_e	z_e
x_b	$\cos\psi\cos\theta$	$\sin\psi\cos\theta$	$-\sin\theta$
y_b	$\cos\psi\sin\theta\sin\phi - \sin\psi\cos\phi$	$\sin\psi\sin\theta\sin\phi + \cos\psi\cos\phi$	$\cos\theta\sin\phi$
z_b	$\cos\psi\sin\theta\cos\phi + \sin\psi\sin\phi$	$\sin\psi\sin\theta\cos\phi - \cos\psi\sin\phi$	$\cos\theta\cos\phi$

方向余弦表应用起来非常方便,例如:将地面坐标系下的三轴速度变换为机体坐标系下的三轴速度,则

$$
\begin{bmatrix} u \\ v \\ w \end{bmatrix} = \begin{bmatrix} \cos\psi\cos\theta & \sin\psi\cos\theta & -\sin\theta \\ \cos\psi\sin\theta\sin\phi - \sin\psi\cos\phi & \sin\psi\sin\theta\sin\phi + \cos\psi\cos\phi & \cos\theta\sin\phi \\ \cos\psi\sin\theta\cos\phi + \sin\psi\sin\phi & \sin\psi\sin\theta\cos\phi - \cos\psi\sin\phi & \cos\theta\cos\phi \end{bmatrix} \begin{bmatrix} \mathrm{d}x_e/\mathrm{d}t \\ \mathrm{d}y_e/\mathrm{d}t \\ \mathrm{d}z_e/\mathrm{d}t \end{bmatrix}
$$

反之,将机体坐标系下的三轴速度变换到地面坐标系统下的三轴速度,则

$$
\begin{bmatrix} \mathrm{d}x_E/\mathrm{d}t \\ \mathrm{d}y_E/\mathrm{d}t \\ \mathrm{d}z_E/\mathrm{d}t \end{bmatrix} = \begin{bmatrix} \cos\psi\cos\theta & \cos\psi\sin\theta\sin\phi - \sin\psi\cos\phi & \cos\psi\sin\theta\cos\phi + \sin\psi\sin\phi \\ \sin\psi\cos\theta & \sin\psi\sin\theta\sin\phi + \cos\psi\cos\phi & \sin\psi\sin\theta\cos\phi - \cos\psi\sin\phi \\ -\sin\theta & \cos\theta\sin\phi & \cos\theta\cos\phi \end{bmatrix} \begin{bmatrix} u \\ v \\ w \end{bmatrix}
$$

以下方向余弦表的应用均类似。

2. 速度坐标系和地面坐标系间的变换

速度坐标系和地面坐标系间的方向余弦表如表 3 - 2 所列。

表 3 - 2 速度坐标系和地面坐标系间的方向余弦表

	x_e	y_e	z_e
x_a	$\cos\chi\cos\gamma$	$\sin\chi\cos\gamma$	$-\sin\gamma$
y_a	$\cos\chi\sin\gamma\sin\mu - \sin\chi\cos\mu$	$\sin\chi\sin\gamma\sin\mu + \cos\chi\cos\mu$	$\cos\gamma\sin\mu$
z_a	$\cos\chi\sin\gamma\cos\mu + \sin\chi\sin\mu$	$\sin\chi\sin\gamma\cos\mu - \cos\chi\sin\mu$	$\cos\gamma\cos\mu$

3. 速度坐标系和机体坐标系间的变换

速度坐标系和机体坐标系间的方向余弦表如表 3 - 3 所列。

表 3 - 3 速度坐标系和机体坐标系间的方向余弦表

	x_b	y_b	z_b
x_a	$\cos\alpha\cos\beta$	$\sin\beta$	$\sin\alpha\cos\beta$
y_a	$-\cos\alpha\sin\beta$	$\cos\beta$	$-\sin\alpha\cos\beta$
z_a	$-\sin\alpha$	0	$\cos\alpha$

4. 姿态角速度和机体轴角速度间的关系

绕机体轴角速度指的是飞机绕着机体坐标系三轴转动的角速度,就是机体坐标系的某个平面绕某个机体轴转动的角速度,在转动过程中机体轴仍保持正交。例如绕机体轴 $o_b x_b$ 转动角速度,指的就是 $o_b y_b z_b$ 平面绕 $o_b x_b$ 轴转动时的角速度,且该角速度方向由右手法则确定。

绕机体坐标系 $o_b x_b y_b z_b$ 三轴转动的角速度分别为 (p, q, r)(p:绕 $o_b x_b$ 转动,q:绕 $o_b y_b$ 转动,r:绕 $o_b z_b$ 转动),它们和姿态角速度($\mathrm{d}\phi/\mathrm{d}t, \mathrm{d}\theta/\mathrm{d}t, \mathrm{d}\psi/\mathrm{d}t$)的关系及变换矩阵为

$$
\begin{bmatrix} p \\ q \\ r \end{bmatrix} = \begin{bmatrix} 1 & 0 & -\sin\theta \\ 0 & \cos\phi & \cos\theta\sin\phi \\ 0 & -\sin\phi & \cos\theta\cos\phi \end{bmatrix} \begin{bmatrix} \dfrac{\mathrm{d}\phi}{\mathrm{d}t} \\[2mm] \dfrac{\mathrm{d}\theta}{\mathrm{d}t} \\[2mm] \dfrac{\mathrm{d}\psi}{\mathrm{d}t} \end{bmatrix}
\tag{3-7}
$$

注意:$\mathrm{d}\phi/\mathrm{d}t$、$\mathrm{d}\theta/\mathrm{d}t$ 和 $\mathrm{d}\psi/\mathrm{d}t$ 在一般情况下是非正交的,而(p,q,r)却是正交。

3.1.4　飞机运动物理量在常用坐标系下的表示和符号

使用不同的坐标系来表示飞机运动的物理量(包括表示运动的变量、力和力矩等)主要是出于其物理机理,因此每一个物理量都有约定的坐标系。虽然通过坐标变换也可以在其他坐标系下表示,但使用可能就不是特别方便了。以下给出了经常使用的飞机物理量在坐标系下的表示以及符号。

在机体坐标系下定义的运动变量力和力矩见图 3-5 和表 3-4。图 3-5 中力矩方向是按右手法则确定,并都为正的方向。

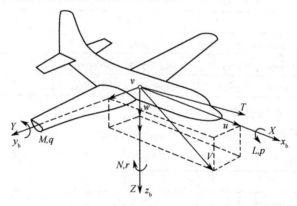

图 3-5　机体坐标系下的运动变量、力和力矩

表 3-4　在机体坐标系下定义的物理量和符号

物理量	机体坐标系		
	滚转轴 x_b	俯仰轴 y_b	偏航轴 z_b
绕轴速度	p	q	r
飞行速度	u	v	w
气动力	X	Y	Z
气动力矩	L	M	N
围绕每个轴的惯性矩	I_x	I_y	I_z
惯性积	I_{yz}	I_{xz}	I_{xy}

　　在速度坐标系下定义的物理量和符号见图 3 – 6 和表 3 – 5。图 3 – 6 中各物理量的方向为正。

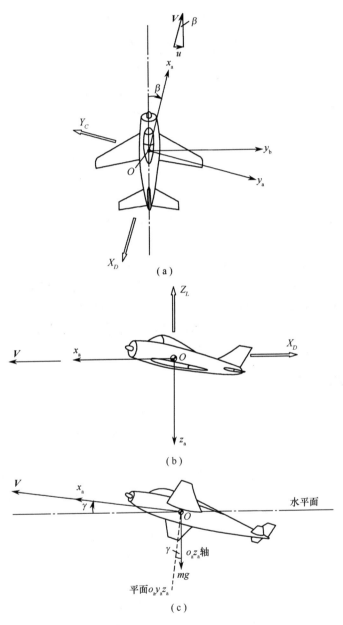

图 3 – 6　速度坐标系和地面坐标系下的运动变量

表 3 – 5　在速度坐标系下定义的物理量和符号

物理量	速度坐标系		
	x_a	y_a	z_a
飞行速度	速度 V		
气动力	阻力 $-X_D$	侧力 $-Y_C$	升力 $-Z_L$

地面坐标系下定义的物理量和符号见表 3 – 6。

表 3 – 6　地面坐标系下定义的物理量和符号

物理量	地面坐标系		
	x_e	y_e	z_e
飞行速度	u_e	v_e	w_e
风速	u_w	v_w	w_w
重力			mg

上述 3 个表中基本涵盖了飞机运动量、力和力矩在每个坐标系下的表示和符号。如图 3 – 5 和 3 – 6 所示,图中的方向均为正向。可以看出,有些物理量只在特定的坐标系下表示,譬如气动力矩和绕机体轴的转动角速度只在机体轴系定义;而有些却是在 3 个坐标系下都有表示,例如飞行速度,在地面坐标系下表示主要是为了轨迹的计算,而在速度坐标系下表示则是为了气动力的计算和动力学方程的建立,而在机体坐标下表示也是为了方便动力学方程的建立。物理量选择在哪个坐标下表示完全取决于其应用的方便性。

3.1.5　操纵机构极性定义

飞机内部的运动(如舵面的偏转和油门操纵杆的移动)都将影响刚体飞机的运动,在刚体飞机运动方程中,将这些操纵机构的运动量作为输入。

自动飞行控制系统最终将通过控制操纵舵面的偏转和油门操纵杆的移动来控制飞机运动,因此需要定义操纵机构(升降舵、方向舵和副翼)以及油门操纵杆的偏转所产生力和力矩的特性,这对建立飞机动力学模型、分析自动飞行控制系统非常重要,如图 3 – 7 所示。

(1) 驾驶杆前推位移 W_e 为正,引起升降舵后缘向下偏转,升降舵偏转角 δ_e 为正,此时产生的俯仰力矩为负值,即低头力矩(图 3 – 7(a))。反之,产生的俯仰力矩为正值,即抬头力矩。

(2) 驾驶杆左倾位移 W_a 为正,引起右副翼后缘下偏(左副翼后缘同步上偏),副翼转角 δ_a 为正,此时产生的滚转力矩为负值,即向左滚转力矩(图 3 – 7(b))。反之,产生的滚转力矩为正值,即向右滚转力矩。

(3) 左脚蹬向前位移 W_r 为正,引起方向舵后缘向左偏转,方向舵转角 δ_r 为正,此时产生的偏航力矩为负值,即向左偏航的力矩(图 3 – 7(b),从机尾向前观察)。

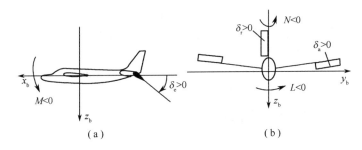

图 3 - 7　操纵机构极性

反之,产生的偏航力矩为正值,即向右偏航的力矩。

　　(4) 油门杆前推位移(或偏角)δ_T 为正,对应于加大油门增加发动机推力。反之,油门杆后拉为负,即收油门减小发动机推力。

　　(5) 扰流板控制滚转。如图 3 - 8 所示,扰流板打开则减小升力。若右扰流板打开($\delta_s < 0$),则减小右机翼升力,引起向右的正滚转,左扰流板打开($\delta_s > 0$)减小左机翼升力,引起向左的负滚转。

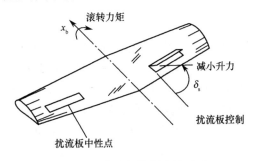

图 3 - 8　扰动板控制滚转运动

3.2　飞机运动自由度和分类

　　根据理论力学可知:飞机作为刚体,在三维空间运动时具有 6 个运动自由度,即绕重心(或质心)的 3 个转动自由度以及重心(或质心)的 3 个移动自由度。

　　对飞机来说,3 个转动自由度是俯仰、滚转和偏航的转动运动。3 个移动自由度是沿速度方向的前后、左右侧和上下垂直的移动运动。

　　飞机的几何对称面即机体坐标系下的 $o_b x_b z_b$ 平面。一般假定这个对称面不仅是几何对称面,也是飞机内部质量分布的对称面。利用这个假设条件,就可以把具有 6 个自由度的飞机运动用两组(各 3 个自由度)互不相关的运动来描述了,即:

　　(1) 纵向运动包括重心沿速度方向的前后、上下垂直移动运动和绕机体轴 $o_b y_b$ 转动的俯仰运动,即两个位移运动和一个角度运动组成。

　　(2) 横侧向运动简称侧向运动,包括重心的侧向移动、绕机体轴 $o_b z_b$ 转动的偏

航以及绕机体轴 $o_b x_b$ 转动的滚转运动,即一个位移运动和两个角度运动组成。

从空气动力学上来看,每一组运动的内部其空气动力耦合非常强烈,而两组之间的空气动力耦合则相对较弱,特别是对运动进行限定以后,这种弱耦合几乎可以忽略不计。

3.3 飞机的气动力和力矩

从运动方程的坐标系选择来看,转动运动可选择机体坐标系表示,而位移运动则用速度坐标系表示。飞机在大气中飞行时,机体表面存在有不均匀的分布压力。根据理论力学,一个平面力系是可以合成作用在某个指定点上的力和力矩。那么机体表面上分布的压力也可以合成力和力矩,这个力和力矩就是气动力和气动力矩。气动力包括了升力、侧力和阻力;力矩则包括了俯仰、偏航和滚转力矩。以下主要阐述气动力和力矩产生原理以及表达方法。关于气动力和力矩的解释,以及发动机和螺旋桨形成的力矩和舵面的铰链力矩可参见文献[5,6]。

3.3.1 升力

飞机能飞起来就意味着在飞机上产生了能平衡重力的升力。升力主要是靠机翼产生的,那么机翼为什么能产生升力呢? 一般都用路径模式来解释翼型升力的产生机制,而翼型一般认为是从无限长直机翼上切下来的一个剖面。

路径模式的解释如图 3-9 所示。来流经过向上拱或向上翘的翼型的上表面比经过下表面路径要长,由于尖尾缘使两股气流在后缘同时相会,因此上表面气流理应跑的更快。根据流管中的伯努利定理,动压(或动能)与正比于压力的静压(静能)之和守恒,即

$$\begin{cases} P_\infty + \dfrac{1}{2}\rho V_\infty^2 = P_{\text{上}} + \dfrac{1}{2}\rho V_{\text{上}}^2 \\[2mm] P_\infty + \dfrac{1}{2}\rho V_\infty^2 = P_{\text{下}} + \dfrac{1}{2}\rho V_{\text{下}}^2 \end{cases} \qquad (3-8)$$

式中:P_∞、V_∞ 为来流的静压和速度;$P_{\text{上}}$ 和 $V_{\text{上}}$ 为机翼上表面流动的静压和速度;$P_{\text{下}}$ 和 $V_{\text{下}}$ 为机翼下表面流动的静压和速度。

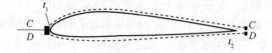

图 3-9　路径模式的升力产生机制

由于 $V_{\text{上}} > V_{\text{下}}$,由式(3-8)可知,上表面压力 $P_{\text{上}}$ 要比下表面压力 $P_{\text{下}}$ 小,从而导致在机翼上产生净升力,即方向向上的合力。路径模式的重要假设就是气流质

点在机翼前缘的驻点(气流速度为零处)分离后,从上表面到达后缘的时间等于从下表面到达后缘的时间。

Anderson 认为这种路径模式是不正确的[3]。计算和试验都表明上表面的质点比下表面的质点更快地到达后缘,而非同时到达,因此路径模式的假设是错误的。

文献[3]认为,应该在各种层次上对升力产生机制进行正确的理解和解释,而不是对已有的升力产生机制作过多没有必要的解释。各种层次上升力产生机制如下。

(1)翼型选取的形状特殊(尤其存在尖尾缘),以及来流与翼型弦线成一定角度,使流体流过翼型时经过的几何路径不对称,这种不对称改变了翼型上下表面的速度和压力分布,使得在大部分区域,下表面的流速要小于上表面的流速、下表面的压力大于上表面的压力,导致净升力产生。由此可见,翼型向上的弯度或反映抬头的迎角和尾尖缘是产生升力的重要条件或原因。尾尖缘的存在使得下表面具有较大压力的气流不能翻过尾尖缘跑到上表面去(否则流速会变成无限大,黏性和压缩性必然会起作用),上下表面气流在尾尖缘处汇合。上表面的前驻点落在了前缘且在弦线下方的位置,后驻点落在了尖尾缘处,因此在上表面没有形成高压区。所以,翼型下表面分布压力和上表面分布压力的合力,即为产生的净升力,且升力始终和来流速度垂直。

(2)从解析的角度描述。翼型的尾尖缘是产生升力的本质,它导致了库塔条件成立,即在翼型上出现了顺时针环量,这样就可采用儒可夫斯基升力定理,来建立不可压缩无旋流条件下的升力和环量的解析关系了,即升力大小与来流速度和环量的乘积成正比,而环量又与来流速度成正比,并且是迎角和翼型弯度的增函数。

上述从实际的物理现象和儒可夫斯基升力定理的两个角度解释了升力产生的机制,而没有局限于某种解释模式,表明升力的产生是个复杂的物理过程,必须要从多个角度来解释才具有说服力。

然而对于有限翼展机翼来说,机翼下方的高压气流会在翼尖处向上方的低压气流翻过去,其结果是翼尖附近上表面处的压强趋于和下表面的压强相等,因而单位展长的升力是向着翼尖递减的,图 3 - 10 表示了典型的气动载荷分布。

飞机的升力主要由机翼贡献,但机身、平尾对升力也有贡献。因此,升力实际上指的是全机升力,而并不单单只是机翼升力。

作为机体分布压力合力的升力,其方向始终和来流速度垂直,作用点称为压力中心,它是升力作用点沿机翼弦线方向离开前缘的距离,一般在 1/4 弦长以后的地方。压力中心的特点是随着迎角的增加而前移,所以压力中心的概念使用不是很方便(图 3 - 11),而一般采用焦点这一概念。

如图 3 - 12 所示,图中距前缘 ac 处的点则是焦点(也叫气动中心)。作用于焦

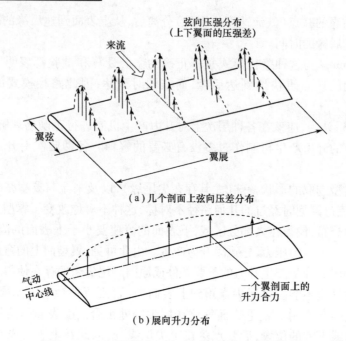

（a）几个剖面上弦向压差分布

（b）展向升力分布

图 3 - 10 矩形机翼在亚声速气流中的气动载荷分布

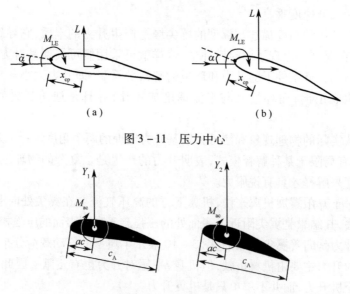

（a） （b）

图 3 - 11 压力中心

图 3 - 12 焦点的定义

点的力矩大小不随迎角的变化而变化。焦点的位置也是在沿弦线方向离开前缘的距离,一般在离开前缘 1/4 弦长的地方。

因此,在飞行动力学研究中,一般把升力和力矩的作用点放在焦点上进行研究,同时也把机身和平尾上的升力也折算到焦点上。

在目前的情况下,飞机的升力大都是通过风洞试验得到的。理论研究和试验表明,飞机的全机升力为

$$Z_L = \frac{1}{2}\rho V^2 S_w C_L \qquad (3-9)$$

式中:S_w 为参考面积,一般为机翼的水平投影面积;ρ 为来流密度;V 为来流速度;C_L 为全机升力系数。

全机升力系数为

$$C_L = C_{Lw} + C_{Lb}\frac{S_b}{S_w} + C_{Lt}\frac{S_t}{S_w} \qquad (3-10)$$

式中:C_{Lw} 为机翼升力系数;C_{Lb}、S_b 为机身升力系数和机身横截面积;C_{Lt}、S_t 为平尾升力系数和平尾面积。

在工程应用中,全机升力系数习惯用式(3-11)的形式表示。全机升力系数不仅是迎角和马赫数的函数,也是升降舵偏角的函数(平尾升力与方向舵偏角有关),即

$$C_L = C_{L0} + C_{L\alpha}\alpha + C_{L\delta_e}\delta_e \qquad (3-11)$$

式中:C_{L0} 为零升力系数;$C_{L\alpha} = \partial C_L/\partial\alpha$,为升力系数对迎角的导数;$C_{L\delta_e} = \partial C_L/\partial\delta_e$,为升力系数对升降舵偏转角的导数。

升力可以描述为下述非线性函数的一般形式,有

$$Z_L = Z_L(V,\rho,\alpha,\delta_e) \qquad (3-12)$$

注:这里没有采用符号 L 来代表升力的原因是避免与滚转力矩符号相同。

3.3.2 阻力

气流作用于飞机表面后,其升力和气流流过机体表面的摩擦力将产生阻力。气动阻力分为两个部分:一部分是与升力无关的阻力,称为零升阻力;另一部分和升力有关,称为升致阻力。

零升阻力是由摩擦阻力、压差阻力和零升波阻组成,而升致阻力则由诱导阻力和升致波阻组成。对于亚声速飞行的飞机来说,零升波阻和升致波阻可以忽略。

摩擦阻力主要是空气黏性性质引起的,当气流流过飞机表面时,必然要产生摩擦阻力。而压差阻力则是由于气流在翼型后缘分离后,在后缘产生漩涡区,引起前缘压力大于后缘压力,从而产生压差阻力。显然,气流分离点越靠近前缘,则在后缘产生的漩涡区越大,这样压差阻力就会越大。

诱导阻力产生的原因在于有限长机翼下表面压力大于上表面压力,而导致下表面气流翻到上表面,从而在机翼上表面形成了气流从翼尖向翼根的流动,而下表面则出现了翼根向翼尖的流动。因此,绕有限翼展机翼的合成气流流动是三维的,

既有弦向分速,也有展向分速,当上下表面气流在后缘汇合时,展向分速的差别导致气流在后缘处卷起许多沿展向的涡,如图3-13所示,这些小涡在翼尖内侧卷起两个大涡,同时也使得来流速度在邻近机翼前缘处向下"倾斜",即气动中心的实际迎角并不是远方来流(未扰流动)和翼弦线之间的夹角,而必须减掉一个下洗角(见图3-14)即

$$\alpha_e = \alpha - \varepsilon \tag{3-13}$$

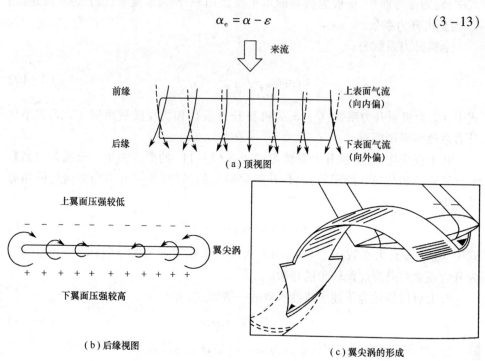

图3-13　展向载荷分布所产生的尾涡系

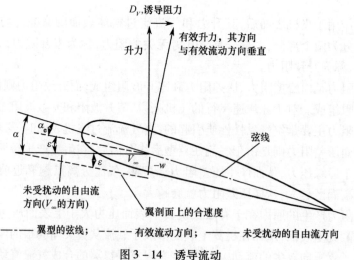

图3-14　诱导流动

涡使得邻近机翼的流动发生了改变,实际流动和远方流动(未扰流动)相对于气动中心的迎角来说相差一个下洗角 ε。气动中心处的气流合速度(实际流动速度)的方向相对于未扰气流向下倾斜了,因此与实际流动速度垂直的有效升力也将向后倾斜了同样的角度 ε。因此,整个机翼的有效升力在平行于未扰气流的方向有个分量,这是个阻力,它是有限翼展机翼产生升力所导致的后果,称为诱导阻力或涡阻力。

综上所述,气动阻力是和远方来流方向平行的,或者说气动阻力方向平行于气流方向,且作用于飞机的焦点(气动中心)。

气动阻力主要也是通过风洞试验得到,其表达式为

$$X_D = \frac{1}{2}\rho V^2 S_w C_D \qquad (3-14)$$

式中:S_w 为参考面积,一般为机翼的水平投影面积;ρ 为来流密度;V 为来流速度;C_D 为阻力系数。

阻力系数为

$$C_D = C_{D0} + C_{Di} \qquad (3-15)$$

式中:C_{D0} 为零升阻力系数;C_{Di} 为升致阻力系数。

阻力的一般非线性函数的表达式为

$$X_D = X_D(V, \rho, \alpha) \qquad (3-16)$$

显然阻力方向和速度方向是相反的,如图 3-6(b)所示。

3.3.3　侧力

飞机在几何上是左右对称的,如果在铅垂平面内作对称定常飞行时,即没有侧滑角,则按照升力解释机制,不可能出现垂直于对称面的气动力,也就是侧力。如果让对称面和来流方向形成一定的角度,即进行有侧滑角的不对称飞行时,就可能产生侧力。

侧力的方向与来流速度垂直,且与速度坐标系 oy_a 轴平行,若与 oy_a 轴指向相同则为正,其作用点也在焦点或气动中心。

侧力主要由机身和垂尾贡献。若方向舵偏角为零,那么只有存在侧滑角时,飞机才能产生侧力;若侧滑角为零,通过方向舵的偏转,而使垂尾产生弯度,同样在垂尾上也能出现侧力。

因此,全机侧力为

$$Y_C = \frac{1}{2}\rho V^2 S_w C_Y \qquad (3-17)$$

式中:S_w 为参考面积,一般为机翼的水平投影面积;ρ 为来流密度;V 为来流速度;C_Y 为侧力系数。

侧力系数为

$$C_Y = C_{Y\beta}\beta + C_{Y\delta_r}\delta_r + C_{Yp}p + C_{Yr}r \qquad (3-18)$$

式中：$C_{Y\beta}$ 为侧力对侧滑角导数；$C_{Y\delta_r}$ 为侧力对方向舵偏角导数；C_{Yp} 为侧力对滚转角速度导数；C_{Yr} 为侧力对偏航角速度导数。

侧力的一般表达式为

$$Y_c = Y_c(V, \rho, \beta, p, r, \delta_r) \qquad (3-19)$$

3.3.4 俯仰力矩

俯仰力矩也称纵向力矩，指作用于飞机的外力绕通过重心的机体轴 $o_b y_b$ 转动的力矩。主要包括气动力矩和发动机拉(推)力因不通过飞机重心而产生的力矩。

就气动力矩来说，主要由 4 个部分组成。

(1) 由于气流压力分布在机翼、机身和平尾表面，形成平面力系，因此可以等效为作用于焦点的一个合力和力矩，即升力和气动力矩。当迎角为零时，升力为零，而由于压力分布不均匀的原因，可使气动力矩不为零。该气动力矩也称为纯力偶或零升力矩，与作用点无关。

在定常直线飞行(即速度不变，$q = \dot{\alpha} = \dot{\delta}_e = 0$)时，由于全机升力作用在焦点，焦点和重心之间的距离即为力臂，形成升力对重心并绕机体轴 $o_b y_b$ 转动的力矩。

根据上述阐述，机翼—机身组合体的俯仰力矩(静力矩)为

$$M_{wb} = \frac{1}{2}\rho V^2 S_w c_A \left[C_{m0} + C_{m\alpha}(\alpha - \alpha_0) \right] \qquad (3-20)$$

其中，C_{m0} 是零升力矩系数，

$$C_{m\alpha} = (\bar{X}_{cg} - \bar{X}_F)\left(\frac{\partial C_L}{\partial \alpha} \right) \qquad (3-21)$$

式中：$\bar{X}_{cg} = X_{cg}/c_A$，$\bar{X}_F = X_F/c_A$，$X_{cg}$ 和 X_F 分别是重心和焦点到机翼前缘的距离。

这个力矩是飞机进行稳定、定常直线平飞的重要条件之一。其物理意义是：如果飞机受到某种扰动，产生使迎角增大的迎角增量，结果引起升力增量，如果式(3-21)中重心在焦点之前，则 $\bar{X}_{cg} < \bar{X}_F$，或 $C_{m\alpha} < 0$，那么升力增量就会产生绕重心的低头力矩增量(力矩为负)，其方向正好与迎角增大的方向相反，是稳定的作用。因此，该力矩也称为纵向静稳定力矩。显然，该力矩是否起到稳定作用，仅仅与重心和焦点的相对位置有关。

(2) 平尾对全机力矩的贡献具有特殊性。当位于平尾上的升降舵偏转导致平尾翼型弯度变化后，使平尾升力改变，从而引起对飞机重心的力矩，由于平尾焦点离飞机重心距离较远，力臂较大，因而较小的平尾升力也会引起对重心绕机体轴 $o_b y_b$ 的转动力矩。相比来说，升降舵偏转所产生的力矩是平尾对全机俯仰力矩的

主要贡献。

同时流经机翼的气流会对流过平尾的气流有下洗作用,因此,平尾迎角与机翼—机身组合体迎角相差一个下洗角,这个下洗角对平尾力的产生也是有影响的。另外在升降舵偏转过程中,弯度具有变化速度,也会形成转动力矩(动力矩)。

(3) 当迎角变化率$(\mathrm{d}\alpha/\mathrm{d}t)\neq0$(非定常飞行)时,就需要对平尾产生的静力矩进行修正。若$(\mathrm{d}\alpha/\mathrm{d}t)\neq0$,那么在平尾处的下洗角就不是一个常数,而是与迎角速度成正比,因此在非定常飞行时,需要对平尾产生的静力矩进行修正。

(4) 当飞机在绕机体轴$o_b y_b$转动产生转动速度$q\neq0$,该转动速度就会对机翼、机身和平尾的气流流动方向产生影响,改变了邻近机翼、机身和平尾的局部气流方向,导致机翼、机身和平尾存在有局部的迎角增量,产生的升力增量将形成力矩,该力矩总是去阻止飞机转动,故成为阻尼力矩。由于机翼和机身靠近重心,阻尼作用不如平尾大。阻尼力矩的主要贡献来自平尾,由于阻尼力矩是伴随着运动产生的,也成为动态力矩。

综上所述,全机俯仰力矩为

$$M = \frac{1}{2}\rho V^2 S_w c_A C_m \tag{3-22}$$

式中:S_w为参考面积,一般为机翼的水平投影面积;c_A为机翼的平均气动弦长;ρ为来流密度;V为来流速度;C_m为俯仰力矩系数。

俯仰力矩系数为

$$C_m = C_{m0} + C_{m\alpha}\alpha + C_{m\delta_e}\delta_e + C_{mq}\left(\frac{qc_A}{2V}\right) + C_{m\dot{\alpha}}\left(\frac{\dot{\alpha}c_A}{2V}\right) + C_{m\dot{\delta}_e}\left(\frac{\dot{\delta}_e c_A}{2V}\right) \tag{3-23}$$

式中:C_{m0}为令$\alpha=0$,$\delta_e=0$的零升力矩系数;$C_{m\alpha}$、$C_{m\delta_e}$为静气动导数,$C_{m\alpha}=\partial C_m/\partial\alpha$,$C_{m\delta_e}=\partial C_m/\partial\delta_e$;$C_{mq}$、$C_{m\dot{\alpha}}$、$C_{m\dot{\delta}_e}$为动气动导数,$C_{mq}=\partial C_m/\partial q$,$C_{m\dot{\alpha}}=\partial C_m/\partial\dot{\alpha}$,$C_{m\dot{\delta}_e}=\partial C_m/\partial\dot{\delta}_e$。

俯仰力矩的一般表达式如下:

$$M = M(V,\alpha,\delta_e,\dot{\alpha},q) \tag{3-24}$$

3.3.5　滚转力矩

滚转力矩,是指作用于飞机的空气动力所引起的绕机体轴$o_b x_b$转动的力矩。有关滚转力矩的产生和分析可见参考相关文献。

滚转力矩是横侧向力矩之一。由于滚转和偏航运动的耦合性,使得横侧向运动比较复杂。

滚转力矩主要包括以下部分。

1. 侧滑角引起的滚转力矩

此力矩主要由机翼和垂尾产生。其物理意义是:若飞机在定常直线飞行受到扰动,使得飞机向右滚转产生正的滚转角,此时升力在水平面的分力使飞机获得侧向分速,该分速和飞机速度合成后形成正的侧滑角(右侧滑),若此时由侧滑角产生的滚转力矩为负,那么这个使飞机左滚的力矩就有恢复机翼水平的作用,从而就能消除侧滑角。表明飞机本身具有恢复机翼水平的能力,即滚转静稳定性能力。

影响该力矩的主要因素是:

(1)机翼的上反角和下反角。一般下单翼飞机均采用上反角安装机翼,以保证$\beta > 0$时,滚转力矩$L < 0$,这样就可以使速度矢量向机体轴$o_b x_b$偏转起到消除侧滑角的目的。有些上单翼飞机,由于滚转静稳定性太强影响了滚转操纵,因此外侧或中间部分机翼采用下反角的机翼安装形式,来降低滚转静稳定性。

(2)机翼后掠角。后掠角对滚转力矩的贡献是增强了滚转静稳定性。

(3)垂尾。如果垂尾布局在机体轴$o_b x_b$上方时,所产生的力矩对滚转静稳定性有贡献;反之,如果在机体轴$o_b x_b$下方,所产生的力矩则会减弱滚转静稳定性。

(4)机翼和机身气动干扰。当存在侧滑角时,在速度方向一侧的机翼与机身连接处的压力总是大于另外一侧的压力,从而产生对滚转静稳定性有贡献的力矩。

2. 偏转副翼、扰流片引起的滚转力矩

差动偏转副翼造成在左右机翼上不对称升力,副翼下偏一侧的机翼升力大于上偏一侧的机翼升力,形成对重心并绕$o_b x_b$轴转动的滚动力矩。

扰流片对称安装在两侧机翼的上表面,用以辅助副翼增加滚转力矩。扰流片向上偏转后破坏了局部气流流动、减小机翼局部的升力,造成两侧机翼上不对称的升力,形成对重心并绕$o_b x_b$轴转动的滚动力矩。所以,有选择地偏转左右两侧机翼上的扰流板,就可以使飞机向左或向右滚转。

3. 偏转方向舵引起的滚转力矩

该力矩是耦合力矩。当方向舵偏转时,垂尾翼型的弯度会发生变化,形成侧力,该侧力的焦点和飞机重心间存在力臂,因此造成滚转力矩。

4. 滚转角速度引起的滚转力矩

在滚转的过程中,由于滚转速度在机翼前缘处形成不同的、按展向分布的线速度,该线速度会使邻近机翼的来流方向发生变化,使下行机翼迎角增加,而上行机翼迎角减小,故上行机翼的升力将小于下行机翼升力,就形成了阻止飞机向原滚转方向运动的滚转力矩,即滚转阻尼力矩,如图3-15所示。

阻尼力矩除了由机翼贡献外,平尾和垂尾也有贡献,其产生的原理是相同的。

5. 偏航角速度引起的滚转力矩

在偏航运动时,由于偏航角速度在两侧机翼平面上、引起垂直于机体轴$o_b y_b$的且两个方向的线速度,线速度是按展长进行分布的(图3-16)。显然,这个附加的速度对流过机翼表面的气流速度产生影响,导致在两侧机翼不对称升力,而引起滚转力矩。如图3-16所示,如果垂尾在机体轴$o_b x_b$上方,那么正的偏航角速度(向

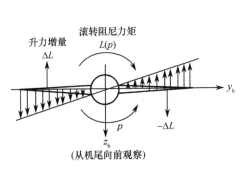

图 3 - 15　滚转角速度引起的滚转力矩

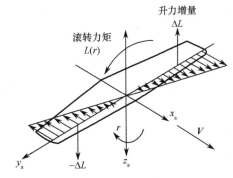

图 3 - 16　偏航角速度引起的滚转力矩

右偏航)会引起正的滚转力矩(向右滚转)。这个特性非常重要,直接影响飞行员对横侧向运动飞行品质的评价。

综上所述,全机滚转力矩为

$$L = \frac{1}{2}\rho V^2 S_w b C_l \tag{3 - 25}$$

式中:S_w 为参考面积,一般为机翼的水平投影面积;b 为机翼的翼展;ρ 为来流密度;V 为来流速度;C_l 为滚转力矩系数。

滚转力矩系数为

$$C_l = C_{l\beta}\beta + C_{l\delta_a}\delta_a + C_{l\delta_r}\delta_r + C_{lp}p + C_{lr}r \tag{3 - 26}$$

式中:$C_{l\beta}$、$C_{l\delta_a}$、$C_{l\delta_r}$ 为静气动导数,定义为 $C_{l\beta} = \partial C_l/\partial\beta$,$C_{l\delta_a} = \partial C_l/\partial\delta_a$,$C_{l\delta_r} = \partial C_l/\partial\delta_r$;$C_{lp}$、$C_{lr}$ 为动气动导数,定义为 $C_{lp} = \partial C_l/\partial p$,$C_{lr} = \partial C_l/\partial r$。

而滚转力矩的一般表达式为

$$L = L(\beta, p, \gamma, \delta_a, \delta_r) \tag{3 - 27}$$

3.3.6　偏航力矩

偏航力矩,是指作用于飞机的气动侧力所产生的通过重心的并绕机体轴 $o_b z_b$ 转动的力矩,偏航力矩只能使机体轴 $o_b x_b$ 和 $o_b y_b$ 绕机体轴 $o_b z_b$ 同步转动,所以可以改变航向角,但不能直接使速度矢量轴(速度坐标系 $o_a x_a$ 轴)发生转动。该力矩是由空气动力和左右机翼上所安装发动机拉(推)力不对称引起的。发动机不对称拉(推)力形成的偏航力矩,一般作为常值偏航力矩来考虑。此处主要讨论空气动力引起的偏航力矩。

偏航力矩也是横侧向力矩之一,因此滚转运动也将会耦合到偏航力矩。偏航力矩由以下几部分组成。

1. 侧滑角引起的偏航力矩

此力矩主要由垂尾和机身贡献。空气动力学理论和风洞试验均表明,亚声速

飞机的机身在 $\beta=0$ 时虽然没有侧力,但却有一不稳定的偏航力矩。由于垂尾在重心后方,当出现侧滑角后所产生的侧力对偏航运动具有稳定作用,并要求垂尾的稳定作用必须超过机身的不稳定作用且有一定的安全余量,这样才能满足航向静稳定性要求。

航向静稳定的物理意义是,若扰动使飞机出现右侧滑,则该侧滑角应引起使飞机向右偏航、正的偏航力矩,以消除侧滑角。在这种情况下,飞机航向就可能发生偏转,说明是通过机体轴 $o_b x_b$ 的向着速度轴 $o_a x_a$ 的转动来消除侧滑角的。因此,航向稳定性也称为风标稳定性。而滚转静稳定性力矩的作用恰好相反,它是使 $o_a x_a$ 轴朝着 $o_b x_b$ 轴转动的。

2. 副翼偏转角引起的偏航力矩

偏转副翼的目的是操纵飞机滚转实现转弯,然而产生滚动力矩却是阻止机体轴 $o_b x_b$ 向着速度轴 $o_b x_b$ 转动的,不利于协调转弯的目的。这个力矩对大展弦比飞机比较明显,对操纵飞机协调转弯不利。原因在于当两侧机翼副翼差动偏转后,一侧机翼升力增加的同时,阻力也增加了,因此两侧机翼的阻力不对称,从而形成向着阻力大一侧机翼转动的偏航力矩,不利于机体轴 $o_b x_b$ 和速度轴 $o_a x_a$ 的同向转动的协调转弯过程。正的副翼偏转将引起负的偏航力矩。

3. 方向舵偏转角引起的偏航力矩

方向舵正偏转使垂尾的弯度向右拱起(方向舵后缘左偏),形成向右侧力,对重心形成绕机体轴 $o_a z_a$ 向左转动、负的偏航力矩。

4. 滚转角速度引起的偏航力矩

该力矩主要由垂尾和机翼贡献。滚转角速度 p 在垂尾上形成与机体轴 $o_a z_a$ 垂直的线速度,该速度影响了其前缘局部的来流速度方向,形成局部侧滑角以及负侧力,对机体轴 $o_a z_a$ 形成向右转动、正的偏航力矩。该力矩也是个动态力矩。

5. 偏航角速度引起的偏航力矩

与纵向阻尼力矩相似,主要由垂尾贡献。这是个动态力矩,是伴随着偏航运动产生的,且该力矩总是去阻止偏航运动的。

综上所述,全机偏航力矩为

$$N = \frac{1}{2}\rho V^2 S_w b C_n \qquad (3-28)$$

式中:S_w 为参考面积,一般为机翼的水平投影面积;b 为机翼的翼展;ρ 为来流密度;V 为来流速度;C_n 为偏航力矩系数。

偏航力矩系数为

$$C_n = C_{n\beta}\beta + C_{n\delta_a}\delta_a + C_{n\delta_r}\delta_r + C_{np}p + C_{nr}r \qquad (3-29)$$

式中:$C_{n\beta}$、$C_{n\delta_a}$、$C_{n\delta_r}$ 为静气动导数,定义为 $C_{n\beta}=\partial C_n/\partial\beta$,$C_{n\delta_a}=\partial C_n/\partial\delta_a$,$C_{n\delta_r}=\partial C_n/\partial\delta_r$;$C_{np}$、$C_{nr}$ 为动气动导数,定义为 $C_{np}=\partial C_n/\partial p$,$C_{nr}=\partial C_n/\partial r$。

偏航力矩的一般表达式为

$$N = N(\beta, p, \gamma, \delta_a, \delta_r) \tag{3-30}$$

3.3.7　铰链力矩

气动操纵舵面上的气动力对舵面转轴或铰链轴形成的力矩,称为铰链力矩。铰链力矩一般可表示为

$$M_j = \frac{1}{2}\rho V^2 S_w \bar{c}_w C_j \tag{3-31}$$

式中:C_j 为铰链力矩系数;S_w 为操纵舵面面积;$\bar{c}_w$ 为操纵舵面几何平均气动弦长。

对一般形式的飞机,操纵舵面所处的位置受气流的影响较严重,且相对全机而言尺寸又较小,风洞试验受雷诺数、风洞流度模型粗糙度等因素的制约,不容易做准确。所以,铰链力矩风洞试验数据的可靠程度一般较差。当然采用分析方法就更难得到有用的信息了。

人或舵机操纵舵面时,不仅要克服操纵机构的摩擦力和惯性力,还要克服舵面上的铰链力矩。对于现代的运输类飞机来说,完全依靠人力操纵舵面已不可能,一般都装有电液助力器来直接驱动舵面,因此对自动飞行控制系统的舵机来说,所需克服的仅仅是操纵机构的摩擦力、惯性力以及电液助力器操纵阀门的摩擦力,无需考虑铰链力矩的影响。有关铰链力矩的详细知识可参考相关文献。

3.3.8　飞机的基本操纵方式

飞机操纵的目的是为了改变飞机的航迹(或轨迹)和平衡,以实现有效飞行。而改变飞机的航迹的实质就是改变其速度矢量(方向和大小),但由于发动机功率的限制、运动之间的耦合等原因,使得对速度矢量的方向和大小的控制变得复杂。

飞机的平衡主要是作用于飞机的力及力矩的平衡,只有飞机的升力和重力平衡,推力和阻力平衡,以及俯仰力矩、滚转力矩和偏航力矩完全平衡了,飞机才能进行等速直线平飞。

对飞机来说,如果要用小的能量消耗达到改变飞机速度矢量的目的,采用力矩式的操纵最为合理。在这种情况下,由于力臂的作用,使得在较小气动力情况下,仍能产生足以使飞机产生绕体轴系转动的力矩。这种转动的意义在于:不但可以改变飞机的姿态角,而且也改变了飞机的气动角(迎角或侧滑角)并引起气动力的变化,进而使速度矢量发生变化。简而言之,飞机的常规操纵是力矩式的操纵形式,通过转动运动改变姿态角,进而间接影响重心处的航迹或轨迹运动。

当然也可以通过控制发动机推力矢量或直接力等方法改变速度矢量。然而实现这些方法过于复杂,成本和风险较高,一般在机动性要求高的军用战斗机上使用,而在运输类飞机上很少使用。

对飞机姿态角进行操纵,就是使飞机绕机体轴系的 3 个轴进行转动运动。为了实现其目的,飞机采用了如图 3 - 17 所示的操纵部件,这些部件和操纵形式及物理机理如下。

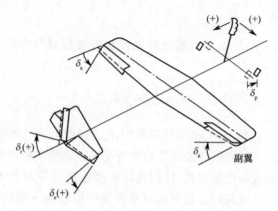

图 3 - 17   基本的空气动力学操作部件

1. 俯仰操纵,目的是使飞机绕机体轴 $o_b x_b$ 转动,改变俯仰角

用升降舵实现飞机俯仰方向的操纵,升降舵偏转后立即改变俯仰角,后续的效果则由动力学决定。升降舵安装在左右两侧平尾的后部,可同步上下偏转;平尾前半部通常是固定的,称为水平安定面。在很多大型飞机上,水平安定面在飞行中可以缓慢改变其安装角以平衡飞机的纵向力矩,也称为配平。升降舵的后缘还装有调整片,用于卸除或平衡作用于升降舵上的铰链力矩,如图 3 - 18 所示。

图 3 - 18   尾型的组成

通过改变升降舵后缘偏转的方向,就可以使平尾形成不同的弯度,如升降舵后缘上偏,就形成负弯度,从而引起向下的升力,导致绕飞机重心的抬头力矩并使俯仰角增大,进而使迎角变大,升力也随之提高,使得速度矢量向上偏转,飞机就向上爬升。反之,可使飞机下滑。当然,上述情况是俯仰操纵(或向后拉杆)后的初始状态,而是否能持续保持这样的状态以及最后的状态如何,则与飞机发动机的剩余功率有关。

除了俯仰操纵以外,在水平安定面无法配平俯仰力矩时,也可使用升降舵进行配平,以实现飞机的纵向平衡。

在平尾左右两侧的升降舵,有时也可以差动转动用来替代副翼的功能。另外一种平尾称为全动平尾,它取消了水平安定面,整个平尾都可以上下偏转,全动平尾一般用在高机动的战斗机上,运输类飞机很少使用。

通过升降舵进行俯仰操纵可实现的飞行状态控制如表 3 - 7 所列。

表 3 - 7　升降舵操纵可实现的飞行状态控制

运动状态	描　　述	说　　明
俯仰角	完成对预设俯仰角的跟踪、保持或满足配平要求	人工或自动飞行
垂直速度	对预设垂直速度的跟踪和保持	人工或自动飞行
飞行速度	跟踪飞行速度(指示空速)的跟踪和保持控制	自动飞行
高度	完成对预设高度的跟踪和保持控制	人工或自动飞行
下滑轨迹	对下滑信标(GS)轨迹进行跟踪和保持控制	人工或自动飞行

2. 滚转操纵,目的是使飞机绕机体轴 $o_b x_b$ 转动,以改变滚转角

在滚转操纵中一般采用副翼或扰流片进行,副翼或扰流片偏转后的最初时刻是滚转角的变化,而最终的结果则是由动力学决定的。副翼安装在机翼外侧的后缘,并且差动同步转动(即一侧副翼后缘向上偏转,另一侧机翼的后缘同步向下偏转),如图 3 - 17 所示。副翼是一块狭而长的翼面,翼展长而翼弦短。副翼的翼展一般占整个机翼翼展的 1/6 ~ 1/5,翼弦占整个机翼弦长的 1/5 ~ 1/4,当然并不是所有飞机都有副翼,譬如 F - 14 飞机就没有[3]。图 3 - 7 和图 3 - 8 给出了副翼和扰流片在机翼上的位置。

当副翼进行差动偏转时,造成两侧机翼升力的不对称,引起飞机绕机体轴 $o_b x_b$ 的转动,从而实现滚转操纵。滚转操纵使升力倾斜引起飞机的侧力(升力在水平面上的分力),从而使速度矢量在水平面的投影增加或减小,故可控制飞机在水平面内的轨迹。

扰流片设置在机翼的上表面,在机翼后缘稍前的位置,对称布置左右机翼的两侧。扰流片只能向上打开,但打开的角度是可以控制的。扰流片是用以辅助副翼增加滚转力矩的。一侧扰流片向上打开后,就会影响扰流片所处翼面的气流流动,从而使得扰流片打开一侧机翼的升力减小,从而引起两侧机翼升力的不对称形成滚转力矩。在 A320 飞机的自动飞行控制系统中,滚转控制是由副翼和扰流片共同完成的,副翼和扰流片偏转角度是自动协调的,以保证在全部飞行范围内具有最优和相同的机动性能。

通过副翼或扰流片进行滚转操纵可实现的飞行状态控制如表 3 - 8 所列。

3. 方向(航向)操纵的目的是使飞机绕机体轴 $o_b z_b$ 的转动

采用方向舵进行方向控制,首先也是引起偏航角的改变,最终的结果则取决于动力学。方向舵安装在垂尾的后半部,其后缘可以左右偏转。图 3 - 19 给出了方

表 3 - 8　副翼或扰流片可实现的飞行状态控制

运动状态	描　述	说　明
滚转角	完成对机翼水平，即滚转角为零的控制或维持某个滚转角不变	人工或自动飞行
转弯	(1) 按照转弯的方向和角度，控制并保持某个滚转角，在转弯完成的同时，滚转角回到零。 (2) 维持某个滚转角，与方向舵配合进行定常盘旋或协调转弯	人工或自动飞行
水平航迹	对由导航设备所形成的预设水平航迹进行跟踪和保持。如 VOR、LOC 信标形成的航道或 GPS 和 INS 形成的水平航迹	人工或自动飞行

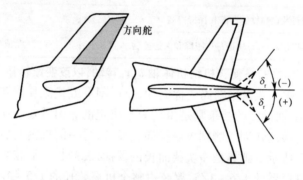

图 3 - 19　进行方向操纵的方向舵

向舵的位置。方向舵完成航向操纵的原理和俯仰操纵类似，垂尾采用对称翼型，因此当方向舵后缘往任意一个方向转动后，都会形成翼型的弯度，形成侧力使飞机对重心形成绕机体轴 $o_b z_b$ 的转动力矩，使固定于飞机的机体轴 $o_b x_b$ 转动，这样相对于机体轴 $o_b x_b$ 的初始位置面产生偏航角。

通过方向舵进行方向操纵可实现的飞行运动状态控制如表 3 - 9 所列。

表 3 - 9　方向舵操纵可实现的飞行状态控制

状态	描　述	说　明
偏航角	跟踪或保持某个航向	人工或自动飞行
协调转弯	与滚转（副翼）操纵协调，以零侧滑角完成倾斜转弯	人工或自动飞行
侧风	正侧风条件下飞行，方向舵使机头偏转向来侧风方向，以保证速度方向仍对准航道中心线	人工或自动飞行
不对称动力	发动机故障形成不对称动力时，用方向的偏转舵来抵抗其偏航力矩，保持航向不变	人工飞行

3.4 飞机的平衡、静稳定性和静操纵性

3.4.1 必要的历史回顾

在 19 世纪末期,也就是在实现有动力飞行的前期,人们对飞机稳定飞行的条件进行了大量的研究,当时主要采用手掷滑翔机的方法研究飞行稳定性。那时所谓稳定飞行就是滑翔机应该具有固有稳定航迹或方向的能力,当然这仅仅是通过对飞行观察后的结论,但如何获得这种稳定的能力,或者说飞机设计应满足怎样的物理条件才能获得这一稳定的能力,并无完整的结果。直到 1893 年,Zahm[4] 才提出了静稳定性的条件:如果重心位于机翼气动中心的前面,就需要一个弯曲的翼剖面得到一个稳定正迎角。这才给出了保证飞机稳定性的一个重要的设计条件。

但在那个年代,对飞行稳定性和操纵性的研究手段和方法的缺乏,更多的航空先驱更注重经验实践,典型的是 Langley 的工作。Langley 是早期航空界最有天才的先驱者之一,他设计的有动力飞机模型飞了 1.5min、共 1.2km,获得了很大的成功。为此,美国国会在 1899 年拨款 5 万美元,用于开发有动力的载人飞机,可惜的是他设计了一架具有稳定性的飞机,但几乎无法操纵,特别是两次试验中,发射系统的问题导致了飞行失败。

莱特兄弟的飞机吸取了早先片面强调稳定性要求的教训,将控制能力或操纵性作为成功飞行的重要条件。他们设计的飞机是静不稳定的,也就是重心在气动中心之后,具有良好的操纵性。但是缺乏稳定性的飞机使得实际操纵非常困难,他们是通过滑翔机的试验才学会了驾驶不稳定飞机的。

可以看到,航空先驱者并没有解决静稳定性和操纵性之间的问题,他们提供了很多有关静稳定性、操纵性的概念,但他们是否真正了解这些问题之间的关系我们不得而知。

3.4.2 静稳定性和运动稳定性

一般来说,当推力和阻力、重力和升力平衡后,飞机将保持匀速直线运动,即保持静力学平衡。当飞机受到扰动以后,其力和力矩将出现变化,其后的运动是动力学运动,由牛顿第二定律来描述。按照李雅普诺夫运动稳定性理论,扰动运动是否能重新回到平衡点或恢复到静力学平衡状态,则取决于这个扰动运动能否收敛,而扰动运动是否收敛则是由扰动前的平衡状态稳定性决定的。因此,就研究飞机运动的稳定性而言,则一定是飞机受扰以后的运动收敛性问题,因而飞机运动稳定性的问题只能采用李雅普诺夫运动稳定性理论来研究。

飞机在一定的速度和高度范围内进行有效飞行应具备两个必要条件:一是飞机必须能获得平衡状态,即全机力和力矩的平衡;二是对飞机有足够的操纵能力。

第一个条件，实际上就是李雅普诺夫稳定性中的平衡点问题。李雅普诺夫认为：如果平衡点是稳定的话，那么从这个平衡点出发的运动是收敛的或稳定的。并且给出了依据描述动力学运动的微分方程来判断其平衡点稳定性的理论和方法。因此，利用李雅普诺夫理论进行稳定性分析，则首先需要建立飞机动力学模型。

如果没有飞机动力学模型或者在飞机设计之初，设计者应当遵循怎样的原则来保证飞机运动的稳定性呢？这个问题也就是 19 世纪提出的问题。从李雅普诺夫理论来看，没有一个简单的原则就可以用来判断运动的稳定性，那么能否从简单的物理过程出发，来研究这样的原则？

Zahm 的工作是有启发性意义的。对于定速、定高飞行的飞机来说，如果要完成正常的水平直线飞行，那么作用在飞机上的合力和合力矩就必须平衡，飞机平衡后的气动角（迎角和侧滑角）也就不变了。显然气动角的任何变化，都将会破坏这种平衡，气动角可以作为飞机平衡的变量。因此，如果飞机的翼型的设计使得具有这样的能力，即当在平衡气动角的基础上，出现由于扰动等原因而产生的、破坏飞机平衡的气动角增量时，机翼对重心若能产生相应的力矩，使飞机具有朝着减小气动角增量的运动趋势，那么就认为这个飞机是具有稳定性趋势的，这种趋势或者能力称为静稳定性。

在这里，静稳定性具有两层含义：①所谓稳定就是飞机平衡破坏后能否重回平衡的问题；②静稳定性则是指飞机受扰后是否具有恢复平衡的趋势，而不是最后的结果。对这个趋势的判断就是：是否产生了能减小气动角增量运动的力矩。显然当产生了这个力矩后，飞机并不一定马上就开始朝着减小气动角增量的方向运动，只仅仅是具有了减小气动角增量的趋势或能力，这是必要的。而最终使迎角增量减小直至为零的运动是否发生还取决于其他的条件，这正是李雅普诺夫稳定理论所研究的问题。

静稳定性的第一个含义和李雅普诺夫稳定性类似，而第二个含义则是有差别的，静稳定性是表明飞机具有恢复平衡的趋势，只是运动开始的条件之一，而不是恢复平衡的运动过程。李雅普诺夫理论则主要研究整个运动过程的稳定性，因此静稳定性必然被包含在李雅普诺夫运动稳定性中。事实上，从李雅普诺夫运动稳定性理论的观点，静稳定性只是飞机运动稳定性的必要条件、而非充分条件。

飞机的运动除了受扰动以后所产生的对平衡状态的偏离运动以外，还有在舵面操纵下的对平衡状态的偏离运动，这些运动都是具有相同的动力学特征的，因此都适用于李雅普诺夫运动稳定性理论的。从李雅普诺夫理论的角度来看，不管是扰动还是操纵，都破坏了原来的平衡使飞机偏离了平衡状态，因此都被看成是一类扰动，在控制理论中也有类似的说法。

3.4.3　纵向运动的平衡、静稳定性和操纵

直线平飞是飞机的主要飞行形式，大型飞机更是如此。对于具有 6 个自由度

运动的飞机来说,为实现直线平飞,首先要满足升力和重力的平衡,其次还要使绕机体轴的力矩为零,即力矩平衡。对飞机操纵来说,除了实现对飞机轨迹的控制任务以外,还要维持飞机的平衡。也可以说,飞机的操纵就是从一个平衡状态转向另一个平衡状态并维持这个状态的过程。

由牛顿第一定律可知,匀速运动或静止都是平衡运动的形式。对飞机来说,等速直线平飞是常见的平衡运动。以下研究飞机在等速直线平飞时的平衡条件。

等速直线平飞就意味着:飞行速度和方向不变、机翼保持水平的直线水平飞行。即:飞机没有侧向移动和转动运动,且高度保持不变。

飞机几何尺寸关于 $o_b x_b z_b$ 平面左右对称的,因此侧向运动的力和力矩平衡通常是能自动满足的,故而在没有扰动的情况下,不可能发生侧向移动和偏航、滚转运动。但在纵向运动中则需要建立(或配平)3 个运动自由度的平衡,即升力和重力(高度不变)、推力和阻力平衡(速度不变)以及纵向力矩平衡(无俯仰转动)。所以,纵向运动中的平衡问题更为重要。

综上所述,飞机等速直线平飞时的平衡条件如下:

纵向运动

$$\begin{cases} \sum X_a = 0 \\ \sum Z_a = 0 \\ \sum M = 0 \end{cases} \qquad (3-32)$$

式中:$\sum X_a$ 和 $\sum Z_a$ 为速度坐标系在 $o_a x_a$ 轴和 $o_a z_a$ 轴上的合力。

横侧向运动

$$\begin{cases} \sum Y_a = 0 \\ \sum N = 0 \\ \sum L = 0 \end{cases} \qquad (3-33)$$

式中:$\sum Y_a$ 是速度坐标系中在 $o_a y_a$ 轴上的合力。

显然,这些条件能保证飞机的静力学平衡,才能实现等速直线平飞。

纵向运动的力平衡方程在速度坐标系下建立对研究更为方便,如图 3-20 所示。

假设飞机的拉(推)力线经过飞机重心,且定等速直线平飞时,则纵向运动在速度坐标系下力的平衡方程如下:

$o_a x_a$ 轴合力

$$T\cos(\alpha + \phi_T) - X_D - W\sin\gamma = 0 \qquad (3-34)$$

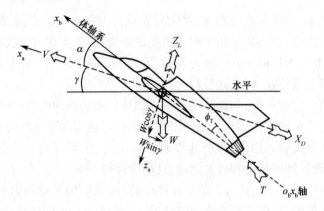

图 3 - 20 飞机飞行时的状态

$o_a z_a$ 轴合力

$$Tsin(\alpha + \phi_T) + Z_L - Wcos\gamma = 0 \tag{3-35}$$

式中：T 为推力（或拉力）；X_D 为阻力；Z_L 为升力；W 为重力，$W = mg$；ϕ_T 为推力 T 和 $o_b x_b$ 的夹角。

飞机又无俯仰转动运动。由式（3-32）可知，机体坐标系下的力矩平衡应满足

$$C_m = 0$$

而 C_m 又可写为

$$C_m = C_{m0} + C_{m\alpha}\alpha + C_{m\delta_e}\delta_e$$

则俯仰力矩平衡方程可写为

$$C_{m0} + C_{m\alpha}\alpha + C_{m\delta_e}\delta_e = 0 \tag{3-36}$$

式（3-34）~式（3-36）实际上是速度不变条件下纵向运动静力学平衡方程。很显然，要满足这样的平衡条件，首先必须选择一个迎角使得式（3-35）成立，这个迎角称为平衡迎角，为获得这一迎角必须按式（3-35）给定一个升降舵偏角或水平安定面的安装角。式（3-34）~式（3-36）的解，一般可以用速度、高度、迎角和升降舵偏角等表示，它们被定义为平衡状态或平衡点。

在满足了速度不变情况下的力和力矩的平衡条件后，剩下的问题就是在飞机受扰后，在升降舵锁住条件下是否能维持这种平衡。在此，维持平衡有两种含义：一是受扰后重新回到原来的平衡状态；二是到达一个新的平衡状态。

飞机平衡时所受到的外部环境扰动，可以等效为在平衡迎角基础上的迎角增量，例如风扰动。假定平衡迎角为 α_1，且扰动使迎角增加（或减小）到 α_2，图 3-21 给出了这两种情况。图 3-21 是式（3-36）中力矩系数 C_m 和迎角 α 在速度不变条件下纵向平衡时的关系，其中 δ_e 是参变量，表明了在不同高度和速度下平衡的条

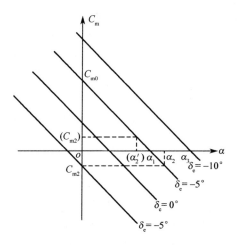

图 3 - 21　纵向力矩曲线簇

件。曲线 C_m 和横轴的交点就是飞机的平衡状态。

　　假定升降舵锁住的条件下,飞机在迎角受扰后维持平衡的能力可以表述为:飞机是否具有减小(或增加)迎角 α_2 的能力,使 $\alpha_2 \to \alpha_1$。也就是说,在飞机受扰迎角增加(或减小)后,飞机能否自动产生低头(或抬头)力矩,使 $\alpha_2 \to \alpha_1$。

　　从图 3 - 21 来看,只有曲线 C_m 在 α_1 处的斜率为负的情况下,即满足 $C_{m\alpha} = \partial C_m / \partial \alpha < 0$,在迎角增加(或减小)后,就能产生使飞机低头(或抬头)的负(或正)力矩,使飞机在俯仰方向的转动运动朝着有利于减小扰动所致迎角增量的运动趋势。

　　$\partial C_m / \partial \alpha < 0$ 的条件,按式(3 - 21)可以得到: $\partial C_m / \partial \alpha = (\bar{X}_{cg} - \bar{X}_F)(\partial C_L / \partial \alpha) < 0$,由于 $\partial C_L / \partial \alpha > 0$,则 $(\bar{X}_{cg} - \bar{X}_F) < 0$,也就是飞机的重心必须位于全机焦点之前。$\partial C_m / \partial \alpha < 0$ 这个静稳定性条件,既简单又实用。

　　总之,要使飞机具有静稳定性,$C_{m\alpha} = \partial C_m / \partial \alpha$ 应为负值,即飞机重心位置必须在全机焦点位置之前。

　　可用图 3 - 21 来研究关于平衡的操纵问题。如果要以小于原飞行速度 V_1 的速度 V_3 飞行,则平衡迎角需从 α_1 增加到 α_3,这就意味着应进行这样的操纵:飞行员在减小油门(减小速度)的同时还要后拉驾驶杆,使升降舵后缘上偏,即 δ_e 由 $-5°$ 上偏到 $-10°$,如此平尾产生向下的升力增量产生一个正的抬头力矩增量以增大迎角。迎角增大后,导致升力增加,如此才能达到在较小速度下升力与重力的重新平衡,随着迎角的增加抬头力矩会逐渐减小,直到自动稳定地平衡到一个较大的迎角 α_3 上。从式(3 - 35)来看这种现象是显然的,当速度下降后,原来的升力小于重力而造成力的不平衡,同样力矩的平衡也将会打破,飞机将表现出下滑的运动趋势,因此必须也要后拉驾驶杆加大迎角的方法来增加升力,使升力、重力以及力矩重新获得平衡。

由此可见,具有静稳定性的飞机操纵起来是协调的,符合基本的物理原理,而对于静不稳定的飞机,要维持这种平衡是十分困难的,操纵起来也是不协调的。

从上面的分析也可以看出,如果以新的飞行速度飞行的话,纵向运动的平衡状态(迎角、升降舵偏角)是不同的。也就是说,纵向运动的平衡状态会随着飞行速度和高度的不同而不同。

飞机作等速直线平飞的静力学平衡是一个非常重要的运动状态,围绕着它可以进行两种运动:

(1)从该平衡点出发到达一个新的平衡点的运动,譬如操纵飞机从一个高度飞到另一个高度。

(2)受扰后来维持这个平衡状态(也就意味着维持某个期望的飞行状态)的运动,譬如在风扰动的情况下,维持高度不变的操纵。

由李雅普诺夫运动稳定性理论,这个平衡点的属性决定了上述两类运动的稳定性。也就是说能否达到所期望的运动结果,完全取决于这个平衡点的稳定属性。如果这个平衡点是稳定的话,那么所期望的结果将可以实现;反之,如果这个平衡点是不稳定的,那么就不可能达到。

因此,等速直线平飞的平衡运动是非常重要的概念,不仅与运动的稳定性有关,还与飞机动力学模型的简化有关,并且与自动飞行控制系统的接通条件也有关系。

3.5 刚体飞机运动方程

自动飞行控制系统的设计主要采用刚体飞机动力学模型[5,6,10],很少采用弹性飞机的动力学模型,原因在于弹性飞机模型具有非线性和复杂性的特点,目前尚无成熟的控制理论来解决这类飞机的控制问题。如果必须要考虑飞机的弹性问题(气动弹性或结构弹性),则一般做法是:在采用刚体飞机模型设计结果的基础上,采用部分弹性飞机模型来检查弹性模态对自动飞行控制系统的影响,数学仿真是常用的研究方法之一。

3.5.1 刚体飞机的假设条件

对于真实的飞机来说,刚体飞机也是在一定假设条件下对真实飞机的近似而已。建立刚体飞机运动方程的假设条件如下[6]:

(1)飞机不仅是刚体,而且不考虑飞机结构的弹性变形和旋转部件(如发动机转子或螺旋桨)的陀螺效应。

(2)飞机质量是常数,即忽略飞机燃料质量随飞行时间增加而减小的事实,对于关注短时间飞行的研究,这种近似是可以成立的。

(3)不考虑飞机内部操纵系统的动力学过程,由于操纵系统的响应要远远快于飞机的响应,因此可以认为驾驶杆位移将立即导致舵面偏转。

（4）假设机体坐标系的 $o_b x_b z_b$ 平面为飞机的对称平面,不但几何外形关于 $o_b x_b z_b$ 平面是对称的,而且其内部质量分布也是对称的,这样惯性积 $I_{xy} = I_{yz} = 0$。

（5）假设地面为惯性坐标系,即忽略地球的自转和公转,将地面坐标系和惯性坐标系认为是一致的。

（6）忽略地球表面曲率影响,视地面为平面。

（7）假设大气是平静的,不考虑风的作用。

（8）重力加速度不随飞行高度的改变而变化。

假设条件（1）～（4）是对飞机本身的限制条件,而条件（5）～条件（8）是对飞行环境的限制条件。飞机动力学方程的推导就是基于上述假设条件得到的,因此在使用运动方程时,要注意假设条件和使用条件的符合性或近似性。

3.5.2　刚体飞机运动的一般方程推导

1. 地面坐标系下刚体飞机运动方程

由理论力学可知,六自由度的刚体动力学方程是由牛顿第二定律导出的,而牛顿第二定律只在惯性坐标系或地面坐标系下成立。

质心移动运动的牛顿第二定律的矢量方程为

$$\boldsymbol{F}_e = m \frac{\mathrm{d} \boldsymbol{V}_e}{\mathrm{d} t} \qquad (3-37)$$

关于刚体转动运动的牛顿第二定律的矢量方程为

$$\boldsymbol{M}_e = m \frac{\mathrm{d} \boldsymbol{H}_e}{\mathrm{d} t} \qquad (3-38)$$

式中:$\boldsymbol{F}_e$ 为飞机受到的合外力,定义在地面坐标系,$\boldsymbol{F}_e = [X_e, Y_e, Z_e]^\mathrm{T}$;$m$ 为飞机的质量;$\boldsymbol{V}_e$ 为飞机的质心速度,定义在地面坐标系,$\boldsymbol{V}_e = [u_e, v_e, w_e]^\mathrm{T}$;$\boldsymbol{M}_e$ 为飞机受到的合外力矩,定义在地面坐标系,$\boldsymbol{M}_e = [L_e, M_e, N_e]^\mathrm{T}$;$\boldsymbol{H}_e$ 为飞机的角动量矩,定义在地面坐标系,$\boldsymbol{H}_e = [H_{ex}, H_{ey}, H_{ez}]^\mathrm{T}$。

式（3-37）和式（3-38）是飞机运动的动力学方程,作为完整的飞机运动模型,还应包括运动学方程,即飞机在地面坐标系下的空间姿态和位置方程。

姿态方程可由式（3-7）得到

$$\begin{cases} \mathrm{d}\theta/\mathrm{d}t = q\cos\phi - r\sin\phi \\ \mathrm{d}\phi/\mathrm{d}t = p + (r\cos\phi + q\sin\phi)\tan\theta \\ \mathrm{d}\psi/\mathrm{d}t = (r\cos\phi + q\sin\phi)/\cos\theta \end{cases} \qquad (3-39)$$

位置方程可通过飞行速度得到。由于飞行速度是相对于大气的速度,因此一般定义在速度坐标下,故可通过速度坐标系向地面坐标系的转换矩阵（表3-2）得

到地面坐标系下的三轴速度,即

$$V_e = T_{ea} V$$

式中:T_{ea} 为速度坐标系向地面坐标系的转换矩阵,见表 3-2;V 为定义在速度坐标系下的飞机速度,$V = [V,0,0]^T$。因此,地面坐标系下的三轴速度为

$$\begin{cases} u_e = V\cos\chi\cos\gamma \\ v_e = V\sin\chi\cos\gamma \\ w_e = -V\sin\gamma \end{cases} \quad (3-40)$$

式(3-37)~式(3-40)组成了描述飞机运动的完整模型,是由 12 个独立的微分方程联立而成的微分方程组。从性质上来说,这是非定常(不是常系数)及非线性的微分方程,因此求解它应采用数值计算的方法;而如果要求解析解,则必须要对方程进行简化处理。

2. 机体坐标系下刚体飞机运动方程

飞机外力和力矩是作用在飞机本体上的,一般是在机体坐标系或速度坐标系下描述。而牛顿第二定律只能在地面坐标系下成立,因此就需要将机体坐标系或速度坐标系下的力和力矩等物理量转换到地面坐标系中,再代入方程式(3-37)和式(3-38)中,那么方程就可采用机体坐标系或速度坐标系中物理量来描述了,一般称这样形式的方程是在机体坐标系或速度坐标系下的飞机运动方程。

1) 在机体坐标系下飞机运动方程的推导

可以通过机体坐标系和地面坐标系之间的转换矩阵(表 3-1),将在机体坐标系下的力、质心速度、外力矩和动量矩转换为到地面坐标系中。

设机体坐标系下各物理量如下:合外力 $F = [X,Y,Z]^T$,质心速度 $V = [u,v,w]^T$,合力矩 $M = [L,M,N]^T$,角动量矩 $H = [H_x,H_y,H_z]^T$,T_{eb} 为机体坐标系向地面坐标系的转换矩阵,见表 3-1。则地面坐标系和机体坐标系中各物理量的关系为

$$\begin{cases} F_e = T_{eb} F \\ V_e = T_{eb} V \\ M_e = T_{eb} M \\ H_e = T_{eb} H \end{cases} \quad (3-41)$$

将以上各式分别代入式(3-37)和式(3-38),并利用

$$\frac{dV_e}{dt} = \frac{\partial(T_{eb})}{\partial t} V + T_{eb} \frac{dV}{dt}$$

$$\frac{dH_e}{dt} = \frac{\partial(T_{eb})}{\partial t} H + T_{eb} \frac{dH}{dt}$$

得到机体坐标系下的气动力和力矩表达式为

$$F = m\frac{\mathrm{d}\boldsymbol{V}}{\mathrm{d}t} + m\left[T_{\mathrm{eb}}^{-1}\left(\frac{\partial T_{\mathrm{eb}}}{\partial t} \right) \right]\boldsymbol{V} \tag{3-42}$$

$$M = \frac{\mathrm{d}\boldsymbol{H}}{\mathrm{d}t} + \left[T_{\mathrm{eb}}^{-1}\left(\frac{\partial T_{\mathrm{eb}}}{\partial t} \right) \right]\boldsymbol{H} \tag{3-43}$$

在计算设计 $\partial T_{\mathrm{eb}}/\partial t$ 时,利用式(3-39)可得

$$\boldsymbol{T}_{\mathrm{eb}}^{-1} \cdot \left(\frac{\partial \boldsymbol{T}_{\mathrm{eb}}}{\partial t} \right) = \begin{bmatrix} 0 & -r & q \\ r & 0 & -p \\ -q & p & 0 \end{bmatrix} \tag{3-44}$$

将式(3-44)代入式(3-42)并展开写成分量的形式后,得

$$\begin{cases} X = m(\dot{u} + wq - vr) \\ Y = m(\dot{v} + ur - wp) \\ Z = m(\dot{w} + vp - uq) \end{cases} \tag{3-45}$$

将式(3-44)代入式(3-43)并展开写成分量的形式后,得

$$\begin{cases} L = -H_y r + H_z q + \dot{H}_x \\ M = H_x r - H_z q + \dot{H}_y \\ N = -H_x q - pH_y + \dot{H}_y \end{cases} \tag{3-46}$$

绕机体各轴的转动惯量分别定义为

$$\begin{cases} I_x = \int (y_{\mathrm{b}}^2 + z_{\mathrm{b}}^2)\,\mathrm{d}m \\ I_y = \int (x_{\mathrm{b}}^2 + z_{\mathrm{b}}^2)\,\mathrm{d}m \\ I_z = \int (x_{\mathrm{b}}^2 + y_{\mathrm{b}}^2)\,\mathrm{d}m \end{cases} \tag{3-47}$$

惯性积按对称面假设,则有

$$\begin{cases} I_{xy} = \int x_{\mathrm{b}}y_{\mathrm{b}}\mathrm{d}m = 0 \\ I_{xz} = \int x_{\mathrm{b}}z_{\mathrm{b}}\mathrm{d}m \\ I_{yz} = \int y_{\mathrm{b}}z_{\mathrm{b}}\mathrm{d}m = 0 \end{cases}$$

则各机体轴上的动量矩分量为

$$\begin{cases} H_x = pI_x - rI_{xz} \\ H_y = qI_y \\ H_z = rI_z - pI_{xz} \end{cases} \quad (3-48)$$

将式(3-48)代入式(3-46),得

$$\begin{cases} L = \dot{p}I_x - \dot{r}I_{xz} + qr(I_z - I_y) - pqI_{xz} \\ M = \dot{q}I_y + pr(I_x - I_z) + (p^2 - r^2)I_{xz} \\ N = \dot{r}I_z - \dot{p}I_{xz} + pq(I_y - I_z) + qrI_{xz} \end{cases} \quad (3-49)$$

运动学方程则不变,仍如式(3-39)和式(3-40),并加上式(3-45)和式(3-49),组成了在机体坐标下完整的飞机运动方程。

2) 式(3-45)和式(3-49)中的合力和力矩

由理论力学刚体运动和空气动力学理论可知,力矩均是对通过质心的机体轴的转动定义的,因此定义在机体坐标系的力矩无需再做处理。而飞机所受到的合力,则主要由气动力、推力以及重力贡献。

从气动力的产生机制来看,气动力本质上是定义在速度坐标下的,因此需要将速度坐标系下的气动力转换到机体坐标系。即采用表3-3将速度坐标系中定义的升力、阻力和侧力(表3-5)转换到机体坐标系。

推力或拉力不经过重心并且在对称平面上,设定义在机体坐标系下的推力线在重心以下 z_T 距离和机体轴 $o_b x_b$ 的夹角为 ϕ_T,而重力则是定义在地面坐标系下的。这样在每个坐标系下的气动力、推力(或拉力)和重力(图3-6和图3-20)的表述如下:

在速度坐标系下,气动力 $\boldsymbol{F}_a = [-X_D, Y_C, -Z_L]^T$;

在机体坐标系下,推力(或拉力)$\boldsymbol{T} = [T\cos\phi_T, 0, -T\sin\phi_T]^T$;

在地面坐标系下,重力 $\boldsymbol{W} = [0, 0, mg]^T$。

推力对重心产生的绕 $o_b y_b$ 轴的力矩 $M_T = T \cdot z_T$,这一力矩为抬头的正俯仰力矩,应加入到力矩方程(3-46)中的第二个方程。故在机体坐标系下的合外力为

$$\boldsymbol{F} = \boldsymbol{T}_{ba}\boldsymbol{F}_a + \boldsymbol{T}_{be}\boldsymbol{W} + \boldsymbol{T} \quad (3-50)$$

式中:T_{be} 和 T_{ba} 分别为速度坐标系和地面坐标系向机体坐标系的转换矩阵,见表3-1和表3-3。

将式(3-50)写成分量形式后,得

$$\begin{cases} X = -X_D\cos\alpha\cos\beta - Y_C\cos\alpha\sin\beta + Z_L\sin\alpha - mg\sin\theta + T\cos\phi_T \\ Y = -X_D\sin\beta - Y_C\cos\beta + mg\cos\theta\sin\phi \\ Z = -X_D\sin\alpha\cos\beta - Y_C\sin\alpha\sin\beta - Z_L\cos\alpha + mg\cos\theta\cos\phi - T\sin\phi_T \end{cases} \quad (3-51)$$

3) 机体坐标系下的最终方程

根据以上结果可写出机体坐标系下飞机运动的最终方程。

质心动力学方程(力方程)为

$$\begin{cases} m(\dot{u} + wq - vr) = -X_D\cos\alpha\cos\beta - Y_C\cos\alpha\sin\beta + Z_L\sin\alpha - mg\sin\theta + T\cos\phi_T \\ m(\dot{v} + ur - wp) = -X_D\sin\beta - Y_C\cos\beta + mg\cos\theta\sin\phi \\ m(\dot{w} + vp - uq) = -X_D\sin\alpha\cos\beta - Y_C\sin\alpha\sin\beta - Z_L\cos\alpha + mg\cos\theta\cos\phi - T\sin\phi_T \end{cases}$$

$$(3-52)$$

绕质心转动的动力学方程(力矩方程)为

$$\begin{cases} \dot{p}I_x - \dot{r}I_{xz} + qr(I_z - I_y) - pqI_{xz} = L \\ \dot{q}I_y + pr(I_x - I_z) + (p^2 - r^2)I_{xz} = M + Tz_T \\ \dot{r}I_z - \dot{p}I_{xz} + pq(I_y - I_x) + qrI_{xz} = N \end{cases} \qquad (3-53)$$

姿态运动学方程为

$$\begin{cases} \dot{\theta} = q\cos\phi - r\sin\phi \\ \dot{\phi} = p + (r\cos\phi + q\sin\phi)\tan\theta \\ \dot{\psi} = \dfrac{(r\cos\phi + q\sin\phi)}{\cos\theta} \end{cases} \qquad (3-54)$$

位移运动学方程为

$$\begin{cases} u_e = V\cos\chi\cos\gamma \\ v_e = V\sin\chi\cos\gamma \\ w_e = -V\sin\gamma \end{cases} \qquad (3-55)$$

位置方程则可通过对式(3-55)积分得到

$$\begin{cases} X_e = \displaystyle\int_0^t u_e \mathrm{d}t \\ Y_e = \displaystyle\int_0^t v_e \mathrm{d}t \\ Z_e = \displaystyle\int_0^t w_e \mathrm{d}t \end{cases}$$

几何关系方程(气动角、姿态角与轨迹角间的几何关系)为

$$\begin{cases} \sin\gamma = \cos\alpha\cos\beta\sin\theta - (\sin\alpha\cos\beta\cos\phi + \sin\beta\sin\phi)\cos\theta \\ \sin\chi\cos\gamma = \cos\alpha\cos\beta\sin\psi\cos\theta - \sin\alpha\cos\beta(\cos\psi\sin\phi - \cos\phi\sin\psi\sin\theta) + \\ \qquad\qquad \sin\beta(\cos\psi\cos\phi + \sin\phi\sin\theta\sin\psi) \\ \sin\mu\cos\gamma = \cos\alpha\sin\beta\sin\theta - (\sin\alpha\sin\beta\cos\phi - \cos\beta\sin\phi)\cos\theta \end{cases}$$

$$(3-56)$$

以上在机体坐标系下描述的六自由度飞机运动方程,仍然是由 12 个非定常、非线性微分方程联立而成的微分方程组。非定常性质说明微分方程中的系数是关于高度和速度等变量的函数,是随飞行状态变化的,同时方程也不满足叠加原理而呈现一般非线性的特征。

如果研究非线性飞行控制系统,那么式(3-52)~式(3-55)就是基本方程。如果研究纵向或横侧向运动的非线性问题,就可以采用纵向和横侧向运动解耦后的非线性运动方程,即纵向和横侧向分开的非线性方程。对这种方程的简化,除了有上述假定以外,还需要增加飞机作对称运动的条件,即:

(1)非线性运动是从平衡运动出发的。

(2)平衡运动中,飞机对称平面处在铅垂平面(即滚转角 $\phi = 0$),且运动所在平面与飞机对称平面重合(侧滑角 $\beta = 0$)。

上述条件(2)和对刚体飞机的假设条件(1)和条件(4)构成了飞机对称运动的条件。若满足对称运动,则飞机的纵向和横侧向的气动力、力矩以及运动参数均互不影响,即纵向运动和横侧向运动解耦。由式(3-52)~式(3-55)可得(分别使纵向运动方程中的横侧向运动变量为零,使横侧向运动方程中的纵向运动变量为零)。

(1)纵向运动。

动力学方程为

$$
\begin{cases}
m(\dot{u} + wq) = -X_D\sin\alpha + Z_L\sin\alpha - mg\sin\theta + T\cos\phi_T \\
m(\dot{w} - uq) = -X_D\sin\alpha - Z_L\cos\alpha + mg\cos\theta - T\sin\phi_T \\
I_y\dot{q} = M + T \cdot z_T
\end{cases} \tag{3-57}
$$

运动学方程为

$$
\begin{cases}
\dot{\theta} = q \\
u_e = V\cos\gamma \\
w_e = -V\sin\gamma
\end{cases} \tag{3-58}
$$

几何关系方程为

$$
\gamma = \theta - \alpha \tag{3-59}
$$

(2)横侧向运动。

动力学方程为

$$
\begin{cases}
m\dot{v} = Y_C \\
I_x\dot{p} - I_{xz}\dot{\gamma} = L \\
I_z\dot{\gamma} - I_{xz}\dot{p} = N
\end{cases} \tag{3-60}
$$

姿态和位移方程为

$$\begin{cases} \dot{\phi} = p + r\tan\theta \\ \dot{\psi} = \dfrac{r}{\cos\theta} \\ v_e = 0 \end{cases} \tag{3-61}$$

几何关系方程为

$$\begin{cases} \sin\chi\cos\gamma = \sin\psi\cos(\theta - \alpha) \\ \mu = 0 \end{cases} \tag{3-62}$$

式(3-57)~式(3-62)是飞机进行刚体对称运动的数学模型,也是研究飞机刚体运动的基本方程。适用于自动飞行控制系统的飞机刚体运动的线性模型,是由上述方程简化得到的,可见上述方程的重要性。

第4章
纵向和横侧向运动的线性方程

4.1 刚体飞机运动的线性方程推导

刚体飞机运动方程的非定常和非线性的性质,使得采用解析的方法研究飞机运动是比较困难的,但这样的方程可以用于数学仿真。

为了更进一步地研究飞机运动的动态过程,并得出一般性的结论,只能使用解析法。为此,需要对刚体飞机运动方程进行线性化近似处理,其最终目的就是得到定常(常系数)线性微分方程的数学模型形式。

4.1.1 线性化方法和假设条件

从数学上来讲,可以使用泰勒公式简化非线性方程得到线性方程。泰勒公式指出:如果函数在某个点的小邻域内有定义,则非线性函数可以用线性函数来近似。也就是只取非线性函数泰勒展开式的线性项,而将二次以上的高阶小量项全部忽略。

现在将泰勒方法和飞机的运动对应起来,就可以得出将飞机运动的非线性方程简化为线性方程所需的条件以及线性方程描述的是怎样的运动。

泰勒公式中,非线性函数总是在某个已知或确定的点展开的,线性函数只能在该点的小邻域内成立。这样,可将泰勒公式中的"已知点"作为飞机运动的起点,且"关于该点的小邻域"则可假定为飞机从起点出发只进行小量运动或小扰动运动。满足这些条件后,飞机运动就可以用线性运动来代替了,也就是说如果用泰勒公式对飞机运动方程线性化近似的话,得到的线性微分方程描述的仅仅是:飞机从某个点出发的小量运动或小扰动运动。如果运动的起点是定常的(即不随时间变化),那么进行小量运动时带来的另外一个好处就是:能使用常系数来代替微分方程中随运动变化的非定常系数。

因此,如果满足运动的起点是定常的,且只进行从运动起点出发的小量运动,那么采用泰勒公式进行近似处理,就可以将非定常、非线性微分方程近似简化为定常线性微分方程,这样就可以方便地采用解析法来研究飞行动力学问题了。

现在的问题就是飞机运动起点的选择。等速直线平飞是个重要的平衡状态,可以将该状态作为运动的起点,正如第 3 章所指出的,对飞机操纵来说总是"平衡→运动→平衡"的过程。因此,平衡状态也是各类飞机最常用、最有代表性的状态。当然,也有采用其他飞行状态作为运动起点的,譬如定常拉升或稳定盘旋等,主要取决于研究的目的。

综上分析,在进行线性化之前仍需要在 3.5.1 节的基础上再作出如下假设。

(1) 在未受扰前,飞机作等速直线、对称飞行的基准运动。即基准运动是静力学平衡的以及满足对称性的条件:飞机具有几何对称平面,且对称平面处在铅垂平面(即滚转角 $\phi = 0$),运动所在平面和飞机对称平面重合(侧滑角 $\beta = 0$)。对称性条件表明飞机的纵向和横侧向运动解耦。

(2) 所有基准运动是定常运动,即其运动参数都是常数。只要基准运动参数的变化不太激烈,则在短时间内可以近似认为运动参数不变。这种处理方法也称系数冻结法。

(3) 飞机运动由基准运动和扰动运动叠加而成。从基准运动出发的运动也称扰动运动(也是增量运动),扰动运动量(增量)足够小,以至于这些量的自身或和其他量的乘积关于二阶或更高阶的小量可以忽略。扰动运动是小量运动,也称小扰动运动,小扰动运动的发生可能是由于外部飞行环境的干扰、也有可能是操纵行为(舵面发生小量偏转)所引起,否则将保持基准运动飞行。

(4) 在基准飞行状态附近,横侧向小扰动量不影响纵向气动力和力矩,而纵向小扰动量也不影响横侧向气动力和力矩。这样的话,纵向和横侧向运动就不存在耦合,因此运动方程就可以将纵向和横侧向运动分开处理。

(5) 对称基准运动为"对称定常直线飞行"或"对称定直飞行"运动。

基准运动是非常重要的概念,它是飞机运动简化为线性运动以及纵向和横侧向运动解耦的重要条件,基准运动具备下列特征:

① 对称运动时,有

$$\begin{cases} \phi_0 = 0 \\ \beta_0 = 0 \end{cases} \tag{4-1}$$

等速直线飞行时,有

$$\begin{cases} \dfrac{\mathrm{d}V_0}{\mathrm{d}t} = 0 \\ p_0 = q_0 = r_0 = 0 \\ \dfrac{\mathrm{d}\delta_{e0}}{\mathrm{d}t} = \dfrac{\mathrm{d}\delta_{a0}}{\mathrm{d}t} = \dfrac{\mathrm{d}\delta_{r0}}{\mathrm{d}t} = 0 \end{cases} \tag{4-2}$$

② 运动是定常的,即运动变量和参数不随时间变化。

由假设(3)可知飞机全面运动由基准运动和扰动运动叠加而成,基准运动用下标为"0"的符号表示,而扰动运动则在符号前加注"Δ",则飞机的全面运动变量

可表示如下(按纵向和横侧向运动分开列写):

纵向运动变量及力和力矩为

$$
\begin{cases}
u = u_0 + \Delta u \\
w = w_0 + \Delta w \\
q = q_0 + \Delta q \\
\theta = \theta_0 + \Delta\theta \\
\alpha = \alpha_0 + \Delta\alpha \\
\gamma = \gamma_0 + \Delta\gamma \\
\delta_e = \delta_{e0} + \Delta\delta_e \\
\delta_T = \delta_{T0} + \Delta\delta_T \\
Z_L = Z_{L0} + \Delta Z_L \\
X_D = X_{D0} + \Delta X_D \\
T = T_0 + \Delta T \\
M = M_0 + \Delta M
\end{cases}
\qquad (4-3a)
$$

横侧向运动变量及力和力矩为

$$
\begin{cases}
v = v_0 + \Delta v \\
p = p_0 + \Delta p \\
r = r_0 + \Delta r \\
\phi = \phi_0 + \Delta\phi \\
\psi = \psi_0 + \Delta\psi \\
\beta = \beta_0 + \Delta\beta \\
\mu = \mu_0 + \Delta\mu \\
\chi = \chi_0 + \Delta\chi \\
\delta_a = \delta_{a0} + \Delta\delta_a \\
\delta_r = \delta_{r0} + \Delta\delta_r \\
Y_c = Y_{c0} + \Delta Y_c \\
L = L_0 + \Delta L \\
N = N_0 + \Delta N
\end{cases}
\qquad (4-3b)
$$

对称定直飞行的基准运动中,所有横侧向运动参数均为零,即

$$
p_0 = r_0 = \phi_0 = \psi_0 = \beta_0 = \mu_0 = \chi_0 = 0
$$

$$
\delta_{a0} = \delta_{r0} = 0
$$

纵向参数中,除 $q_0 = 0$ 外,其他参数 μ_0、w_0、θ_0、α_0、r_0、δ_{e0}，δ_{T0} 一般不为零。

4.1.2　小扰动线性化的一般方法

飞机运动方程式(3-52)~式(3-55)中,设飞机运动矢量

$$\boldsymbol{X} = [u, v, w, p, q, r, \theta, \phi, \psi]^{\mathrm{T}} \tag{4-4}$$

注:α 和 β 可作为 u、v、w 的函数处理。

舵面和油门杆偏转作为输入矢量

$$\boldsymbol{u} = [\delta_e, \delta_T, \delta_a, \delta_r]^{\mathrm{T}} \tag{4-5}$$

将 $\boldsymbol{X}$ 称为飞机运动矢量(运动变量的集合),那么运动方程经过规范化后可以抽象为如下一般形式:

$$\dot{\boldsymbol{X}} = f(\boldsymbol{X}, \boldsymbol{u}) \tag{4-6}$$

从式(4-6)来看,方程右边是非定常和非线性的函数,只要对此进行线性化处理即可。假设飞机作对称定直飞行,则飞机处在静力学平衡中,即 $\dot{\boldsymbol{X}} = 0$,则其平衡方程为

$$f(\boldsymbol{X}_0, \boldsymbol{u}_0) = 0 \tag{4-7}$$

如果将对称定直飞行作为基准运动,则式(4-7)中解出的数值 $\boldsymbol{X}_0$ 和 $\boldsymbol{u}_0$ 即为扰动运动的出发点(或所有非线性函数从此点用泰勒公式进行展开),那么从该点出发的小扰动运动变量显然应该为 $\Delta \boldsymbol{X}$、$\Delta \boldsymbol{u}$,也就是意味着:

$$\begin{cases} \boldsymbol{X} = \boldsymbol{X}_0 + \Delta \boldsymbol{X} \\ \boldsymbol{u} = \boldsymbol{u}_0 + \Delta \boldsymbol{u} \end{cases} \tag{4-8}$$

式(4-8)说明飞机运动是平衡运动和扰动运动的叠加。采用上述符号,将式(4-6)等号右边的非线性函数在 $\boldsymbol{X}_0$、$\boldsymbol{u}_0$ 点处用泰勒公式进行展开,取线性项得

$$f(\boldsymbol{X}, \boldsymbol{u}) = f(\boldsymbol{X}_0, \boldsymbol{u}_0) + \left(\frac{\partial f}{\partial \boldsymbol{X}}\right)_0 (\boldsymbol{X} - \boldsymbol{X}_0) + \left(\frac{\partial f}{\partial \boldsymbol{u}}\right)_0 (\boldsymbol{u} - \boldsymbol{u}_0) \tag{4-9}$$

式中:$\left(\dfrac{\partial f}{\partial \boldsymbol{X}}\right)_0$ 和 $\left(\dfrac{\partial f}{\partial \boldsymbol{u}}\right)_0$ 是平衡点处的雅克比矩阵。

利用平衡方程式(4-7)及式(4-8),则式(4-9)进一步为

$$f(\boldsymbol{X}, \boldsymbol{u}) = \left(\frac{\partial f}{\partial \boldsymbol{X}}\right)_0 \Delta \boldsymbol{X} + \left(\frac{\partial f}{\partial \boldsymbol{u}}\right)_0 \Delta \boldsymbol{u} \tag{4-10}$$

将式(4-10)替换式(4-6)等号右边,并考虑到 $\dot{\boldsymbol{X}}_0 = 0$,有

$$\dot{\boldsymbol{X}} = \Delta \dot{\boldsymbol{X}} \tag{4-11}$$

这样式(4-10)就可写为

$$\Delta \dot{\boldsymbol{X}} = \left(\frac{\partial f}{\partial \boldsymbol{X}}\right)_0 \Delta \boldsymbol{X} + \left(\frac{\partial f}{\partial \boldsymbol{u}}\right)_0 \Delta \boldsymbol{u} \tag{4-12}$$

式(4-12)完全是线性定常微分方程,反映了小扰动量 ΔX 的变化,描述了从基准运动出发的小扰动运动。而如果需要考察运动量的完整或全面结果,则需要加上基准运动状态的变量值(式(4-8)),这样才可以和实际飞行中通过仪表所观察到的结果一致。式(4-12)也称增量方程。上述方法是线性化的一般方法,也称小扰动线性化方法。以下将对非线性化方程按该方法进行线性化处理。

4.1.3 非线性运动方程的小扰动线性化处理

1. 基准运动方程

将基准运动的特征式(4-1)、式(4-2)和静力学平衡的条件代入飞机运动方程式(3-52)~式(3-55),就可以得到关于基准运动代数方程,也就是静力学平衡方程,下标"0"表示基准运动。

力方程为

$$\begin{cases} -X_{D0}\cos\alpha_0 + Z_{L0}\sin\alpha_0 - mg\sin\theta_0 + T_0\cos\phi_T = 0 \\ Y_{C0} = 0 \\ -X_{D0}\sin\alpha_0 - Z_{L0}\cos\alpha_0 + mg\cos\theta_0 - T_0\sin\phi_T = 0 \end{cases} \quad (4-13)$$

力矩方程为

$$\begin{cases} L_0 = 0 \\ M_0 + T_0 \cdot z_T = 0 \\ N_0 = 0 \end{cases} \quad (4-14)$$

姿态方程为

$$\begin{cases} \dot{\theta}_0 = 0 \\ \dot{\phi}_0 = 0 \\ \dot{\psi}_0 = 0 \end{cases} \quad (4-15)$$

位移运动方程为

$$\begin{cases} u_{e0} = V_0\cos\gamma_0 \\ v_{e0} = 0 \\ w_{e0} = -V_0\sin\gamma_0 \end{cases} \quad (4-16)$$

几何关系方程为

$$\begin{cases} \chi_0 = 0 \\ \gamma_0 = \theta_0 - \alpha_0 \\ \mu_0 = 0 \end{cases} \quad (4-17)$$

上述平衡方程式(4-13)和式(4-14)的解(下标为"0"的变量)就是基准运动参数,而且是不随时间变化的常数。

平衡方程式(4-13)的解法如下。

式(4-13)中,如果推力 T_0 已知,则很容易求出 Z_{L0} 和 X_{D0}。若 T_0、Z_{L0} 及 X_{D0} 均未知,则可在对称飞行的前提下,用迭代的方法来解方程,其步骤过程如下:

(1) 由预先设定的定常对称飞行时的空速、高度和飞行重量确定升力系数。由于飞机是对称飞行,并假定作近似的水平飞行,即 γ 为小量,同时假设推力和机体轴 $o_b x_b$ 近似平行,则

$$C_L \approx \frac{mg}{\left(\frac{1}{2}\rho V_0^2\right)S_w}$$

(2) 按照这个升力系数,在规定的飞机构型和马赫数 M_0 下,由相应的极曲线可求出对应于 C_L 的迎角 α_0 和阻力系数 C_{D0}。

(3) 由以上求出的 C_L、C_{D0} 和 α_0,以及预先给定的飞行爬升角 γ_0、飞行重量和推力安装角,利用 $X_{D0} = \rho V_0^2 S_w C_{D0}/2$ 代入式(4-13),即得平衡推力 T_0 和升力 Z_{L0}。

(4) 由 Z_{L0} 又可得 V_0 和 M_0 的校正值 V_0' 和 M_0'。

$$V_0' = \sqrt{\frac{2Z_{L0}}{\rho S_w C_L}}$$

$$M_0' = \frac{V_0'}{a_0} \quad (a_0 \text{ 为声速})$$

(5) 若 V_0' 和预先给定的速度 V_0 有误差,则令 $V_0 = V_0'$,$M_0 = M_0'$,重新开始进行迭代,直到 $V_0 - V_0' \approx 0$。

2. 运动方程线性化前的准备——气动力和力矩的线性化

在对飞机运动方程(式(3-52)和式(3-55))进行线性化处理的过程中,必然也需要对气动力和力矩进行线性化处理。而气动力和力矩都是有关飞机运动变量的非线性函数,至于和哪些运动变量有关,需要根据气动力和力矩的特性分析,第 3 章已经详细分析了气动力和力矩产生的原因,并给出了飞机气动力和力矩的非线性函数表达式,并考虑到线性化时的假设:ρ = 常数,得到:

气动力和推力为

$$\begin{cases} X_D = X_D(V,\alpha) \\ Y_C = Y_C(\beta,\delta_r,p,r) \\ Z_L = Z_L(V,\alpha,\delta_e) \\ T = T(V,\delta_T) \end{cases}$$

气动力矩为

$$
\begin{cases}
L = L(\beta, p, r, \delta_a, \delta_r) \\
M = M(V, \alpha, \dot{\alpha}, q, \delta_e) \\
N = N(\beta, p, r, \alpha, \delta_a, \delta_r)
\end{cases}
$$

基准运动处对上述力和力矩函数采用泰勒公式展开,取线性项后得到有关力和力矩的线性化表达式:

气动力和推力的线性化表达式为

$$
\begin{cases}
X_D = X_{D0} + \left(\dfrac{\partial X_D}{\partial V}\right)_0 \Delta V + \left(\dfrac{\partial X_D}{\partial \alpha}\right)_0 \Delta \alpha \\[3mm]
Y_C = Y_{C0} + \left(\dfrac{\partial Y_C}{\partial \beta}\right)_0 \Delta \beta + \left(\dfrac{\partial Y_C}{\partial P}\right)_0 \Delta P + \left(\dfrac{\partial Y_C}{\partial r}\right)_0 \Delta r + \left(\dfrac{\partial Y_C}{\partial \delta_r}\right)_0 \Delta \delta_r \\[3mm]
Z_L = Z_{L0} + \left(\dfrac{\partial Z_L}{\partial V}\right)_0 \Delta V + \left(\dfrac{\partial Z_L}{\partial \alpha}\right)_0 \Delta \alpha + \left(\dfrac{\partial Z_L}{\partial \delta_e}\right)_0 \Delta \delta_e \\[3mm]
T = T_0 + \left(\dfrac{\partial T}{\partial V}\right)_0 \Delta V + \left(\dfrac{\partial T}{\partial \delta_T}\right)_0 \Delta \delta_T
\end{cases}
$$

气动力矩线性化表达式为

$$
\begin{cases}
L = L_0 + \left(\dfrac{\partial L}{\partial \beta}\right)_0 \Delta \beta + \left(\dfrac{\partial L}{\partial p}\right)_0 \Delta p + \left(\dfrac{\partial L}{\partial r}\right)_0 \Delta r + \left(\dfrac{\partial L}{\partial \delta_a}\right)_0 \Delta \delta_a + \left(\dfrac{\partial L}{\partial \delta_r}\right)_0 \Delta \delta_r \\[3mm]
M = M_0 + \left(\dfrac{\partial M}{\partial V}\right)_0 \Delta V + \left(\dfrac{\partial M}{\partial \alpha}\right)_0 \Delta \alpha + \left(\dfrac{\partial M}{\partial \dot{\alpha}}\right)_0 \Delta \dot{\alpha} + \left(\dfrac{\partial M}{\partial q}\right)_0 \Delta q + \left(\dfrac{\partial M}{\partial \delta_e}\right)_0 \Delta \delta_e \\[3mm]
N = N_0 + \left(\dfrac{\partial N}{\partial \beta}\right)_0 \Delta \beta + \left(\dfrac{\partial N}{\partial p}\right)_0 \Delta p + \left(\dfrac{\partial N}{\partial r}\right)_0 \Delta r + \left(\dfrac{\partial N}{\partial \alpha}\right)_0 \Delta \alpha + \left(\dfrac{\partial N}{\partial \delta_a}\right)_0 \Delta \delta_a + \left(\dfrac{\partial N}{\partial \delta_r}\right)_0 \Delta \delta_r
\end{cases}
$$

式中:X_{D0}、Z_{L0}、T_0 均满足基准运动的静力学平衡方程式(4-13)和式(4-14)以及 $L_0 = N_0 = 0$、$Y_{C0} = 0$ 的条件,这样气动力和力矩即推力(或拉力)的增量形式为

$$
\begin{cases}
\Delta X_D = \left(\dfrac{\partial X_D}{\partial V}\right)_0 \Delta V + \left(\dfrac{\partial X_D}{\partial \alpha}\right)_0 \Delta \alpha \\[3mm]
\Delta Y_C = \left(\dfrac{\partial Y_C}{\partial \beta}\right)_0 \Delta \beta + \left(\dfrac{\partial Y_C}{\partial P}\right)_0 \Delta P + \left(\dfrac{\partial Y_C}{\partial r}\right)_0 \Delta r + \left(\dfrac{\partial Y_C}{\partial \delta_r}\right)_0 \Delta \delta_r \\[3mm]
\Delta Z_L = \left(\dfrac{\partial Z_L}{\partial V}\right)_0 \Delta V + \left(\dfrac{\partial Z_L}{\partial \alpha}\right)_0 \Delta \alpha + \left(\dfrac{\partial Z_L}{\partial \delta_e}\right)_0 \Delta \delta_e \\[3mm]
\Delta T = \left(\dfrac{\partial T}{\partial V}\right)_0 \Delta V + \left(\dfrac{\partial T}{\partial \delta_T}\right)_0 \Delta \delta_T
\end{cases} \tag{4-18}
$$

$$\begin{cases} \Delta L = \left(\dfrac{\partial L}{\partial \beta}\right)_0 \Delta\beta + \left(\dfrac{\partial L}{\partial p}\right)_0 \Delta p + \left(\dfrac{\partial L}{\partial r}\right)_0 \Delta r + \left(\dfrac{\partial L}{\partial \delta_a}\right)_0 \Delta\delta_a + \left(\dfrac{\partial L}{\partial \delta_r}\right)_0 \Delta\delta_r \\[2mm] \Delta M = \left(\dfrac{\partial M}{\partial V}\right)_0 \Delta V + \left(\dfrac{\partial M}{\partial \alpha}\right)_0 \Delta\alpha + \left(\dfrac{\partial M}{\partial \dot\alpha}\right)_0 \Delta\dot\alpha + \left(\dfrac{\partial M}{\partial q}\right)_0 \Delta q + \left(\dfrac{\partial M}{\partial \delta_e}\right)_0 \Delta\delta_e \\[2mm] \Delta N = \left(\dfrac{\partial N}{\partial \beta}\right)_0 \Delta\beta + \left(\dfrac{\partial N}{\partial p}\right)_0 \Delta p + \left(\dfrac{\partial N}{\partial r}\right)_0 \Delta r + \left(\dfrac{\partial N}{\partial \alpha}\right)_0 \Delta\alpha + \left(\dfrac{\partial N}{\partial \delta_a}\right)_0 \Delta\delta_a + \left(\dfrac{\partial N}{\partial \delta_r}\right)_0 \Delta\delta_r \end{cases}$$

$$(4-19)$$

3. 关于力方程(式(3-52))的线性化处理

(1) 关于 u 方程的线性化。即对式(3-52)中的第一个方程进行线性化处理,方程如下:

$$m(\dot u + wq - vr) = -X_D\cos\alpha\cos\beta + Y_C\cos\alpha\sin\beta +$$
$$Z_L\sin\alpha - mg\sin\theta + T\cos\phi_T \qquad (4-20)$$

首先对式(4-20)等号左边表达式进行线性化。由于 $u = u_0 + \Delta u$, $v = v_0 + \Delta v$, $w = w_0 + \Delta w$, $q = q_0 + \Delta q$, $r = r_0 + \Delta r$。将以上表达式代入式(4-20)等号左边的表达式,展开后得到

$$m(\dot u + wq - pr) = m[\dot u_0 + \Delta\dot u + (w_0 + \Delta w)(q_0 + \Delta q) - (v_0 + \Delta v)(r_0 + \Delta r)]$$

依据基准运动的假设条件 $\dot u_0 = 0$, $v_0 = q_0 = r_0 = 0$,将这些条件代入上式,得

$$m(\dot u + wq - pr) = m(\Delta\dot u + w_0\Delta q + \Delta w\Delta q - \Delta v\Delta r)$$

在上式中,忽略高阶小量 $\Delta w\Delta q$ 和 $\Delta p\Delta r$,即 $\Delta w\Delta q \approx 0$ 和 $\Delta v\Delta r \approx 0$。因此,得到式(4-20)等号左边表达式线性化后的结果为

$$m(\dot u + wq - pr) \approx m(\Delta\dot u + w_0\Delta q) \qquad (4-21)$$

其次,对式(4-20)等号右边表达式进行线性化。先将力表示为

$$X_D = X_{D0} + \Delta X_D, \qquad Y_C = Y_{C0} + \Delta Y_C = \Delta Y_C$$
$$Z_L = Z_{L0} + \Delta Z_L, \qquad T + T_0 = \Delta T$$

将三角函数线性化并利用基准运动假设 $\beta_0 = 0$,得

$$\begin{cases} \sin\alpha \approx \sin\alpha_0 + \cos\alpha_0\Delta\alpha \\[1mm] \cos\alpha \approx \cos\alpha_0 - \sin\alpha_0\Delta\alpha \\[1mm] \cos\beta \approx \cos\beta_0 - \sin\beta_0\Delta\beta = 1 \\[1mm] \sin\theta \approx \sin\theta_0 + \cos\theta_0\Delta\theta \end{cases}$$

将以上各式分别代入式(4-20)等号右边表达式的各项中,分别得到如下公式。

第一项：

$$-X_D\cos\alpha\cos\beta \approx -(X_{D0}+\Delta X_D)(\cos\alpha_0 - \sin\alpha_0\Delta\alpha)$$
$$= -X_{D0}\cos\alpha_0 + X_{D0}\sin\alpha_0\Delta\alpha - \cos\alpha_0\Delta X_D + \sin\alpha_0\Delta\alpha\Delta X_D$$

第二项：

$$Y_C\cos\alpha\sin\beta \approx \Delta Y_C(\cos\alpha_0 - \sin\alpha_0\Delta\alpha)\Delta\beta \approx 0$$

第三项：

$$Z_L\sin\alpha \approx (Z_{L0}+\Delta Z_L)(\sin\alpha_0 + \cos\alpha_0\Delta\alpha)$$
$$= Z_{L0}\sin\alpha_0 + Z_{L0}\cos\alpha_0\Delta\alpha + \sin\alpha_0\Delta Z_L + \cos\alpha_0\Delta\alpha\Delta Z_L$$

第四项：

$$-mg\sin\theta \approx -mg\sin\theta_0 - mg\cos\theta_0 \cdot \Delta\theta$$

第五项：

$$T\cos\phi_T \approx (T_0+\Delta T)\cos\phi_T = T_0\cos\phi_T + \cos\phi_T\Delta T$$

以上各式中忽略了高阶小量，即 $\Delta\alpha\Delta X_D \approx 0, \Delta\alpha\Delta Z_L \approx 0, \Delta\beta\Delta Y_C \approx 0$，将上述结果带入式(4-20)中，从而式(4-20)等号右边表达式线性化后为

$$-X_D\cos\alpha\cos\beta + Z_L\sin\alpha - mg\sin\theta + T\cos\phi_T \approx (-X_{D0}\cos\alpha_0 + Z_{L0}\sin\alpha_0 - mg\sin\theta_0 + T_0\cos\phi_T) +$$
$$[(X_{D0}\sin\alpha_0 + Z_{L0}\cos\alpha_0)\Delta\alpha - \cos\alpha_0\Delta X_D +$$
$$\sin\alpha_0\Delta Z_L - mg\cos\theta_0\Delta\theta_0 + \cos\phi_T\Delta T]$$

由平衡方程式(4-13)中的第一个方程

$$-X_{D0}\cos\alpha_0 + Z_{L0}\sin\alpha_0 - mg\sin\theta_0 + T_0\cos\phi_T = 0$$

可知上式方程等号右边的第一项为零，结果为

$$-X_D\cos\alpha\cos\beta + Z_L\sin\alpha - mg\sin\theta + T\cos\phi_T = (X_{D0}\sin\alpha_0 + Z_{L0}\cos\alpha_0)\Delta\alpha - \cos\alpha_0\Delta X_D +$$
$$\sin\alpha_0\Delta Z_L - mg\cos\theta_0\Delta\theta_0 + \cos\phi_T\Delta T$$

$$(4-22)$$

因此，由式(4-21)和式(4-22)可得 u 方程(式(4-20))的线性化方程为

$$m(\Delta\dot{u} + w_0\Delta q) = (X_{D0}\sin\alpha_0 + Z_{L0}\cos\alpha_0)\Delta\alpha - \cos\alpha_0\Delta X_D + \sin\alpha_0\Delta Z_L -$$
$$mg\cos\theta_0\Delta\theta + \cos\phi_T\Delta T$$

将式(4-18)中关于 ΔX_D、ΔZ_L、ΔT 的线性化增量表达式分别代入上式，经整理得

$$m\Delta\dot{u} = \left[-\left(\frac{\partial X_D}{\partial V}\right)_0\cos\alpha_0 + \left(\frac{\partial Z_L}{\partial V}\right)_0\sin\alpha_0 + \left(\frac{\partial T}{\partial V}\right)_0\cos\phi_T\right]\Delta V +$$
$$\left[X_{D0}\sin\alpha_0 + Z_L\cos\alpha_0 - \left(\frac{\partial X_D}{\partial\alpha}\right)_0\cos\alpha_0 + \left(\frac{\partial Z_L}{\partial\alpha}\right)_0\sin\alpha_0\right]\Delta\alpha -$$

$$mg\cos\theta_0\Delta\theta - mw_0\Delta q + \left(\frac{\partial Z_a}{\partial\delta_T}\right)_0\cos\phi_T\Delta\delta_T + \left(\frac{\partial Z_L}{\partial\delta_e}\right)_0\sin\alpha_0\Delta\delta_e$$

$$(4-23)$$

至此,就完成了关于 u 方程的线性化过程。

(2) 依照上述方法,可得关于 v 和 w 方程的线性化方程,即

$$m\Delta\dot{v} = \left[-X_{a0} + \left(\frac{\partial Y_C}{\partial\beta}\right)_0\right]\Delta\beta + \left[mw_0 + \left(\frac{\partial Y_C}{\partial p}\right)_0\right]\Delta p + \left[mu_0 + \left(\frac{\partial Y_C}{\partial r}\right)_0\right]\Delta r +$$

$$mg\cos\theta_0\Delta\phi + \left(\frac{\partial Y_a}{\partial\delta_r}\right)_0\Delta\delta_r \qquad (4-24)$$

$$m\Delta\dot{w} = -\left[\left(\frac{\partial X_D}{\partial V}\right)_0\sin\alpha_0 + \left(\frac{\partial Z_L}{\partial V}\right)_0\cos\alpha_0 + \left(\frac{\partial T}{\partial V}\right)_0\sin\phi_T\right]\Delta V +$$

$$\left[-X_{D0}\cos\alpha_0 + Z_{L0}\sin\alpha_0 - \left(\frac{\partial X_D}{\partial\alpha}\right)_0\sin\alpha_0 - \left(\frac{\partial Z_L}{\partial\alpha}\right)_0\cos\alpha_0\right]\Delta\alpha -$$

$$mg\sin\theta_0\Delta\theta + mu_0\Delta q - \left(\frac{\partial T}{\partial\delta_T}\right)_0\sin\phi_T\Delta\delta_T - \left(\frac{\partial Z_L}{\partial\delta_e}\right)_0\cos\alpha_0\Delta\delta_e \qquad (4-25)$$

故而,式(4-23)~式(4-25)就是力方程式(3-52)的线性化方程。

4. 关于力矩方程(式(3-53))的线性化

(1) 滚转力矩方程的线性化。即对式(3-53)中的第一个方程进行线性化,滚转力矩方程为

$$\dot{p}I_x - \dot{r}I_{xz} + qr(I_z - I_y) - pqI_{xz} = L \qquad (4-26)$$

首先对式(4-26)等号左边的表达式进行线性化。由于 $p = p_0 + \Delta p, q = q_0 + \Delta q$,代入等号左边后,得

$$\dot{p}I_x - \dot{r}I_{xz} + qr(I_z - I_y) - pqI_{xz} = (\dot{p}_0 + \Delta\dot{p})I_x - (\dot{r}_0 + \Delta\dot{r})I_{xz} +$$

$$(q_0 + \Delta q)(r_0 + \Delta\dot{r})(I_z - I_y) -$$

$$(p_0 + \Delta p)(q_0 + \Delta q)I_{xz}$$

在上式中,利用基准运动的假设条件,即 $p_0 = q_0 = r_0 = 0$,并忽略高阶小量 $\Delta q\Delta r$ 和 $\Delta p\Delta q$,即 $\Delta q\Delta r \approx \Delta p\Delta q \approx 0$,可得式(4-26)等号左边表达式线性化结果为

$$\dot{p}I_x - \dot{r}I_{xz} + qr(I_z - I_y) - pqI_{xz} \approx \Delta\dot{p}I_x - \Delta\dot{r}I_{xz}$$

而式(4-26)等号右边就是滚转力矩,由于 $L_0 = 0$,可以直接采用增量 ΔL 表达。从而,式(4-26)的线性化方程为

$$\Delta\dot{p}I_x - \Delta\dot{r}I_{xz} = \Delta L \qquad (4-27)$$

（2）同理，利用平衡方程 $M_0 + T_0 z_T = 0$，可以推出俯仰力矩方程的线性化方程

$$\Delta \dot{q} I_y = \Delta M + z_T \Delta T \tag{4-28}$$

（3）偏航力矩方程的线性化方程为

$$\Delta \dot{r} I_z - \Delta \dot{p} I_{xz} = \Delta N \tag{4-29}$$

由式（4-27）和式（4-29）可得到关于 p、r 的线性微分方程，即：

滚转方程为

$$\left(I_x - \frac{I_{xz}^2}{I_z}\right)\Delta \dot{p} = \Delta L + \left(\frac{I_{xz}}{I_z}\right)\Delta N \tag{4-30}$$

偏航方程为

$$\left(I_z - \frac{I_{xz}^2}{I_x}\right)\Delta \dot{r} = \Delta N + \left(\frac{I_{xz}}{I_x}\right)\Delta L \tag{4-31}$$

将式（4-19）关于气动力矩的增量表达式代入式（4-28）、式（4-30）和式（4-31），得到力矩方程式（3-53）的线性化方程

$$\left(I_x - \frac{I_{xz}^2}{I_z}\right)\Delta \dot{p} = \left[\left(\frac{\partial L}{\partial \beta}\right)_0 + \frac{I_{xz}}{I_z}\left(\frac{\partial N}{\partial \beta}\right)_0\right]\Delta\beta + \left[\left(\frac{\partial L}{\partial p}\right)_0 + \frac{I_{xz}}{I_z}\left(\frac{\partial N}{\partial P_0}\right)\right]\Delta p +$$
$$\left[\left(\frac{\partial L}{\partial r}\right)_0 + \frac{I_{xz}}{I_z}\left(\frac{\partial N}{\partial r}\right)_0\right]\Delta r + \left[\left(\frac{\partial L}{\partial \delta_a}\right)_0 + \frac{I_{xz}}{I_z}\left(\frac{\partial N}{\partial \delta_a}\right)_0\right]\Delta\delta_a +$$
$$\left[\left(\frac{\partial L}{\partial \delta_r}\right)_0 + \frac{I_{xz}}{I_z}\left(\frac{\partial N}{\partial \delta_r}\right)_0\right]\Delta\delta_r \tag{4-32}$$

$$I_y\Delta \dot{q} = \left[\left(\frac{\partial M}{\partial V}\right)_0 + z_T\left(\frac{\partial T}{\partial V}\right)_0\right]\Delta V + \left(\frac{\partial M}{\partial \alpha}\right)_0\Delta\alpha + \left(\frac{\partial M}{\partial \dot{\alpha}}\right)_0\Delta \dot{\alpha} + \left(\frac{\partial M}{\partial q}\right)_0\Delta q +$$
$$\left(\frac{\partial M}{\partial \delta_e}\right)_0\Delta\delta_e + z_T\left(\frac{\partial T}{\partial \delta_T}\right)_0\Delta\delta_T \tag{4-33}$$

$$\left(I_z - \frac{I_{xz}^2}{I_x}\right)\Delta \dot{r} = \left[\left(\frac{\partial N}{\partial \beta}\right)_0 + \frac{I_{xz}}{I_x}\left(\frac{\partial L}{\partial \beta}\right)_0\right]\Delta\beta + \left[\left(\frac{\partial N}{\partial p}\right)_0 + \frac{I_{xz}}{I_x}\left(\frac{\partial L}{\partial p}\right)_0\right]\Delta p +$$
$$\left[\left(\frac{\partial N}{\partial r}\right)_0 + \frac{I_{xz}}{I_x}\left(\frac{\partial L}{\partial r}\right)_0\right]\Delta r + \left[\left(\frac{\partial N}{\partial \delta_a}\right)_0 + \frac{I_{xz}}{I_x}\left(\frac{\partial L}{\partial \delta_a}\right)_0\right]\Delta\delta_a +$$
$$\left[\left(\frac{\partial N}{\partial \delta_r}\right)_0 + \frac{I_{xz}}{I_x}\left(\frac{\partial L}{\partial \delta_r}\right)_0\right]\Delta\delta_r \tag{4-34}$$

到此，就完成了力矩方程式（3-53）的线性化过程。

5. 姿态运动学方程（式（3-54））的线性化

在基准运动处（$\phi_0 = 0$），将三角函数展开为线性化函数。

$$\begin{cases} \sin\phi = \sin\phi_0 + \cos\phi_0 \Delta\phi \approx \Delta\phi \\ \cos\phi = \cos\phi_0 - \sin\phi_0 \Delta\phi \approx 1 \\ \cos\theta = \cos\theta_0 - \sin\theta_0 \Delta\theta \\ \tan\theta = \tan\theta_0 - \dfrac{1}{\cos^2\theta_0}\Delta\theta \end{cases}$$

并令 $\theta = \theta_0 + \Delta\theta, p = p_0 + \Delta p, q = q_0 + \Delta q, r = r_0 + \Delta r$,将基准运动条件 $\psi_0 = \phi_0 = p_0 = q_0 = r_0 = 0$ 及上述三角函数的线性化表达式代入式(3 – 54),并忽略高阶小量,可得姿态运动学方程式(3 – 54)的线性化方程:

$$\Delta\dot{\theta} \approx \Delta q \qquad\qquad (4-35)$$

$$\Delta\dot{\phi} = \Delta p + \tan\theta_0 \Delta r \qquad\qquad (4-36)$$

$$\Delta\dot{\psi} = \frac{\Delta r}{\cos\theta_0} \qquad\qquad (4-37)$$

6. 位移运动学方程(式(3 – 55))的线性化

在基准运动处($\chi_0 = 0$),将下述三角函数展开为线性函数,即

$$\sin\gamma \approx \sin\gamma_0 + \cos\gamma_0 \Delta\gamma$$

$$\sin\chi \approx \sin\chi_0 + \cos\chi_0 \Delta\chi = \Delta\chi$$

$$\cos\gamma \approx \cos\gamma_0 - \sin\gamma_0 \Delta\gamma$$

$$\cos\chi \approx \cos\chi_0 - \sin\chi_0 \Delta\chi = 1$$

令 $V = V_0 + \Delta V, v_e = v_{e0} + \Delta v_e, u_e = u_{e0} + \Delta u_e, w_e = w_{e0} + \Delta w_e$,同上述各式一并代入式(3 – 55),则有

$$\begin{cases} u_{e0} + \Delta u_e = (V_0 + \Delta V)(\cos\gamma_0 - \sin\gamma_0 \Delta\gamma) \\ v_{e0} + \Delta v_e = (V_0 + \Delta V)\Delta\chi(\cos\gamma_0 - \sin\gamma_0 \Delta\gamma) \\ w_{e0} + \Delta w_e = -(V_0 + \Delta V)(\sin\gamma_0 + \cos\gamma_0 \Delta\gamma) \end{cases}$$

同时,考虑基准运动时的平衡方程式(4 – 16),并忽略高阶小量,可得位移运动学方程的线性化形式为

$$\Delta u_e = -V_0 \sin\gamma_0 \Delta\gamma + \cos\gamma_0 \Delta V \qquad\qquad (4-38)$$

$$\Delta v_e = V_0 \cos\gamma_0 \Delta\chi \qquad\qquad (4-39)$$

$$\Delta w_e = -V_0 \cos\gamma_0 \Delta\gamma - \sin\gamma_0 \Delta V \qquad\qquad (4-40)$$

7. 几何关系方程(式(3 – 56))的线性化

首先在基准运动处($\beta_0 = \phi_0 = \psi_0 = \chi_0 = \mu_0 = 0$),将三角函数线性化展开,得

$$\begin{cases} \sin\sigma = \sin\sigma_0 + \cos\sigma_0 \Delta\sigma \\ \cos\sigma = \cos\sigma_0 - \sin\sigma_0 \Delta\sigma \end{cases}$$

式中:$\sigma = \alpha, \theta, \gamma$,代入式(3-54)中的各式中,并忽略高阶小量,可得几何关系方程的线性化形式为

$$\Delta \gamma = \Delta \theta - \Delta \alpha \tag{4-41}$$

$$\Delta \chi = \Delta \psi + \frac{\Delta \beta}{\cos \gamma_0} - \frac{\sin \alpha_0}{\cos \gamma_0} \Delta \phi \tag{4-42}$$

$$\Delta \mu = \frac{\cos \theta_0}{\cos \gamma_0} \Delta \phi + \frac{\cos \alpha_0}{\cos \gamma_0} \sin \theta_0 \Delta \beta \tag{4-43}$$

8. 纵向和横侧向运动方程的分离处理

观察式(4-23)~式(4-25)以及式(4-32)~式(4-43),对于每一个独立的方程而言,纵向和横侧向运动的变量已经不同时出现了,也就是说利用对称运动的假设后,线性化后的方程纵向和横侧向运动已经解耦了。

因此,在对称运动的假设条件下,线性化的飞机运动方程可以将纵向和横侧向运动方程独立。

纵向运动方程:式(4-23)、式(4-25)和式(4-33)以及式(4-35)、式(4-38)、式(4-40)和式(4-41)。

横侧向运动方程:式(4-24)、式(4-32)和式(4-34)以及式(4-36)、式(4-37)、式(4-39)、式(4-42)和式(4-43)。

9. 机体坐标系下飞机运动状态方程的规范化处理

飞机运动的线性化方程可用有量纲的状态方程描述,形式如下:

$$\dot{X} = AX + B\boldsymbol{\eta}$$

在机体坐标系下,纵向运动的状态矢量

$$X = [\Delta u, \Delta w, \Delta q, \Delta \theta]^{\mathrm{T}} \tag{4-44}$$

输入矢量

$$\boldsymbol{\eta} = [\Delta \delta_e, \Delta \delta_T]^{\mathrm{T}}$$

而横侧向运动的状态矢量

$$X = [\Delta v, \Delta p, \Delta r, \Delta \phi]^{\mathrm{T}} \tag{4-45}$$

输入矢量

$$\boldsymbol{\eta} = [\Delta \delta_a, \Delta \delta_r]^{\mathrm{T}}$$

显然,关于力的方程不能满足这样的要求,在式(4-23)和式(4-25)中,纵向运动方程等号右边表达式中的变量为$[\Delta V, \Delta \alpha, \Delta q, \Delta \theta)]^{\mathrm{T}}$;而式(4-24)中,横侧向运动方程中的变量为$[\Delta \beta, \Delta p, \Delta r, \Delta \phi]^{\mathrm{T}}$。因此,需要将纵向运动变量 ΔV、$\Delta \alpha$ 转换成 Δu、Δw,将横侧向运动变量 $\Delta \beta$ 转换成 Δv,这样就能满足式(4-44)和式(4-45)的要求了。

由于变量 V、α 和 β 定义在速度坐标系下,$V = [V, 0, 0]^{\mathrm{T}}$,因此可利用表3-3

转换到机体坐标系

$$\begin{cases} u = V\cos\alpha\cos\beta \\ v = V\sin\beta \\ w = V\sin\alpha\cos\beta \end{cases} \tag{4-46}$$

在基准运动处对以上各式进行线性化处理。三角函数线性化(利用 $\beta_0 = 0$ 和 $\Delta\beta$ 足够小)后得

$$\begin{cases} \sin\alpha = \sin\alpha_0 + \cos\alpha_0\Delta\alpha \\ \cos\alpha = \cos\alpha_0 - \sin\alpha_0\Delta\alpha \\ \sin\beta \approx 0 \\ \cos\beta \approx 1 \end{cases}$$

令 $V = V_0 + \Delta V, u = u_0 + \Delta u, w = w_0 + \Delta w$,连同三角函数线性化后的表达式一并代入式(4-46),利用 $u_0 = V_0\cos\alpha_0, v_0 = 0, w_0 = V_0\sin\alpha_0$,忽略高阶小量后得

$$\begin{cases} \Delta u = -V_0\sin\alpha_0\Delta\alpha + \cos\alpha_0\Delta V \\ \Delta v = V_0\Delta\beta \\ \Delta w = V_0\cos\alpha_0\Delta\alpha + \sin\alpha_0\Delta V \end{cases}$$

由上式得

$$\begin{cases} \Delta V = \cos\alpha_0\Delta u + \sin\alpha_0\Delta w \\ \Delta\alpha = -\dfrac{1}{V_0}\sin\alpha_0\Delta u + \dfrac{1}{V_0}\cos\alpha_0\Delta w \\ \Delta\beta = \dfrac{1}{V_0}\Delta v \\ \Delta\dot\alpha = -\dfrac{1}{V_0}\sin\alpha_0\Delta\dot u + \dfrac{1}{V_0}\cos\alpha_0\Delta\dot w \end{cases} \tag{4-47}$$

将式(4-47)分别代入到式(4-23)~式(4-25)、式(4-32)、式(4-34)及式(4-38)~式(4-40)中,就可以得到机体坐标系下的飞机运动方程。

4.1.4　机体坐标系下飞机小扰动线性化运动方程

1. 纵向运动方程

动力学方程为

$$\begin{bmatrix} \Delta\dot u \\ \Delta\dot w \\ \Delta\dot q \\ \Delta\dot\theta \end{bmatrix} = \begin{bmatrix} X_u & X_w & -w_0 & -g\cos\theta_0 \\ Z_u & Z_w & u_0 & -g\sin\theta_0 \\ M_u & M_w & M_q & M_\theta \\ 0 & 0 & 1 & 0 \end{bmatrix} \begin{bmatrix} \Delta u \\ \Delta w \\ \Delta q \\ \Delta\theta \end{bmatrix} + \begin{bmatrix} \overline X_{\delta_e} & \overline X_{\delta_T} \\ \overline Z_{\delta_e} & \overline Z_{\delta_T} \\ M_{\delta_e} & M_{\delta_T} \\ 0 & 0 \end{bmatrix} \begin{bmatrix} \Delta\delta_e \\ \Delta\delta_T \end{bmatrix} \tag{4-48}$$

运动学方程为

$$\begin{cases} \Delta u_e = -V_0\sin\gamma_0\Delta\gamma + \cos\alpha_0\cos\gamma_0\Delta u + \sin\alpha_0\cos\gamma_0\Delta w \\ \Delta w_e = -V_0\cos\gamma_0\Delta\gamma - \cos\alpha_0\sin\gamma_0\Delta u - \sin\alpha_0\sin\gamma_0\Delta w \end{cases} \quad (4-49)$$

几何关系方程为

$$\Delta\gamma = \Delta\theta - \Delta\alpha \quad (4-50)$$

式(4-48)中变量的单位如下:

变量	Δu	Δw	Δq	$\Delta\theta$	$\Delta\delta_e$	$\Delta\delta_T$
单位	m/s	m/s	rad/s	rad	rad	rad

式(4-48)中的矩阵元素的定义及计算公式见表4-1。

在按表4-1计算矩阵元素时,气动力和力矩对运动变量的导数,如$\left(\dfrac{\partial X_\alpha}{\partial V}\right)_0$、$\left(\dfrac{\partial Z_\alpha}{\partial\alpha}\right)_0$、$\left(\dfrac{\partial M_\alpha}{\partial q}\right)_0$等的计算是关键。

3.3节已经给出了气动力和力矩计算公式,这将是这些导数计算的依据,表4-2把这些公式进行了归纳,很显然,气动力和力矩又依赖风洞试验得到的有关空气动力系数数据。必须指出的是,表4-1中的导数是基于方程选择的坐标系确定的,而空气动力系数也需要转换到这些坐标系下才能使用。

习惯上,风洞试验中的力和力矩也是定义在速度坐标系和机体坐标系下的,但气动力方向则按图3-5定义,在力方程建立时已经考虑到了这种差异(式(3-50))。并且气动力和力矩的试验结果都是以无量纲的空气动力学系数来表示的,这些系数均为迎角和马赫数的函数,一般是表格数据或曲线,其物理意义在3.3节中有描述。这些系数的定义和函数形式见表4-2。

另外需要注意,在风洞试验中,迎角有时采用的是机翼迎角(α_w),即机翼翼弦和来流速度方向间的夹角,而飞机运动方程中的迎角均为机身迎角。因此,如果机翼安装角(α_i)不为零,则需按式(3-5)将机翼迎角转换为机身迎角。

气动力和力矩的导数计算同时引入以下符号。

1) $\left(\dfrac{\partial X_D}{\partial V}\right)_0$

按表4-2,有

$$X_D = \frac{1}{2}\rho V^2 S_w C_D = \frac{1}{2}\rho V^2 S_w C_D(M,\alpha) \quad (4-51)$$

注意到气动系数C_D的函数形式,求导后得

$$\frac{\partial X_D}{\partial V} = \rho V S_w C_D + \frac{1}{2}\rho V^2 S_w \frac{\partial C_D}{\partial M}\frac{\partial M}{\partial V} = \rho V S_w C_D + \frac{1}{2}\rho V^2 S_w \frac{1}{a}\frac{\partial C_D}{\partial M}$$

表 4-1　式（4-48）中矩阵元素的计算公式

符号	计算公式	单位
X_u	$\dfrac{1}{m}\left\{\left[-\left(\dfrac{\partial X_D}{\partial V}\right)_0\cos^2\alpha_0+\left(\dfrac{\partial Z_L}{\partial V}\right)_0\sin\alpha_0\cos\alpha_0+\left(\dfrac{\partial T}{\partial V}\right)_0\sin\phi_T\cos\alpha_0\right]+\left[-X_{D0}\dfrac{\sin^2\alpha_0}{V_0}-Z_L\dfrac{\sin\alpha_0\cos\alpha_0}{V_0}+\left(\dfrac{\partial X_D}{\partial\alpha}\right)_0\dfrac{\sin\alpha_0\cos\alpha_0}{V_0}-\left(\dfrac{\partial Z_L}{\partial\alpha}\right)_0\dfrac{\sin^2\alpha_0}{V_0}\right]\right\}$	1/s
X_w	$\dfrac{1}{m}\left\{\left[-\left(\dfrac{\partial X_D}{\partial V}\right)_0\sin\alpha_0\cos\alpha_0+\left(\dfrac{\partial Z_L}{\partial V}\right)_0\sin^2\alpha_0+\left(\dfrac{\partial T}{\partial V}\right)_0\cos\phi_T\sin\alpha_0\right]+\left[X_{D0}\dfrac{\sin\alpha_0\cos\alpha_0}{V_0}+Z_{D0}\dfrac{\cos^2\alpha_0}{V_0}-\left(\dfrac{\partial X_D}{\partial\alpha}\right)_0\dfrac{\cos^2\alpha_0}{V_0}+\left(\dfrac{\partial Z_L}{\partial\alpha}\right)_0\dfrac{\sin\alpha_0\cos\alpha_0}{V_0}\right]\right\}$	1/s
$\bar{X}_{\delta_e}$	$\dfrac{1}{m}\left(\dfrac{\partial Z_L}{\partial\delta_e}\right)\sin\alpha_0$	m/(s²·rad)
$\bar{X}_{\delta_T}$	$\dfrac{1}{m}\left(\dfrac{\partial T}{\partial\delta_T}\right)\cos\phi_T$	m/(s²·rad)
Z_u	$-\dfrac{1}{m}\left\{\left[\left(\dfrac{\partial X_D}{\partial V}\right)_0\sin\alpha_0\cos\alpha_0+\left(\dfrac{\partial Z_L}{\partial V}\right)_0\cos^2\alpha_0+\left(\dfrac{\partial T}{\partial V}\right)_0\sin\phi_T\sin\alpha_0\right]+\left[-X_{D0}\dfrac{\sin\alpha_0\cos\alpha_0}{V_0}+Z_{L0}\dfrac{\sin^2\alpha_0}{V_0}-\left(\dfrac{\partial X_D}{\partial\alpha}\right)_0\dfrac{\sin^2\alpha_0}{V_0}-\left(\dfrac{\partial Z_L}{\partial\alpha}\right)_0\dfrac{\sin\alpha_0\cos\alpha_0}{V_0}\right]\right\}$	1/s
Z_w	$\dfrac{1}{m}\left\{\left[-\left(\dfrac{\partial X_D}{\partial V}\right)_0\sin^2\alpha_0+\left(\dfrac{\partial Z_L}{\partial V}\right)_0\sin\alpha_0\cos\alpha_0+\left(\dfrac{\partial T}{\partial V}\right)_0\sin\phi_T\sin\alpha_0\right]+\left[-X_{D0}\dfrac{\cos^2\alpha_0}{V_0}+Z_{L0}\dfrac{\sin\alpha_0\cos\alpha_0}{V_0}-\left(\dfrac{\partial X_D}{\partial\alpha}\right)_0\dfrac{\sin\alpha_0\cos\alpha_0}{V_0}-\left(\dfrac{\partial Z_L}{\partial\alpha}\right)_0\dfrac{\cos^2\alpha_0}{V_0}\right]\right\}$	1/s
$\bar{Z}_{\delta_e}$	$-\dfrac{1}{m}\left(\dfrac{\partial Z_L}{\partial\delta_e}\right)\cos\alpha_0$	m/(s²·rad)
$\bar{Z}_{\delta_T}$	$-\dfrac{1}{m}\left(\dfrac{\partial T}{\partial\delta_T}\right)\sin\phi_T$	m/(s²·rad)
M_u	$\dfrac{1}{I_y}\left\{\left(\dfrac{\partial M}{\partial V}\right)_0\cos\alpha_0+\left(\dfrac{\partial T}{\partial V}\right)_0 z_T\cos\alpha_0-\dfrac{1}{V_0}\left(\dfrac{\partial M}{\partial\alpha}\right)_0\sin\alpha_0+\dfrac{1}{mV_0}\left(\dfrac{\partial M}{\partial\alpha}\right)_0\cos\alpha_0\sin(\alpha_0+\phi_T)+\left[-\left(\dfrac{\partial T}{\partial V}\right)_0\dfrac{X_{D0}}{V_0}\sin\alpha_0+\left(\dfrac{\partial Z_L}{\partial\alpha}\right)_0\dfrac{\sin\alpha_0}{V_0}\right]\right\}$	rad/(m·s)
M_w	$\dfrac{1}{I_y}\left\{\left(\dfrac{\partial M}{\partial V}\right)_0\sin\alpha_0+\left(\dfrac{\partial T}{\partial V}\right)_0 Z_T\sin\alpha_0+\dfrac{1}{mV_0}\left(\dfrac{\partial M}{\partial\alpha}\right)_0\dfrac{\cos\alpha_0}{V_0}-\left(\dfrac{\partial T}{\partial V}\right)_0\sin\alpha_0\sin(\alpha_0+\phi_T)-\dfrac{X_{D0}}{V_0}\cos\alpha_0-\left(\dfrac{\partial Z_L}{\partial\alpha}\right)_0\dfrac{\cos\alpha_0}{V_0}\right\}$	rad/(m·s)
M_q	$\dfrac{1}{I_y}\left[\left(\dfrac{\partial M}{\partial q}\right)_0+\left(\dfrac{\partial M}{\partial\dot\alpha}\right)_0\right]$	1/s
M_θ	$-\dfrac{g\sin(\theta_0-\alpha_0)}{V_0}\dfrac{1}{I_y}\left(\dfrac{\partial M}{\partial\dot\alpha}\right)_0$	1/s²
M_{δ_e}	$\dfrac{1}{I_y}\left[\left(\dfrac{\partial M}{\partial\delta_e}\right)_0-\dfrac{1}{mV_0}\left(\dfrac{\partial Z_L}{\partial\delta_e}\right)_0\left(\dfrac{\partial M}{\partial\dot\alpha}\right)_0\right]$	1/s²
M_{δ_T}	$\dfrac{1}{I_y}\left[\left(\dfrac{\partial T}{\partial\delta_T}\right)_0 z_T-\dfrac{1}{mV_0}\left(\dfrac{\partial T}{\partial\delta_T}\right)_0\left(\dfrac{\partial M}{\partial\dot\alpha}\right)_0\sin(\alpha_0+\phi_T)\right]$	1/s²

表 4 – 2 空气动力系数的定义和函数形式

物理意义	气动系数的符号定义	气动系数的函数形式
沿 $o_a x_a$ 轴的气动分量系数	$C_D = X_D / \left(\dfrac{1}{2} \rho_\infty^2 V_\infty^2 S_w \right)$ 向后为正	$C_D = C_D(M, \alpha)$
沿 $o_a y_a$ 轴的气动分量系数	$C_Y = Y_C / \left(\dfrac{1}{2} \rho_\infty^2 V_\infty^2 S_w \right)$ 向右为正	$C_Y = C_Y(\beta, p, r, \delta_r)$
沿 $o_a z_a$ 轴的气动分量系数	$C_L = Z_L / \left(\dfrac{1}{2} \rho_\infty^2 V_\infty^2 S_w \right)$ 向上为正	$C_L = C_L(M, \alpha, \delta_e)$
绕 $o_b x_b$ 轴力矩系数	$C_1 = L / \left(\dfrac{1}{2} \rho_\infty^2 V_\infty^2 S_w b \right)$ 右滚转为正	$C_1 = C_1(\beta, p, r, \delta_a, \delta_r)$
绕 $o_b y_b$ 轴力矩系数	$C_m = M / \left(\dfrac{1}{2} \rho_\infty^2 V_\infty^2 S_w c_A \right)$ 抬头为正	$C_m = C_m(m, \alpha, \dot{\alpha}, q, \delta_e)$
绕 $o_b z_b$ 轴力矩系数	$C_n = N / \left(\dfrac{1}{2} \rho_\infty^2 V_\infty^2 S_w b \right)$ 右偏航为正	$C_n = C_n(\beta, p, r, \delta_a, \delta_r)$

注:符号的方向以从机尾向前观察定义:S_w 为机翼的水平投影面积;c_A 为机翼的平均气动弦长;b 为机翼的展长;ρ_∞ 为来流密度;V_∞ 为来流速度

故基准运动处:

$$\left(\frac{\partial X_D}{\partial V} \right)_0 = \frac{1}{V_0} \left(\frac{1}{2} \rho V_0^2 \right) S_w \left[2(C_D)_0 + M_0 \left(\frac{\partial C_D}{\partial M} \right)_0 \right] = \frac{1}{V_0} \left(\frac{1}{2} \rho V_0^2 \right) S_w (2C_{D0} + M_0 C_{DM})$$

式中:$(C_D)_0 = C_D(M_0, \alpha_0)$(以下同)。记 $C_{DM} = \left(\dfrac{\partial C_D}{\partial M} \right)_0$ 为基准运动处的气动数或导数(以下同)。

2) $\left(\dfrac{\partial X_D}{\partial \alpha} \right)_0$

式(4 – 51)对 α 求导有

$$\frac{\partial X_D}{\partial \alpha} = \frac{1}{2} \rho V^2 S_w \left(\frac{\partial C_D}{\partial \alpha} \right)$$

基准运动处为

$$\left(\frac{\partial X_D}{\partial \alpha} \right)_0 = \frac{1}{2} \rho V_0^2 S_w \left(\frac{\partial C_D}{\partial \alpha} \right)_0 = \frac{1}{2} \rho V_0^2 S_w C_{D\alpha}$$

3) $\left(\dfrac{\partial Z_L}{\partial V} \right)_0$

按表 4 – 2,由于

$$Z_L = \frac{1}{2} \rho V^2 S_w C_L = \frac{1}{2} \rho V^2 S_w C_L(M, \alpha, \delta_e)$$

对 V 求导后,得

$$\frac{\partial Z_L}{\partial V} = \rho V S_w C_L + \frac{1}{2}\rho V^2 S_w \frac{\partial C_L}{\partial M}\frac{\partial M}{\partial V}$$

故在基准运动处:

$$\left(\frac{\partial Z_L}{\partial V}\right)_0 = \frac{1}{V_0}\left(\frac{1}{2}\rho V_0^2\right)S_w\left[2(C_L)_0 + M_0\left(\frac{\partial C_L}{\partial M}\right)_0\right] = \frac{1}{V_0}\left(\frac{1}{2}\rho V_0^2\right)S_w(2C_{L0} + M_0 C_{LM})$$

4) $\left(\dfrac{\partial Z_L}{\partial \alpha}\right)_0,\left(\dfrac{\partial Z_L}{\partial \delta_e}\right)_0$

同理可得:

$$\left(\frac{\partial Z_L}{\partial \alpha}\right)_0 = \left(\frac{1}{2}\rho V_0^2\right)S_w\left(\frac{\partial C_L}{\partial \alpha}\right)_0 = \left(\frac{1}{2}\rho V_0^2\right)S_w C_{L\alpha}$$

$$\left(\frac{\partial Z_L}{\partial \delta_e}\right)_0 = \left(\frac{1}{2}\rho V_0^2\right)S_w\left(\frac{\partial C_L}{\partial \delta_e}\right)_0 = \left(\frac{1}{2}\rho V_0^2\right)S_w C_{L\delta_e}$$

5) $\left(\dfrac{\partial M}{\partial V}\right)_0$

由

$$M = \frac{1}{2}\rho V^2 S_w c_A C_m = \frac{1}{2}\rho V^2 S_w c_A C_m(M,\alpha,\dot{\alpha},q,\delta_e)$$

得

$$\left(\frac{\partial M}{\partial V}\right)_0 = \frac{1}{V_0}\left(\frac{1}{2}\rho V_0^2\right)S_w c_A\left[2(C_m)_0 + M_0\left(\frac{\partial C_m}{\partial M}\right)_0\right] = \frac{1}{V_0}\left(\frac{1}{2}\rho V_0^2\right)S_w(2C_{m0} + M_0 C_{mM})$$

6) $\left(\dfrac{\partial M}{\partial \alpha}\right)_0,\left(\dfrac{\partial M}{\partial \dot{\alpha}}\right)_0,\left(\dfrac{\partial M}{\partial q}\right)_0$ 和 $\left(\dfrac{\partial M}{\partial \delta_e}\right)_0$

根据同样的方法得到

$$\left(\frac{\partial M}{\partial \alpha}\right)_0 = \left(\frac{1}{2}\rho V_0^2\right)S_w c_A C_{m\alpha}\quad(C_{m\alpha}\text{为有因次导数})$$

$$\left(\frac{\partial M}{\partial \dot{\alpha}}\right)_0 = \left(\frac{1}{2}\rho V_0^2\right)S_w \frac{c_A}{2V_0}C_{m\dot{\bar{\alpha}}}\quad(C_{m\dot{\bar{\alpha}}}\text{为无因次导数},\dot{\bar{\alpha}}=\frac{c_A}{2V_0}\dot{\alpha})$$

$$\left(\frac{\partial M}{\partial q}\right)_0 = \left(\frac{1}{2}\rho V_0^2\right)S_w \frac{c_A^2}{2V_0}C_{m\bar{q}}\quad(C_{m\bar{q}}\text{为无因次导数},\bar{q}=\frac{c_A}{2V_0}q)$$

$$\left(\frac{\partial M}{\partial \delta_e}\right)_0 = \left(\frac{1}{2}\rho V_0^2\right)S_w c_A C_{m\delta_e}$$

7) 发动机推力或拉力对运动变量的导数计算

这些导数应根据发动机的油门杆角度和其推力或拉力的关系曲线(或数据)

在基准运动的速度(或 M 数)及高度下求导(斜率)得到。

在气动力和力矩对运动变量的导数计算中,所有表达式右边的数据均来自风洞试验,需要注意的是,$C_{m\bar{\alpha}}$、C_{mq} 等导数是以无量纲形式给出的。将上述计算公式代入表 4-1 中,就可以得到机体坐标系下纵向运动方程式(4-48)中矩阵元素了。

2. 横侧向运动方程

动力学方程为

$$
\begin{bmatrix} \Delta\dot{v} \\ \Delta\dot{p} \\ \Delta\dot{r} \\ \Delta\dot{\phi} \end{bmatrix} = \begin{bmatrix} Y_v & Y_p & Y_r & mg\cos\theta_0 \\ L_v & L_p & L_r & 0 \\ N_v & N_p & N_r & 0 \\ 0 & 1 & \tan\theta_0 & 0 \end{bmatrix} \begin{bmatrix} \Delta v \\ \Delta p \\ \Delta r \\ \Delta\phi \end{bmatrix} + \begin{bmatrix} 0 & Y_{\delta_r} \\ L_{\delta_a} & L_{\delta_r} \\ N_{\delta_a} & N_{\delta_r} \\ 0 & 0 \end{bmatrix} \begin{bmatrix} \Delta\delta_a \\ \Delta\delta_r \end{bmatrix} \qquad (4-52)
$$

运动学方程为

$$
\begin{cases} \Delta\dot{\psi} = \Delta\dot{\gamma}/\cos\theta_0 \\ \Delta v_e = V_0\cos\gamma_0\Delta\chi \end{cases} \qquad (4-53)
$$

几何关系方程为

$$
\begin{cases} \Delta\chi = \Delta\psi + \dfrac{1}{\cos\gamma_0}\Delta\beta - \dfrac{\sin\alpha_0}{\cos\gamma_0}\Delta\phi \\[2mm] \Delta\mu = \dfrac{\cos\theta_0}{\cos\gamma_0}\Delta\phi + \dfrac{\sin\alpha_0}{\cos\gamma_0}\sin\theta_0\Delta\beta \\[2mm] \Delta\beta = \dfrac{\Delta v}{V_0} \end{cases} \qquad (4-54)
$$

式(4-52)中变量的单位如下:

变量	Δv	Δp	Δr	$\Delta\phi$	$\Delta\delta_a$	$\Delta\delta_r$
单位	m/s	rad/s	rad/s	rad	rad	rad

式(4-52)中矩阵元素的定义和计算公式见表 4-3。

按照纵向力和力矩对运动变量导数的计算方法以及表 4-2,同样可以计算出表 4-3 中有关力和力矩在基准运动处的导数计算公式,见表 4-4。

4.1.5 速度坐标系下飞机小扰动线性化运动方程

在应用中,更希望采用速度坐标系下的 V、α 和 β 来描述飞机运动的力方程,因为这些量直接决定了气动力和力矩,力矩方程则依然采用在机体坐标系下的形式。对于纵向运动方程,其状态矢量 $X = [\Delta V, \Delta\alpha, \Delta q, \Delta\theta]^T$,横侧向运动方程的状态向量 $X = [\Delta\beta, \Delta p, \Delta r, \Delta\phi]^T$。

表 4 - 3　式（4 - 52）中矩阵元素的定义和计算公式

	力方程中的系数	滚转力矩方程中的系数	偏航力矩方程中的系数
V	$Y_v = \dfrac{1}{mV_0}\left[-X_{D0} + \left(\dfrac{\partial Y_C}{\partial \beta}\right)_0\right]$ (1/s)	$L_v = \dfrac{I_z}{I_x I_z - I_{xz}^2}\dfrac{1}{V_0}\left[\left(\dfrac{\partial L}{\partial \beta}\right)_0 + \dfrac{I_{xz}}{I_z}\left(\dfrac{\partial N}{\partial \beta}\right)_0\right]$ (rad/(m·s))	$N_v = \dfrac{I_z}{I_x I_z - I_{xz}^2}\dfrac{1}{V_0}\left[\left(\dfrac{\partial N}{\partial \beta}\right)_0 + \dfrac{I_{xz}}{I_z}\left(\dfrac{\partial L}{\partial \beta}\right)_0\right]$ (rad/(m·s))
p	$Y_p = \dfrac{1}{m}\left[-mw_0 + \left(\dfrac{\partial Y_C}{\partial p}\right)_0\right]$ (m/(rad·s))	$L_p = \dfrac{I_z}{I_x I_z - I_{xz}^2}\left[\left(\dfrac{\partial L}{\partial p}\right)_0 + \dfrac{I_{xz}}{I_z}\left(\dfrac{\partial N}{\partial p}\right)_0\right]$ (1/s)	$N_p = \dfrac{I_z}{I_x I_z - I_{xz}^2}\left[\left(\dfrac{\partial N}{\partial p}\right)_0 + \dfrac{I_{xz}}{I_z}\left(\dfrac{\partial L}{\partial p}\right)_0\right]$ (1/s)
r	$Y_r = \dfrac{1}{m}\left[-mu_0 + \left(\dfrac{\partial Y_C}{\partial r}\right)_0\right]$ (m/(rad·s))	$L_r = \dfrac{I_z}{I_x I_z - I_{xz}^2}\left[\left(\dfrac{\partial L}{\partial r}\right)_0 + \dfrac{I_{xz}}{I_z}\left(\dfrac{\partial N}{\partial r}\right)_0\right]$ (1/s)	$N_r = \dfrac{I_z}{I_x I_z - I_{xz}^2}\left[\left(\dfrac{\partial N}{\partial r}\right)_0 + \dfrac{I_{xz}}{I_z}\left(\dfrac{\partial L}{\partial r}\right)_0\right]$ (1/s)
δ_a		$L_{\delta_a} = \dfrac{I_z}{I_x I_z - I_{xz}^2}\left[\left(\dfrac{\partial L}{\partial \delta_a}\right)_0 + \dfrac{I_{xz}}{I_z}\left(\dfrac{\partial N}{\partial \delta_a}\right)_0\right]$ (1/s²)	$N_{\delta_a} = \dfrac{I_z}{I_x I_z - I_{xz}^2}\left[\left(\dfrac{\partial N}{\partial \delta_a}\right)_0 + \dfrac{I_{xz}}{I_z}\left(\dfrac{\partial L}{\partial \delta_a}\right)_0\right]$ (1/s²)
δ_r	$Y_{\delta_r} = \dfrac{1}{m}\left(\dfrac{\partial Y_C}{\partial \delta_r}\right)_0$ (m/(rad·s²))	$L_{\delta_r} = \dfrac{I_z}{I_x I_z - I_{xz}^2}\left[\left(\dfrac{\partial L}{\partial \delta_r}\right)_0 + \dfrac{I_{xz}}{I_z}\left(\dfrac{\partial N}{\partial \delta_r}\right)_0\right]$ (1/s²)	$N_{\delta_r} = \dfrac{I_z}{I_x I_z - I_{xz}^2}\left[\left(\dfrac{\partial N}{\partial \delta_r}\right)_0 + \dfrac{I_{xz}}{I_z}\left(\dfrac{\partial L}{\partial \delta_r}\right)_0\right]$ (1/s²)

注：X_{D0}可以从式（4 - 13）平衡方程解出，且 $u_0 = V_0\cos\alpha_0$，$w_0 = V_0\sin\alpha_0$

表4-4　表4-3中的有关气动力和力矩的导数计算公式

	侧力 Y_C	滚转力矩 L	偏航力矩 N
β	$\left(\dfrac{\partial Y_C}{\partial \beta}\right)_0 = \dfrac{1}{2}\rho V_0^2 S_w\left(\dfrac{\partial C_y}{\partial \beta}\right)_0$ $= \dfrac{1}{2}\rho V_0^2 S_w C_{y\beta}$	$\left(\dfrac{\partial L}{\partial \beta}\right)_0 = \dfrac{1}{2}\rho V_0^2 S_w\left(\dfrac{\partial C_l}{\partial \beta}\right)_0$ $= \dfrac{1}{2}\rho V_0^2 S_w C_{l\beta}$	$\left(\dfrac{\partial N_a}{\partial \beta}\right)_0 = \dfrac{1}{2}\rho V_0^2 S_w\left(\dfrac{\partial C_n}{\partial \beta}\right)_0$ $= \dfrac{1}{2}\rho V_0^2 S_w C_{n\beta}$
p	$\left(\dfrac{\partial Y_C}{\partial p}\right)_0 = \dfrac{1}{2}\rho V_0^2 S_w\dfrac{b}{2v_0}\left(\dfrac{\partial C_y}{\partial \bar{p}}\right)_0$ $= \dfrac{1}{2}\rho V_0^2 S_w\dfrac{b}{2v_0}C_{y\bar{p}}$	$\left(\dfrac{\partial L}{\partial p}\right)_0 = \dfrac{1}{2}\rho V_0^2 S_w\dfrac{b^2}{2V_0}\left(\dfrac{\partial C_l}{\partial \bar{p}}\right)_0$ $= \dfrac{1}{2}\rho V_0^2 S_w\dfrac{b^2}{2V_0}C_{l\bar{p}}$	$\left(\dfrac{\partial N_a}{\partial p}\right)_0 = \dfrac{1}{2}\rho V_0^2 S_w\dfrac{b^2}{2V_0}\left(\dfrac{\partial C_n}{\partial \bar{p}}\right)_0$ $= \dfrac{1}{2}\rho V_0^2 S_w\dfrac{b^2}{2V_0}C_{n\bar{p}}$
r	$\left(\dfrac{\partial Y_C}{\partial r}\right)_0 = \dfrac{1}{2}\rho V_0^2 S_w\dfrac{b}{2V_0}\left(\dfrac{\partial C_y}{\partial \bar{r}}\right)_0$ $= \dfrac{1}{2}\rho V_0^2 S_w\dfrac{b}{2V_0}C_{y\bar{r}}$	$\left(\dfrac{\partial L}{\partial r}\right)_0 = \dfrac{1}{2}\rho V_0^2 S_w\dfrac{b^2}{2V_0}\left(\dfrac{\partial C_l}{\partial \bar{r}}\right)_0$ $= \dfrac{1}{2}\rho V_0^2 S_w\dfrac{b^2}{2V_0}C_{l\bar{r}}$	$\left(\dfrac{\partial L}{\partial r}\right)_0 = \dfrac{1}{2}\rho V_0^2 S_w\dfrac{b^2}{2V_0}\left(\dfrac{\partial C_l}{\partial \bar{r}}\right)_0$ $= \dfrac{1}{2}\rho V_0^2 S_w\dfrac{b^2}{2V_0}C_{l\bar{r}}$
δ_a		$\left(\dfrac{\partial L}{\partial \delta_a}\right)_0 = \dfrac{1}{2}\rho V_0^2 S_w b\left(\dfrac{\partial C_l}{\partial \delta_a}\right)_0$ $= \dfrac{1}{2}\rho V_0^2 S_w C_{l\delta_a}$	$\left(\dfrac{\partial N_a}{\partial \delta_a}\right)_0 = \dfrac{1}{2}\rho V_0^2 S_w b\left(\dfrac{\partial C_n}{\partial \delta_a}\right)_0$ $= \dfrac{1}{2}\rho V_0^2 S_w C_{n\delta_a}$
δ_r	$\left(\dfrac{\partial Y_C}{\partial \delta_r}\right)_0 = \dfrac{1}{2}\rho V_0^2 S_w\left(\dfrac{\partial C_y}{\partial \delta_r}\right)_0$ $= \dfrac{1}{2}\rho V_0^2 S_w C_{y\delta_r}$	$\left(\dfrac{\partial L}{\partial \delta_r}\right)_0 = \dfrac{1}{2}\rho V_0^2 S_w b\left(\dfrac{\partial C_l}{\partial \delta_r}\right)_0$ $= \dfrac{1}{2}\rho V_0^2 S_w C_{l\delta_r}$	$\left(\dfrac{\partial N_a}{\partial \delta_r}\right)_0 = \dfrac{1}{2}\rho V_0^2 S_w b\left(\dfrac{\partial C_n}{\partial \delta_r}\right)_0$ $= \dfrac{1}{2}\rho V_0^2 S_w C_{n\delta_r}$

注：$\bar{p} = (pb)/(2V_0)$，$\bar{r} = (rb)/(2V_0)$

如此,就需要将4.1.4节运动方程中机体坐标系下的三轴速度分量分别用 V、α 和 β 来代替了。注意到式(4-47)的结果,因此有

$$\begin{cases} \Delta \dot{V} = \cos\alpha_0 \Delta \dot{u} + \sin\alpha_0 \Delta \dot{w} \\ \Delta \dot{\alpha} = -\dfrac{\cos\alpha_0}{V_0}\Delta \dot{u} + \dfrac{\sin\alpha_0}{V_0}\Delta \dot{w} \end{cases} \tag{4-55}$$

$$\Delta \dot{\beta} = \frac{1}{V_0}\Delta \dot{v} \tag{4-56}$$

式中：$\Delta\alpha$ 和 $\Delta\beta$ 的单位为弧度。

将式(4-55)~式(4-57)中有关公式分别代入式(4-48)和式(4-52)中,并按状态方程形式解出,即可得到速度坐标系下的飞机运动方程。

1. 纵向运动方程

动力学方程为

$$\begin{bmatrix} \Delta \dot{V} \\ \Delta \dot{\alpha} \\ \Delta \dot{q} \\ \Delta \dot{\theta} \end{bmatrix} = \begin{bmatrix} X_V & X_\alpha & X_q & X_\theta \\ Z_V & Z_\alpha & Z_q & Z_\theta \\ M_V & M_\alpha & M_q & M_\theta \\ 0 & 0 & 1 & 0 \end{bmatrix} \begin{bmatrix} \Delta V \\ \Delta \alpha \\ \Delta q \\ \Delta \theta \end{bmatrix} + \begin{bmatrix} X_{\delta_e} & X_{\delta_T} \\ Z_{\delta_e} & Z_{\delta_T} \\ M_{\delta_e} & M_{\delta_T} \\ 0 & 0 \end{bmatrix} \begin{bmatrix} \Delta \delta_e \\ \Delta \delta_T \end{bmatrix} \qquad (4-57)$$

运动学方程为

$$\begin{cases} \Delta u_e = -V_0 \sin\gamma_0 \Delta\gamma + \cos\gamma_0 \Delta V \\ \Delta w_e = -V_0 \cos\gamma_0 \Delta\gamma - \sin\gamma_0 \Delta V \end{cases} \qquad (4-58)$$

几何关系方程为

$$\Delta\gamma = \Delta\theta - \Delta\alpha \qquad (4-59)$$

式(4-57)中变量的单位如下：

变量	ΔV	$\Delta\alpha$	Δq	$\Delta\theta$	$\Delta\delta_e$	$\Delta\delta_T$
单位	m/s	rad	rad/s	rad	rad	rad

式(4-57)中的矩阵元素定义和计算公式见表4-5。

2. 横侧向运动方程

动力学方程为

$$\begin{bmatrix} \Delta \dot{\beta} \\ \Delta \dot{p} \\ \Delta \dot{r} \\ \Delta \dot{\phi} \end{bmatrix} = \begin{bmatrix} Y_\beta & Y_p/V_0 & Y_r/V_0 & mg\cos\theta_0/V_0 \\ L_\beta & L_p & L_r & 0 \\ N_\beta & N_p & N_r & 0 \\ 0 & 1 & \tan\theta_0 & 0 \end{bmatrix} \begin{bmatrix} \Delta \beta \\ \Delta p \\ \Delta r \\ \Delta \phi \end{bmatrix} + \begin{bmatrix} 0 & Y_{\delta_r} \\ L_{\delta_a} & L_{\delta_r} \\ N_{\delta_a} & N_{\delta_r} \\ 0 & 0 \end{bmatrix} \begin{bmatrix} \Delta \delta_a \\ \Delta \delta_r \end{bmatrix}$$

$$(4-60)$$

运动学方程为

$$\begin{cases} \Delta \dot{\psi} = \dfrac{1}{\cos\theta_0} \Delta\gamma \\ \Delta v_e = V_0 \cos\gamma_0 \Delta\chi \end{cases} \qquad (4-61)$$

几何关系方程为

$$\begin{cases} \Delta\chi = \Delta\psi + \dfrac{1}{\cos\gamma_0}\Delta\beta - \dfrac{\sin\alpha_0}{\cos\gamma_0}\Delta\phi \\ \Delta\mu = \dfrac{\cos\theta_0}{\cos\gamma_0}\Delta\phi + \dfrac{\sin\alpha_0}{\cos\gamma_0}\sin\theta_0\Delta\beta \end{cases} \qquad (4-62)$$

表 4 - 5 式（4 - 57）矩阵元素的定义和计算公式

矩阵元素	定义	计算公式	单位
X_V	$\frac{1}{m}\left[-\left(\frac{\partial X_D}{\partial V}\right)_0+\left(\frac{\partial T}{\partial V}\right)_0\cos(\alpha_0+\phi_T)\right]$	$\frac{1}{m}\left[-\frac{1}{V_0}\left(\frac{1}{2}\rho V_0^2\right)S_w(2C_{D0}+M_0C_{DM})+\left(\frac{\partial T}{\partial V}\right)_0\cos(\alpha_0+\phi_T)\right]$	1/s
X_α	$\frac{1}{m}\left[Z_{L0}-\left(\frac{\partial X_D}{\partial\alpha}\right)_0\right]$	$\frac{1}{m}\left[Z_{L0}-\frac{1}{2}\rho V_0^2 S_w C_{D\alpha}\right]$	m/(rad·s²)
X_q		$u_0\sin\alpha_0-w_0\cos\alpha_0=V_0\cos\alpha_0\cos\beta_0\sin\alpha_0-V_0\sin\alpha_0\cos\beta_0\cos\alpha_0=0$	
X_θ		$-g\cos(\theta_0-\alpha_0)$	m/(rad·s²)
X_{δ_e}		$\cos\alpha_0\bar{X}_{\delta_e}+\sin\alpha_0\bar{Z}_{\delta_e}=0$	
X_{δ_T}	$\frac{1}{m}\left(\frac{\partial T}{\partial\delta_T}\right)_0\cos(\alpha_0+\phi_T)$	$\frac{1}{m}\left(\frac{\partial T}{\partial\delta_T}\right)_0\cos(\alpha_0+\phi_T)$，$(\partial T/\partial\delta_T)_0$ 由发动机推力（或拉力）—油门杆特性曲线定义	
Z_V	$-\frac{1}{mV_0}\left[\left(\frac{\partial Z_L}{\partial V}\right)_0+\left(\frac{\partial T}{\partial V}\right)_0\sin(\alpha_0+\phi_T)\right]$	$-\frac{1}{mV_0}\left[\frac{1}{V_0}\left(\frac{1}{2}\rho V_0^2\right)S_w(2C_{L0}+M_0C_{LM})+\left(\frac{\partial T}{\partial V}\right)_0\sin(\alpha_0+\phi_T)\right]$	rad/m
Z_α	$-\frac{1}{mV_0}\left[\left(\frac{\partial Z_L}{\partial\alpha}\right)_0+X_{D0}\right]$	$-\frac{1}{mV_0}\left[\left(\frac{1}{2}\rho V_0^2\right)S_w C_{L\alpha}+X_{D0}\right]$	1/s
Z_q		$\frac{w_0}{V_0}\sin\alpha_0+\frac{u_0}{V_0}\cos\alpha_0=1$	1
Z_θ		$-\frac{g}{V_0}\sin(\theta_0-\alpha_0)$	1/s
Z_{δ_e}	$-\frac{1}{mV_0}\left(\frac{\partial Z_L}{\partial\delta_e}\right)_0$	$-\frac{1}{mV_0}\left(\frac{1}{2}\rho V_0^2\right)S_w C_{L\delta_e}$	1/s

（续）

矩阵元素	定 义	计 算 公 式	单位
Z_{δ_T}		$-\dfrac{1}{mV_0}\left(\dfrac{\partial T}{\partial \delta_T}\right)_0 \sin(\phi_T+\alpha_0)$	$1/\mathrm{s}$
M_V	$\left[\left(\dfrac{\partial M}{\partial V}\right)_0 + \left(\dfrac{\partial T}{\partial V}\right)_0 z_T + \left(\dfrac{\partial M}{\partial \alpha}\right)_0 Z_V\right]\dfrac{1}{I_y}$	$\dfrac{1}{I_y}\left[\dfrac{1}{V_0}\left(\dfrac{1}{2}\rho V_0^2\right)S_w(2C_{LD}+M_0 C_{LM})\right.$ $\left.+\left(\dfrac{1}{2}\rho V_0^2\right)S_w c_A C_{m\alpha}Z_V + \left(\dfrac{\partial T}{\partial V}\right)_0 z_T\right]$	$\mathrm{rad}/(\mathrm{m}\cdot\mathrm{s})$
M_α	$\left[\left(\dfrac{\partial M}{\partial \alpha}\right)_0 + \left(\dfrac{\partial M}{\partial \dot\alpha}\right)_0 Z_\alpha\right]\dfrac{1}{I_y}$	$\dfrac{1}{I_y}\left(\dfrac{1}{2}\rho V_0^2\right)S_w c_A\left(C_{m\alpha}+\dfrac{c_A}{2V_0}C_{m\dot\alpha}Z_\alpha\right)$ $(C_{m\dot\alpha}$ 为无因次导数，$\bar\alpha=\dfrac{c_A}{2V_0}\alpha)$	$1/\mathrm{s}^2$
M_q	$\left[\left(\dfrac{\partial M}{\partial q}\right)_0 + \left(\dfrac{\partial M}{\partial \dot\alpha}\right)_0 Z_q\right]\dfrac{1}{I_y}$	$\dfrac{1}{I_y}\left(\dfrac{1}{2}\rho V_0^2\right)S_w \dfrac{c_A^2}{2V_0}(C_{m\dot q}+C_{m\dot\alpha}Z_q)$ $(C_{m\dot q},C_{m\dot\alpha}$ 为无因次导数，$\bar q=\dfrac{c_A}{2V_0}q)$	$1/\mathrm{s}$
M_θ	$\left[\left(\dfrac{\partial M}{\partial \dot\alpha}\right)_0 + Z_\theta\right]\dfrac{1}{I_y}$	$\dfrac{1}{I_y}\left(\dfrac{1}{2}\rho V_0^2\right)S_w \dfrac{c_A^2}{2V_0}\left(C_{m\dot\alpha}Z_\theta\right)$ $(C_{m\dot\alpha}$ 为无因次导数，$\bar\alpha=\dfrac{c_A}{2V_0}\alpha)$	$1/\mathrm{s}^2$
M_{δ_e}	$\left[\left(\dfrac{\partial M}{\partial \delta_e}\right)_0 + \left(\dfrac{\partial M}{\partial \dot\alpha}\right)_0 Z_{\delta_e}\right]\dfrac{1}{I_y}$	$\dfrac{1}{I_y}\left(\dfrac{1}{2}\rho V_0^2\right)S_w c_A\left(C_{m\delta_e}+\dfrac{c_A}{2V_0}C_{m\dot\alpha}Z_{\delta_e}\right)$ $(C_{m\dot\alpha}$ 为无因次导数，$\bar\alpha=\dfrac{c_A}{2V_0}\alpha)$	$1/\mathrm{s}^2$
M_{δ_T}	$\left[\left(\dfrac{\partial T}{\partial \delta_T}\right)_0 z_T + \left(\dfrac{\partial M}{\partial \dot\alpha}\right)_0 Z_{\delta_T}\right]\dfrac{1}{I_y}$	$\dfrac{1}{I_y}\left[\left(\dfrac{\partial T}{\partial \delta_T}\right)_0 z_T + \left(\dfrac{1}{2}\rho V_0^2\right)S_w \dfrac{c_A^2}{2V_0}C_{m\dot\alpha}Z_{\delta_T}\right]$	$1/\mathrm{s}^2$

式(4-60)中变量的单位如下：

变量	$\Delta\beta$	Δp	Δr	$\Delta\phi$	$\Delta\delta_a$	$\Delta\delta_r$
单位	rad	rad/s	rad/s	rad	rad	rad

式(4-60)中的矩阵中元素定义和计算公式见表4-6。表4-6中 $\Delta = I_x I_z - I_{xz}^2$。

表4-6　式(4-60)矩阵元素的定义和计算公式

符号	定义	计算公式	单位
Y_β	$\dfrac{1}{mV_0}\left[-x_{D0}+\left(\dfrac{\partial Y_C}{\partial\beta}\right)_0\right]$	$\dfrac{1}{mV_0}\left[-x_{D0}+\left(\dfrac{1}{2}\rho V_0^2\right)S_w C_{y\beta}\right]$	$1/s$
Y_p	$w_0+\dfrac{1}{m}\left(\dfrac{\partial Y_C}{\partial p}\right)_0$	$V_0\sin\alpha_0+\dfrac{1}{m}\left(\dfrac{1}{2}\rho V_0^2\right)S_w\dfrac{b}{2V_0}C_{\bar{y}p}$	m/s
Y_r	$-u_0+\dfrac{1}{m}\left(\dfrac{\partial Y_C}{\partial r}\right)_0$	$-V_0\cos\alpha_0+\dfrac{1}{m}\left(\dfrac{1}{2}\rho V_0^2\right)S_w\dfrac{b}{2V_0}C_{\bar{y}r}$	m/s
Y_{δ_r}	$\dfrac{1}{m}\left(\dfrac{\partial Y_C}{\partial\delta_r}\right)_0$	$\dfrac{1}{m}\left(\dfrac{1}{2}\rho V_0^2\right)S_w C_{y\delta_r}$	$1/s$
L_β	$\dfrac{I_z}{\Delta}\left[\left(\dfrac{\partial L}{\partial\beta}\right)_0+\dfrac{I_{xz}}{I_z}\left(\dfrac{\partial N}{\partial\beta}\right)_0\right]$	$\dfrac{I_x}{\Delta}\left[\left(\dfrac{1}{2}\rho V_0^2\right)S_w b C_{l\beta}+\dfrac{I_{xz}}{I_x}\left(\dfrac{1}{2}\rho V_0^2\right)S_w b C_{n\beta}\right]$	$1/s^2$
L_p	$\dfrac{I_z}{\Delta}\left[\left(\dfrac{\partial L}{\partial p}\right)_0+\dfrac{I_{xz}}{I_z}\left(\dfrac{\partial N}{\partial p}\right)_0\right]$	$\dfrac{I_x}{\Delta}\left[\left(\dfrac{1}{2}\rho V_0^2\right)S_w\dfrac{b^2}{2V_0}C_{lp}+\dfrac{I_{xz}}{I_x}\left(\dfrac{1}{2}\rho V_0^2\right)S_w\dfrac{b^2}{2V_0}C_{n\bar{p}}\right]$	$1/s$
L_r	$\dfrac{I_z}{\Delta}\left[\left(\dfrac{\partial L}{\partial r}\right)_0+\dfrac{I_{xz}}{I_z}\left(\dfrac{\partial N}{\partial r}\right)_0\right]$	$\dfrac{I_x}{\Delta}\left[\left(\dfrac{1}{2}\rho V_0^2\right)S_w\dfrac{b^2}{2V_0}C_{lr}+\dfrac{I_{xz}}{I_x}\left(\dfrac{1}{2}\rho V_0^2\right)S_w\dfrac{b^2}{2V_0}C_{n\bar{r}}\right]$	$1/s$
L_{δ_a}	$\dfrac{I_z}{\Delta}\left[\left(\dfrac{\partial L}{\partial\delta_a}\right)_0+\dfrac{I_{xz}}{I_z}\left(\dfrac{\partial N}{\partial\delta_a}\right)_0\right]$	$\dfrac{I_x}{\Delta}\left[\left(\dfrac{1}{2}\rho V_0^2\right)S_w b C_{l\delta_a}+\dfrac{I_{xz}}{I_x}\left(\dfrac{1}{2}\rho V_0^2\right)S_w b C_{n\delta_a}\right]$	$1/s^2$
L_{δ_r}	$\dfrac{I_z}{\Delta}\left[\left(\dfrac{\partial L}{\partial\delta_r}\right)_0+\dfrac{I_{xz}}{I_z}\left(\dfrac{\partial N}{\partial\delta_r}\right)_0\right]$	$\dfrac{I_x}{\Delta}\left[\left(\dfrac{1}{2}\rho V_0^2\right)S_w b C_{l\delta_r}+\dfrac{I_{xz}}{I_x}\left(\dfrac{1}{2}\rho V_0^2\right)S_w b C_{n\delta_r}\right]$	$1/s^2$
N_β	$\dfrac{I_x}{\Delta}\left[\left(\dfrac{\partial N}{\partial\beta}\right)_0+\dfrac{I_{xz}}{I_x}\left(\dfrac{\partial L}{\partial\beta}\right)_0\right]$	$\dfrac{I_x}{\Delta}\left[\left(\dfrac{1}{2}\rho V_0^2\right)S_w b C_{n\beta}+\dfrac{I_{xz}}{I_x}\left(\dfrac{1}{2}\rho V_0^2\right)S_w b C_{l\beta}\right]$	$1/s^2$
N_p	$\dfrac{I_x}{\Delta}\left[\left(\dfrac{\partial N}{\partial p}\right)_0+\dfrac{I_{xz}}{I_x}\left(\dfrac{\partial L}{\partial p}\right)_0\right]$	$\dfrac{I_x}{\Delta}\left[\left(\dfrac{1}{2}\rho V_0^2\right)S_w\dfrac{b^2}{2V_0}C_{np}+\dfrac{I_{xz}}{I_x}\left(\dfrac{1}{2}\rho V_0^2\right)S_w\dfrac{b^2}{2V_0}C_{l\bar{p}}\right]$	$1/s$
N_r	$\dfrac{I_x}{\Delta}\left[\left(\dfrac{\partial N}{\partial r}\right)_0+\dfrac{I_{xz}}{I_x}\left(\dfrac{\partial L}{\partial r}\right)_0\right]$	$\dfrac{I_x}{\Delta}\left[\left(\dfrac{1}{2}\rho V_0^2\right)S_w\dfrac{b^2}{2V_0}C_{nr}+\dfrac{I_{xz}}{I_x}\left(\dfrac{1}{2}\rho V_0^2\right)S_w\dfrac{b^2}{2V_0}C_{l\bar{r}}\right]$	$1/s$
N_{δ_a}	$\dfrac{I_x}{\Delta}\left[\left(\dfrac{\partial N}{\partial\delta_a}\right)_0+\dfrac{I_{xz}}{I_x}\left(\dfrac{\partial L}{\partial\delta_a}\right)_0\right]$	$\dfrac{I_x}{\Delta}\left[\left(\dfrac{1}{2}\rho V_0^2\right)S_w b C_{n\delta_a}+\dfrac{I_{xz}}{I_x}\left(\dfrac{1}{2}\rho V_0^2\right)S_w b C_{l\delta_a}\right]$	$1/s^2$
N_{δ_r}	$\dfrac{I_x}{\Delta}\left[\left(\dfrac{\partial N}{\partial\delta_r}\right)_0+\dfrac{I_{xz}}{I_x}\left(\dfrac{\partial L}{\partial\delta_r}\right)_0\right]$	$\dfrac{I_x}{\Delta}\left[\left(\dfrac{1}{2}\rho V_0^2\right)S_w b C_{n\delta_r}+\dfrac{I_{xz}}{I_x}\left(\dfrac{1}{2}\rho V_0^2\right)S_w b C_{l\delta_r}\right]$	$1/s^2$

注：$\bar{p}=(pb)/(2V_0)$，$\bar{r}=(rb)/(2V_0)$，$\bar{r}=(rb)/(2V_0)$ 可按式(4-13)解出

4.1.6　飞机小扰动线性化运动方程在近似水平飞行时的简化

式(4-57)和式(4-60)是在假设条件下,严格按泰勒公式简化的线性化方程。因此,就运动方程来说,可以适用于任何形式的定常对称直线飞行的基准运动,譬如爬升、下滑或水平飞行。

实际上,定常对称直线飞行假设条件中,若对直线飞行形式做出限制,如水平直线飞行,这样线性方程还可以进一步简化。

如果飞机的机翼具有安装迎角,且安装迎角恰好与静力学平衡时机翼所需迎角相等,飞机平衡或基准运动的机身迎角和俯仰角也为零,此时飞机为水平飞行状态,满足如下条件:

$$\begin{cases} \alpha_0 = 0 \\ \theta_0 = 0 \\ \gamma_0 = \theta_0 - \alpha_0 = 0 \end{cases}$$

这就意味着,机体坐标系和所谓的稳定坐标系重合了。上式若作为飞机水平飞行的假设条件似乎过于苛刻。实际上,即使机翼安装迎角为零,飞机在水平飞行时的静力学平衡条件下迎角和俯仰角都是小角度的,因此只要 $\theta_0 \approx \alpha_0$,即 $\gamma_0 \approx 0$,就可以认为是水平飞行了。

在基准运动中,机身迎角和俯仰角如果都是小角度的,即 $\alpha_0 \leqslant 10°$,$\theta_0 \leqslant 10°$时,那么下式近似成立,即

$$\begin{cases} \sin\alpha_0 \approx 0, \cos\alpha_0 \approx 1 \\ \sin\theta_0 \approx 0, \cos\theta_0 \approx 1 \\ \sin\gamma_0 \approx 0, \cos\gamma_0 \approx 1 \end{cases} \tag{4-63}$$

这也就相当于在稳定坐标系下建立方程。由式(3-52)得到水平对称直线飞行时基准运动的平衡方程为

$$\begin{cases} -X_{D0} + T_0\cos\phi_T = 0 \\ Y_{C0} = 0 \\ -Z_{L0} + mg - T_0\sin\phi_T = 0 \\ M_0 - T_0 z_T = 0 \end{cases} \tag{4-64}$$

且由式(4-46)得

$$\begin{cases} u_0 = V_0 \\ v_0 = 0 \\ w_0 = V_0\alpha_0 \end{cases} \tag{4-65}$$

利用式(4-63)~式(4-65)可以对飞机小扰动线性化运动方程进一步简化，以下给出了常用的速度坐标系下飞机运动方程的简化结果。

(1) 纵向运动方程(在式(4-57)~式(4-59)中，令 $\alpha_0 = 0, \theta_0 = 0$)。

动力学方程为

$$\begin{bmatrix} \Delta \dot{V} \\ \Delta \dot{\alpha} \\ \Delta \dot{q} \\ \Delta \dot{\theta} \end{bmatrix} = \begin{bmatrix} X_V & X_\alpha & 0 & -g \\ Z_V & Z_\alpha & 1 & 0 \\ M_V & M_\alpha & M_q & 0 \\ 0 & 0 & 1 & 0 \end{bmatrix} \begin{bmatrix} \Delta V \\ \Delta \alpha \\ \Delta q \\ \Delta \theta \end{bmatrix} + \begin{bmatrix} X_{\delta_e} & X_{\delta_T} \\ Z_{\delta_e} & Z_{\delta_T} \\ M_{\delta_e} & M_{\delta_T} \\ 0 & 0 \end{bmatrix} \begin{bmatrix} \Delta \delta_e \\ \Delta \delta_T \end{bmatrix} \tag{4-66}$$

运动学方程为

$$\begin{cases} \Delta u_e = \Delta V \\ \Delta w_e = -V_0 \Delta \gamma \end{cases} \tag{4-67}$$

几何关系方程为

$$\Delta \gamma = \Delta \theta - \Delta \alpha \tag{4-68}$$

式(4-66)中的矩阵元素按表4-5中的公式计算即可(令 $\alpha_0 = 0, \theta_0 = 0$ 及 $Z_{L0} = mg, X_{D0} = T_0 \cos\phi_T$)。

(2) 横侧向运动方程。

动力学方程为

$$\begin{bmatrix} \Delta \dot{\beta} \\ \Delta \dot{p} \\ \Delta \dot{r} \\ \Delta \dot{\phi} \end{bmatrix} = \begin{bmatrix} Y_\beta & Y_p/V_0 & Y_r/V_0 & g/V_0 \\ L_\beta & L_p & L_r & 0 \\ N_\beta & N_p & N_r & 0 \\ 0 & 1 & 0 & 0 \end{bmatrix} \begin{bmatrix} \Delta \beta \\ \Delta p \\ \Delta r \\ \Delta \phi \end{bmatrix} + \begin{bmatrix} 0 & Y_{\delta_r} \\ L_{\delta_a} & L_{\delta_r} \\ N_{\delta_a} & N_{\delta_r} \\ 0 & 0 \end{bmatrix} \begin{bmatrix} \Delta \delta_a \\ \Delta \delta_r \end{bmatrix} \tag{4-69}$$

运动学方程为

$$\begin{cases} \Delta \dot{\psi} = \Delta \gamma \\ \Delta v_e = V_0 \Delta \chi \end{cases} \tag{4-70}$$

几何关系方程为

$$\begin{cases} \Delta \chi = \Delta \psi + \Delta \beta \\ \Delta \mu = \Delta \phi \end{cases} \tag{4-71}$$

式(4-69)中的矩阵元素按表4-6中的公式计算即可(令 $\alpha_0 = 0, X_{D0} = T_0 \cos\phi_T$)。

式(4-66)~式(4-71)也是常用的飞机小扰动线性化模型，可用于巡航飞行状态。

4.1.7 示例飞机小扰动线性运动方程的计算——巡航飞行状态

下面通过示例飞机的风洞试验数据和飞机几何尺寸[17]建立飞机小扰动线性方程,说明飞机动力学建模的过程和方法。

本例中,仅计算某一个基准运动条件下的飞机运动方程,但对于整个飞行包线或自动飞行控制系统的使用环境来说,基准运动应该是多个的,可以根据设计要求建立不同基准运动下的飞机线性运动模型。

1. 基准运动的飞行状态

将巡航飞行作为基准运动,其飞行状态数据如下:

速度 $V_0 = 264\text{m/s}$ 高度 $H_0 = 10000\text{m}$ 重量 $W = 130000\text{kg}$ 重心位置 $25\% \ c_A$

迎角 $\alpha_0 = 0$ 侧滑角 $\beta_0 = 0$ 航迹倾角 $\gamma_0 = 0$ 推力 $T_0 = 85972\text{N}$

在上述高度下,理想大气的声速 $a_0 = 299\text{m/s}$,马赫数为 0.88,大气密度 $\rho = 0.413\text{kg/m}^3$,重力加速度 $g = 9.776\text{m/s}^2$。

一般把上述数据的集合称为基准运动飞行状态或飞行状态。那么飞机线性化运动方程就是描述飞机在该飞行状态附近进行的小扰动运动。基准运动的飞行状态也是自动飞行控制系统设计的一个重要概念,它表明了系统的使用环境和限制。因此,在自动飞行控制系统的设计和仿真中,首先要确定其所使用的飞行状态后才能进行系统的设计和仿真,飞行状态的选择应尽可能最大地覆盖系统的使用包线区域。

2. 飞机的基本数据

机翼面积 $S_w = 260\text{m}^2$ 翼展 $b = 44.8\text{m}$ 平均气动弦 $c_A = 6.6\text{m}$

转动惯量 $I_x = 6.011 \times 10^6 \text{kg} \cdot \text{m}^2$, $I_y = 10.53 \times 10^6 \text{kg} \cdot \text{m}^2$

$$I_z = 15.73 \times 10^6 \text{kg} \cdot \text{m}^2, I_{xz} = 0.33 \times 10^6 \text{kg} \cdot \text{m}^2$$

发动机安装位置 $z_T = 2.65\text{m}, \phi_T = 2.17°$

3. 气动数据

气动数据主要来源于风洞试验,并以气动系数在基准运动处对运动变量的导数形式给出,见表 4-7 和表 4-8。

表 4-7 纵向气动数据表

$C_{L0} = 0.341$	$C_{L\alpha} = 6.22$	$C_{L\dot{\alpha}} = 1.55$	$C_{LM} = 0.055$	$C_{L\delta_e} = 0.194$	
$C_{D0} = 0.023$	$C_{D\alpha} = 0.219$		$C_{DM} = 0.0353$	$C_{D\delta_e} = 0.0068$	
$C_{m0} = -0.0092$	$C_{m\alpha} = -1.081$	$C_{m\dot{\alpha}} = -17.3$	$C_{m\bar{q}} = -35.44$	$C_{m\delta_e} = -0.771$	$C_{mM} = 0$
$\left(\dfrac{\partial T}{\partial \delta_T}\right)_0 \approx 85930$	$\left(\dfrac{\partial T}{\partial M}\right)_0 \approx 0$				

表 4 − 8　横侧向气动数据表

$C_{Y\beta} = -1.149$	$C_{Y\bar{p}} = -0.294$	$C_{Y\bar{r}} = 2.33$	$C_{Y\delta_a} = 0$	$C_{Y\delta_r} = 0.176$
$C_{l\beta} = -0.799$	$C_{l\bar{p}} = -4.91$	$C_{l\bar{r}} = 1.7$	$C_{l\delta_a} = -0.0625$	$C_{l\delta_r} = 0.0655$
$C_{n\beta} = 0.808$	$C_{n\bar{p}} = -1.13$	$C_{n\bar{r}} = -3.39$	$C_{n\delta_a} = -0.0285$	$C_{n\delta_r} = -0.3415$

4. 纵向运动方程系数计算

由于 $\alpha_0 = 0, \beta_0 = 0, \gamma_0 = 0$，故可按式(4 − 66)～式(4 − 68)建立速度坐标系下的小扰动线性纵向运动方程。

首先按式(4 − 13)得到基准运动的平衡方程(注意到 $\theta_0 = 0$)：

$$\begin{cases} -X_{D0} + T_0 \cos\phi_T = 0 \\ Y_{C0} = 0 \\ -Z_{L0} + mg - T_0 \sin\phi_T = 0 \end{cases}$$

根据表 4 − 5 的计算公式、上述平衡方程和给定的数据计算式(4 − 66)矩阵中的元素，计算过程如下：

(1) $X_V = -\dfrac{1}{m}\left(\dfrac{\partial X_D}{\partial V}\right)_0$

$= \dfrac{1}{2}\rho V_0^2 \dfrac{S_w}{m}(2C_D + M_0 C_{DM})$

$= -\dfrac{1}{2} \times 0.413 \times (264)^2 \times \dfrac{260}{13 \times 10^4 \times 264} \times (2 \times 0.023 + 0.88 \times 0.0353)$

$= -0.0084$

(2) $X_\alpha = g - \dfrac{1}{m}\left(\dfrac{\partial X_D}{\partial \alpha}\right)_0$　（平衡方程：$Z_{L0} \approx mg$）

$= g - \dfrac{1}{2}\rho V_0^2 \dfrac{S_w}{m}C_{D\alpha}$

$= 9.776 - \dfrac{1}{2} \times 0.413 \times (264)^2 \times \dfrac{260}{13 \times 10^4} \times 0.219$

$= 3.4722\,(\mathrm{m/s^2})$

(3) $X_q = 0$

(4) $X_\theta = -g = -9.776\,(\mathrm{m/s^2})$

(5) $X_{\delta_e} = 0$

(6) $X_{\delta_T} = \dfrac{1}{m}\left(\dfrac{\partial T}{\partial \delta_T}\right)_0 = \dfrac{1}{13 \times 10^4} \times 85930 = 0.661\,(\mathrm{m/(rad \cdot s^2)})$

(7) $Z_V = -\dfrac{1}{mV_0}\left(\dfrac{\partial Z_L}{\partial V}\right)_0$

$= -\dfrac{1}{mV_0}\dfrac{1}{V_0}\left(\dfrac{1}{2}\rho V_0^2\right)S_w(2C_{L0} + M_0 C_{LM})$

$$= -\frac{260}{13 \times 10^4} \times \frac{1}{264} \times \left(\frac{1}{2} \times 0.413 \times 264^2 \right) \times 260 \times (2 \times 0.341 + 0.88 \times 0.055)$$

$$= -0.0003 \, (1/\text{m})$$

(8) $Z_\alpha = -\dfrac{1}{mV_0} \left[T_0 \cos\phi_T + \left(\dfrac{\partial Z_L}{\partial \alpha} \right)_0 \right]$ （利用平衡方程：$X_{D0} = T_0 \cos\phi_T$）

$$= -\frac{1}{mV_0} \left[T_0 \cos\phi_T + \left(\frac{1}{2}\rho V_0^2 \right) S_{\text{w}} C_{L\alpha} \right]$$

$$= -\frac{1}{13 \times 10^4 \times 264} \times \left[85972 \times \cos 2.17° + \left(\frac{1}{2} \times 0.413 \times 264^2 \right) \times 260 \times 6.22 \right]$$

$$= -0.6807 \, (1/\text{s})$$

(9) $Z_q = 1$

(10) $Z_\theta = 0$

(11) $Z_{\delta_e} = -\dfrac{1}{mV_0} \left(\dfrac{\partial Z_L}{\partial \delta_e} \right)_0$

$$= -\frac{1}{mV_0} \left(\frac{1}{2}\rho V_0^2 \right) S_{\text{w}} C_{L\delta_e}$$

$$= -\frac{260}{13 \times 10^4} \times \frac{1}{264} \times \left(\frac{1}{2} \times 0.413 \times 264^2 \right) \times 260 \times 0.194$$

$$= -0.02121 \, (1/\text{s})$$

(12) $Z_{\delta_T} = \dfrac{-\sin\phi_T}{mV_0} \left(\dfrac{\partial T}{\partial \delta_T} \right)_0$

$$= -\frac{\sin 2.87°}{13 \times 10^4 \times 264} \times 85930$$

$$\approx 0 \, (\text{m/s}^2)$$

(13) $M_V = \dfrac{1}{I_y} \left[\left(\dfrac{\partial M}{\partial V} \right)_0 + \dfrac{1}{mV_0} \left(\dfrac{\partial M}{\partial \dot\alpha} \right)_0 \left(\dfrac{\partial Z_L}{\partial V} \right)_0 \right]$

$$= \frac{1}{I_y} \left\{ \frac{1}{V_0} \left(\frac{1}{2}\rho V_0^2 \right) S_{\text{w}} c_A (2C_{m0} + M_0 C_{mM}) - \frac{1}{mV_0} \left(\frac{\partial Z_L}{\partial V} \right)_0 \left[\left(\frac{1}{2}\rho V_0^2 \right) S_{\text{w}} \frac{c_A^2}{2V_0} C_{m\dot\alpha} \right] \right\}$$

$$= \frac{1}{I_y} \left(\frac{1}{2}\rho V_0^2 \right) S_{\text{w}} c_A \left[\frac{1}{V_0} (2C_{m0} + M_0 C_{mM}) - \frac{1}{mV_0} \left(\frac{\partial Z_L}{\partial V} \right)_0 \frac{c_A}{2V_0} C_{m\dot\alpha} \right]$$

$$= -\frac{1}{10.53 \times 10^6} \times \left(\frac{1}{2} \times 0.413 \times 264^2 \right) \times 260 \times 6.6 \times$$

$$\left[\frac{1}{264} \times (-2 \times 0.0092 + 0.88 \times 0) + 0.0003 \times \frac{6.6}{2 \times 264} \times (-17.3) \right]$$

$$\approx 0 \, (1/(\text{m} \cdot \text{s}))$$

(14) $M_\alpha = \dfrac{1}{I_y} \left[\left(\dfrac{\partial M}{\partial \alpha} \right)_0 + \dfrac{1}{mV_0} \left(\dfrac{\partial M}{\partial \dot\alpha} \right)_0 \left(\dfrac{\partial Z_L}{\partial V} \right)_0 \right]$

$$= \frac{1}{I_y} \left[\left(\frac{1}{2}\rho V_0^2 \right) S_w c_A C_{m\alpha} - \frac{1}{mV_0} \left(\frac{\partial Z_L}{\partial \alpha} \right)_0 \left(\frac{1}{2}\rho V_0^2 \right) S_w \frac{c_A^2}{2V_0} C_{m\dot\alpha} \right]$$

$$= \frac{1}{I_y} \left(\frac{1}{2}\rho V_0^2 S_w c_A \right) \left[C_{m\alpha} - \frac{1}{mV_0} \left(\frac{\partial Z_L}{\partial \alpha} \right)_0 \frac{c_A}{2V_0} C_{m\dot\alpha} \right]$$

$$= \frac{1}{10.53 \times 10^6} \times \left(\frac{1}{2} \times 0.413 \times 264^2 \right) \times 260 \times 6.6 \times$$

$$\left[-1.081 - 0.6807 \times \frac{6.6}{2 \times 264} \times (-17.3) \right]$$

$$= -2.19(1/\mathrm{s}^2)$$

(15) $M_q = \dfrac{1}{I_y} \left[\left(\dfrac{\partial M}{\partial q} \right)_0 + \dfrac{1}{mV_0} \left(\dfrac{\partial M}{\partial \dot\alpha} \right)_0 \right]$

$$= \frac{1}{I_y} \left(\frac{1}{2}\rho V_0^2 S_w \frac{c_A^2}{2V_0} C_{mq} + \frac{1}{2}\rho V_0^2 S_w \frac{c_A^2}{2V_0} C_{m\dot\alpha} \right)$$

$$= \frac{1}{I_y} \left(\frac{1}{2}\rho V_0^2 \right) S_w \frac{c_A^2}{2V_0} (C_{m\dot q} + C_{m\dot\alpha})$$

$$= \frac{1}{10.53 \times 10^6} \times \left(\frac{1}{2} \times 0.413 \times 264^2 \right) \times 260 \times \frac{6.6^2}{2 \times 264} \times (-35.44 - 17.3)$$

$$= -1.5453(1/\mathrm{s})$$

(16) $M_{\delta_e} = \dfrac{1}{I_y} \left[\left(\dfrac{\partial M}{\partial \delta_e} \right)_0 + \dfrac{1}{mV_0} \left(\dfrac{\partial Z_L}{\partial \delta_e} \right)_0 \left(\dfrac{\partial M}{\partial \dot\alpha} \right)_0 \right]$

$$= \frac{1}{I_y} \left[\frac{1}{2}\rho V_0^2 S_w c_A C_{m\delta_e} - \frac{1}{mV_0} \left(\frac{\partial Z_L}{\partial \delta_e} \right)_0 \frac{1}{2}\rho V_0^2 S_w \frac{c_A^2}{2V_0} C_{m\dot\alpha} \right]$$

$$= \frac{1}{10.53 \times 10^6} \times \left\{ \frac{1}{2} \times 0.413 \times 264^2 \times 260 \times 6.6 \times \right.$$

$$\left. \left[-0.771 + (-0.0212) \times \frac{6.6}{2 \times 264} \times (-17.3) \right] \right\}$$

$$= -1.7977(1/\mathrm{s}^2)$$

(17) $M_{\delta_T} = \dfrac{z_T}{I_y} \left(\dfrac{\partial T}{\partial \delta_T} \right)_0 = -\dfrac{2.65}{10.53 \times 10^6} \times 85930$

$$= 0.0216(\mathrm{rad/s}^2)$$

则纵向运动的状态方程为

$$\begin{bmatrix} \Delta \dot V \\ \Delta \dot\alpha \\ \Delta \dot q \\ \Delta \dot\theta \end{bmatrix} = \begin{bmatrix} -0.0084 & 3.4722 & 0 & -9.776 \\ -0.0003 & -0.6807 & 1 & 0 \\ 0 & -2.19 & -1.5453 & 0 \\ 0 & 0 & 1 & 0 \end{bmatrix} \begin{bmatrix} \Delta V \\ \Delta \alpha \\ \Delta q \\ \Delta \theta \end{bmatrix} +$$

$$\begin{bmatrix} 0 & 0.661 \\ -0.0212 & 0 \\ -1.7977 & 0.0216 \\ 0 & 0 \end{bmatrix} \begin{bmatrix} \Delta\delta_e \\ \Delta\delta_T \end{bmatrix}$$

式中：$\Delta\delta_T$ 为最大推力对应油门杆角度 $\delta_{\max}$ 的百分比，因此实际的油门杆角度 $\Delta\delta'_T = \Delta\delta_T \cdot \delta_{\max}$。

运动学方程为

$$\begin{cases} \Delta u_e = \Delta V \\ \Delta w_e = -V_0\Delta\gamma = -264\Delta\gamma \end{cases}$$

几何关系为

$$\Delta\gamma = \Delta\theta - \Delta\alpha$$

5. 横侧向运动方程系数计算

按式(4-69)建立机体坐标系下的小扰动线性横侧向运动方程。按表 4-6 的计算公式、平衡方程以及给定数据计算矩阵中的元素，计算过程如下：

(1) $Y_\beta = \dfrac{1}{mV_0} \Big[-T_0\cos\phi_T + \Big(\dfrac{\partial Y_C}{\partial\beta}\Big)_0 \Big]$ （利用平衡方程：$X_{D0} = T_0\cos\phi_T$）

$\qquad = \dfrac{1}{mV_0} \Big(-T_0\cos\phi_T + \dfrac{1}{2}\rho V_0^2 S_w C_{y\beta} \Big)$

$\qquad = \dfrac{1}{13\times10^4\times264} \Big[-85927\times\cos 2.17° + \dfrac{1}{2}\times0.413\times$

$\qquad\quad 264^2\times260\times(-0.0212) \Big]$

$\qquad = -0.1278(1/\mathrm{s}^2)$

(2) $Y_p = w_0 + \dfrac{1}{m}\Big(\dfrac{\partial Y_C}{\partial p}\Big)_0$ （其中 $w_0 = 0$）

$\qquad = \dfrac{1}{m}\Big(\dfrac{1}{2}\rho V_0^2\Big)S_w\dfrac{b}{2V_0}C_{yp}$

$\qquad = \dfrac{1}{13\times10^4}\times\dfrac{1}{2}\times0.413\times264^2\times260\times\Big(\dfrac{44.8}{2\times264}\Big)\times(-0.294)$

$\qquad = -0.7180(\mathrm{m/s})$

$$Y_p/V_0 = -0.7180/264 = -0.0027$$

(3) $Y_r = -u_0 + \dfrac{1}{m}\Big(\dfrac{\partial Y_C}{\partial r}\Big)_0$ （其中 $u_0 = V_0$）

$\qquad = -V_0 + \dfrac{1}{m}\Big(\dfrac{1}{2}\rho V_0^2\Big)S_w\dfrac{b}{2V_0}C_{yr}$

$$= -264 + \frac{1}{13 \times 10^4} \times \left(\frac{1}{2} \times 0.413 \times 264^2 \right) \times 260 \times \left(\frac{44.8}{2 \times 264} \right) \times 2.33$$

$$= -258.3094 \, (\text{m/s})$$

$$Y_r / V_0 = -258.3094 / 264 = -0.9784$$

(4) $Y_{\delta_r} = \frac{1}{m} \left(\frac{\partial Y_C}{\partial \delta_r} \right)_0$

$$= \frac{1}{m} \left(\frac{1}{2} \rho V_0^2 \right) S_w C_Y \delta_r$$

$$= \frac{1}{13 \times 10^4} \times \left(\frac{1}{2} \times 0.413 \times 264^2 \right) \times 260 \times 0.176$$

$$= 5.0660 \, (\text{m/s}^2)$$

$$Y_{\delta_r} / V_0 = 5.066 / 264 = 0.02 \, (1/\text{s})$$

(5) $L_\beta = \frac{I_z}{\Delta} \left[\left(\frac{\partial L}{\partial \beta} \right)_0 + \frac{I_{xz}}{I_z} \left(\frac{\partial N}{\partial \beta} \right)_0 \right]$　（其中 $\Delta = I_x I_z - I_{xz}^2$）

$$= \frac{I_z}{\Delta} \left[\left(\frac{1}{2} \rho V_0^2 \right) S_w b C_{l\beta} + \frac{I_{xz}}{I_z} \left(\frac{1}{2} \rho V_0^2 \right) S_w b C_{n\beta} \right]$$

$$= \frac{15.73 \times 10^6}{94.4441 \times 10^{12}} \times \left[\left(\frac{1}{2} \times 0.413 \times 264^2 \right) \times 260 \times 44.8 \times (-0.799) + \right.$$

$$\left. \frac{0.33 \times 10^6}{15.73 \times 10^6} \times \left(\frac{1}{2} \times 0.413 \times 264^2 \right) \times 260 \times 44.8 \times 0.808 \right]$$

$$= -21.84 \, (1/\text{s}^2)$$

(6) $L_p = \frac{I_z}{\Delta} \left[\left(\frac{\partial L}{\partial p} \right)_0 + \frac{I_{xz}}{I_z} \left(\frac{\partial N}{\partial p} \right)_0 \right]$

$$= \frac{I_z}{\Delta} \left[\left(\frac{1}{2} \rho V_0^2 \right) S_w \frac{b^2}{2V_0} C_{lp} + \frac{I_{xz}}{I_z} \left(\frac{1}{2} \rho V_0^2 \right) S_w \frac{b^2}{2V_0} C_{np} \right]$$

$$= \frac{15.73 \times 10^6}{94.4441 \times 10^{12}} \times \left[\left(\frac{1}{2} \times 0.413 \times 264^2 \right) \times 260 \times \frac{44.8^2}{2 \times 264} \times (-4.91) + \right.$$

$$\left. \frac{0.33 \times 10^6}{15.73 \times 10^6} \times \left(\frac{1}{2} \times 0.413 \times 264^2 \right) \times 260 \times \frac{44.8^2}{2 \times 264} \times (-1.13) \right]$$

$$= -11.69 \, (1/\text{s})$$

(7) $L_r = \frac{I_z}{\Delta} \left[\left(\frac{\partial L}{\partial r} \right)_0 + \frac{I_{xz}}{I_z} \left(\frac{\partial N}{\partial r} \right)_0 \right]$

$$= \frac{I_z}{\Delta} \left[\left(\frac{1}{2} \rho V_0^2 \right) S_w \frac{b^2}{2V_0} C_{lr} + \frac{I_{xz}}{I_z} \left(\frac{1}{2} \rho V_0^2 \right) S_w \frac{b^2}{2V_0} C_{nr} \right]$$

$$= \frac{15.73 \times 10^6}{94.4441 \times 10^{12}} \times \left[\left(\frac{1}{2} \times 0.413 \times 264^2 \right) \times 260 \times \frac{44.8^2}{2 \times 264} \times 1.7 + \right.$$

$$\left. \frac{0.33 \times 10^6}{15.73 \times 10^6} \left(\frac{1}{2} \times 0.413 \times 264^2 \right) \times 260 \times \frac{44.8^2}{2 \times 264} \times (-3.39) \right]$$

$$= 3.8603 (1/s)$$

(8) $L_{\delta_a} = \dfrac{I_z}{\Delta} \left[\left(\dfrac{\partial L}{\partial \delta_a} \right)_0 + \dfrac{I_{xz}}{I_z} \left(\dfrac{\partial N}{\partial \delta_a} \right)_0 \right]$

$$= \frac{I_z}{\Delta} \left[\left(\frac{1}{2} \rho V_0^2 \right) S_w b C_{l\delta_a} + \frac{I_{xz}}{I_z} \left(\frac{1}{2} \rho V_0^2 \right) S_w b C_{n\delta_a} \right]$$

$$= \frac{I_z}{\Delta} \left(\frac{1}{2} \rho V_0^2 \right) S_w b \left[C_{l\delta_a} + \frac{I_{xz}}{I_z} C_{n\delta_a} \right]$$

$$= \frac{15.73 \times 10^6}{94.4441 \times 10^{12}} \times \left(\frac{1}{2} \times 0.413 \times 264^2 \right) \times 260 \times 44.8 \times$$

$$\left[-0.0625 + \frac{0.33 \times 10^6}{15.73 \times 10^6} \times (-0.0285) \right]$$

$$= -1.7622 (1/s^2)$$

(9) $L_{\delta_r} = \dfrac{I_z}{\Delta} \left[\left(\dfrac{\partial L}{\partial \delta_r} \right)_0 + \dfrac{I_{xz}}{I_z} \left(\dfrac{\partial N}{\partial \delta_r} \right)_0 \right]$

$$= \frac{I_z}{\Delta} \left(\frac{1}{2} \rho V_0^2 \right) S_w b \left(C_{l\delta_r} + \frac{I_{xz}}{I_z} C_{n\delta_r} \right)$$

$$= \frac{15.73 \times 10^6}{94.4441 \times 10^{12}} \times \left(\frac{1}{2} \times 0.413 \times 264^2 \right) \times 260 \times 44.8 \times$$

$$\left[0.0655 + \frac{0.33 \times 10^6}{15.73 \times 10^6} \times (-0.3415) \right]$$

$$= -1.629 (1/s^2)$$

(10) $N_{\beta} = \dfrac{I_x}{\Delta} \left[\left(\dfrac{\partial N}{\partial \beta} \right)_0 + \dfrac{I_{xz}}{I_x} \left(\dfrac{\partial L}{\partial \beta} \right)_0 \right]$

$$= \frac{I_x}{\Delta} \left(\frac{1}{2} \rho V_0^2 \right) S_w b \left(C_{n\beta} + \frac{I_{xz}}{I_x} C_{l\beta} \right)$$

$$= \frac{6.011 \times 10^6}{94.4441 \times 10^{12}} \times \left(\frac{1}{2} \times 0.413 \times 264^2 \right) \times 260 \times 44.8 \times$$

$$\left[0.808 + \frac{0.33 \times 10^6}{6.011 \times 10^6} \times (-0.799) \right]$$

$$= 8.1522 (1/s^2)$$

(11) $N_p = \dfrac{I_x}{\Delta} \left[\left(\dfrac{\partial N}{\partial p} \right)_0 + \dfrac{I_{xz}}{I_x} \left(\dfrac{\partial L}{\partial p} \right)_0 \right]$

$\qquad = \dfrac{I_x}{\Delta} \left(\dfrac{1}{2} \rho V_0^2 \right) S_w \dfrac{b^2}{2V_0} \left(C_{n\bar{p}} + \dfrac{I_{xz}}{I_x} C_{l\bar{p}} \right)$

$\qquad = \dfrac{6.011 \times 10^6}{94.4441 \times 10^{12}} \times \left(\dfrac{1}{2} \times 0.413 \times 264^2 \right) \times 260 \times \dfrac{44.8^2}{2 \times 264} \times$

$\qquad \quad \left[-1.13 + \dfrac{0.33 \times 10^6}{6.011 \times 10^6} \times (-4.911) \right]$

$\qquad = -1.2675 (1/s^2)$

(12) $N_r = \dfrac{I_x}{\Delta} \left[\left(\dfrac{\partial N}{\partial r} \right)_0 + \dfrac{I_{xz}}{I_x} \left(\dfrac{\partial L}{\partial r} \right)_0 \right]$

$\qquad = \dfrac{I_x}{\Delta} \left(\dfrac{1}{2} \rho V_0^2 \right) S_w \dfrac{b^2}{2V_0} \left(C_{n\bar{r}} + \dfrac{I_{xz}}{I_x} C_{l\bar{r}} \right)$

$\qquad = \dfrac{6.011 \times 10^6}{9.4441 \times 10^{12}} \times \left(\dfrac{1}{2} \times 0.413 \times 264^2 \right) \times 260 \times \dfrac{44.8^2}{2 \times 264} \times$

$\qquad \quad \left(-3.39 + \dfrac{0.33 \times 10^6}{6.0111 \times 10^6} \times 1.7 \right)$

$\qquad = -2.98 (1/s)$

(13) $N_{\delta_a} = \dfrac{I_x}{\Delta} \left[\left(\dfrac{\partial N}{\partial \delta_a} \right)_0 + \dfrac{I_{xz}}{I_x} \left(\dfrac{\partial L}{\partial \delta_a} \right)_0 \right]$

$\qquad = \dfrac{I_x}{\Delta} \left(\dfrac{1}{2} \rho V_0^2 \right) S_w b \left(C_{n\delta_a} + \dfrac{I_{xz}}{I_x} C_{l\delta_a} \right)$

$\qquad = \dfrac{6.011 \times 10^6}{9.4441 \times 10^{12}} \times \left(\dfrac{1}{2} \times 0.413 \times 264^2 \right) \times 260 \times 44.8 \times$

$\qquad \quad \left[-0.0285 + \dfrac{0.33 \times 10^6}{6.0111 \times 10^6} \times (-0.0625) \right]$

$\qquad = -0.3408 (1/s^2)$

(14) $N_{\delta_r} = \dfrac{I_x}{\Delta} \left[\left(\dfrac{\partial N}{\partial \delta_r} \right)_0 + \dfrac{I_{xz}}{I_x} \left(\dfrac{\partial L}{\partial \delta_r} \right)_0 \right]$

$\qquad = \dfrac{I_x}{\Delta} \left(\dfrac{1}{2} \rho V_0^2 \right) S_w b \left(C_{n\delta_r} + \dfrac{I_{xz}}{I_x} C_{l\delta_r} \right)$

$\qquad = \dfrac{6.011 \times 10^6}{9.4441 \times 10^{12}} \times \left(\dfrac{1}{2} \times 0.413 \times 264^2 \right) \times 260 \times 44.8 \times$

$$\left[-0.3415 + \frac{0.33 \times 10^6}{6.0111 \times 10^6} \times 0.065 \right]$$

$$= -3.6056\,(1/\mathrm{s}^2)$$

则横侧向运动的状态方程为

$$\begin{bmatrix} \Delta\dot{\beta} \\ \Delta\dot{p} \\ \Delta\dot{r} \\ \Delta\dot{\phi} \end{bmatrix} = \begin{bmatrix} -0.1278 & -0.0027 & -0.9784 & 0.037 \\ -21.84 & -11.69 & 3.8603 & 0 \\ 8.1522 & -1.2675 & -2.98 & 0 \\ 0 & 1 & 0 & 0 \end{bmatrix} \begin{bmatrix} \Delta\beta \\ \Delta p \\ \Delta r \\ \Delta\phi \end{bmatrix} +$$

$$\begin{bmatrix} 0 & 0.02 \\ -1.7622 & 1.629 \\ -0.3408 & -3.6056 \\ 0 & 0 \end{bmatrix} \begin{bmatrix} \Delta\delta_a \\ \Delta\delta_r \end{bmatrix}$$

运动方程为

$$\begin{cases} \Delta\dot{\psi} = \Delta r \\ \Delta v_e = V_0 \Delta\chi = 264\Delta\chi \end{cases}$$

几何关系方程为

$$\begin{cases} \Delta\chi = \Delta\psi + \Delta\beta \\ \Delta\mu = \Delta\phi \end{cases}$$

4.1.8 示例飞机小扰动线性运动方程的计算——着陆飞行状态

进近着陆是飞机的重要飞行阶段。现代飞机在这一阶段常采用自动飞行控制系统进行自动飞行。因此,对进近着陆时飞机的运动进行建模,对自动飞行控制系统进近着陆模式的设计和仿真都具有重要意义。

进近着陆飞行和巡航飞行的差别在于:飞机以小速度和负航迹倾角进行下滑的直线飞行运动,直至决断高度。所以基准运动为定常对称直线飞行,并且 $\gamma_0 \neq 0$,$\beta_0 \neq 0$,或者称基准运动为定常对称直线下滑飞行。

1. 基准飞行状态

速度 $V_0 = 77\mathrm{m/s}$ 高度 $H_0 = 600\mathrm{m}$ 重量 $W = 130000\mathrm{kg}$ 重心位置 $25\% c_A$

迎角 $\alpha_0 = 7.84°$ 侧滑角 $\beta_0 = 0$ 航迹倾角 $\gamma_0 = -3°$ 推力 $T_0 = 79033\mathrm{N}$

在上述高度下,理想大气的密度 $\rho = 1.156\mathrm{kg/m}^3$,重力加速度 $g = 9.8\mathrm{m/s}^2$,声速 $a_0 = 337\mathrm{m/s}$,马赫数为 0.228。飞机进行定常对称直线下滑飞行。

2. 飞机的基本数据

机翼面积 $S_w = 260\text{m}^2$　　翼展 $b = 44.8\text{m}$　　平均气动弦 $c_A = 6.6\text{m}$

转动惯量 $I_x = 6.011 \times 10^6 \text{kg} \cdot \text{m}^2$, $I_y = 10.53 \times 10^6 \text{kg} \cdot \text{m}^2$

$$I_z = 15.73 \times 10^6 \text{kg} \cdot \text{m}^2, I_{xz} = 0.33 \times 10^6 \text{kg} \cdot \text{m}^2$$

发动机安装位置 $z_T = 2.65\text{m}$, $\phi_T = 2.17°$

3. 气动数据[17]

气动数据主要来源于风洞试验,并以气动系数在基准运动处对运动变量的导数形式给出,见表 4-9 和表 4-10。

表 4-9　纵向气动数据表

$C_{L0} = 1.414$	$C_{L\alpha} = 5.66$	$C_{LM} = 0.7166$	$C_{L\delta_e} = 0.443$	
$C_{D0} = 0.163$	$C_{D\alpha} = 0.814$	$C_{DM} = 3.0698$	$C_{D\delta_e} = 0.0623$	
$C_{m0} = -0.0356$	$C_{m\alpha} = -1.203$	$C_{m\dot{\alpha}} = -10.42$	$C_{m\delta_e} = -1.688$ $C_{mM} = 0.4937$	$C_{mq} = -27.22$
$\left(\dfrac{\partial T}{\partial \delta_T}\right)_0 = 80261.8$	$\left(\dfrac{\partial T}{\partial M}\right)_0 \approx 0$			

表 4-10　横侧向气动数据

$C_{y\beta} = -1.090$	$C_{y\bar{p}} = 2.349$	$C_{y\bar{r}} = 2.33$	$C_{y\delta_a} = 0$	$C_{y\delta_r} = 0.253$
$C_{l\beta} = -0.716$	$C_{l\bar{p}} = -4.54$	$C_{l\bar{r}} = 4.695$	$C_{l\delta_a} = -0.1315$	$C_{l\delta_r} = 0.0473$
$C_{n\beta} = 0.5315$	$C_{n\bar{p}} = -3.18$	$C_{n\bar{r}} = -3.855$	$C_{n\delta_a} = -0.0255$	$C_{n\delta_r} = -0.477$

4. 纵向运动方程系数计算

由于 $\alpha_0 \neq 0$、$\gamma_0 \neq 0$, $\theta_0 \neq 0$, 故可按式(4-57)~式(4-59)建立速度坐标系下的小扰动线性纵向运动方程。这样就可以按表 4-5 的定义和上述数据计算运动方程矩阵中的元素,计算过程如下。

1) 基准运动时的平衡阻力和升力

先按平衡方程式(4-13)计算基准运动时的平衡阻力和升力。由于 T_0 已知,则可由式(4-13)解出平衡时的升力和阻力,结果为

$$Z_{L0} = mg\cos(\theta_0 - \alpha_0) - T_0\sin(\alpha_0 + \phi_T)$$

$$X_{D0} = -mg\sin(\theta_0 - \alpha_0) + T_0\cos(\alpha_0 + \phi_T)$$

代入基准运动数据和飞机数据,其中 $\theta_0 = \gamma_0 + \alpha_0 = -3 + 7.84 = 4.84°$, 即得到平衡时的升力和阻力分别为

$$Z_{L0} = 1257160.28\text{N}$$

$$X_{D0} = 144319.18\text{N}$$

2）方程系数计算

（1）由于 $\left(\dfrac{\partial T}{\partial M}\right)_0 = a\left(\dfrac{\partial T}{\partial V}\right)_0 \approx 0$，故：

$$X_V = \frac{1}{m}\left[-\left(\frac{\partial X_D}{\partial V}\right)_0 + \left(\frac{\partial T}{\partial V}\right)_0 \cos(\alpha_0 + \phi_T) \right]$$

$$\approx -\frac{1}{m}\left(\frac{\partial X_D}{\partial V}\right)_0$$

$$= -\frac{1}{m}\frac{1}{2}\rho V_0 \frac{S_w}{V_0}(2C_{D0} + M_0 C_{DM})$$

$$= -\frac{1}{130000} \times \frac{1}{2} \times 1.156 \times 77^2 \times \frac{260}{77} \times (2 \times 0.163 + 0.228 \times 3.0698)$$

$$= -0.0913(1/s)$$

（2）$X_\alpha = \dfrac{1}{m}\left[Z_{L0} - \left(\dfrac{\partial X_D}{\partial \alpha}\right)_0 \right]$

$$\approx \frac{1}{m}\left(Z_{L0} - \frac{1}{2}\rho V_0 S_w C_{D\alpha} \right)$$

$$= \frac{1}{13 \times 10^4} \times \left(1257160.28 - \frac{1}{2} \times 1.156 \times 77^2 \times 260 \times 0.814 \right)$$

$$= 4.09(\mathrm{m/(rad \cdot s^2)})$$

（3）$X_q = u_0 \sin\alpha_0 - w_0 \cos\alpha_0 = 0$

（4）$X_\theta = -g\cos(\theta_0 - \alpha_0) = -g\cos\gamma_0 = -9.8 \times \cos(-3°) = -9.7866(\mathrm{m/s^2})$

（5）$X_{\delta_e} = 0$

（6）$X_{\delta_T} = \dfrac{1}{m}\left(\dfrac{\partial T}{\partial \delta_T}\right)_0 \cos(\alpha_0 + \phi_T)$

$$= \frac{1}{130000} \times 80261.8 \times \cos(7.84 + 2.17)$$

$$= 0.608(\mathrm{m/s^2})$$

（7）$Z_V = -\dfrac{1}{mV_0}\left[\left(\dfrac{\partial Z}{\partial V}\right)_0 + \left(\dfrac{\partial T}{\partial V}\right)_0 \sin(\alpha_0 + \phi_T) \right]$

$$\approx -\frac{1}{mV_0}\left(\frac{\partial Z}{\partial V}\right)_0$$

$$= -\frac{1}{mV_0}\frac{1}{2}\rho V_0 \frac{S_w}{V_0}(2C_{L0} + M_0 C_{LM})$$

$$= -\frac{1}{130000 \times 77} \times \frac{1}{2} \times 1.156 \times 77^2 \times \frac{260}{77} \times (2 \times 1.414 + 0.228 \times 0.7166)$$

$$= -0.0035(\mathrm{rad/m})$$

(8) $Z_\alpha = -\dfrac{1}{mV_0}\left[\left(\dfrac{\partial Z}{\partial V}\right)_0 + X_{D0}\right]$

$\approx -\dfrac{1}{mV_0}\left(\dfrac{1}{2}\rho V_0^2 S_w C_{L\alpha} + X_{D0}\right)$

$= -\dfrac{1}{130000\times77}\times\left(\dfrac{1}{2}\times1.156\times77^2\times260\times5.66+144319.18\right)$

$= -0.5182(1/\mathrm{s})$

(9) $Z_q = 1$

(10) $Z_\theta = -\dfrac{g}{V_0}\sin(\theta-\alpha_0) = -\dfrac{g}{V_0}\sin\gamma_0 = -\dfrac{9.8}{77}\sin(-3°)=0.0067(1/\mathrm{s})$

(11) $Z_{\delta_T} = -\dfrac{1}{m}\left(\dfrac{\partial T}{\partial\delta_T}\right)\sin(\phi_T+\alpha_0)$

$= -\dfrac{1}{130000}\times80261.8\times\sin(7.84+2.17)$

$= -0.1073(\mathrm{rad/s})$

(12) $Z_{\delta_e} = -\dfrac{1}{mV_0}\left(\dfrac{\partial Z}{\partial\delta_e}\right)_0$

$= -\dfrac{1}{mV_0}\dfrac{1}{2}\rho V_0^2 S_w C_{L\delta_e}$

$= -\dfrac{1}{130000\times77}\times\dfrac{1}{2}\times1.156\times77^2\times260\times0.433$

$= -0.0385(1/\mathrm{s})$

(13) $M_V = \dfrac{1}{I_y}\left[\left(\dfrac{\partial M}{\partial V}\right)_0 + \left(\dfrac{\partial T}{\partial V}\right)_0 z_T + \left(\dfrac{\partial M}{\partial\dot\alpha}\right)_0 Z_V\right]$

$= \dfrac{1}{I_y}\left[\left(\dfrac{\partial M}{\partial V}\right)_0 + \left(\dfrac{\partial M}{\partial\dot\alpha}\right)_0 Z_V\right]$

$= \dfrac{1}{I_y}\left[\left(\dfrac{1}{2}\rho V_0^2\right)c_A\dfrac{S_w}{V_0}(2C_{m0}+M_0 C_{mM})_0 + \left(\dfrac{1}{2}\rho V_0^2\right)S_w\dfrac{c_A^2}{2V_0}C_{m\dot\alpha}Z_V\right]$

$= \dfrac{1}{10.53\times10^6}\times\left(\dfrac{1}{2}\times1.156\times77^2\right)\times66\times$

$\dfrac{260}{77}\Big\{\left[2\times(-0.0356)+0.228\times0.4937\right]+$

$\dfrac{6.6}{2}\times(-10.42)\times(-0.0035)\Big\}$

$= 0.0012(\mathrm{rad/(m\cdot s)})$

(14) $M_\alpha = \dfrac{1}{I_y}\left[\left(\dfrac{\partial M}{\partial\alpha}\right)_0 + \left(\dfrac{\partial M}{\partial\dot\alpha}\right)_0 Z_\alpha\right]$

$$= \frac{1}{I_y} \left[\left(\frac{1}{2}\rho V_0^2 \right) S_w c_A C_{m\alpha} + \left(\frac{1}{2}\rho V_0^2 \right) S_w \frac{c_A^2}{2V_0} C_{m\dot{\alpha}} Z_\alpha \right]$$

$$= \frac{1}{10.53 \times 10^6} \times \left(\frac{1}{2} \times 1.156 \times 77^2 \right) \times 260 \times 6.6 \times$$

$$\left[(-1.203) + \frac{6.6}{2 \times 77} \times (-10.42) \times (-0.5182) \right]$$

$$= -0.5426(1/s^2)$$

(15) $M_q = \dfrac{1}{I_y} \left[\left(\dfrac{\partial M}{\partial q} \right)_0 + \left(\dfrac{\partial M}{\partial \dot{\alpha}} \right)_0 Z_q \right]$

$$= \frac{1}{I_y} \left[\left(\frac{1}{2}\rho V_0^2 \right) S_w \frac{c_A^2}{2V_0} C_{mq} + \left(\frac{1}{2}\rho V_0^2 \right) S_w \frac{c_A^2}{2V_0} C_{m\dot{\alpha}} Z_q \right]$$

$$= \frac{1}{10.53 \times 10^6} \times \left[\left(\frac{1}{2} \times 1.156 \times 77^2 \right) \times 260 \times \frac{6.6^2}{2 \times 77} \times (-27.22) + \right.$$

$$\left. \left(\frac{1}{2} \times 1.156 \times 77^2 \right) \times 260 \times \frac{6.6^2}{2 \times 77} \times (-10.42) \times 1 \right]$$

$$= -0.9001(1/s)$$

(16) $M_\theta = \dfrac{1}{I_y} \left[\left(\dfrac{\partial M}{\partial \dot{\alpha}} \right)_0 Z_\theta \right]$

$$= \frac{1}{I_y} \left[\left(\frac{1}{2}\rho V_0^2 \right) S_w \frac{c_A^2}{2V_0} C_{m\dot{\alpha}} Z_\theta \right]$$

$$= \frac{1}{10.53 \times 10^6} \times \left(\frac{1}{2} \times 1.156 \times 77^2 \right) \times 260 \times$$

$$\frac{6.6^2}{2 \times 77} \times (-10.42) \times (-0.0067)$$

$$= 0.0017(1/s^2)$$

(17) $M_{\delta_e} = \dfrac{1}{I_y} \left[\left(\dfrac{\partial M}{\partial \delta_e} \right)_0 + \left(\dfrac{\partial M}{\partial \dot{\alpha}} \right)_0 Z_{\delta_e} \right]$

$$= \frac{1}{I_y} \left[\left(\frac{1}{2}\rho V_0^2 \right) S_w c_A C_{m\delta_e} + \left(\frac{1}{2}\rho V_0^2 \right) S_w \frac{c_A^2}{2V_0} C_{m\dot{\alpha}} Z_{\delta_e} \right]$$

$$= \frac{1}{10.53 \times 10^6} \times \left[\left(\frac{1}{2} \times 1.156 \times 77^2 \right) \times 260 \times 6.6 \times (-1.688) + \right.$$

$$\left. \left(\frac{1}{2} \times 1.156 \times 77^2 \right) \times 260 \times \frac{6.6^2}{2 \times 77} \times (-10.42) \times (-0.0385) \right]$$

$$= -1.1921(1/s)$$

(18) $M_{\delta_T} = \dfrac{1}{I_y} \left[\left(\dfrac{\partial T}{\partial \delta_T} \right)_0 z_T + \left(\dfrac{\partial M}{\partial \dot{\alpha}} \right)_0 Z_{\delta_T} \right]$

$$= \frac{1}{I_y}\left[\left(\frac{\partial T}{\partial \delta_T}\right)_0 z_T + \left(\frac{1}{2}\rho V_0^2\right)S_w \frac{c_A^2}{2V_0}C_{m\dot{\alpha}}Z_{\delta_T}\right]$$

$$= \frac{1}{10.53 \times 10^6} \times \left[80261.8 \times 2.65 + \left(\frac{1}{2} \times 1.156 \times 77^2\right) \times 260 \times \right.$$

$$\left. \frac{6.6^2}{2 \times 77} \times (-10.42) \times (-0.1073)\right]$$

$$= -0.047(\mathrm{rad/s^2})$$

于是得到纵向运动的状态方程为

$$\begin{bmatrix} \Delta\dot{V} \\ \Delta\dot{\alpha} \\ \Delta\dot{q} \\ \Delta\dot{\theta} \end{bmatrix} = \begin{bmatrix} -0.0913 & 4.09 & 0 & -9.7866 \\ -0.0035 & -0.5182 & 1 & 0.0067 \\ 0.0012 & -0.5426 & -0.9001 & 0.0017 \\ 0 & 0 & 1 & 0 \end{bmatrix} \begin{bmatrix} \Delta V \\ \Delta\alpha \\ \Delta q \\ \Delta\theta \end{bmatrix} +$$

$$\begin{bmatrix} 0 & 0.608 \\ -0.0385 & -0.1073 \\ -1.1921 & 0.047 \\ 0 & 0 \end{bmatrix} \begin{bmatrix} \Delta\delta_e \\ \Delta\delta_T \end{bmatrix}$$

式中:$\Delta\delta_T$ 为最大推力对应油门杆角度 δ_{max} 的百分比,实际油门杆角度为 $\Delta\delta_T \cdot \delta_{max}$。
运动学方程为

$$\begin{cases} \Delta u_e = 4.03\Delta\gamma + 0.9986\Delta V \\ \Delta w_e = -76.8945\Delta\gamma + 0.0523\Delta V \end{cases}$$

3)横侧向运动方程系数计算

按式(4-60)~式(4-62)建立横侧向运动方程,其矩阵元素按表4-6计算。

(1) $Y_\beta = \frac{1}{mV_0}\left[-X_{D0} + \left(\frac{\partial Y}{\partial \beta}\right)_0\right]$

$$= \frac{1}{mV_0}\left[-X_{D0} + \left(\frac{1}{2}\rho V_0^2\right)S_w C_{Y\beta}\right]$$

$$= \frac{1}{130000 \times 77} \times \left[-144319.18 + \left(\frac{1}{2} \times 1.156 \times 77^2\right) \times 260 \times (-1.09)\right]$$

$$= -0.1114(1/\mathrm{s})$$

(2) $Y_p = w_0 + \frac{1}{m}\left(\frac{\partial Y_C}{\partial p}\right)_0$

$$= V_0\sin\alpha_0 + \frac{1}{m}\left(\frac{1}{2}\rho V_0^2\right)S_w C_{Yp}$$

$$= 77 \times \sin 7.84 + \frac{1}{130000} \times \left(\frac{1}{2} \times 1.156 \times 77^2 \right) \times 260 \times \frac{44.8}{2 \times 77} \times 2.349$$

$$= 15.187(\mathrm{m/s})$$

$$Y_p/V_0 = 0.1972$$

（3）$Y_r = -u_0 + \frac{1}{m} \left(\frac{\partial Y_C}{\partial r} \right)_0$

$$= -V_0 \cos\alpha_0 + \frac{1}{m} \left(\frac{1}{2}\rho V_0^2 \right) S_\mathrm{w} \frac{b}{2V_0} C_{Yr}$$

$$= -77 \times \cos 7.84 + \frac{1}{130000} \times \left(\frac{1}{2} \times 1.156 \times 77^2 \right) \times 260 \times \frac{44.8}{2 \times 77} \times 2.23$$

$$= -71.834(\mathrm{m/s})$$

$$Y_r/V_0 = -0.9329$$

（4）$Y_{\delta_r} = \frac{1}{m} \left(\frac{\partial Y_C}{\partial \delta_r} \right)_0$

$$= \frac{1}{m} \left(\frac{1}{2}\rho V_0^2 \right) S_\mathrm{w} C_{Y\delta_r}$$

$$= \frac{1}{130000} \times \left(\frac{1}{2} \times 1.156 \times 77^2 \right) \times 260 \times 0.253$$

$$= 1.7340(\mathrm{m/s}^2)$$

$$Y_{\delta_r}/V_0 = 0.0225(1/\mathrm{s})$$

（5）$\dfrac{g\cos\theta_0}{V_0} = \dfrac{9.8 \times \cos 4.84}{77} = 0.1268(1/\mathrm{s})$

（6）$L_\beta = \dfrac{I_z}{\Delta} \left[\left(\dfrac{\partial L}{\partial \beta} \right)_0 + \dfrac{I_{xz}}{I_z} \left(\dfrac{\partial N}{\partial \beta} \right)_0 \right]$　（其中 $\Delta = I_x I_z - I_{xz}^2$）

$$= \frac{I_z}{\Delta} \left[\left(\frac{1}{2}\rho V_0^2 \right) S_\mathrm{w} b C_{l\beta} + \frac{I_{xz}}{I_x} \left(\frac{1}{2}\rho V_0^2 \right) S_\mathrm{w} b C_{n\beta} \right]$$

$$= -\frac{15.73 \times 10^6}{94.4441 \times 10^{12}} \times \left[\frac{1}{2} \times 1.156 \times 77^2 \times 260 \times 44.8 \times (-0.716) + \right.$$

$$\left. \frac{0.33 \times 10^6}{15.73 \times 10^6} \times \frac{1}{2} \times 1.156 \times 77^2 \times 260 \times 44.8 \times 0.5315 \right]$$

$$= -4.6861(1/\mathrm{s}^2)$$

（7）$L_p = \dfrac{I_z}{\Delta} \left[\left(\dfrac{\partial L}{\partial p} \right)_0 + \dfrac{I_{xz}}{I_z} \left(\dfrac{\partial N}{\partial p} \right)_0 \right]$

$$= \frac{I_z}{\Delta} \left[\left(\frac{1}{2}\rho V_0^2 \right) S_\mathrm{w} \frac{b^2}{2V_0} C_{l\bar{p}} + \frac{I_{xz}}{I_x} \left(\frac{1}{2}\rho V_0^2 \right) S_\mathrm{w} \frac{b^2}{2V_0} C_{n\bar{p}} \right]$$

$$= \frac{15.73 \times 10^6}{94.4441 \times 10^{12}} \times \left[\frac{1}{2} \times 1.156 \times 77^2 \times 260 \times \frac{44.8^2}{2 \times 77} \times (-4.54) + \right.$$

$$\frac{0.33 \times 10^6}{15.73 \times 10^6} \frac{1}{2} \times 1.156 \times 77^2 \times 260 \times \frac{44.8^2}{2 \times 77} \times (-3.18) \Big]$$

$$= -8.9097(1/s)$$

(8) $L_r = \dfrac{I_z}{\Delta} \Big[\Big(\dfrac{\partial L}{\partial r}\Big)_0 + \dfrac{I_{xz}}{I_z}\Big(\dfrac{\partial N}{\partial r}\Big)_0 \Big]$

$$= \frac{I_z}{\Delta} \Big[\Big(\frac{1}{2}\rho V_0^2\Big) S_w \frac{b^2}{2V_0} C_{lr} + \frac{I_{xz}}{I_x}\Big(\frac{1}{2}\rho V_0^2\Big) S_w \frac{b^2}{2V_0} C_{nr} \Big]$$

$$= \frac{15.73 \times 10^6}{94.4441 \times 10^{12}} \times \Big[\frac{1}{2} \times 1.156 \times 77^2 \times 260 \times \frac{44.8^2}{2 \times 77} \times 4.695 +$$

$$\frac{0.33 \times 10^6}{15.73 \times 10^6} \times \frac{1}{2} \times 1.156 \times 77^2 \times 260 \times \frac{44.8^2}{2 \times 77} \times (-3.855) \Big]$$

$$= 8.9240(1/s)$$

(9) $L_{\delta_a} = \dfrac{I_z}{\Delta} \Big[\Big(\dfrac{\partial L}{\partial \delta_a}\Big)_0 + \dfrac{I_{xz}}{I_z}\Big(\dfrac{\partial N}{\partial \delta_a}\Big)_0 \Big]$

$$= \frac{I_x}{\Delta} \Big[\Big(\frac{1}{2}\rho V_0^2\Big) S_w b C_{l\delta_a} + \frac{I_{xz}}{I_x}\Big(\frac{1}{2}\rho V_0^2\Big) S_w b C_{n\delta_a} \Big]$$

$$= \frac{15.73 \times 10^6}{94.4441 \times 10^{12}} \times \Big[\frac{1}{2} \times 1.156 \times 77^2 \times 260 \times 44.8 \times (-0.1315) +$$

$$\frac{0.33 \times 10^6}{15.73 \times 10^6} \frac{1}{2} \times 1.156 \times 77^2 \times 260 \times 44.8 \times (-0.0255) \Big]$$

$$= -0.8778(1/s^2)$$

(10) $L_{\delta_r} = \dfrac{I_z}{\Delta} \Big[\Big(\dfrac{\partial L}{\partial \delta_r}\Big)_0 + \dfrac{I_{xz}}{I_z}\Big(\dfrac{\partial N}{\partial \delta_r}\Big)_0 \Big]$

$$= \frac{I_z}{\Delta} \Big[\Big(\frac{1}{2}\rho V_0^2\Big) S_w b C_{l\delta_r} + \frac{I_{xz}}{I_x}\Big(\frac{1}{2}\rho V_0^2\Big) S_w b C_{n\delta_r} \Big]$$

$$= \frac{15.73 \times 10^6}{94.4441 \times 10^{12}} \times \Big[\frac{1}{2} \times 1.156 \times 77^2 \times 260 \times 44.8 \times 0.0473 +$$

$$\frac{0.33 \times 10^6}{15.73 \times 10^6} \times \frac{1}{2} \times 1.156 \times 77^2 \times 260 \times 44.8 \times (-0.477) \Big]$$

$$= -0.2479(1/s^2)$$

(11) $N_\beta = \dfrac{I_x}{\Delta} \Big[\Big(\dfrac{\partial N}{\partial \beta}\Big)_0 + \dfrac{I_{xz}}{I_x}\Big(\dfrac{\partial L}{\partial \beta}\Big)_0 \Big]$

$$= \frac{I_x}{\Delta} \Big[\Big(\frac{1}{2}\rho V_0^2\Big) S_w b C_{n\beta} + \frac{I_{xz}}{I_x}\Big(\frac{1}{2}\rho V_0^2\Big) S_w b C_{l\beta} \Big]$$

$$= \frac{6.011 \times 10^6}{94.4441 \times 10^{12}} \times \Big(\frac{1}{2} \times 1.156 \times 77^2\Big) \times 260 \times 44.8 \times$$

$$\Big[0.5315 + \frac{0.33 \times 10^6}{6.011 \times 10^6} \times (-0.716) \Big]$$

$$= 1.2505(1/s^2)$$

(12) $N_p = \dfrac{I_x}{\Delta} \left[\left(\dfrac{\partial N}{\partial p} \right)_0 + \dfrac{I_{xz}}{I_x} \left(\dfrac{\partial L}{\partial p} \right)_0 \right]$

$$= \dfrac{I_x}{\Delta} \left[\left(\dfrac{1}{2}\rho V_0^2 \right) S_w \dfrac{b^2}{2V_0} C_{np} + \dfrac{I_{xz}}{I_x} \left(\dfrac{1}{2}\rho V_0^2 \right) S_w \dfrac{b^2}{2V_0} C_{lp} \right]$$

$$= \dfrac{6.011 \times 10^6}{94.4441 \times 10^{12}} \times \left(\dfrac{1}{2} \times 1.156 \times 77^2 \right) \times 260 \times$$

$$\dfrac{44.8^2}{2 \times 77} \times \left[-3.18 + \dfrac{0.33 \times 10^6}{6.011 \times 10^6} \times (-4.54) \right]$$

$$= -2.5345(1/s)$$

(13) $N_r = \dfrac{I_x}{\Delta} \left[\left(\dfrac{\partial N}{\partial r} \right)_0 + \dfrac{I_{xz}}{I_x} \left(\dfrac{\partial L}{\partial r} \right)_0 \right]$

$$= \dfrac{I_x}{\Delta} \left[\left(\dfrac{1}{2}\rho V_0^2 \right) S_w \dfrac{b^2}{2V_0} C_{nr} + \dfrac{I_{xz}}{I_x} \left(\dfrac{1}{2}\rho V_0^2 \right) S_w \dfrac{b^2}{2V_0} C_{lr} \right]$$

$$= \dfrac{6.011 \times 10^6}{94.4441 \times 10^{12}} \times \left(\dfrac{1}{2} \times 1.156 \times 77^2 \right) \times 260 \times \dfrac{44.8^2}{2 \times 77} \times$$

$$\left(-3.855 + \dfrac{0.33 \times 10^6}{6.011 \times 10^6} \times 4.695 \right)$$

$$= -2.6586(1/s)$$

(14) $N_{\delta_a} = \dfrac{I_x}{\Delta} \left[\left(\dfrac{\partial N}{\partial \delta_a} \right)_0 + \dfrac{I_{xz}}{I_x} \left(\dfrac{\partial L}{\partial \delta_a} \right)_0 \right]$

$$= \dfrac{I_x}{\Delta} \left[\left(\dfrac{1}{2}\rho V_0^2 \right) S_w b C_{n\delta_a} + \dfrac{I_{xz}}{I_x} \left(\dfrac{1}{2}\rho V_0^2 \right) S_w b C_{l\delta_a} \right]$$

$$= \dfrac{6.011 \times 10^6}{94.4441 \times 10^{12}} \times \left(\dfrac{1}{2} \times 1.156 \times 77^2 \right) \times 260 \times 44.8 \times$$

$$\left[-0.0255 + \dfrac{0.33 \times 10^6}{6.011 \times 10^6} \times (-0.1315) \right]$$

$$= -0.0831(1/s^2)$$

(15) $N_{\delta_r} = \dfrac{I_x}{\Delta} \left[\left(\dfrac{\partial N}{\partial \delta_r} \right)_0 + \dfrac{I_{xz}}{I_x} \left(\dfrac{\partial L}{\partial \delta_r} \right)_0 \right]$

$$= \dfrac{I_x}{\Delta} \left[\left(\dfrac{1}{2}\rho V_0^2 \right) S_w b C_{n\delta_r} + \dfrac{I_{xz}}{I_x} \left(\dfrac{1}{2}\rho V_0^2 \right) S_w b C_{l\delta_r} \right]$$

$$= \dfrac{6.011 \times 10^6}{94.4441 \times 10^{12}} \times \left(\dfrac{1}{2} \times 1.156 \times 77^2 \right) \times 260 \times 44.8 \times$$

$$\left(-0.477 + \dfrac{0.33 \times 10^6}{6.011 \times 10^6} \times 0.0473 \right)$$

$$= -1.2053(1/s^2)$$

横侧向运动的状态方程为

$$
\begin{bmatrix} \Delta \dot{\beta} \\ \Delta \dot{p} \\ \Delta \dot{r} \\ \Delta \dot{\phi} \end{bmatrix} = \begin{bmatrix} -0.1114 & 0.1972 & -0.9329 & 0.1268 \\ -4.6861 & -8.9097 & 8.9240 & 0 \\ 1.2505 & -2.5345 & -2.6586 & 0 \\ 0 & 1 & 0.0847 & 0 \end{bmatrix} \begin{bmatrix} \Delta \beta \\ \Delta p \\ \Delta r \\ \Delta \phi \end{bmatrix} +
$$

$$
\begin{bmatrix} 0 & 0.0225 \\ -0.8778 & 0.2479 \\ -0.0831 & -1.2053 \\ 0 & 0 \end{bmatrix} \begin{bmatrix} \Delta \delta_a \\ \Delta \delta_r \end{bmatrix}
$$

运动学方程为

$$
\begin{cases} \Delta \dot{\psi} = 1.0036 \Delta \gamma \\ \Delta v_e = 76.8945 \Delta \chi \end{cases}
$$

几何关系方程为

$$
\begin{cases} \Delta \chi = \Delta \psi + 1.0014 \Delta \beta - 0.1366 \Delta \phi \\ \Delta \mu = 0.9978 \Delta \phi + 0.0837 \Delta \beta \end{cases}
$$

4.1.9　飞机运动的传递函数模型

对于状态方程形式的运动方程式(4-57)和式(4-60),可以在零初始条件下进行拉普拉斯变换,得到传递函数形式的飞机运动模型。

这种零初始条件是针对运动变量的增量或小扰动量而言的。对于飞机运动来说,所谓的零初始条件就是在任何操纵、控制或外干扰的输入之前,飞机能够维持其基准运动状态,或者说在受扰动之前飞机应处于基准运动状态,此时运动变量的增量为零。对于自动飞行控制系统的应用来说,可以在飞机已经建立了基准运动后接通控制系统或开始控制飞机;而对飞行动力学研究来说,就意味着任何外部的扰动都发生在飞机建立并维持基准运动之后。这种条件在实际情况下并不难以满足,因为对任何一次飞行来说,总能找到并维持基准运动。

1. 线性时不变系统的传递函数求法

对于线性时不变系统,其传递函数总可以表示为如下形式:

$$
\dot{X} = AX + Bu \tag{4-72}
$$

式中:状态矢量和矩阵定义在实空间内,$X \in R^{4 \times 1}$,$A \in R^{4 \times 4}$,$B \in R^{4 \times 2}$,$u \in R^{2 \times 1}$,维数与飞行动力学方程的维数相同。

那么在基准运动状态时,则可认为初始条件 $X(0) = 0$,因此,对式(4-72)进

行 $X(0) = 0$ 条件下的拉普拉斯变换,得

$$sX(s) = AX(s) + Bu(s)$$

或

$$(sI - A)X(s) = Bu(s)$$

定义:

$$(sI - A) = \begin{bmatrix} s - a_{11} & -a_{12} & -a_{13} & -a_{14} \\ -a_{21} & s - a_{22} & -a_{23} & -a_{24} \\ -a_{31} & -a_{32} & s - a_{33} & -a_{34} \\ -a_{41} & -a_{42} & -a_{43} & s - a_{44} \end{bmatrix}$$

称上述矩阵为系统的特征矩阵,a_{ij} 是矩阵 A 的元素。解得

$$X(s) = (sI - A)^{-1} Bu(s) \qquad (4-73)$$

于是定义传递函数矩阵为

$$G(s) = (sI - A)^{-1} B$$

式中:

$$(sI - A)^{-1} = \frac{\mathrm{adj}(sI - A)}{\det(sI - A)}$$

根据矩阵逆的定义,显然伴随矩阵和行列式的元素均为 s 的多项式。$\det(sI - A)$ 称为特征行列式,其展开式为

$$\det(sI - A) = f(s)$$

称为特征多项式。由式(4-72)可知,此处的 $f(s)$ 是 4 阶多项式。因此:

$$f(s) = s^4 + c_3 s^3 + c_2 s^2 + c_1 s = (s - \lambda_1)(s - \lambda_2)(s - \lambda_3)(s - \lambda_4)$$

式中:λ_1、λ_2、λ_3、λ_4 为特征方程 $f(s) = 0$ 的根,也称方程式(4-72)的特征根或特征值。

2. 纵向运动的传递函数

表 4-11 中列出了示例飞机在升降舵偏角和油门杆独立输入下的纵向运动传递函数模型。如果要计算两个输入同时作用下的输出,则可依据线性系统的叠加原理,即先分别计算每个输入下的响应,然后将两个响应相加即可。传递函数的正负号仅表示输入输出方向。

3. 横侧向运动的传递函数

在表 4-12 中列出了示例飞机分别在方向舵和副翼偏角输入下的横侧向运动传递函数模型。同样要计算两个输入同时作用下的输出,也是依据叠加原理。传递函数的正负号仅表示输入和输出运动量的方向是相同或相反。

表 4－11　示例飞机纵向运动传递函数模型

	巡航飞行	进近着陆
$\dfrac{\Delta V}{\Delta \delta_e}$	$\dfrac{-0.073611(s-153.4)(s+1.019)}{(s^2+0.007534s+0.001981)(s^2+2.227s+3.243)}$	$\dfrac{-0.15747(s-43.08)(s+0.8562)}{(s^2+0.07822s+0.02451)(s^2+1.431s+1.015)}$
$\dfrac{\Delta \alpha}{\Delta \delta_e}$	$\dfrac{-0.0212(s+86.34)(s^2+0.008367s+0.00288)}{(s^2+0.007534s+0.001981)(s^2+2.227s+3.243)}$	$\dfrac{-0.0385(s+31.86)(s^2+0.0967s+0.03425)}{(s^2+0.07822s+0.02451)(s^2+1.431s+1.015)}$
$\dfrac{\Delta q}{\Delta \delta_e}$	$\dfrac{-1.7977s(s+0.6533)(s+0.01002)}{(s^2+0.007534s+0.001981)(s^2+2.227s+3.243)}$	$\dfrac{-1.1921s(s+0.4616)(s+0.1304)}{(s^2+0.07822s+0.02451)(s^2+1.431s+1.015)}$
$\dfrac{\Delta V}{\Delta \delta_T}$	$\dfrac{0.661(s-0.06812)(s^2+2.294s+3.192)}{(s^2+0.007534s+0.001981)(s^2+2.227s+3.243)}$	$\dfrac{0.608(s-0.9282)(s^2+1.625s+1.425)}{(s^2+0.07822s+0.02451)(s^2+1.431s+1.015)}$
$\dfrac{\Delta \alpha}{\Delta \delta_T}$	$\dfrac{0.021402(s^2-0.00584s+0.00296)}{(s^2+0.007534s+0.001981)(s^2+2.227s+3.243)}$	$\dfrac{-0.1073(s+0.445)(s+0.1762)(s-0.04798)}{(s^2+0.07822s+0.02451)(s^2+1.431s+1.015)}$
$\dfrac{\Delta q}{\Delta \delta_T}$	$\dfrac{0.0216s(s+0.6476)(s+0.04148)}{(s^2+0.007534s+0.001981)(s^2+2.227s+3.243)}$	$\dfrac{0.047s(s+1.752)(s+0.112)}{(s^2+0.07822s+0.02451)(s^2+1.431s+1.015)}$

表 4－12　示例飞机横侧向运动传递函数模型

	巡航飞行	进近着陆
$\dfrac{\Delta \beta}{\Delta \delta_a}$	$\dfrac{0.3382(s+5.063)(s-0.1419)}{(s+11.43)(s+0.0099)(s^2+3.358s+10.99)}$	$\dfrac{0.3382(s+5.063)(s-0.1419)}{(s+11.43)(s+0.0099)(s^2+3.358s+10.99)}$
$\dfrac{\Delta p}{\Delta \delta_a}$	$\dfrac{-1.7627s(s^2+3.854s+12.58)}{(s+11.43)(s+0.0099)(s^2+3.358s+10.99)}$	$\dfrac{-1.7627s(s^2+3.854s+12.58)}{(s+11.43)(s+0.0099)(s^2+3.358s+10.99)}$
$\dfrac{\Delta r}{\Delta \delta_a}$	$\dfrac{-0.3408(s+5.256)(s^2+0.00623s+0.4506)}{(s+11.43)(s+0.0099)(s^2+3.358s+10.99)}$	$\dfrac{-0.3408(s+5.256)(s^2+0.00623s+0.4506)}{(s+11.43)(s+0.0099)(s^2+3.358s+10.99)}$
$\dfrac{\Delta \beta}{\Delta \delta_r}$	$\dfrac{0.02(s+178.5)(s+12.37)(s-0.007593)}{(s+11.43)(s+0.0099)(s^2+3.358s+10.99)}$	$\dfrac{0.02(s+178.5)(s+12.37)(s-0.007593)}{(s+11.43)(s+0.0099)(s^2+3.358s+10.99)}$
$\dfrac{\Delta p}{\Delta \delta_r}$	$\dfrac{1.629s(s-9.822)(s+4.118)}{(s+11.43)(s+0.0099)(s^2+3.358s+10.99)}$	$\dfrac{1.629s(s-9.822)(s+4.118)}{(s+11.43)(s+0.0099)(s^2+3.358s+10.99)}$
$\dfrac{\Delta r}{\Delta \delta_r}$	$\dfrac{-3.6056(s+12.28)(s^2+0.06361s+0.0547)}{(s+11.43)(s+0.0099)(s^2+3.358s+10.99)}$	$\dfrac{-3.6056(s+12.28)(s^2+0.06361s+0.0547)}{(s+11.43)(s+0.0099)(s^2+3.358s+10.99)}$

4.2　飞机线性运动方程的分析和简化处理

在设计自动飞行控制系统之前,需要对运动方程或数学模型进行分析处理:①了解飞机的飞行品质和特性,为系统设计指标的确定做准备;②进一步简化模型,以方便采用解析法来研究动力学问题,并将该模型应用在自动飞行控制系统的初步设计中。

4.2.1　特征值和运动模态

由式(4-73)得

$$X(s) = \frac{\mathrm{adj}(sI - A)}{\det(sI - A)} \cdot Bu(s)$$

设输入是理想的单位脉冲,则 $u(s) = 1$,上式变为

$$X(s) = \frac{\mathrm{adj}(sI - A)}{\det(sI - A)} \cdot B$$

对上式应用 Heaviside 定理展开并进行拉普拉斯反变换[5],得到在时间域内的响应表达式为

$$X(t) = \sum_{r=1}^{n} \left\{ \frac{(s - \lambda_r)\,\mathrm{adj}(sI - A)}{f(s)} \cdot B \right\}_{s=\lambda_r} \mathrm{e}^{\lambda_r t}$$

式中,因子 $(s - \lambda_r)$ 的作用是消去在分母 $f(s)$ 中的相同因子,只有在消去分母中的 $(s - \lambda_r)$ 因子之后,才能做 $s = \lambda_r$ 的替换。

若令 $X_r = \sum_{r=1}^{n} \left\{ \frac{(s - \lambda_r)\,\mathrm{adj}(sI - A)}{f(s)} \cdot B \right\}_{s=\lambda_r}$,显然 X_r 是与特征根有关的常数,则 $X(t)$ 在时间域内的通解形式为

$$X(t) = \sum_{r=1}^{n} X_r \mathrm{e}^{\lambda_r t} \qquad (4-74)$$

式(4-74)表明,$X(t)$ 随时间历程变化的曲线是由各个特征根的指数函数所确定的曲线按式(4-74)叠加而成的。而由指数函数 $\mathrm{e}^{\lambda_r t}$ 所决定的曲线形态则完全取决于特征根的性质。因此,运动变量关于时间历程响应曲线的形态完全是由系统特征根的性质所确定的,如果特征根是实数,那么曲线就是单调的;而如果是实部为零的复数,将式(4-74)作三角变换后则曲线是等幅振荡的;若是实部不为零的复数,曲线就是振荡收敛或发散的。

对于线性时不变系统来说,系统的单个特征根描述了系统最基本、最简单的运动形式,系统最终的运动形态则是由这些基本运动叠加而成的。这些最基本的运动形式称为运动模态,或简称为模态。

模态反映了最基本运动的特征,因此有必要对其运动特性进行描述,通常采用在时间域内的描述方法。

如果特征值 λ_r 是实数,且 $\lambda_r > 0$,则用 $\mathrm{e}^{\lambda_r t}$ 增大一倍所需的时间(倍幅时间)来描述该特征值所代表运动模态的发散特性:

$$t_{倍} = \frac{0.693}{\lambda_r}$$

若 $\lambda_r < 0$，则用 $e^{\lambda_r t}$ 减小 $1/2$ 所需的时间(半幅时间)来描述该特征值所代表运动模态的收敛特性：

$$t_{半} = -\frac{0.693}{\lambda_r}$$

显然，倍幅或半幅时间说明了模态响应发散或收敛速度的快慢，如果倍幅或半幅时间较小，则模态的响应速度较快，反之则响应速度较慢。

若特征根是一对共轭复根，即 $\lambda_r = \sigma + j\omega$，那么倍幅或半幅时间为

$$t_{倍}(或\ t_{半}) = \frac{0.693}{|\sigma|}$$

并且振荡周期和频率分别为

$$T = \frac{2\pi}{\omega}, f = \frac{1}{T}$$

在一个倍幅或半幅时间内的振荡次数为

$$f_{倍}(或\ f_{半}) = \frac{t_{倍}}{T}\left(或\frac{t_{半}}{T}\right) \approx 0.11\frac{\omega}{|\sigma|}$$

在飞行品质规范中，也采用上述指标来评价运动模态是否满足要求。对于式(4-74)描述的系统响应，至于哪个模态能起主导作用，不但与特征根和指数函数的系数差异性有关，也与观察时的时间尺度有关。

例如，如果特征根具有较大的差异而导致模态半幅时间相差较大时，那么在短时间内，响应速度较快的模态就在运动中起主导作用；而在长时间尺度上，响应速度较慢的模态将起主导作用。

4.2.2　纵向运动模态

先研究示例飞机的例子。见表4-11，示例飞机在不同飞行状态下的纵向运动模型，按照特征值的定义和计算方法得到两组在不同飞行状态下的特征值分别如下：

（1）巡航飞行：

$$\lambda_{1,2} = -1.1134 \pm j1.4153, \lambda_{3,4} = -0.0038 \pm j0.0443$$

（2）着陆飞行：

$$\lambda_{1,2} = -0.7191 \pm j0.7125, \lambda_{3,4} = -0.0357 \pm j0.1497$$

尽管两个飞行状态的速度和高度有明显差别，然而每个飞行状态的特征根都包含了两个共轭复根，且其实部都是负的。对同一个飞行状态的两个共轭复根来说，所代表的两个运动模态都是收敛的振荡模态，但其模相差较大，因而在时间尺度上的收敛特性有较大差异。通过计算模态的半幅时间，可以看出这种差别。

下面分别计算两组特征值所代表模态的时间特性。

（1）巡航飞行：

$$t_{\text{半}1,2} = \frac{0.693}{1-1.11341} = 0.6224(\text{s}), t_{\text{半}3,4} = \frac{0.693}{1-0.00381} = 182.3684(\text{s})$$

$$T_{1,2} = \frac{2\pi}{1.4153} = 8.87(\text{s}), T_{3,4} = \frac{2\pi}{0.0443} = 140.85(\text{s})$$

（2）着陆飞行：

$$t_{\text{半}1,2} = \frac{0.693}{1-0.71911} = 0.9637(\text{s}), t_{\text{半}3,4} = \frac{0.693}{1-0.03571} = 19.4118(\text{s})$$

$$T_{1,2} = \frac{2\pi}{0.7125} = 8.81(\text{s}), T_{3,4} = \frac{2\pi}{0.1497} = 42.02(\text{s})$$

从上述半幅时间的差异可以看出，每个飞行状态下的两个共轭复根所代表的运动模态的收敛速度相差很大，一个收敛速度快，另一个相对较慢；收敛快的振荡周期较短，收敛慢的则振荡周期较长。

通过对模态的定量分析可以知道，无论飞机处于什么飞行状态，纵向小扰动运动总是由两个收敛速度差异较大的运动模态组成的，即一个是快收敛模态，而另一个是慢收敛模态。很明显，这两种模态代表了不同物理性质的运动，并且这两个模态在纵向运动中所起作用的程度可以通过研究纵向小扰动运动微分方程的解来得出。

以下给出示例飞机在巡航状态下，升降舵的输入为幅值为 −5°（升降舵后缘上偏）的理想脉冲时纵向运动的响应：

$$\Delta V(t) = 0.3077e^{-1.1135t} \cdot \sin(81.0967t + 17.0619) -$$
$$6.9596e^{-0.0038t} \cdot \sin(2.5498t + 0.7432)$$

$$\Delta \alpha(t) = 6.3835e^{-1.1135t} \cdot \sin(81.0967t + 0.9471) +$$
$$0.0566e^{-0.0038t} \cdot \sin(2.5498t + 0.5116)$$

$$\Delta q(t) = -9.447e^{-1.1135t} \cdot \sin(81.0967t - 72.0776) -$$
$$0.079e^{-0.0038t} \cdot \sin(2.5498t + 1.0878)$$

$$\Delta \theta(t) = 5.247e^{-1.1135t} \cdot \sin(81.0967t - 20.2617) +$$
$$1.826e^{-0.0038t} \cdot \sin(2.5498t + 84.3487)$$

在升降舵脉冲输入下的响应表达式中，任何一个纵向运动变量的响应都是由两个模态组合而成，其解式中的第一项对应绝对值较大的特征根，第二项对应绝对值较小的特征根，可以明显看出：

（1）在 $\Delta \alpha$ 和 Δq 响应中，从运动的初期来看，由于其主要贡献来自快速收敛的运动模态（快慢模态幅值之比大约为 113）；而响应的后期则主要是较慢收敛模态的贡献,但由于其第二项的幅值太小,可以忽略不计。因而 $\Delta\alpha$ 和 Δq 的响应主要表现在纵向运动的初期,而在后期则可视为已收敛进入稳态。

(2) 在 ΔV 响应中,在运动的初期,由于第一项和第二项的幅值差异较大,表明慢模态对 ΔV 的贡献是主要的,并由于快模态的快速收敛在响应的初期 ΔV 的变化可以忽略;因此 ΔV 表现出慢变化的响应特点,主要反映在纵向运动的后期。

(3) 在 $\Delta\theta$ 响应中,快慢模态的贡献相差不大,只是一个表现在响应的初期,而另一个则主要在响应的后期起作用,因而在纵向运动的整个响应过程中均有表现。

绝对值较大特征根所代表的快模态周期时间很短,故称为短周期运动模态;而绝对值较小特征根所代表的慢模态周期时间很长,因此称为长周期运动模态。从前面计算的模态特性上,短周期运动模态的周期时间要明显小于长周期运动模态的周期时间。

然而"响应的初期"和"响应的后期"的概念是模糊的,对于上述的近似分析来说,并没有明确的定义,它只能由具体的运动方程和可接受的近似程度来决定,并且采用响应的时间来定义。表 4-13 就示例飞机巡航飞行时的数据,给出了在响应的一些关键时刻的幅值,以试图说明这些问题。

表 4-13 不同时刻纵向运动响应的幅值大小

	$t=0.6275$	$t=3.8765$	$t=4.443$	$t=33.2349$	$t\geqslant395.43$
$\Delta V/(\mathrm{m/s})$	-0.1408	-1.2636	-1.427	-6.1239	1.5
$\Delta\alpha/(°)$	2.4974	-0.05	0.0122	0.0492	-0.0121
$\Delta q/(°/\mathrm{s})$	1.6970	0.0997	0.05	-0.0692	0.0168
$\Delta\theta/(°)$	3.143	1.7296	1.7739	0.3049	0.0882

表中的数据指出,当 $t=3.8765\mathrm{s}$,$\Delta\alpha$ 和 Δq 进入稳态收敛后,ΔV 的变化值只达到 $-1.2636\mathrm{m/s}$,这个值约占 $V_0(264\mathrm{m/s})$ 的 0.5%,因此在 $\Delta\alpha$ 和 Δq 响应中,ΔV 的影响几乎可以忽略不计。而当 ΔV 达到最大值和稳态值时,$\Delta\alpha$ 和 Δq 值很小,可以认为还是在稳态。所以在 ΔV 的后期响应中,$\Delta\alpha$ 和 Δq 的影响也不大。而 $\Delta\theta$ 的响应对纵向运动的初期和后期均有影响,即使 $t=395.43\mathrm{s}$ 后,$\Delta\theta$ 的响应还没有到达 5% 误差所规定的稳态。

通过上述分析,可得结论如下:

(1) $\Delta\alpha$ 和 Δq 主要表现为快速收敛的运动形式,在一个很短的时间内就已经收敛到稳态了,并且振荡周期时间短,所以也称为短周期运动;而在这期间,ΔV 的响应几乎可以忽略。纵向运动的初期主要是以 $\Delta\alpha$ 和 Δq 为主的运动形式,它是由刚体的转动运动所引起。

(2) ΔV 的响应则主要表现为慢收敛的运动形式,在纵向运动的初期几乎没有变化,只是在纵向运动的后期才出现变化,称为长周期运动。而此时 $\Delta\alpha$ 和 Δq 的响应已经收敛为稳态,所以纵向运动的后期主要表现为以 ΔV、$\Delta \gamma$(由于 $\Delta \theta$ 的影响)为主的质点运动形式,原因是刚体运动中 $\Delta \alpha$ 变化所引起的气动力导致了飞机纵向力的改变,从而出现质点运动的变化。

(3) $\Delta \theta$ 的响应就比较复杂,在响应的初期主要是快模态作用,而在响应的后期则由慢模态起作用,因此从响应的时间尺度上看,并没有表现出显著变化,但总体还是呈现逐渐收敛的趋势,所以它在整个纵向运动中都有表现。

以下给出的是油门杆幅值为 -1%(相当于 $\delta_{\max}$ 的 1%,且后拉收油门)理想脉冲输入时,纵向运动响应的解如下:

$$\Delta V(t) = -0.0416\mathrm{e}^{-1.1135t}\sin(81.0967t + 16.4762) +$$
$$1.2378\mathrm{e}^{-0.0038t}\sin(2.5498t - 31.6353)$$

$$\Delta \alpha(t) = -0.0152\mathrm{e}^{-1.1135t}\sin(81.0967t + 0.3770) +$$
$$0.0001\mathrm{e}^{-0.0038t}\cos 2.5498t$$

$$\Delta q(t) = 0.0225\mathrm{e}^{-1.1135t}\sin(81.0967t - 72.6969) -$$
$$0.0001\mathrm{e}^{-0.0038t}\cos 2.5498t$$

$$\Delta \theta(t) = -0.0125\mathrm{e}^{-1.1135t}\sin(81.0967t - 20.6112) -$$
$$0.006\mathrm{e}^{-0.0038t}\sin(2.5498t + 47.0284)$$

油门杆输入对 ΔV 的影响是主要的,也反映在长周期运动中。从 $\Delta \alpha$ 和 Δq 表达式可看出其在长周期运动中几乎不起作用,油门杆输入对短周期运动影响的主要原因是示例飞机推力线在重心下方,产生了对重心的抬头力矩,尽管如此,油门杆对 $\Delta \alpha$ 和 Δq 的影响几乎可忽略不计。

因此,在短周期运动中,力矩的不平衡引起了俯仰转动运动,但这个过程中仍维持力的近似平衡,故可认为 $\Delta \alpha$、Δq 与 ΔV 解耦;而在长周期运动中,转动运动所导致力的不平衡引起质点运动,而此过程中力矩是近似平衡的,因此 ΔV 与 Δq 解耦。

以上仅仅是从解析计算的角度得到结论,下面将给出这种现象的物理成因。

在飞机速度不变的条件下,升降舵偏角改变后,首先引起的是飞机的俯仰转动运动,也就是力矩运动,而对速度的改变却是有限的。若当在升降舵上偏 $\Delta \delta_{\mathrm{e}} = -5°$,则由运动方程式(4-57)及示例飞机在巡航飞行时的数据,得到在升降舵上偏时刻的 $\Delta \dot{V}$ 和 $\Delta \dot{q}$ 的初始值为

$$\Delta \dot{V} = X_{\delta_{\mathrm{e}}}\Delta \delta_{\mathrm{e}} = 0(因 X_{\delta_{\mathrm{e}}} = 0)$$

$$\Delta \dot{q} = M_{\delta_{\mathrm{e}}}\Delta \delta_{\mathrm{e}} = -1.7977 \times 5 = -8.9885(°/\mathrm{s}^2)$$

通过比较两个数值可知,升降舵偏转后引起了较大的俯仰角加速度,故而主要产生俯仰转动运动,而几乎对速度不产生影响。即使飞机在锁舵($\Delta \delta_{\mathrm{e}} = 0$)的情况

下,在初始条件作用下的运动依然具有这种特性,若设初始迎角 $\Delta\alpha_0 = 2°$,则

$$\Delta\dot{V} = X_\alpha\Delta\alpha_0 = 3.4722 \times \frac{-5}{57.3} = -0.3031(\mathrm{m/s})$$

$$\Delta\dot{q} = M_\alpha\Delta\alpha_0 = (-2.19) \times (-5) = 10.95(°/\mathrm{s}^2)$$

对比上述两个数据,初始条件 $\Delta\alpha_0$ 也显著地影响俯仰转动运动,而对速度的影响作用比较小,也就是说在飞机自身消除迎角 $\Delta\alpha$ 要快些,而要改变速度 ΔV 则比较缓慢。这就说明迎角响应的确是由快模态来决定,而速度则是由慢模态决定的。

在升降舵回到出发位置后,由于纵向运动本身是稳定的,并且俯仰阻尼力矩也较大,因此在运动数秒后,迎角增量衰减到零,这也表现出短周期运动阻尼较大的特点。此时,由于 $\Delta\dot{q}$ 也衰减到零,俯仰力矩基本恢复到平衡状态。

若升降舵下偏,由于短周期运动转动运动改变了飞机的迎角,即存在正的迎角增量,进而产生向上的升力增量,即 $Z_L > mg$。这样飞机的速度矢量将向上偏转,从而出现飞机向上的爬升运动,表现为飞机的航迹倾斜角 $\Delta\gamma$ 为正。由于航迹倾角的增加使得重力沿轨迹切线方向(速度方向)的分力($-mg\sin\gamma$)与速度方向相反将使飞机减速,从而升力将下降,经过一段时间以后,$Z_L < mg$,那么飞机速度矢量又开始向下偏转,飞机就开始下滑,航迹倾角为负。负的航迹倾角又使得重力在速度方向的分力对飞机有加速的作用,升力随之又开始增加,一段时间后又出现 $Z_L > mg$ 的情况,飞机又开始向上爬升。这种交替的变化,实际上也是飞机势能和动能的交替转换,表现为速度与航迹倾角的振荡运动。由于在速度变化中,使升力和重力平衡作用的气动力 $Z_V\Delta V$ 和使速度能快速衰减并起阻尼作用的气动力 $X_V\Delta V$ 要远远小于飞机的质量,因此振荡周期长、衰减慢是长周期运动模态的特点。在长周期运动中,飞机重心时升时降,故又称为沉浮运动,显而易见,表现出飞机前进和上下移动的两自由度运动,如图 4 – 1 所示。

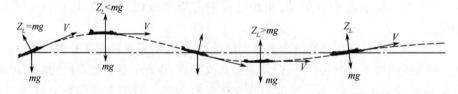

图 4 – 1 飞机的沉浮运动

上述分析结论是采用升降舵进行操纵的、飞机纵向运动的固有属性,无论飞机处于何种飞行状态,其纵向运动都会表现出这样的运动形式。当然如果采用在重心附近的直接力操纵,譬如收放襟翼或专门的直接力操纵面,那么运动的形式就会有差异,并没有明显的长短周期运动形态。

图 4 – 2 和图 4 – 3 给出了示例飞机在巡航飞行状态时,升降舵的输入幅值为 $-5°$(后缘上偏)、油门杆幅值为 -10%(相当于后拉收油门 $\delta_{T\max}$ 的 10%)宽度为

5s 的脉冲时,纵向运动在 150s 内的响应曲线(响应从 $t = 10s$ 开始)。

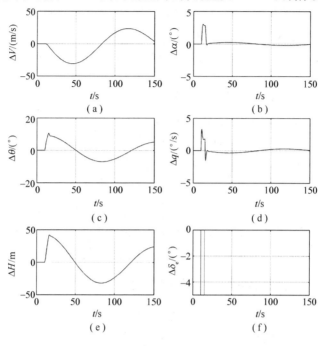

图 4 - 2 $\Delta\delta_e = -5°$,宽度 5s 的脉冲输入下纵向运动响应

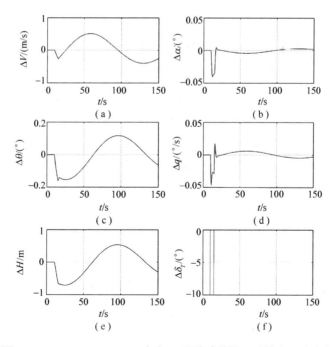

图 4 - 3 $\Delta\delta_T = -10\% \, \delta_{T\max}$,宽度 5s 的脉冲数输入下纵向运动响应

从曲线的形式上来看,短周期运动的变化非常激烈,其振荡频率较大;长周期运动则表现为缓慢的振荡形式,$\Delta\alpha$ 和 Δq 以及 ΔV 和 $\Delta\theta$ 的响应与上述分析的结果是一致的,当 $\Delta\alpha$ 进入稳态后,ΔV 仅仅减小了大约 $-7\mathrm{m/s}$,约为最大变化的 23%。并且高度的变化进一步显示了长周期运动的沉浮特征。综上所述,短周期和长周期运动有关特征见表 $4-14$。

表 $4-14$　短周期、长周期运动的特征和性质

模态	特征根	半幅时间	频率/周期	性质	特　　征
短周期运动	一对共轭复根实,虚部绝对值大	短(不容许发散)	快/短	力矩平衡过程	迎角和俯仰角速度的快速振荡收敛,速度和高度变化很小,升降舵能有效地控制
长周期运动	一对共轭复根,实、虚部绝对值小	长(容许发散)	慢/长	力的平衡过程	速度、俯仰角和轨迹角缓慢收敛或发散,迎角和俯仰角速度几乎不变,升降舵和油门杆能有效控制

4.2.3　纵向短周期运动近似模型和特性

短周期运动反映了飞机的力矩运动,在这个过程中速度的变化不大,因此在飞机短周期运动时,可以假定 $\Delta V\approx0$,这样在式(4-57)中就可去掉关于 ΔV 的方程在关于 $\Delta\alpha$、Δq 的方程中使 $\Delta V=0$,如此处理后就得到飞机纵向短周期运动的近似方程,即

$$\begin{bmatrix} \Delta\dot\alpha \\ \Delta\dot q \\ \Delta\dot\theta \end{bmatrix} = \begin{bmatrix} Z_\alpha & Z_q & Z_\theta \\ M_\alpha & M_q & M_\theta \\ 0 & 1 & 0 \end{bmatrix} \begin{bmatrix} \Delta\alpha \\ \Delta q \\ \Delta\theta \end{bmatrix} + \begin{bmatrix} Z_{\delta_e} & Z_{\delta_T} \\ M_{\delta_e} & M_{\delta_T} \\ 0 & 0 \end{bmatrix} \begin{bmatrix} \Delta\delta_e \\ \Delta\delta_T \end{bmatrix}$$

式中,关于 Δq 的方程是纵向平面内的刚体在俯仰方向的转动方程,而关于 $\Delta\alpha$ 的方程则是其后产生的纵向平面内的力方程。因此,短周期运动主要表征为俯仰转动和所引起的力变化的运动,并用迎角和俯仰角速度来描述(表 $4-14$)。

由于 $Z_\theta = [g(\sin(\theta_0-\alpha_0))]/V_0$。因此,当基准运动为水平飞行,或只要航迹角($\gamma_0=\theta_0-\alpha_0$)足够小(小于 $10°$),$\sin(\theta_0-\alpha_0)\approx0$,从而 $Z_\theta\approx0$,因此 $M_\theta\approx0$。

考虑到 $Z_q=1$,短周期运动方程又可写为

$$\begin{bmatrix} \Delta\dot\alpha \\ \Delta\dot q \end{bmatrix} = \begin{bmatrix} Z_\alpha & Z_q \\ M_\alpha & M_q \end{bmatrix} \begin{bmatrix} \Delta\alpha \\ \Delta q \end{bmatrix} + \begin{bmatrix} Z_{\delta_e} & Z_{\delta_e} \\ M_{\delta_T} & M_{\delta_T} \end{bmatrix} \begin{bmatrix} \Delta\delta_e \\ \Delta\delta_T \end{bmatrix} \tag{4-75}$$

在零初始条件下,对式(4-75)进行拉普拉斯变换,就可以得到短周期运动的传递函数模型。

(1)在升降舵偏角 $\Delta\delta_e$ 输入下的短周期运动传递函数。

$$\frac{\Delta\alpha}{\Delta\delta_e} = \frac{Z_{\delta_e}s + (-M_q Z_{\delta_e} + M_{\delta_e})}{s^2 - (Z_\alpha + M_q)s + (Z_\alpha M_q - M_\alpha)}$$

$$\frac{\Delta q}{\Delta\delta_e} = \frac{M_{\delta_e}s + (M_\alpha Z_{\delta_e} - M_{\delta_e} Z_\alpha)}{s^2 - (Z_\alpha + M_q)s + (Z_\alpha M_q - M_\alpha)} \qquad (4-76)$$

$$\frac{\Delta\theta}{\Delta\delta_e} = \frac{M_{\delta_e}s + (M_\alpha Z_{\delta_e} - M_{\delta_e} Z_\alpha)}{s[s^2 - (Z_\alpha + M_q)s + (Z_\alpha M_q - M_\alpha)]}$$

由于航迹倾角 $\Delta\gamma = \Delta\theta - \Delta\alpha$,拉普拉斯变换后得

$$\Delta\gamma(s) = \Delta\theta(s) - \Delta\alpha(s)$$

写成升降舵偏角输入后的传递函数,即

$$\frac{\Delta\gamma}{\Delta\delta_e} = \frac{\Delta\theta}{\Delta\delta_e} - \frac{\Delta\alpha}{\Delta\delta_e}$$

纵向航迹倾角对升降舵输入的传递函数如下:

$$\frac{\Delta\gamma}{\Delta\delta_e} = \frac{-Z_{\delta_e}s^2 + M_q Z_{\delta_e}s + (M_\alpha Z_{\delta_e} - M_{\delta_e} Z_\alpha)}{s[s^2 - (Z_\alpha + M_q)s + (Z_\alpha M_q - M_\alpha)]} \qquad (4-77)$$

过载 Δn_z 也是短周期运动中的重要变量,除非特别指出,一般均认为是在重心处的过载。过载定义为:除重力以外,作用在飞机上的一切外力的合力与飞机重量之比,称为飞机的过载系数,简称过载。Δn_z 是飞机对称飞行时,垂直于速度矢量且与飞机纵向平面重合的外力(除重力外)之合力与飞机重量之比,其方向沿着航迹坐标系 $o_w z_w$ 方向(航迹坐标系定义参见 3.1.2 节)。

如果发动机拉力或推力线与速度方向重合,那么拉力或推力对纵向过载 Δn_z 无贡献,其纵向过载 Δn_z 完全由空气动力决定。在速度坐标系下 Δn_z 定义为

$$\Delta n_z = -\frac{\Delta Z_L}{mg}$$

式中:ΔZ_L 为飞机升力。

如图 3-20 所示,飞机在纵向平面内若作定常拉升运动时,其重心在纵向平面形成圆轨迹,飞机所受外力(气动力和重力)和向心力平衡,向心力大小为 $mv(\mathrm{d}\gamma/\mathrm{d}t)$,方向与重力一致,则由牛顿第二定律得

$$mv\frac{\mathrm{d}\gamma}{\mathrm{d}t} = Z_L - mg\cos\gamma$$

将该式线性化,并利用平衡方程

$$Z_{L0} - mg\cos\gamma_0 = 0$$

得到

$$mV_0 \Delta \dot{\gamma} = \Delta Z_L + mg\sin\gamma_0 \Delta\gamma$$

在上述方程中,求出升力后:

$$\Delta Z_L = mV_0 \Delta \dot{\gamma} - mg\sin\gamma_0 \Delta\gamma$$

将该式代入过载的定义式后得到过载为

$$\Delta n_z = -\frac{V_0}{g} \Delta \dot{\gamma} + mg\sin\gamma_0 \Delta\gamma$$

如果考虑基准运动为平飞的话,则 $\gamma_0 = 0$,上述过载写为

$$\Delta n_z = -\frac{V_0}{g} \Delta \dot{\gamma}$$

对上式进行零初始条件下的拉普拉斯变换,得到

$$\Delta n_z = -\frac{V_0}{g} s \Delta\gamma$$

因此,过载 Δn_z 对升降舵偏角 $\Delta\delta_e$ 输入的传递函数为

$$\frac{\Delta n_z}{\Delta\delta_e} = -\frac{V_0}{g} s \frac{\Delta\gamma}{\Delta\delta_e}$$

通过 $\Delta\gamma/\Delta\delta_e$ 的传递函数就可以得到关于 $\Delta n_z/\Delta\delta_e$ 的传递函数了,将式(4 - 77)代入后得

$$\frac{\Delta n_z}{\Delta\delta_e} = -\frac{V_0}{g} \frac{-Z_{\delta_e} s^2 + M_q Z_{\delta_e} s + (M_\alpha Z_{\delta_e} - M_{\delta_e} Z_\alpha)}{s^2 + (-Z_\alpha - M_q)s + (Z_\alpha M_q - M_\alpha)} \quad (4 - 78)$$

在飞行品质中,还特别关注飞行员座位处的过载,设 Δn_{zp} 是飞机纵轴上距重心距离为 x_p 的 P 点处过载,则 Δn_{zp} 是重心处过载 Δn_z 和由俯仰角速度引起的过载之和,即

$$\Delta n_{zp} = \Delta n_z - \frac{1}{g} x_p \Delta \dot{q} \quad (4 - 79)$$

在式(4 - 79)中要特别注意 Δq 引起的过载。随着 P 点与重心位置的相对变化,使 Δq 引起的过载在方向上存在差异性。上式适用于 P 点在重心和机头之间时的情形,如果 P 点在重心和机尾之间,则应采用下式:

$$\Delta n_{zp} = \Delta n_z + \frac{1}{g} x_p \Delta \dot{q} \quad (4 - 80)$$

根据式(4 - 79)或式(4 - 80)很容易得到 Δn_{zp} 的传递函数。

由于运输类飞机的升降舵在距离重心较远的平尾上,升降舵的小偏转引起的平尾升力能产生较大的纵向控制力矩,但与机翼所产生的升力相比几乎是可以忽略。因此,从工程近似的意义上来说,可以认为 $Z_{\delta_e} \approx 0$,这样上述传递函数可以进一步简化为

$$\begin{cases} \dfrac{\Delta\alpha}{\Delta\delta_e} = \dfrac{M_{\delta_e}}{s^2 - (Z_\alpha + M_q)s + (Z_\alpha M_q - M_\alpha)} \\[3mm] \dfrac{\Delta q}{\Delta\delta_e} = \dfrac{M_{\delta_e}s - M_{\delta_e}Z_\alpha}{s^2 - (Z_\alpha + M_q)s + (Z_\alpha M_q - M_\alpha)} \\[3mm] \dfrac{\Delta\theta}{\Delta\delta_e} = \dfrac{M_{\delta_e}s - M_{\delta_e}Z_\alpha}{s\left[s^2 - (Z_\alpha + M_q)s + (Z_\alpha M_q - M_\alpha) \right]} \\[3mm] \dfrac{\Delta\gamma}{\Delta\delta_e} = \dfrac{- M_{\delta_e}Z_\alpha}{s\left[s^2 - (Z_\alpha + M_q)s + (Z_\alpha M_q - M_\alpha) \right]} \\[3mm] \dfrac{\Delta n_z}{\Delta\delta_e} = \dfrac{(V_0/g)M_{\delta_e}Z_\alpha}{s^2 - (Z_\alpha + M_q)s + (Z_\alpha M_q - M_\alpha)} \end{cases} \tag{4-81}$$

（2）在油门杆 $\Delta\delta_T$ 输入下的短周期运动传递函数。令 $\Delta\delta_e = 0$，由式（7-45）可求得油门杆 $\Delta\delta_T$ 作用下的短周期运动传递函数模型，如下：

$$\begin{cases} \dfrac{\Delta\alpha}{\Delta\delta_T} = \dfrac{Z_{\delta_T}s - (M_q Z_{\delta_T} + M_{\delta_T})}{s^2 - (Z_\alpha + M_q)s + (Z_\alpha M_q - M_\alpha)} \\[3mm] \dfrac{\Delta q}{\Delta\delta_T} = \dfrac{M_{\delta_T}s - (M_{\delta_T}Z_\alpha + M_\alpha Z_{\delta_T})}{s^2 - (Z_\alpha + M_q)s + (Z_\alpha M_q - M_\alpha)} \\[3mm] \dfrac{\Delta\theta}{\Delta\delta_T} = \dfrac{M_{\delta_T}s - (M_{\delta_T}Z_\alpha + M_\alpha Z_{\delta_T})}{s\left[s^2 - (Z_\alpha + M_q)s + (Z_\alpha M_q - M_\alpha) \right]} \\[3mm] \dfrac{\Delta\gamma}{\Delta\delta_T} = \dfrac{- Z_{\delta_e}s^2 + M_q M_{\delta_T}s + (M_\alpha Z_{\delta_T} - M_{\delta_T}Z_\alpha)}{s\left[s^2 - (Z_\alpha + M_q)s + (Z_\alpha M_q - M_\alpha) \right]} \\[3mm] \dfrac{\Delta n_z}{\Delta\delta_T} = -\dfrac{v_0}{g}\dfrac{- Z_{\delta_e}s^2 + M_q M_{\delta_T}s + (M_\alpha Z_{\delta_T} - M_{\delta_T}Z_\alpha)}{s^2 - (Z_\alpha + M_q)s + (Z_\alpha M_q - M_\alpha)} \end{cases} \tag{4-82}$$

若发动机推力或拉力与速度轴平行，则 $Z_{\delta_T} = 0$；若推力或拉力和机体轴 $o_b x_b$ 重合，则 $M_{\delta_T} = 0$。那么，发动机推力或拉力对短周期运动无影响，实际上发动机推力（或拉力）对短周期的影响远远小于对长周期的影响。

根据式（4-81）的特征方程，可以研究其响应的基本性质和特征，由于传递函数均为二阶，因而可以用典型二阶系统的阻尼比和无阻尼自然频率来描述其短周期运动的性质。短周期运动传递函数的分母可写为

$$s^2 + 2\zeta_s\omega_{ns}s + \omega_{ns}^2$$

(1) 无阻尼自然频率(ω_{ns})。

$$\omega_{ns} = \sqrt{Z_\alpha M_q - M_\alpha}$$

对大多数飞机而言,一般有 $M_\alpha < 0$,且 $-M_\alpha \gg Z_\alpha M_q$。因而

$$\omega_{ns} \approx \sqrt{-M_\alpha} = V_0\sqrt{\rho}\sqrt{-\frac{1}{I_y}\frac{1}{2}S_w c_A\left[C_{m\alpha} - \frac{1}{mV_0}\left(\frac{\partial Z_L}{\partial \alpha}\right)_0\frac{c_A}{2V_0}C_{m\dot{\alpha}}\right]}$$

$$\approx V_0\sqrt{\rho}\sqrt{-\frac{1}{I_y}\frac{1}{2}S_w c_A C_{m\alpha}}$$

ω_{ns} 与飞机的飞行速度成正比,与高度成反比,也与静稳定性导数 $C_{m\alpha}$ 成正比。由于飞机焦点位置随 M 增加而后移,使得静稳定性导数的绝对值$|C_{m\alpha}|$随着速度增加而增大,故 ω_{ns} 在 M 和 $|C_{m\alpha}|$ 的双重影响下增加,其值比单纯速度 V_0 的增加要多一些。

(2) 阻尼比(ζ_s)。

$$\zeta_s \approx -\frac{Z_\alpha + M_q}{2\sqrt{-M_\alpha}}$$

由上式可知:分子与 ρV_0 成正比,而分母与 $V_0\sqrt{\rho}$ 成反比,那么阻尼比与 $\sqrt{\rho}$ 成正比,近似与飞行高度成反比。所以飞机在高空时的短周期运动阻尼特性总是要比低空时差一些,现代飞机的飞行高度达到了 $18 \sim 20$km,短周期运动阻尼比将会比低空飞行时降低太多,必要时需要采用阻尼器系统来改善。

在速度逐渐增加时,$|C_{m\alpha}|$、$C_{L\alpha}$、C_{mq} 和 $C_{m\dot{\alpha}}$ 均有增加,而在超声速阶段又都减小了,因此总的来说在超声速段阻尼比是减小的。

所以当飞机进行高空高速飞行时,纵向短周期运动总是会表现出阻尼不足,从而导致运动的收敛速度太慢,甚至会引起所谓的飘摆等不稳定现象,此时采用俯仰阻尼器系统来改善性能是必要的!

阻尼比是短周期运动的重要指标,对于自然飞机而言,一般都满足 $0 < \xi_s < 1$ 的条件,而对于增稳后的飞机,可能满足 $\xi_s \geq 1$ 的条件,此时短周期运动的形式就不是振荡收敛周期运动了,而是以非周期运动形式快速收敛。

(3) 总阻尼。

$$\zeta_s\omega_{ns} = \frac{1}{2}(-Z_\alpha - M_q)$$

在飞行品质中常采用总阻尼来表示飞机短周期运动的特性,实际上总阻尼反映了短周期运动收敛或发散速度的快慢。

(4) 时间常数。式(4-81)中,$\Delta q/\Delta\delta_e$ 传递函数分子的时间常数为

$$T_\theta = \frac{1}{-Z_\alpha} = \frac{mV_0}{T_0\cos\phi_T + \frac{1}{2}\rho V_0^2 S_\mathrm{w} C_{L\alpha}} \approx \frac{mV_0}{\frac{1}{2}\rho V_0^2 S_\mathrm{w} C_{L\alpha}}$$

这意味着 T_θ 与 $1/(\rho V_0)$ 成正比，则 T_θ 与高度成正比，和速度成反比。而 T_θ 的大小影响到飞机纵向机动的快速能力，从式（4–81）中 $\Delta\alpha/\Delta\delta_e$ 和 $\Delta\gamma/\Delta\delta_e$ 的传递函数得

$$\frac{\Delta\dot{\gamma}}{\Delta\alpha} = -Z_\alpha$$

显然，当飞机高度增加后，则 $|Z_\alpha|$ 数值减小，说明飞机的单位迎角所产生的航迹倾角角速度减小了，表明飞机机动能力降低或对纵向轨迹的快速改变能力降低了。而从另一个方面，由于

$$\frac{\Delta\gamma}{\Delta\theta} = \frac{1}{T_\theta s + 1}$$

可知，高度增加，T_θ 增大，表明航迹倾斜角（$\Delta\gamma$）延后俯仰角（$\Delta\theta$）的时间加长了，即 $\Delta\theta$ 变化后需要更长的延迟时间 $\Delta\gamma$ 才变化，这也表明高空的机动能力下降。速度 V_0 增大后，T_θ 变小，则表明机动能力提高，这也是机动时推油门的原因之一。

（5）静增益（或传递系数）。静增益是指升降舵或油门杆在单位阶跃输入下其运动变量的稳态值，与操纵性定义是一致的。静增益表明对飞机纵向运动的操纵能力，如果其输出的绝对值大，就表明对飞机纵向运动的改变能力也大；反之，如果输出的绝对值小，那么表明对飞机纵向运动的改变能力弱。

静增益的计算方法如下：

设 x、y 分别是输入和输出，则

$$y(s) = G(s)x(s)$$

设输入为单位阶跃信号，即

$$x(s) = \frac{1}{s}$$

因此

$$y(s) = \frac{1}{s}G(s)$$

若 $G(s)$ 是稳定的，从而稳态值

$$y(\infty) = \lim_{t\to\infty} y(t) = \lim_{s\to 0} sy(s) = \lim_{s\to 0} G(s) \qquad (4-83)$$

静增益定义为

$$k = \frac{y(\infty)}{x(\infty)}$$

则当 $x(\infty)=1$ 时,有

$$k = y(\infty) \tag{4-84}$$

式(4-83)和式(4-84)的意义相同,所以静增益为

$$k = \lim_{s \to 0} G(s) \tag{4-85}$$

对于形如 $\begin{cases} \dot{x} = Ax + Bu \\ y = x \end{cases}$ 的状态方程模型来说,静增益恰好是其平衡方程的解,证明如下:

由于 $\dot{x} = Ax + Bu$,则在零初始条件下拉普拉斯变换后为

$$y(s) = (sI - A)^{-1} Bu(s)$$

其特征矩阵为

$$G(s) = (sI - A)^{-1} B$$

按静增益定义,则

$$k = y(\infty) = \lim_{s \to 0} G(s) = -A^{-1}B \tag{4-86}$$

对于 $\begin{cases} \dot{x} = Ax + Bu \\ y = x \end{cases}$ 的静平衡方程为

$$Ax + Bu = 0$$

若 A 可逆,且 u 为单位向量时,则有唯一的解为

$$y = x = -A^{-1}B \tag{4-87}$$

比较式(4-86)和式(4-87)的结果,故得证。

根据式(4-85)可以方便地按式(4-76)和式(4-82)计算出在升降舵和油门杆输入下,短周期运动各运动变量的静增益,见表4-15。

表4-15　短周期运动各运动变量的静增益

	$\Delta\alpha$	Δq
$\Delta\delta_e$	$\dfrac{M_{\delta_e} - M_q Z_{\delta_e}}{M_q Z_\alpha - M_\alpha}$	$\dfrac{M_\alpha Z_{\delta_e} - M_{\delta_e} Z_\alpha}{M_q Z_\alpha - M_\alpha}$
$\Delta\delta_T$	$\dfrac{M_{\delta_T} - M_q Z_{\delta_T}}{M_q Z_\alpha - M_\alpha}$	$\dfrac{M_\alpha Z_{\delta_T} - M_{\delta_T} Z_\alpha}{M_q Z_\alpha - M_\alpha}$

(6) 运动稳定性。根据劳斯判据,如果短周期运动是渐近稳定的,式(4-76)中分母的系数应满足

$$-Z_\alpha - M_q > 0, \quad Z_\alpha M_q - M_\alpha > 0$$

由于 $-Z_\alpha$ 和 $-M_q$ 导数都是正值,不可能变为负值,这就表明短周期运动的阻

尼总是存在的,因此短周期运动的稳定性主要取决于常数项是否大于零。在常数项中,$M_\alpha < 0$ 是由静稳定性所确定的,故常数项大于零的条件为

$$-M_\alpha > -Z_\alpha M_q$$

在另一方面,一般情况下 $|M_\alpha| \gg |Z_\alpha M_q|$,因此,如果 $-M_\alpha > 0$,则常数项就得满足严格大于零的条件,显然:

$$-M_\alpha = -\frac{1}{I_y}\frac{1}{2}\rho V_0^2 \left[S_w c_A C_{m\alpha} + S_w \frac{c_A^2}{2V_0} C_{m\dot{\alpha}} Z_\alpha \right] \approx -\frac{1}{I_y}\frac{1}{2}\rho V_0^2 S_w c_A C_{m\alpha}$$

这样只有 $C_{m\alpha} < 0$ 时, $-M_\alpha > 0$,才能使常数项严格大于零。因此,只有重心在焦点之前,$C_{m\alpha}$ 即可满足条件,而当重心在焦点之后,$C_{m\alpha}$ 变为正值,则常数项就又可能不满足大于零的条件,从而导致短周期运动的不稳定。

$C_{m\alpha}$ 静稳定性导数所表示的飞机纵向静稳定性只考虑马赫数为常值(飞行速度不变)的情况下,迎角 α 变化引起的俯仰力矩变化而决定的静稳定性,故 $C_{m\alpha}$ 也称为定速静稳定性。显然,静稳定性所描述的是速度不变条件下俯仰力矩的平衡过程,也恰恰是短周期运动的近似条件,并且从上式的分析和推导中得出结论:短周期运动的稳定性很大程度上也取决于定速静稳定性。显然,在定速情况下,迎角 α 的变化将引起升力的变化,相应过载系数也将发生变化,所以定速静稳定性也称为按过载的静稳定性。

在另一方面,注意到短周期运动中迎角在升降舵输入下的静增益(在 $|M_\alpha| \gg |Z_\alpha M_q|$ 条件下)为

$$k \approx \frac{M_{\delta_e}}{-M_\alpha} \approx -\frac{C_{m\delta_e}}{C_{m\alpha}}$$

很显然,静增益 k 和静稳定性导数 $C_{m\alpha}$ 是成反比的,静稳定性或短周期运动稳定性越强,则操纵效能越弱,即操纵性下降,这就说明了稳定性和操纵性是矛盾的。因此,需要在兼顾操纵性指标的情况下确定静稳定性导数。

上述特征参数 ζ_s 和 ω_{ns} 也是描述飞机飞行品质的重要指标。在用自动飞行控制系统操纵飞机时,没有专门的标准规定此时飞机的飞行品质要求,只是在相关标准中提到一些。严格来说,此时飞机应是"自然飞机 + 自动飞行控制系统"所组成的动力学系统,因此飞机的飞行品质实际上是包括在自动飞行控制系统的性能指标中的,而这些指标是可以通过设计得到的。从这个意义上来说,此时飞机的飞行品质一定能优于自然飞机的飞行品质标准,显然,这一飞行品质或系统性能指标应该由设计者根据使用要求来确定。

4.2.4　纵向长周期运动的近似模型——升降舵作用下的动力学响应

1. 长周期运动方程和传递函数

长周期运动反映了飞机在俯仰力矩平衡或短周期运动结束后,升力和推力及重

力的平衡过程,这就意味着长周期运动是俯仰力矩已经处在静力矩平衡($\sum M = 0$)状态下,刚体飞机质心移动的轨迹运动。

在采用升降舵对飞机进行长周期运动操纵时,飞机还是首先出现短周期运动,在短周期运动很快结束后才明显地出现长周期运动,因此长周期运动仍是由对升降舵的操纵而激发,而且是升降舵操纵或纵向运动的最后结果。

在另一方面,由于在考虑长周期运动时,短周期运动已认为是结束了,因此无需考虑俯仰力矩方程的动态过程,而只需考虑其稳态结果。稳态方程描述了升降舵偏转后其俯仰力矩的静平衡,即忽略所有的动态力矩(阻尼和惯性力矩)后,升降舵偏转所产生的力矩最终需要用迎角和速度所产生的气动力矩来平衡,因此引起稳态的迎角和速度。而恰恰正是这个稳态值才激发了长周期运动,并表现为切向力和法向力(升力和重力)的动态运动。

从上述分析来看,升降舵对长周期运动的操纵或控制,实际上是先改变短周期运动的稳态值,然后这个稳态值才真正激发或改变长周期运动。因此,短周期运动更类似于零状态响应(或强迫响应),而长周期运动则类似于零输入响应(或自由响应)。

所以在升降舵作用下,长周期运动的近似方程是由两个微分方程和一个代数方程所组成,即:切向力和法向力方程是微分方程,而俯仰力矩方程则是描述其稳态的代数方程,即

$$
\begin{cases}
\Delta \dot{V} = X_V \Delta V + X_\alpha \Delta \alpha + X_q \Delta q + X_\theta \Delta \theta \\
\Delta \dot{\alpha} = Z_V \Delta V + Z_\alpha \Delta \alpha + Z_q \Delta q + Z_\theta \Delta \theta \\
M_V \Delta V + M_\alpha \Delta \alpha + M_\theta \Delta \theta + M_{\delta_e} \Delta \delta_e = 0
\end{cases}
\quad (4-88)
$$

注意到,由于在本书中 $\Delta \dot{\alpha}$ 引起的惯性力矩导数包含在稳态力矩导数 M_α(表4-5)中,因此式(4-88)中的 M_α 应定义为

$$
M_\alpha = \frac{1}{I_Y} \left(\frac{\partial M}{\partial \alpha} \right)_0 = \frac{1}{I_y} \left(\frac{1}{2} \rho V_0^2 \right) S_w c_A C_{m\alpha}
$$

如果基准运动是定常对称水平直线飞行(或航迹倾角较小),则有 $Z_\theta \approx 0$,$M_\theta \approx 0$,考虑到 $X_q = 0$,$Z_q = 1$,上式即为

$$
\begin{cases}
\Delta \dot{V} = X_V \Delta V + X_\alpha \Delta \alpha + X_\theta \Delta \theta \\
\Delta \dot{\alpha} = Z_V \Delta V + Z_\alpha \Delta \alpha + \Delta q \\
M_V \Delta V + M_\alpha \Delta \alpha + M_{\delta_e} \Delta \delta_e = 0
\end{cases}
$$

在零初始条件下,对上式进行拉普拉斯变换后就得到长周期运动方程的传递函数,有

$$\begin{cases}
\dfrac{\Delta V}{\Delta \delta_e} = \dfrac{-\dfrac{M_{\delta_e}}{M_\alpha}\Big[\,(X_\theta + X_\alpha)s - X_\theta Z_\alpha\,\Big]}{s^2 + \Big[-X_V + \dfrac{M_V}{M_\alpha}(X_\theta + X_\alpha)s\Big] + X_\theta\Big(Z_V - \dfrac{M_V}{M_\alpha}Z_\alpha\Big)} \\[3.5em]
\dfrac{\Delta \alpha}{\Delta \delta_e} = \dfrac{-\dfrac{M_{\delta_e}}{M_\alpha}\Big[s^2 - X_V s + X_\theta Z_V\Big]}{s^2 + \Big[-X_V + \dfrac{M_V}{M_\alpha}(X_\theta + X_\alpha)s\Big] + X_\theta\Big(Z_V - \dfrac{M_V}{M_\alpha}Z_\alpha\Big)} \\[3.5em]
\dfrac{\Delta \theta}{\Delta \delta_e} = \dfrac{-\dfrac{M_{\delta_e}}{M_\alpha}\Big[s^2 - (X_\theta + X_\alpha)s - (X_V Z_\alpha - X_\alpha Z_V)\Big]}{s^2 + \Big[-X_V + \dfrac{M_V}{M_\alpha}(X_\theta + X_\alpha)s\Big] + X_\theta\Big(Z_V - \dfrac{M_V}{M_\alpha}Z_\alpha\Big)} \\[3.5em]
\dfrac{\Delta \gamma}{\Delta \delta_e} = \dfrac{-\dfrac{M_{\delta_e}}{M_\alpha}\Big\{-Z_\alpha s + \Big[X_V Z_\alpha - Z_V(X_\theta + X_\alpha)\Big]\Big\}}{s^2 + \Big[-X_V + \dfrac{M_V}{M_\alpha}(X_\theta + X_\alpha)s\Big] + X_\theta\Big(Z_V - \dfrac{M_V}{M_\alpha}Z_\alpha\Big)} \\[3.5em]
\dfrac{\Delta n_z}{\Delta \delta_e} = \dfrac{-\dfrac{M_{\delta_e}}{M_\alpha}\Big\{-Z_\alpha s^2 + \Big[X_V Z_\alpha - Z_V(X_\theta + X_\alpha)\Big]s\Big\}}{s^2 + \Big[-X_V + \dfrac{M_V}{M_\alpha}(X_\theta + X_\alpha)s\Big] + X_\theta\Big(Z_V - \dfrac{M_V}{M_\alpha}Z_\alpha\Big)}
\end{cases} \qquad (4-89)$$

2. 长周期运动的特性

上述传递函数均为二阶系统,对于长周期运动的二阶系统,传递函数的分母表达式一般写为

$$s^2 + 2\zeta_p \omega_{np} s + \omega_{np}^2$$

就可以用上述分母中的系数来评价长周期运动。

1)无阻尼自然频率 ω_{np}

由式(4-89)可知,无阻尼自然频率为

$$\omega_{np} = \sqrt{X_\theta\Big(Z_V - \dfrac{M_V}{M_\alpha}Z_\alpha\Big)}$$

由于 $Z_V \gg Z_\alpha M_V / M_\alpha$,因此上式可以简化为

$$\omega_{np} = \sqrt{X_\theta Z_V}$$

写出导数形式,即

$$\omega_{np} = \sqrt{(g\cos\gamma_0)\Big[\dfrac{1}{mV_0}\,\dfrac{1}{2}\rho V_0^2\,\dfrac{S_w}{V_0}(2C_{L0} + M_0 C_{LM})\Big]}$$

低速飞行时,$C_{LM} \approx 0$,同时满足平飞条件时,则

$$C_{L0} = \frac{mg}{\left(\frac{1}{2}\rho V_0^2\right)S_w} \text{ 及 } \gamma_0 = 0$$

因此

$$\omega_{np} = \sqrt{2}\frac{g}{V_0}$$

即无阻尼自然频率 ω_{np} 与空速 V_0 成反比。在亚声速阶段 C_{LM} 为正,ω_{np} 随 V_0 增加而略有下降,超声速阶段 C_{LM} 为负,虽然数值较小,但能促使 ω_{np} 快速下降。因此,ω_{np} 主要受 C_{LM} 的影响较大,当速度 V_0 增加后,C_{LM} 下降而导致 ω_{np} 减小。

2)阻尼比 ζ_p

由式(4-89)得到阻尼比为

$$\zeta_p = \frac{\left[-X_V + \frac{M_V}{M_\alpha}(X_\theta + X_\alpha)\right]}{2\omega_{np}}$$

由于 $|X_V| \gg |(X_\theta + X_\alpha)M_V/M_\alpha|$,因此上式可以进一步简化为

$$\zeta_p = \frac{-X_V}{2\omega_{np}}$$

由表(4-5)可写成导数的形式,同时对于装有喷气发动机的飞机来说,$T_V \approx 0$,故

$$\zeta_p = \frac{\frac{1}{V_0}\frac{1}{2}\rho V_0^2\frac{S_w}{V_0}(2C_{D0} + M_0 C_{DM})}{2\omega_{np}}$$

在亚声速飞行阶段,$C_{DM} = 0$,且 $X_{D0} = (\rho V_0^2 S_w C_{D0})/2$,以及 $\omega_{np} = (g\sqrt{2\cos\gamma_0})/V_0$ 代入后得

$$\zeta_p = \frac{1}{\sqrt{2\cos\gamma_0}}\frac{X_{D0}}{mg}$$

平飞时,升力 $Z_{L0} = mg$ 及 $\gamma_0 = 0$,故

$$\zeta_p = \frac{1}{\sqrt{2}}\frac{X_{D0}}{Z_{L0}} = \frac{1}{\sqrt{2}}\frac{C_{D0}}{C_{L0}}$$

上式表明,长周期运动的阻尼比与飞机的升阻比成反比,也就是气动外形好的飞机其阻尼比要小一些;在另一方面,高度增加,阻力下降,阻尼比也会减小!

当然增加 C_{D0} 就可以增大 ζ_p,但设计飞机时不会为了增加 ζ_p 而去增加 C_{D0},而且减小阻力是飞机设计的重要目标,特别是超声速飞机需要努力减小 C_{D0},所以超

声速飞机的长周期阻尼比很小。

C_{DM}在亚声速飞行阶段是正值,对增大 ζ_p 有利;而在超声速飞行阶段 C_{DM} 是负值,这也是超声速飞行时 ζ_p 变小的因素之一;而在跨声速飞行阶段,C_{DM}先正后负。

在飞行品质中主要关注 ζ_p,并允许长周期运动可以有轻微的不稳定性,并用倍幅时间来限制这种不稳定性的程度。

3)运动稳定性

根据劳斯判据,式(4-89)传递函数中的分母系数若同时满足:

$$-X_V + \frac{M_V}{M_\alpha}(X_\theta + X_\alpha) > 0, \quad X_\theta\left(Z_V - \frac{M_V}{M_\alpha}Z_\alpha\right) > 0$$

则长周期运动是渐近稳定的。

由于 $-X_V > 0$,且 $|-X_V| \gg |(X_\theta + X_\alpha)(M_V/M_\alpha)|$(一般情况下 $M_V \approx 0$)。因此,$\left[-X_V + (X_\theta + X_\alpha)(M_V/M_\alpha)\right] > 0$ 是能满足的,这样长周期运动稳定性就完全取决于 $X_\theta\left[Z_V - Z_\alpha(M_V/M_\alpha)\right] > 0$ 能否被满足。由于 $X_\theta = -g\cos(\theta_0 - \alpha_0) < 0$,故而稳定性条件为 $\left[Z_V - Z_\alpha(M_V/M_\alpha)\right] < 0$。通过研究全面纵向运动的特征方程(四阶)可以发现,$\left[Z_V - Z_\alpha(M_V/M_\alpha)\right] < 0$ 也是其特征方程中常数项大于零的条件。

必须指出的是,纵向运动中,如果定速静稳定性或短周期运动是稳定的话,那么长周期运动将决定纵向运动的稳定性。实际上正如前面所指出的,定速静稳定性是必须要保证的,这是固定翼飞机力矩式操纵的必要前提,因此从这个角度来说,纵向运动的最终稳定性完全由长周期运动稳定性决定的。

上述稳定性条件导数中的惯性项和阻力项等被忽略,并假定发动机推力或拉力通过重心且安装角为零,这样稳定性条件表达式中的导数用下述公式代替:

$$Z_V = -\frac{1}{mV_0}\frac{1}{2}\rho V_0^2 \frac{S_w}{V_0}(2C_{L0} + M_0 C_{LM}), Z_\alpha = -\frac{1}{mV_0}\frac{1}{2}\rho V_0^2 S_w C_{L\alpha}$$

$$M_V = \frac{1}{I_y}\frac{1}{2}\rho V_0^2 c_A \frac{S_w}{V_0}(2C_{m0} + M_0 C_{mM}), M_\alpha = \frac{1}{I_y}\frac{1}{2}\rho V_0^2 S_w c_A C_{m\alpha}$$

代入$(Z_V - Z_\alpha M_V/M_\alpha) < 0$ 中,并经过适当的变换后,得

$$\frac{1}{mV_0}\frac{1}{2}\rho V_0^2 \frac{S_w}{V_0}\left[-(2C_{L0} + M_0 C_{LM}) + \frac{(2C_{m0} + M_0 C_{mM})}{C_{m\alpha}}C_{L\alpha}\right] < 0$$

显然:$\frac{1}{mV_0}\frac{1}{2}\rho V_0^2 \frac{S_w}{V_0} > 0$,且 $C_{m\alpha} < 0$(定速静稳定性),则由上式得

$$-(2C_{L0} + M_0 C_{LM})C_{m\alpha} + (2C_{m0} + M_0 C_{mM})C_{L\alpha} > 0$$

考虑到在亚声速飞行时,$C_{LM} > 0$,因此,$(2C_{L0} + M_0 C_{LM}) > 0$,即使在跨声速或

超声速飞行时,虽然 C_{LM} 可能由正转为负,但数值较小,仍然会满足式$(2C_{L0} + M_0 C_{LM}) > 0$ 的要求。两边同除以 $-(2C_{L0} + M_0 C_{LM})$,上式的稳定性条件就变为

$$C_{m\alpha} - \frac{2C_{m0} + M_0 C_{mM}}{2C_{L0} + M_0 C_{LM}} C_{L\alpha} < 0$$

又假定发动机推力通过重心,则 $C_{m0} = 0$,这样上式变为

$$C_{m\alpha} - \frac{M_0 C_{L\alpha}}{2C_{L0} + M_0 C_{LM}} C_{mM} < 0$$

称此条件为纵向定载静稳定性条件。因为该条件可直接从俯仰力矩系数 $C_m = C_m(M, \alpha)$,按定载条件 $Z_L = mg(n_z = 1)$ 和对其稳定性的作用推导出来。在俯仰力矩变化而改变迎角后,由于要保持过载不变,因此速度一定发生改变,所以也称此条件为按速度的静稳定性。

在低速飞行时,空气压缩性很小,此时

$$C_{mM} = 0$$

这样定载静稳定性条件就演变为

$$C_{m\alpha} < 0$$

即不考虑空气压缩性的低速飞行时,定载静稳定性与定速静稳定性是一致的。同样有一些飞机在进入跨声速后,由于 C_{mM} 的负值较大使得定载不稳定,将表现出速度运动的不稳定现象,此时驾驶员要维持飞机的平衡就比较困难,飞机将会有自动进入俯冲的趋势,因此需要采用"M 数配平系统"保证速度的稳定性或定载静稳定。

通过对长短周期运动稳定性的分析可知,若要求纵向运动是稳定的,必须同时满足定速静稳定性和定载静稳定性。在飞机设计中,可以允许有稍微的定载静不稳定,但定速稳定性则必须要保证,否则飞机将很难操纵。

4)静增益

正如前面分析的那样,如果长周期运动是稳定的,那么其静增益或稳态值也是纵向运动的静增益或稳态值,通过长周期运动方程得到的静增益和采用全面纵向运动方程所得到的结果是一致的,如下:

$$\left. \frac{\Delta V}{\Delta \delta_e} \right|_{s=0} = \frac{Z_\alpha M_{\delta_e}}{M_\alpha Z_V - M_V Z_\alpha}, \left. \frac{\Delta \alpha}{\Delta \delta_e} \right|_{s=0} = \frac{-Z_V M_{\delta_e}}{M_\alpha Z_V - M_V Z_\alpha}$$

$$\left. \frac{\Delta \theta}{\Delta \delta_e} \right|_{s=0} = \frac{(X_\alpha Z_V - X_V Z_\alpha) M_{\delta_e}}{(M_\alpha Z_V - M_V Z_\alpha) X_\theta}, \left. \frac{\Delta \gamma}{\Delta \delta_e} \right|_{s=0} = \frac{-\left[X_V Z_\alpha - Z_V (X_\theta + X_\alpha) \right] M_{\delta_e}}{(M_\alpha Z_V - M_V Z_\alpha) X_\theta}$$

$$\left. \frac{\Delta n_z}{\Delta \delta_e} \right|_{s=0} = 0$$

以上这些静增益也表明了在升降舵作用下(油门杆不变),纵向运动的最终结果。操纵升降舵是否能有效地对纵向轨迹实施控制也取决于长周期的稳定性,理由如下:

从航迹角的静增益来看,可以变形为

$$\frac{\Delta\gamma}{\Delta\delta_e}\bigg|_{s=0}=\frac{Z_\alpha\left[-X_V+\frac{Z_V}{Z_\alpha}(X_\theta+X_\alpha)\right]}{Z_V-\frac{M_V}{M_\alpha}Z_\alpha}\frac{M_{\delta_e}}{M_\alpha}$$

所谓有效操纵无非是应满足操纵的要求,即

$$\frac{\Delta\gamma}{\Delta\delta_e}\bigg|_{s=0}\neq 0\ \text{且}\frac{\Delta\gamma}{\Delta\delta_e}<0(\text{升降舵上偏,飞机应向上爬升})$$

明显地,从上式可看出

$$\frac{M_{\delta_e}}{M_\alpha}>0\ \text{且}\frac{M_{\delta_e}}{M_\alpha}\neq 0$$

由于$|-X_V|\gg\left|\frac{Z_V}{Z_\alpha}(X_\theta+X_\alpha)\right|$($Z_V\approx 0$的缘故),且$-X_V>0$,故

$$Z_\alpha\left[-X_V+\frac{Z_V}{Z_\alpha}(X_\theta+X_\alpha)\right]<0$$

故而若要求$\dfrac{\Delta\gamma}{\Delta\delta_e}\bigg|_{s=0}<0$,则必须要使

$$Z_V-\frac{M_V}{M_\alpha}Z_\alpha>0$$

这恰恰是前面所提出的长周期稳定性的必要条件,即定载稳定性条件。

所以纵向轨迹若是要得到有效控制的话,长周期运动的稳定性是必要的! 而这一结论从短周期运动方程中是得不到的,这还是因为短周期运动仅仅代表纵向运动的初始运动而非最终和全部的运动。

4.2.5　纵向长周期运动方程和传递函数——油门杆作用下的动力学响应

1. 纵向长周期运动近似方程和传递函数

操纵发动机油门杆,可以改变发动机的拉力或推力。如果假定发动机拉力或推力对刚体飞机的力矩没有贡献,那么发动机拉力或推力只对沿速度方向的切向力和垂直于速度方向的法向力产生影响,或者说在俯仰力矩平衡的条件下改变了质点飞机的力,从而影响了长周期运动模态。

因此,拉力或推力的改变将引起飞机速度和迎角的动力学响应,而此时仍然假定短周期运动已经到达稳态阶段,这样由速度和迎角变化所引起的俯仰力矩增量

为零,或者说俯仰力矩是静平衡的。

所以,在油门杆输入下的长周期运动方程中,只包括描述切向力动力学响应(关于速度的方程)、描述法向力动力学响应(关于迎角的方程)以及描述俯仰力矩静平衡的代数方程,即

$$
\begin{cases}
\Delta \dot{V} = X_V \Delta V + X_\alpha \Delta \alpha + X_q \Delta q + X_\theta \Delta \theta + X_{\delta_T} \Delta \delta_T \\
\Delta \dot{\alpha} = Z_V \Delta V + Z_\alpha \Delta \alpha + Z_q \Delta q + Z_\theta \Delta \theta \\
M_V \Delta V + M_\alpha \Delta \alpha + M_\theta \Delta \theta = 0
\end{cases}
$$

考虑到平飞时,$Z_\theta = 0$,$M_\theta = 0$ 以及 $X_q = 0$,$Z_q = 1$,则方程变换为

$$
\begin{cases}
\Delta \dot{V} = X_V \Delta V + X_\alpha \Delta \alpha + X_q \Delta q + X_\theta \Delta \theta + X_{\delta_T} \Delta \delta_T \\
\Delta \dot{\alpha} = Z_V \Delta V + Z_\alpha \Delta \alpha + \Delta q \\
M_V \Delta V + M_\alpha \Delta \alpha = 0
\end{cases}
$$

在零初始条件下对上述方程进行拉普拉斯变换得

$$
\begin{cases}
\dfrac{\Delta V}{\Delta \delta_T} = \dfrac{X_{\delta_T} s}{s^2 + \left[-X_V + \dfrac{M_V}{M_\alpha}(X_\theta + X_\alpha)s \right] + X_\theta \left(Z_V - \dfrac{M_V}{M_\alpha} Z_\alpha \right)} \\[4ex]
\dfrac{\Delta \alpha}{\Delta \delta_T} = \dfrac{-\dfrac{M_V}{M_\alpha} X_{\delta_T} s}{s^2 + \left[-X_V + \dfrac{M_V}{M_\alpha}(X_\theta + X_\alpha)s \right] + X_\theta \left(Z_V - \dfrac{M_V}{M_\alpha} Z_\alpha \right)} \\[4ex]
\dfrac{\Delta \theta}{\Delta \delta_T} = \dfrac{-\dfrac{M_V}{M_\alpha} X_{\delta_T} \left[s + \left(Z_V \dfrac{M_\alpha}{M_V} - Z_\alpha \right) \right]}{s^2 + \left[-X_V + \dfrac{M_V}{M_\alpha}(X_\theta + X_\alpha)s \right] + X_\theta \left(Z_V - \dfrac{M_V}{M_\alpha} Z_\alpha \right)} \\[4ex]
\dfrac{\Delta \gamma}{\Delta \delta_T} = \dfrac{-\left(Z_V - \dfrac{M_V}{M_\alpha} Z_\alpha \right) s}{s^2 + \left[-X_V + \dfrac{M_V}{M_\alpha}(X_\theta + X_\alpha)s \right] + X_\theta \left(Z_V - \dfrac{M_V}{M_\alpha} Z_\alpha \right)} \\[4ex]
\dfrac{\Delta n_z}{\Delta \delta_T} = \left(-\dfrac{V_0}{g} s \right) \dfrac{\Delta \gamma}{\Delta \delta_T} = \dfrac{-\dfrac{V_0}{g} \left(Z_V \dfrac{M_\alpha}{M_V} - Z_\alpha \right) X_{\delta_T} s}{s^2 + \left[-X_V + \dfrac{M_V}{M_\alpha}(X_\theta + X_\alpha)s \right] + X_\theta \left(Z_V - \dfrac{M_V}{M_\alpha} Z_\alpha \right)}
\end{cases}
$$

$$(4-90)$$

示例飞机着陆飞行状态时,油门杆作用下的运动方程为

$$
\begin{cases}
\Delta \dot{V} = -0.0913\Delta V + 4.09\Delta\alpha - 9.7866\Delta\theta + 0.608\Delta\delta_T \\[2mm]
\Delta \dot{\alpha} = -0.0035\Delta V - 0.5182\Delta\alpha + \Delta q \\[2mm]
0.0012\Delta V - 0.5426\Delta\alpha = 0
\end{cases}
$$

对以上方程进行零初始条件下的拉普拉斯变换后,得到传递函数为

$$
\frac{\Delta V}{\Delta\delta_T} = \frac{0.608s}{s^2 + 0.1039s + 0.0455}
$$

$$
\frac{\Delta\alpha}{\Delta\delta_T} = \frac{0.0013s}{s^2 + 0.1039s + 0.0455}
$$

$$
\frac{\Delta\theta}{\Delta\delta_T} = \frac{0.0013(s + 2.1008)}{s^2 + 0.1039s + 0.0455}
$$

$$
\frac{\Delta\gamma}{\Delta\delta_T} = \frac{0.0027}{s^2 + 0.1039s + 0.0455}
$$

$$
\frac{\Delta n_z}{\Delta\delta_T} = \left(-\frac{77}{9.8}s\right)\frac{\Delta\gamma}{\Delta\delta_T} = \frac{-0.212s}{s^2 + 0.1039s + 0.0455}
$$

2. 油门杆作用下的响应特性

从式(4-90)传递函数中可以看出,其分母或特征方程与在升降舵作用下传递函数的分母是一致的,因此其分母参数对动态性能的影响也是一致的。

对于稳态特性,可以求出在油门杆输入作用下的静增益如下:

$$
\frac{\Delta V}{\Delta\delta_T} = 0, \quad \frac{\Delta\alpha}{\Delta\delta_T} = 0, \quad \frac{\Delta n_Z}{\Delta\delta_T} = 0
$$

$$
\frac{\Delta\theta}{\Delta\delta_T} = -\frac{X_{\delta_T}}{X_\theta}, \quad \frac{\Delta\gamma}{\Delta\delta_T} = -\frac{X_{\delta_\gamma}}{X_\theta}
$$

上述结果说明,当油门杆改变后,飞机最终的响应是:速度和迎角没有变化,而俯仰角和航迹倾角却出现了变化。也就是说,如果前推油门杆($\Delta\delta_T$ 前推为正),加大飞机拉力或推力后,飞机最终的速度和迎角回到了推油门杆前的速度和迎角,而俯仰角为正,即飞机抬头了;同时由于迎角为零,因此航迹倾角 $\Delta\gamma$ 也为正,这样出现飞机向上爬升的情况。

这种情况似乎不符合一般的直观判断,既增加了飞机的拉力或推力,为何速度却得不到增加呢? 实际上,对于飞机来说,速度是否增加并不仅仅取决于发动机的

拉力或推力,而是要取决于其所有外力之和,也就是说还与升力和重力有关。其原因分析如下。

当前推油门杆到一定位置停止后,飞机瞬间的拉力或推力就增加了,此后飞机的速度也即刻增加,导致动压增大使得升力也增加了,从而使航迹倾角(速度矢量)也向上弯曲。当航迹倾角出现后,就会产生重力沿航迹倾角的分力,并与增量推力的方向相反,当航迹倾角增加到足够大的正值时,重力的分力将会使得速度减小;在长周期运动结束后,增加的发动机拉力或推力完全用来平衡重力沿航迹倾角的分力:

$$\Delta T = mg\sin\Delta\gamma \approx mg\Delta\gamma$$

这样就形成了稳态的航迹倾角 $\Delta\gamma$,而速度回到了原来值($\Delta V = 0$),由于升降舵无偏转,则迎角就只能回到了原值($\Delta\alpha = 0$,纵向静稳定性)。

同理,如果后拉油门杆($\Delta\delta_T$ 后拉为负),减小飞机拉力或推力后,飞机最终的速度和迎角回到了推油门杆前的速度和迎角,而俯仰角为负,即飞机低头了;由于迎角为零,因此航机倾角 $\Delta\gamma$ 也为负,这样出现飞机向下俯冲的情况。

根据上述分析,如果操纵油门杆要使飞机向上爬升或下滑,那么就需要在前推或后拉油门杆的同时,最好通过操纵升降舵来使迎角增加或减小(升力的增加或减小),就可以加快轨迹角的向上或向下弯曲,等航迹倾角变化到一定值时,再使升降舵回到原位。显然,升降舵可以缩短单纯由油门杆操纵引起航迹倾角响应的过渡时间。

速度不受油门杆控制的原因还在于飞机动力学的复杂性,或者说是飞机角运动和速度运动耦合的复杂性所引起的,这不是用简单的物理学原理来直观判断的,它需要通过对纵向运动进行动力学分析后,才能得到结论。

3. 油门杆对速度的有效控制

所谓油门杆对飞行速度进行有效控制是指:在飞机航迹倾角(纵向轨迹角)不变的情况下,仅仅通过操纵油门杆来使飞行速度增加或减小。这种飞行可能发生在巡航或进近着陆阶段以及某些特殊飞行状态。

显然如上述的分析,如果单独操纵油门杆,是实现不了对速度的控制的。由于纵向运动的输入除了油门杆外,还有升降舵,从而可以采用这样的操纵策略,即:油门杆只用于控制速度,而升降舵用来控制航迹倾角 $\Delta\gamma = 0$,这样才可能实现油门杆对速度的有效控制。考虑到纵向运动的动力学方程为

$$\begin{bmatrix} \Delta\dot{V} \\ \Delta\dot{\alpha} \\ \Delta\dot{q} \\ \Delta\dot{\theta} \end{bmatrix} = \begin{bmatrix} X_V & X_\alpha & 0 & X_\theta \\ Z_V & Z_\alpha & 1 & 0 \\ M_V & M_\alpha & M_q & 0 \\ 0 & 0 & 1 & 0 \end{bmatrix} \begin{bmatrix} \Delta V \\ \Delta\alpha \\ \Delta q \\ \Delta\theta \end{bmatrix} + \begin{bmatrix} 0 & X_{\delta_T} \\ Z_{\delta_e} & 0 \\ M_{\delta_e} & 0 \\ 0 & 0 \end{bmatrix} \begin{bmatrix} \Delta\delta_e \\ \Delta\delta_T \end{bmatrix}$$

如果设升降舵的输入为 $\Delta\delta_e = K\Delta\theta$，即俯仰角保持不变的控制，代入上式可得在油门杆输入下的动力学方程为

$$
\begin{bmatrix} \Delta\dot{V} \\ \Delta\dot{\alpha} \\ \Delta\dot{q} \\ \Delta\dot{\theta} \end{bmatrix} = \begin{bmatrix} X_V & X_\alpha & 0 & X_\theta \\ Z_V & Z_\alpha & 1 & Z_{\delta_e}K \\ M_V & M_\alpha & M_q & M_{\delta_e}K \\ 0 & 0 & 1 & 0 \end{bmatrix} \begin{bmatrix} \Delta V \\ \Delta\alpha \\ \Delta q \\ \Delta\theta \end{bmatrix} + \begin{bmatrix} X_{\delta_T} \\ 0 \\ 0 \\ 0 \end{bmatrix} \Delta\delta_T
$$

明显地，系统矩阵发生了变化。若使上式中 $\Delta\dot{V} = \Delta\dot{\alpha} = \Delta\dot{q} = \Delta\dot{\theta} = 0, \Delta q = 0$，同时由于 $Z_{\delta_e} \approx 0$，因此在长周期运动是稳定的条件下得系统的静增益分别为

$$
\frac{\Delta\theta}{\Delta\delta_T} = \frac{-X_{\delta_T}\left[M_\alpha - (Z_\alpha/Z_V)M_V\right]}{X_\theta\left[M_\alpha - (Z_\alpha/Z_V)M_V\right] - \left[X_\alpha - (Z_\alpha/Z_V)X_V\right]M_{\delta_e}}
$$

$$
\frac{\Delta\alpha}{\Delta\delta_T} = \frac{X_{\delta_T}M_{\delta_e}K}{X_\theta\left[M_\alpha - (Z_\alpha/Z_V)M_V\right] - \left[X_\alpha - (Z_\alpha/Z_V)X_V\right]M_{\delta_e}K}
$$

$$
\frac{\Delta V}{\Delta\delta_T} = \frac{-(Z_\alpha/Z_V)X_{\delta_T}M_{\delta_e}K}{X_\theta\left[M_\alpha - (Z_\alpha/Z_V)M_V\right] - \left[X_\alpha - (Z_\alpha/Z_V)X_V\right]M_{\delta_e}K}
$$

$$
\frac{\Delta\gamma}{\Delta\delta_T} = \frac{-X_{\delta_T}\left[M_\alpha - (Z_\alpha/Z_V)M_V\right] - X_{\delta_T}M_{\delta_e}K}{X_\theta\left[M_\alpha - (Z_\alpha/Z_V)M_V\right] - \left[X_\alpha - (Z_\alpha/Z_V)X_V\right]M_{\delta_e}K}
$$

显然 $\Delta V/\Delta\delta_T \neq 0$，因此如果使 $\Delta\delta_e = K\Delta\theta$，则可以实现油门杆 $\Delta\delta_T$ 对速度的控制。

以上各式还说明，如果对 K 不加以限制，在油门杆输入下还是会引起飞机姿态角和航迹的变化。为了使油门杆只控制速度而不影响其他变量，则需要研究 K 的选择。如果油门杆只控制速度，就意味着在航迹倾角不变的情况下实现用油门杆对飞机加减速。因此可使静增益 $\Delta\gamma/\Delta\delta_T = 0$，即使该表达式中的分子为零，即

$$
Z_V M_{\delta_e}K + (Z_V M_\alpha - Z_\alpha M_V) = 0
$$

解出

$$
K = \frac{Z_V M_\alpha - Z_\alpha M_V}{Z_V M_{\delta_e}}
$$

将得到的 K 值，分别再代入上述诸式中，得

$$
\frac{\Delta V}{\Delta\delta_T} = \frac{(Z_\alpha/Z_V)X_{\delta_T}}{X_\theta + X_\alpha - (Z_\alpha/Z_V)X_V}, \frac{\Delta\theta}{\Delta\delta_T} \approx \frac{\Delta\alpha}{\Delta\delta_T} = \frac{-X_{\delta_T}}{X_\theta + X_\alpha - (Z_\alpha/Z_V)X_V}
$$

很显然,迎角和俯仰角的值是相同的,表明 $\Delta\gamma(\infty)=0$。由于 $X_\alpha \ll M_{\delta_e}$,$X_V \ll Z_V$ 及 $Z_\alpha \ll M_{\delta_e}$,故近似值为

$$\frac{\Delta V}{\Delta\delta_T} \approx \frac{X_{\delta_T}}{X_\theta}\left(\frac{Z_\alpha}{Z_V}\right),\frac{\Delta\alpha}{\Delta\delta_T} \approx \frac{X_{\delta_T}}{X_\theta},\frac{\Delta\theta}{\Delta\delta_T} \approx \frac{X_{\delta_T}}{X_\theta}$$

对于速度来说,由于 $Z_\alpha \gg Z_V$,可见在 $\Delta\gamma=0$ 的条件下油门杆对速度的改变是比较显著的,而 X_{δ_T} 值较小,故迎角和俯仰角在油门杆输入下的改变并不大,因此采用升降舵控制俯仰角的方案,可以实现在航迹倾角不变条件下,油门杆只用来控制速度。

上述在用升降舵控制航迹倾角不变的条件下,可以实现油门杆只控制速度的事实也说明:由于纵向运动的耦合特性,并不能实现升降舵只对俯仰角进行控制、而油门杆只对速度进行控制的解耦控制形式,两个控制输入对每个运动变量均有影响。

4. 纵向长周期运动的操纵策略

应该说对长周期运动的操纵策略也是纵向运动的最终操纵策略,如前所述,这是由于长周期运动是纵向运动的最后结果。

从控制理论的角度来讨论操纵策略,前提应该是长周期运动应具有稳定性(定载稳定性),当然短周期运动的稳定性(定速稳定性)也是必要条件。很显然如果纵向运动是不稳定(长周期运动或短周期运动不稳定),那么其运动发散的结果就不会存在一个所谓的稳态值,这样就不能用稳态值来说明或解释操纵策略了。以下操纵策略的讨论以纵向运动的稳态值为目的。

(1) 如果操纵油门杆的目的是为了使飞机爬升,那么在前推油门杆的同时,可以后拉驾驶杆(升降舵上偏以增大迎角),这样可以加快轨迹向上弯曲,待达到一定的上升航迹倾角后前推驾驶杆,使升降舵回到原位。若不动驾驶杆,虽然飞机最终还是进入爬升状态,但过渡过程比较长!

(2) 如果要平飞加速,则应在前推油门杆后,随着飞行速度的增加逐渐前推驾驶杆,以减小迎角,从而在满足平飞条件(升力 = 重力)的情况下,实现飞机的加速。

(3) 如果采用升降舵来操纵飞机向上爬升或下滑,那么在后拉(或前推)驾驶杆时,也可以同时前推(或后拉)油门杆,来加快纵向航迹倾角向上(向下)弯曲,尽管对于长周期运动稳定的飞机,若不动油门杆、只操纵升降舵最终也会达到所要求的航迹倾角,但过渡过程的时间较长,不能满足对纵向轨迹跟踪的快速性要求。例如在自动着陆飞行时,需要飞机快速跟踪和稳定在下滑道(GS)上,往往就需要自动驾驶仪和自动油门系统来配合使用。

(4) 对于长周期运动不稳定(定载不稳定)的飞机来说,其操纵将是困难的。例如在定载稳定时进行平飞加速,在油门增加后,只要逐渐前推驾驶杆即可,这样

的操纵习惯符合驾驶员的感觉,称为正常操纵。若飞机定载不稳定,那么在加大油门使飞行速度增加后,飞机将有自动低头的现象产生,速度就会自动增加,此时如果驾驶员还是按照正常操纵前推驾驶杆,飞机就会进入俯冲。为了避免进入俯冲,就必须后拉驾驶杆来维持升力和重力平衡,但又不可拉杆过多,否则飞机减速会过快而又进入大过载的状态,可能引起结构的破坏。故而,在定载不稳定的条件下,飞机的这种操纵要求较高,难以掌握,这种操纵也称为反操纵。许多飞机在进入跨声速段后都有不同程度的定载不稳定现象,在飞机品质规范中都规定了可以容忍的程度,而在现代飞机中一般采用 M 数配平系统来解决这一问题。

4.3　纵向线性运动近似模型的应用可靠性

从飞机运动的物理过程出发,将纵向运动按时间尺度简化为短周期运动和长周期运动,并得到简化的模型。

本节将研究简化的近似模型与全面运动模型的误差程度,说明近似模型应用的限制或用来预测纵向运动的可靠性。

4.3.1　短周期运动近似模型的误差分析

通过实例来分析和说明模型的误差问题。用举例飞机在巡航状态飞行时数据建立短周期运动的近似方程为

$$\begin{bmatrix} \Delta\dot{\alpha} \\ \Delta\dot{q} \\ \Delta\dot{\theta} \end{bmatrix} = \begin{bmatrix} 0.6807 & 1 & 0 \\ -2.19 & -1.5453 & 0 \\ 0 & 1 & 0 \end{bmatrix} \begin{bmatrix} \Delta\alpha \\ \Delta q \\ \Delta\theta \end{bmatrix} + \begin{bmatrix} -0.0212 \\ -1.7977 \\ 0 \end{bmatrix} \Delta\delta_e$$

由于短周期运动主要反映了刚体转动运动,因此只需要研究 $\Delta q/\Delta\delta_e$ 传递函数模型的误差程度即可,那么关于 Δq 的短周期运动传递函数近似模型为

$$\frac{\Delta q}{\Delta\delta_e} = \frac{-1.7977(s+0.6549)}{s^2+2.226s+3.242}$$

由表 4-11 可知,全面纵向运动方程下 $\Delta q/\Delta\delta_e$ 的传递函数模型为

$$\frac{\Delta q}{\Delta\delta_e} = \frac{-1.7977(s+0.6533)(s+0.01002)}{(s^2+0.007534s+0.001981)(s^2+2.227s+3.243)}$$

从以上两式可以看出,反映短周期运动的特征方程几乎是一致的,其特征根计算结果见表 4-16。

表 4-16 的计算结果表明,从特征根的角度来考察的话,短周期运动的近似模型的精度是足够高的,其模的相对误差大约为 0.017%,因此误差可以忽略不计。

表4-16 短周期运动特征方程的特征根计算结果

	全面运动模型中短周期运动	近似模型的短周期运动
特征方程	$s^2 + 2.227s + 3.243 = 0$	$s^2 + 2.226s + 3.242 = 0$
特征根	$-1.1134 \pm 1.4153j$	$-1.1130 \pm 1.4153j$
模	1.8008	1.8005

以上分析仅仅是从极点的误差出发的,没有考虑到零点的作用。因此,可以通过频率响应来确定两者之间的差别。

图4-4是两个传递函数的伯德图,虚线是全面运动模型,而实线则是近似模型的频率响应。两个模型的曲线在 $\omega > 0.3$rad/s 以后,其幅频和相频曲线都是重合的,而在 $\omega < 0.3$rad/s 时,两者的幅频和相频曲线有较大的误差。这一事实恰恰说明,短周期运动的近似模型的确是描述了纵向运动的高频(短周期)运动阶段,而不能反映纵向全面运动;曲线的重合表明了短周期运动近似模型对全面纵向运动中的频率大(或周期小)运动的精确逼近。从全面运动模型的幅值曲线上看,当 $\omega < 0.01$rad/s 后,Δq 的幅值下降很快,这意味着在长周期运动中 Δq 的幅值很小,几乎可以忽略不计。

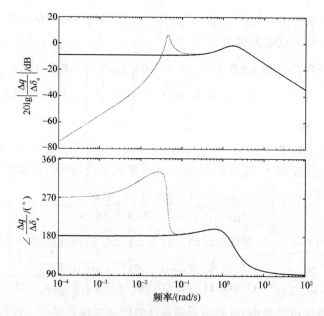

图4-4 纵向全面运动模型和短周期运动近似模型的伯德图

通过上述分析,短周期运动的近似模型精度接近纵向全面运动中的短周期运动的精度,因此可以用作自动飞行控制系统的设计模型。

4.3.2　长周期运动近似模型的误差分析

从图 4 - 4 中看出,长周期运动实际指的就是纵向全面运动模型在频率较小范围内的特性,或者说反映了纵向运动即将结束前或接近稳态前的那段运动过程。由于那时刚体转动运动已经完成,因此长周期运动只反映了飞机重心的质点运动。

同样,根据举例飞机在巡航飞行状态的数据,得到其长周期运动的近似方程为

$$\Delta \dot{V} = -0.0084\Delta V + 3.4722\Delta \alpha - 9.776\Delta \theta$$

$$\Delta \dot{\alpha} = -0.0003\Delta V + -0.6807\Delta \alpha + \Delta q$$

$$-2.19\Delta \alpha - 1.7977\Delta \delta_e = 0$$

长周期运动中,主要考察 ΔV 的运动,因此由上述方程得到传递函数近似模型为

$$\frac{\Delta V}{\Delta \delta_e} = \frac{5.1748(s + 1.0556)}{s^2 + 0.0084s + 0.003}$$

而由表 4 - 11 得纵向全面运动方程下的 $\Delta V / \Delta \delta_e$ 传递函数为

$$\frac{\Delta V}{\Delta \delta_e} = \frac{-0.073611(s - 153.4)(s + 1.019)}{(s^2 + 0.007534s + 0.001981)(s^2 + 2.227s + 3.243)}$$

特征根的计算见表 4 - 17。

表 4 - 17　特征根的计算

	全面运动模型中短周期运动	近似模型的短周期运动
特征方程	$s^2 + 0.007534s + 0.001981 = 0$	$s^2 + 0.0084s + 0.003 = 0$
特征根	$-0.0038 \pm 0.0443j$	$-0.0042 \pm 0.0546j$
模	0.0445	0.0548

表 4 - 17 中,模的相对误差为 23.15% ,两者根的虚部和实部都存在一定的误差,由于都很靠近 s 复平面的原点,因此这些误差并不能从根本上造成性能上的较大差异。

图 4 - 5 是两个模型之间的频率响应,虚线代表的是纵向全面运动的 $\Delta V / \Delta \delta_e$ 频率响应,而实线则是代表了近似模型的频率响应。很显然,近似模型的确可以反映纵向运动的长周期运动,但逼近程度不如短周期运动的近似模型,这一点从特征根差异上已经得到说明。

注意到,由于纵向全面运动模型 $\Delta V / \Delta \delta_e$ 是非最小相位的(含有一个正的零点),而近似模型则是最小相位的,它们的相位在逼近部分恰好相差 360°。

由此可见,长周期运动的近似模型与全面运动模型的长周期运动特性相比具有一定的误差,但这个误差并不能明显影响自动飞行控制系统的设计,原因在于特征根均靠近 s 平面的原点,因此不会引起性能上的较大差异,近似模型仍然反映了纵向运动中低频率长周期的质点运动。

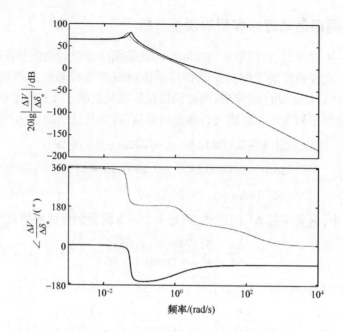

图 4 - 5　纵向全面运动模型和长周期运动近似模型的伯德图

4.4　横侧向运动分析和线性运动方程简化

　　飞机的横侧向运动是由滚转角、偏航角和在水平面内的位移所组成的三自由度运动,它有两个典型的输入,即方向舵和副翼,它们中的任何一个输入都能激发出横侧向运动,其特点就是滚转和偏航运动的耦合。

　　如果飞机具有航向和滚转静稳定性,即使在受扰后飞机也能恢复到原先的方向和机翼保持水平的正常飞行状态,并且由于飞机结构是按铅垂平面左右对称的,因此其横侧向力和力矩也是对称的,它们对重心的合力矩为零。除非在破坏了这种对称后才可能产生不对称的横侧向力和力矩,并引起飞机的横侧向运动。所以在正常飞行和无外干扰的情况下,横侧运动无需进行所谓的力和力矩配平,就可以使飞机按基准飞行状态飞行,此时方向舵和副翼都没有偏转。必须指出的是,这一点和纵向运动是不同的,纵向运动的基准状态是需要建立的,即通过升降舵对全机的力矩进行配平(对重心的合力矩为零)后才能得到。实际上,关于此结论也可以从全机平衡方程中得到。

4.4.1　横侧向运动模态

　　还是先从示例飞机的例子出发来进行研究。示例飞机在两种不同飞行状态下的特征根分别为

（1）巡航飞行：

$$\lambda_{1,2} = -1.6791 \pm 2.8587j, \lambda_3 = -11.4297, \lambda_4 = -0.0099$$

（2）着陆飞行：

$$\lambda_{1,2} = -5.5169 \pm 3.4819j, \lambda_3 = -0.6489, \lambda_4 = 0.0030$$

上述两个飞行状态尽管速度和高度具有差异，但其特征根总是一对复数根和两个实根。复数根 $\lambda_{1,2}$ 的实部是负的，表示该根所代表的模态是收敛的，其半幅时间和周期为

（1）巡航飞行：

半幅时间 $t_{1/2} = 0.693/1.6791 = 0.4147$（s）

振荡周期 $T = 2\pi/2.8587 \approx 2.1968$(s)

（2）着陆飞行：

半幅时间 $t_{1/2} = 0.693/5.51619 \approx 0.1256$(s)

振荡周期 $T = 2\pi/3.4819 \approx 1.8036$(s)

对于两个实根来说，其绝对值的大小很明显，并且在着陆时绝对值较小的根是正的，表明了两种不同的运动模态，绝对值较大的根 λ_3 表示快速收敛的运动模态，而绝对值小的根 λ_4 则代表收敛较慢或缓慢发散的模态，它们的半幅时间或倍幅时间如下：

（1）巡航飞行

半幅时间 $(\lambda_3 = -11.4297) t_{1/2} = 0.693/11.4297 \approx 0.06063$(s)

半幅时间 $(\lambda_4 = -0.0099) t_{1/2} = 0.693/0.0099 \approx 70$(s)

（2）着陆飞行

半幅时间 $(\lambda_3 = -0.6489) t_{1/2} = 0.693/0.6489 \approx 1.06796$（s）

倍幅时间 $(\lambda_4 = 0.0030) t_{2/1} = 0.693/0.003 \approx 231$（s）

通过对实际示例飞机横侧向动力学方程的根的计算和分析，可以得出如下的结论，即横侧向运动模态由以下独立的运动模态所组成：

（1）一对实部为负的复数根，表示振荡收敛的周期运动模态，也称为荷兰滚运动模态。

（2）绝对值较大的负实根，表示快速收敛的非周期运动模态，也称为快速滚转运动模态。

（3）绝对值小且可正可负的实根，表示缓慢收敛或发散的非周期运动模态，称为螺旋模态。

这些运动模态对横侧运动的影响则可以通过求解横侧运动的微分方程而得出。以下分别是示例飞机在巡航状态下，副翼和方向舵为幅值 $-5°$ 理想脉冲输入下的微分方程的解，也给出了偏航角的解。

副翼偏角幅值 $\Delta\delta_\alpha = -5°$（左副翼后缘下偏、右副翼后缘上偏）的理想脉冲输

入下,微分方程的解为

$$\Delta\beta = 0.1056e^{-11.4297t} + 0.0104e^{-0.0099t} +$$
$$0.2618e^{-1.6791t}\sin(57.3\times2.8587t + 206.3°)$$

$$\Delta p = 8.4703e^{-11.4297t} - 0.0087e^{-0.0099t} +$$
$$0.4889e^{-1.6791t}\sin(57.3\times2.8587t + 45.61°)$$

$$\Delta r = 1.1687e^{-11.4297t} + 0.0322e^{-0.0099t} +$$
$$0.874e^{-1.6791t}\sin(57.3\times2.8587t + 144.85°)$$

$$\Delta\phi = -0.7411e^{-11.4297t} + 0.8834e^{-0.0099t} +$$
$$0.1475e^{-1.6791t}\sin(57.3\times2.8587t + 285.17°)$$

$$\Delta\psi = 3.24411(t) - 0.1023e^{-11.4297t} - 3.2508e^{-0.0099t} +$$
$$0.2636e^{-1.6791t}\sin(57.3\times2.8587t + 24.426°)$$

方向舵偏角幅值 $\Delta\delta_\gamma = -5°$（方向舵后缘左偏）的理想脉冲输入下,微分方程的解为

$$\Delta\beta = -0.1530e^{-11.4297t} + 0.0308e^{-0.0099t} +$$
$$6.7566e^{-1.6791t}\sin(57.3\times2.8587t + 179.81°)$$

$$\Delta p = -12.2697e^{-11.4297t} - 0.026e^{-0.0099t} +$$
$$12.5054e^{-1.6791t}\sin(57.3\times2.8587t + 19.38°)$$

$$\Delta r = -1.6929e^{-11.4297t} + 0.0958e^{-0.0099t} +$$
$$22.3564e^{-1.6791t}\sin(57.3\times2.8587t + 118.62°)$$

$$\Delta\phi = 1.0735e^{-11.4297t} + 2.6286e^{-0.0099t} +$$
$$3.7721e^{-1.6791t}\sin(57.3\times2.8587t + 258.96°)$$

$$\Delta\psi = 9.7382(t) - 0.1481e^{-11.4297t} - 9.6733e^{-0.0099t} +$$
$$6.7432e^{-1.6791t}\sin(57.3\times2.8587t + 385.19°)$$

由上述解可知,在副翼和方向舵输入作用下飞机横侧向运动的特性如下:

（1）横侧运动变量的响应总是由 4 个特征根所表示的运动模态组合而成。

（2）在副翼输入作用下,横侧向各个运动变量在不到 1.5s 内已经基本收敛。在 1.5s 内各个运动变量的最大值和最小值,见表 4 - 18。

表 4 - 18　在副翼输入作用下,运动变量的最大值和最小值

	$\Delta\beta/(°)$	$\Delta p/(°/s)$	$\Delta r/(°/s)$	$\Delta\phi/(°)$	$\Delta\psi/(°)$
max	0.0187	8.8110	1.704	0.9083	0.1533
min	-0.1437	-0.0534	-0.2519	0	0

表 4 – 18 数据表明,在副翼作用下 Δp 的响应比较明显,也就是说 Δp 的变化是主要的,其他变量 $\Delta\beta$、Δr 和 $\Delta\psi$ 的数值几乎可以忽略的。这也说明副翼主要用于实现对滚转运动的操纵。

从解的表达式中可以看到,表示荷兰滚运动模态的周期振荡收敛项前的系数都很小,因此从数值上来看,副翼输入下的横侧运动变量的周期振荡收敛运动特征表现并不突出。所以,若仅仅在副翼作用下,横侧运动基本表现为以阻尼大、收敛快的滚转运动为主,而其他运动量的变化不大,尤其是荷兰滚运动模态的表现不是很突出,说明飞机的荷兰滚运动模态不能被副翼有效地激发,横侧运动变量基本上表现出非周期运动的形式。这也是由于样例飞机翼展长,从而在副翼发生偏转后能产生较大的滚转力矩,导致较大的滚转阻尼,又使得滚转运动模态很快地衰减,整体就表现为非周期收敛的运动形式。

（3）在方向舵输入的作用下,横侧运动变量基本上在 2.5s 内收敛,其响应具有周期收敛的特征,这说明荷兰滚模态的表现是明显的,从解的表达式中可以看出周期项系数明显较大。表 4 – 19 给出了在 3s 内各个运动量的最大值和最小值。

表 4 – 19　在方向舵输入的作用下,运动量的最大值和最小值

	$\Delta\beta/(°)$	$\Delta p/(°/s)$	$\Delta r/(°/s)$	$\Delta\phi/(°)$	$\Delta\psi/(°)$
max	0.5291	6.6082	18.028	3.2295	3.199
min	– 0.1286	– 8.1450	– 5.48	– 0.2419	– 0.2849

很明显,其中 Δr 的变化最大,说明方向舵的操纵引起了偏航运动,这种结果满足了设计目标。另一方面,由于荷兰滚运动模态表现较为明显,因此其他变量 Δp、$\Delta\phi$ 和 $\Delta\beta$ 的变化不能被忽略。正因为如此,$\Delta\beta$、$\Delta\phi$ 和 $\Delta\psi$ 表现了荷兰滚运动模态的典型特征,即既有偏航又有滚转,同时在滚转时由于侧向力不平衡还引起了侧滑运动。

从微分方程的解中,可以得到 Δr 比 Δp 的相位超前了约 99.24°,说明方向舵操纵下 Δr 比 Δp 超前;同时 Δr 比 $\Delta\beta$ 超前了约 178.38°,这恰好说明了左侧滑是由飞机的右偏航引起的,即方向舵偏转后机体轴首先向右转动,而此时速度轴还在原先的位置形成左侧滑,只有当 Δr 引起了荷兰滚运动模态后,飞机开始滚转到足够的角度后,产生了不对称的侧力后才会使速度轴发生转动。

所以荷兰滚运动的运动形式是:在方向舵后缘向右偏出后,引起飞机向右偏航（机体轴向右转动,速度轴不动,使 $\Delta\beta$ 首先变化）,引起左侧滑（$\Delta\beta<0$）,而后在作用下飞机显著地向右滚转（$\Delta\phi>0$）,由于 $N_\beta<L_\beta$,所以较小的 N_β 仅使飞机略向左偏航以消除 β。在飞机右滚转之后,由于侧力不平衡（主要是升力右倾和重力的合力）,将使飞机的速度矢量逐渐向右转动,当超过机体轴后又出现了右侧滑（$\Delta\beta>0$）,这样又造成飞机显著向左滚转而略向右偏航。如此反复形成 β 和 ϕ 振荡运动,因其运动形态与荷兰人滑冰的动作相似而得名。

由上述分析可知,在航向的振荡运动中加入滚转运动后,有使侧滑角进一步变化而偏离的趋势,而不是使侧滑角逐渐地收敛。表明滚转运动有使侧滑角阻尼减小的趋势,因此必须适当地选择滚转静稳定性 L_β,如果 L_β 太大可能会引起荷兰滚运动模态的不稳定。

（4）螺旋模态可以被副翼和方向舵激发,但由于这个根的绝对值非常小,因此无论是正根还是负根,在有限的时间范围内对滚转或荷兰滚运动的影响是有限的。螺旋模态主要是偏航力矩和滚转力矩相互作用产生的,这两个力矩在数值上需要有适当的配合,才能使这个模态收敛或者使其倍幅时间限制在合适的范围内。因此,在设计阻尼器系统或增稳系统时,由于力矩特性发生了变化,所以对螺旋模态的检查非常重要,要让螺旋模态稳定或其倍幅时间限制在一定的范围内。从本例来看,螺旋模态是稳定的。

4.4.2 横侧向线性运动方程的简化

根据上面对横侧运动特点的分析,可以对横侧运动方程进行简化处理,得到简化的横侧运动模型。简化模型的意义在于使飞行控制系统的初步设计变得简单、快速,但需要注意的是,横侧向运动的简化近似模型误差也较大。

1. 副翼输入下的滚转运动方程

在副翼输入下,荷兰滚运动模态的影响有限,飞机的横侧运动主要体现为"纯"的滚转运动,即由副翼偏转所产生的滚转操纵力矩和伴随滚转运动的阻尼力矩所决定的滚转角运动。从全面的横侧运动方程可以得到在副翼输入下滚转角运动的传递函数为

$$\frac{\Delta\phi(s)}{\Delta\delta_a(s)} = \frac{K_\phi(s^2 + 2\xi_\phi\omega_\phi s + \omega_\phi^2)}{\left(s + \dfrac{1}{T_R}\right)\left(s + \dfrac{1}{T_S}\right)(s^2 + 2\xi_D\omega_D s + \omega_D^2)}$$

由于螺旋运动模态的特征根在大多数飞行状态下非常小（接近零）,同时上式中的零点和荷兰滚运动模态的极点很接近,这样上述传递函数可以简化为

$$\frac{\Delta\phi(s)}{\Delta\delta_a(s)} \approx \frac{K_\phi}{s\left(s + \dfrac{1}{T_R}\right)}$$

或

$$\frac{\Delta p}{\Delta\delta_a} \approx \frac{K_\phi}{\left(s + \dfrac{1}{T_R}\right)}$$

所以在副翼作用下,滚转角速度运动表现为非周期运动的形式,其半幅时间由时间常数 $1/T_R$ 决定。

在表 4 - 12 中,巡航状态下副翼对滚转角传递函数为

$$\frac{\Delta\phi(s)}{\Delta\delta_{\mathrm{a}}(s)} = \frac{-1.7622(s^2 + 3.854s + 12.58)}{(s + 11.43)(s + 0.0099)(s^2 + 3.358s + 10.99)}$$

显然可以简化为

$$\frac{\Delta\phi(s)}{\Delta\delta_{\mathrm{a}}(s)} \approx \frac{-1.7622}{s(s + 11.43)}$$

例子飞机的具体结果也进一步说明了,副翼的操纵结果主要产生滚转运动。

根据横侧向运动方程式(4-60),副翼输入下的滚转运动方程可简化为

$$\Delta\ddot{\phi} = L_p\Delta\dot{\phi} + L_{\delta_{\mathrm{a}}}\Delta\delta_{\mathrm{a}}$$

在零初始条件下,对上式进行拉普拉斯变换后得到传递函数为

$$\frac{\Delta\phi(s)}{\Delta\delta_{\mathrm{a}}(s)} = \frac{L_{\delta_{\mathrm{a}}}}{s(s - L_p)}$$

或

$$\frac{\Delta p}{\Delta\delta_{\mathrm{a}}} = \frac{L_{\delta_{\mathrm{a}}}}{(s - L_p)} \tag{4-91}$$

与前面传递函数模型比较后,得

$$K_\phi = L_{\delta_{\mathrm{a}}}, \quad T_R = -\frac{1}{L_P}$$

这样滚转角速度非周期运动的半幅时间由 $-L_p$ 决定,如果 $-L_p$ 大,则半幅时间小,表明滚转运动收敛快,反之亦然。

在自动飞行控制系统设计中,采用副翼作用下的滚转运动的简化模型是具有一定精度的,但只能作初步分析和设计,这是由于横侧向自动飞行控制系统不但要对滚转运动进行控制,同时也要对航向运动进行控制,以达到在侧滑角为零的情形下的水平航迹改变,也就是协调转弯。在这种情况下,采用完整的横侧运动方程进行系统最后的设计校核和性能确定是必要的!

2. 方向舵输入下的航向运动方程

正如前面分析的那样,在方向舵作用下,横侧向运动主要表现为航向和侧滑角耦合的荷兰滚运动,同时也会引起滚转运动,特别是对于立尾较高布局的飞机尤为如此。如果仅仅考虑航向和侧滑角运动,而忽略滚转运动(或操纵副翼保持机翼水平),那么在方向舵作用下,飞机的横侧运动则是平面转弯运动,这样在横侧运动方程(式(4-60))中忽略有关滚转运动变量和滚转力矩方程后,可得

$$\begin{bmatrix} \Delta\dot{\beta} \\ \Delta r \end{bmatrix} = \begin{bmatrix} Y_\beta & Y_r/V_0 \\ N_\beta & N_{\mathrm{r}} \end{bmatrix} \begin{bmatrix} \Delta\beta \\ \Delta r \end{bmatrix} + \begin{bmatrix} Y_{\delta_{\mathrm{r}}}/V_0 \\ N_{\delta_{\mathrm{r}}} \end{bmatrix} \Delta\delta_{\mathrm{r}}$$

在零初始条件下,对上述方程进行拉普拉斯变换后,得到其传递函数形式分

别为

$$\begin{cases} \dfrac{\Delta\beta(s)}{\Delta\delta_r(s)} = \dfrac{(Y_r/V_0)(s - N_r + Y_r N_{\delta_r}/Y_{\delta_r})}{s^2 - (Y_\beta + N_r)s + (N_r Y_\beta - N_\beta Y_r/V_0)} \\[3mm] \dfrac{\Delta r(s)}{\Delta\delta_r(s)} = \dfrac{N_{\delta_r}\left[s - Y_\beta + (N_\beta/V_0)Y_{\delta_r}/N_{\delta_r}\right]}{s^2 - (Y_\beta + N_r)s + (N_r Y_\beta - N_\beta Y_r/V_0)} \end{cases} \qquad (4-92)$$

传递函数的极点就是代表荷兰滚运动模态的根。用举例飞机的数据得到巡航状态下其荷兰滚运动的传递函数为

$$\frac{\Delta\beta(s)}{\Delta\delta_r(s)} = \frac{0.02(s + 179.4)}{s^2 + 3.108s + 8.357}$$

$$\frac{\Delta r(s)}{\Delta\delta_r(s)} = \frac{-3.6056(s + 0.08258)}{s^2 + 3.108s + 8.357}$$

对比表 4-12 中全面横侧向运动的传递函数模型

$$\frac{\Delta r(s)}{\Delta\delta_r(s)} = \frac{-3.6056(s + 12.28)(s^2 + 0.06361s + 0.0547)}{(s + 11.43)(s + 0.0099)(s^2 + 3.358s + 10.99)}$$

上述简化模型的荷兰滚模态的近似根($-0.5539 \pm 2.4377j$)和全面运动方程的荷兰滚运动模型的根($\lambda_{1,2} = -1.6791 \pm 2.8587j$)相比,其模的相对误差为 12.8%。尽管误差不大,但两个模型的动态特性相差太大了。

需要指出的是,采用上述简化的荷兰滚运动模型用作飞行控制系统设计的误差较大,原因在于该模型完全忽略了滚转运动对偏航运动的影响。因此,只要是通过控制方向舵的横侧向自动飞行控制系统设计的话,建议采用横侧向全面运动方程进行系统设计。即便仅仅是将简化模型用在方向舵作用下的控制系统(如偏航阻尼器)设计中,最后必须用横侧向全面运动方程进行设计校核,否则就无法估计滚转运动对偏航运动的影响。

4.5 发动机动力学模型

发动机的任务是给飞机提供向前飞行的推进动力,同时也可以通过改变飞机的总能量特性来修正或改变飞机的航迹速度大小和航迹角,即飞机的速度矢量。发动机对飞机产生的另一个重要影响,可根据其在飞机安装的位置,螺旋桨的滑流或涡轮喷气发动机的后喷气流对机翼和尾翼(含垂直尾翼)处的流动具有重要的作用,从而将引起空气动力和力矩的改变。

通过改变发动机的能量特性,如改变油门操纵杆的角度位置,就可以实现对飞机速度矢量的控制。根据这一特性,发展出了自动油门系统,它是自动飞行控制系统中实现速度或轨迹控制的重要手段,现代自动飞行控制系统都包含自动油门系

统。因此,发动机也是自动飞行控制系统的控制对象之一,是速度或轨迹控制系统中的重要环节。从自动飞行控制系统设计和实现的角度来说,需要的仅是通过对油门杆的控制而达到对发动机拉力或推力的控制,也就是对发动机油门——拉力(或推力)间的外回路进行控制,而不是对发动机内部过程进行控制,因此只需要建立发动机油门杆角度位置和拉力(或推力)之间的动力学模型就足够了。文献[9,11]也指出,应用在自动飞行控制系统的发动机模型,只需要采用基于集中参数的发动机转子动力学线性模型就足够了,而无需考虑燃烧、热和非定常空气流动等过程的作用。对于发动机涡轮风扇和涡轮螺旋桨内部动力学的建模可参见文献[12,13]。

本节主要讨论在形如式(4-57)的纵向运动方程中发动机动力学过程的影响。上述分析油门杆到推力的动力学过程实际就是一延迟环节,完全可以用惯性环节来近似,即

$$\frac{\Delta T}{\Delta \delta_T} = \frac{\Delta T_1}{\tau_e s + 1} \qquad (4-93)$$

式中:τ_e 是发动机转子的时间常数,其量级约为十分之几秒[16];ΔT_1 是该飞行状态下单位油门杆增量产生的稳态推力或静增益,故而 $\Delta T_1 = \left(\frac{\partial T}{\partial \delta_T}\right)_0$。

由于式(4-57)中已经考虑了 ΔT_1,故而在式(4-93)只需考虑其动态过程,即

$$\frac{\Delta T}{\Delta \delta_T} = \frac{1}{\tau_e s + 1} \qquad (4-94)$$

在式(4-57)的模型中,$\Delta \delta_T$ 的输入只需加入式(4-94)的延迟环节,得到的方程即为考虑了发动机动力学过程的模型。

对于式(4-90)在油门杆输入控制的传递函数模型中,只需加上式(4-94)即可作为含有发动机动力学影响的飞机动力学模型,即

$$\frac{\Delta V}{\Delta \delta_T} = G_V(s)\left(\frac{1}{\tau_e s + 1}\right)$$

式中:$G_V(s)$ 是式(4-90)中没有考虑发动机动力学影响的 $\Delta V/\Delta \delta_T$ 的传递函数模型。

第5章 风作用下的飞机运动模型

5.1 风场特性和模型

在飞行动力学和自动飞行控制系统研究中,需要对风建立适当的数学模型,研究风对飞行动力学和控制的定量影响。在自动飞行控制系统中,一般将风等效为迎角或侧滑角的扰动加入到飞机模型中,并用来考察自动飞行控制系统在风扰动作用下的控制性能。实际上,在大多数飞机的自动飞行控制系统中,常常见到关于风作用下的性能指标描述,一些设计规范中则给出了系统对风干扰下控制能力的定量指标。由此可见,风是自动飞行控制系统的设计和仿真中重要的扰动输入,也是考核系统性能的主要技术指标之一。因此,在了解各种风特性的基础上,选择合适的风模型并将风模型加入飞机运动模型,是自动飞行控制系统设计和仿真的关键工作之一。

5.1.1 航空飞行高度内的风场特性

风是空气团流动的结果,风的空间和时间的变化分布称为风场,风场特性也是大气物理特性之一。

从大气的结构上来看,航空飞行主要是在对流层和平流层内进行,对流层的范围一般可认为从海平面开始的 16 ~ 18km 高度之间,随着在地球上的位置不同,其高度也有不同,在南极和北极最低,大约只有 7 ~ 8km 的高度,平流层是对流层边界以上直到距海平面 50km 高度范围内。

在对流层具有强的对流特性,气流非常不稳定,会发生云、雨、雷暴等剧烈的天气现象,有阵风和湍流。湍流和风切变会影响飞机飞行的舒适性和降落点。

在平流层内,气流平稳,湍流度低,水平风比垂直风高 1 ~ 2 个数量级。

虽然在地球上每一地区,不同季节的风速分布不同,但水平风速分布的基本规律是相同的。靠近地面的平均风速随高度增加,平均风速在 12km 高度左右达到第一个最大值,接着逐渐减小,在 20km 高度左右达到最小值,20km 以上平均风速增加很快,直到 70km 左右达到第二个最大值,然后又快速地减小,到 90km 高度时达到第二个最小值,图 5 – 1 给出了平均风速在不同高度上的分布情况。

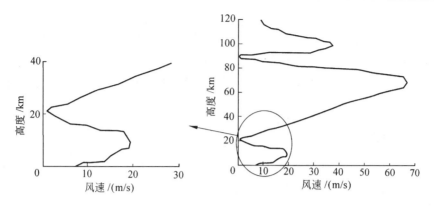

图 5-1　平均风速分布图

按照空气团的运动特性,风可以分成常值风和变化风。常值风是指在一定的空间和时间范围内,风速矢量为常值的风;变化风则是在一定的空间、时间范围内,风的速度大小和方向都变化的风。这两种典型的风是建立风模型的基础。

按照风速矢量相对飞机的飞行方向,风又可分为顺风(沿飞行方向)、逆风(与飞行方向相反)和侧风(与飞行方向成一定的夹角)。

在自然界并不存在严格意义下的常值风,常值风只是说明在一个相对长的时间范围内,所研究的空间范围内的风速的平均值保持不变。因此,如果实际观察常值风的话,就可能出现在一定的空间和时间范围内,在风速的均值上叠加上脉动分量所形成的常值风。图 5-2 出了一种常值风速的测量结果,从图可以明显看出,常值风速就是在其均值上叠加了脉动分量形成的。

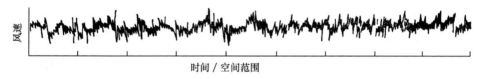

图 5-2　常值风的测量结果

变化风场的特性是指风速的脉动分量和均值在一定空间和时间范围内都发生变化。风的脉动变化也称为紊流风,因此变化风场的基本特性表现在均值风和紊流分量在时间和空间的变化规律上。变化风最典型的两类形式是:①低空风切变;②晴空紊流和云中紊流。

低空风切变对飞机起飞和进场着陆的危害已被国际航空和气象界所公认。特别对具有自动起飞和进场着陆的飞机来说,在设计自动飞行控制系统时必须要考虑低空风切变的影响,至少应该使飞机在遭受风切变的时候,自动控制系统应该使飞机具有摆脱危险的运动趋势。

晴空紊流和云中紊流是另一种影响飞行的大气扰动现象,飞机在紊流场中飞行时会发生紊流颠簸。紊流颠簸是指飞机出现左右摇摆、上下抛投、前后冲击和机身抖振现象。轻度紊流颠簸会干扰驾驶员的正常操纵和乘座舒适性,而重度紊流颠簸则会影响飞行任务的完成,甚至危及飞行安全。由于紊流的某些频率和自动飞行控制系统(姿态控制系统)的固有频率接近,因此可能会引起系统的自激振荡;在另一方面,对自动飞行控制系统的姿态角控制不利;一般情况下,可采用降低系统增益的方法来减缓自动飞行控制系统对紊流的响应。

5.1.2   典型风的描述

风作为系统的一种扰动输入,风速和风向特性是风数学模型中非常重要的两个因素,直接影响飞机的运动。由于风特性的复杂和多样性,在飞行动力学和自动飞行控制系统的研究中,定义下述几种典型的风和风模型,以简化其复杂性程度。这些风的模型在一些设计规范(如 MIL – F –8785C)中可以找到,可适用于飞行动力学和自动飞行控制系统研究,其结果能较好地符合设计要求。以下是几种典型风模型的描述和说明。

1. 平均风

平均风是风速的基准值,是在特定时间内风速的平均值。从工程研究的角度来说,只有在采用"冻结场"的假设条件下,平均风才与时间是无关的。一般来说,平均风速大多采用统计值。在自动飞行控制系统中,平均风的统计值将作为一个与时间无关的常值输入施加于系统。

图 5 – 3 就是常用的平均风统计值,平均风的值是按出现的概率给出的,这符合实际情况,平均风越小其出现的概率就越大,而越是大的平均风则出现的概率就越小。

2. 紊流

紊流是指叠加在平均风上的连续随机脉动。紊流现象是用随机过程理论和方法来描述的。在自动飞行控制系统的应用中,需要将用频率谱函数描述的紊流变换为关于时间域内的连续函数,才能应用在系统的设计和仿真中。

风和紊流往往是同时出现的。在飞行中,测量记录的风速往往是围绕一个平均值摆动的,这个平均值代表空气的大体移动,称为风,其速度以 $V_{W\mathrm{m}}$ 表示;而摆动(或脉动)量反映空气的局部流动,称为紊流,其速度用 ΔV_W 表示,这样总的风速 V_W 可以表示为

$$V_W = V_{W\mathrm{m}} + \Delta V_W \tag{5 – 1}$$

平均风速的定义为

$$V_{W\mathrm{m}} = \frac{1}{T} \int_0^T V_W(t)\,\mathrm{d}t \tag{5 – 2}$$

而紊流速度为

$$\Delta V_W = V_W - V_{W\mathrm{m}} \tag{5 – 3}$$

式中:T 为测量统计平均风速的时间尺度。

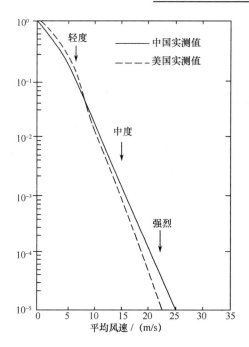

图 5 - 3　在参考高度上平均风速的超越概率统计

3. 风切变

风切变是指平均风的时间或空间变化。物理学认为,时间和空间是可以相互转换的。1983 年,美国国家研究委员会(NRC)给出了风切变更具体的定义:空间两点处的风速差除以两点间的距离。

4. 风速矢量切变

风速矢量切变是指平均风方向在空间内的变化。

5. 突风

突风又称为阵风,是指一种关于时间或空间离散的风速变化。在工程研究中,突风可以单独使用,也可以叠加到平均风或紊流上,表征为大气紊流中的峰值,以表示强的大气扰动现象。

在使用风模型时,应注意风速和风向的定义。在气象学上,风速矢量是按地面坐标系定义的,按照风吹来的方向,把风分解成东、南、西、北和垂直分量。在飞行动力学和自动飞行控制系统中,一般把风分解成顺风/逆风分量(纵向运动)、侧风分量(横侧向运动)和上升/下降气流分量(纵向运动中的铅垂方向)。

从上述关于风的描述中,很显然只有突风和紊流及风切变可以描述为按时间或飞行距离变化的形式,平均风则可用常值代替,而对于风切变模型,文献[14]指出模型数据将与实测数据和风切变事故统计数据有关,并以数据形式给出了飞行训练模型机使用的风切变模型。从目前,只有突风和紊流才具有解析形式的数学模型。

5.1.3 突风和紊流速度数学模型

从自动飞行控制系统应用角度来说,一般将突风和紊流数学模型表达为基于时间变化的速度描述,才容易加入到飞机动力学模型中去,这样便于通过仿真考察风影响下自动飞行控制系统对飞行的控制能力。在上述 5 种典型风中,平均风在数学仿真中是较容易实现的,可以用阶跃信号来表示,而风切变可以用一组关于时间的数表函数来表示。这两种风的特性是可由设计者根据具体的设计要求来选择。而对于突风和紊流,规范 MIL – F – 8785C 给出了详细的要求,但这些规范给出的风模型并不适合采用数字计算机的数学仿真,因此需要对这些模型处理后才能使用。

1. 突风模型

在自动飞行控制系统设计、飞行品质评价和飞机强度计算中,广泛使用所谓的 (1 – cosine) 型离散突风模型,20 世纪 80 年代以前,使用较多的是全波长 (1 – cosine) 型离散突风模型,如图 5 – 4(a) 所示;80 年代以后,更倾向于使用半波长的 (1 – cosine) 型离散突风模型,如图 5 – 4(b) 所示。

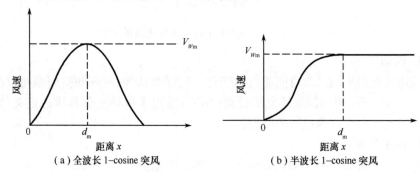

(a) 全波长 1–cosine 突风   (b) 半波长 1–cosine 突风

图 5 – 4   1 – cosine 离散突风模型

全波长 (1 – cosine) 离散突风模型为

$$\begin{cases} V_W = 0, & x < 0 \\ V_W = \dfrac{V_{Wm}}{2}\left(1 - \cos\dfrac{\pi x}{d_m}\right), & 0 \leqslant x \leqslant 2d_m \\ V_W = 0, & 2d_m < x \end{cases} \tag{5-4}$$

半波长 (1 – cosine) 离散突风模型为

$$\begin{cases} V_W = 0, & x < 0 \\ V_W = \dfrac{V_{Wm}}{2}\left(1 - \cos\dfrac{\pi x}{d_m}\right), & 0 \leqslant x \leqslant d_m \\ V_W = 0, & d_m < x \end{cases} \tag{5-5}$$

式中: d_m、V_{Wm} 分别为突风尺度和强度,上述离散突风模型可以表征任一方向突风分量。

半波长离散突风模型比全波长离散突风模型使用起来更为方便和灵活,例如,可以用多个半波长突风顺序连接构成一种新的突风形式,也可以用斜坡和阶跃两种信号组合为半波长离散突风,这种方法在数学仿真中比较容易实现,如图 5 - 5 所示。

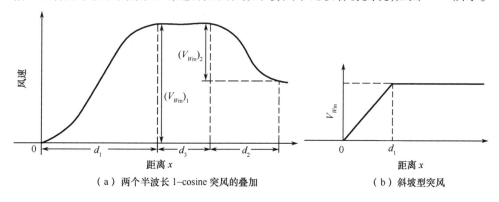

（a）两个半波长 1-cosine 突风的叠加　　　　　（b）斜坡型突风

图 5 - 5　其他型式离散突风

在数学仿真中,常常需要将上述模型中以距离为变量的函数转换为以时间为变量的函数,因此在仿真中,需要将模型进行如下的转换。

设飞机配平后的速度为 V_0,且按此速度作定常平飞,这样突风模型中的距离和突风尺度为

$$\begin{cases} x = V_0 t \\ d_m = V_0 t_m \end{cases} \qquad (5-6)$$

式中:t 为仿真时间;t_m 为突风的时间尺度,是风速达到最大值 d_m（突风强度）所需要的时间。通过式（5-6）对式（5-4）的变换后,就可以得到基于时间变量的函数来表示突风模型了。

突风尺度的选择可以考察自动飞行控制系统的响应能力,因此在自动飞行控制系统的仿真中,应尽量考虑各种尺度的突风对系统的影响。突风尺度和强度可以在一些规范[14]中找到,图 5-6 同时给出了突风强度、尺度和连续紊流模型中的强度、尺度。

2. 紊流模型

紊流是个随机过程,可用平稳随机过程来描述,因此紊流速度就是平稳随机变量,下面基于这样的假设并结合统计数据来建立紊流速度的数学模型。

由于随机过程的相关函数可以采用频率域内的频谱函数来描述,并且频谱函数曲线所包围的面积恰好为随机变量的均方差,而均方差是随机变量或随机过程功率的描述,因而频谱函数描述了随机变量或随机过程功率按频率的分布,所以,频谱函数又称为功率谱密度函数。

紊流速度的模型就是采用功率谱密度的形式来描述的。目前,分别使用德莱

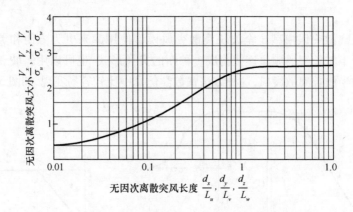

图 5 - 6　离散突风的尺度和强度的选取

顿(Dryden)和冯·卡门(Von Karman)两种紊流模型。一般情况下,紊流模型采用空间频谱函数来描述,为了便于数学仿真,需要将空间频谱函数转换为时间频谱函数,即利用下述关系式

$$\Phi(\omega) = \frac{1}{V_0}\Phi(\Omega) = \frac{1}{V_0}\Phi\left(\frac{\omega}{V_0}\right) \qquad (5-7)$$

式中:Ω、ω 分别为频谱函数 Φ 的空间频率变量和时间频率变量;V_0是飞机飞行速度。

有关时间频谱函数和空间频谱函数的关系以及转换,可以参见文献[14]。

以下给出与规范 MIL - F - 8785C 相同,且用时间频谱函数描述的德莱顿紊流沿地轴系 3 个方向速度的模型,如下:

$$\begin{cases} \Phi_u(\omega) = \sigma_u^2 \dfrac{2L_u}{\pi V} \dfrac{1}{1 + [(L_u/V)\omega]^2} \\[3mm] \Phi_v(\omega) = \sigma_v^2 \dfrac{2L_v}{\pi V} \dfrac{1 + 12[(L_v/V)\omega]^2}{\{1 + 4[(L_u/V)\omega]^2\}^2} \\[3mm] \Phi_w(\omega) = \sigma_w^2 \dfrac{2L_w}{\pi V} \dfrac{1 + 12[(L_w/V)\omega]^2}{\{1 + 4[(L_u/V)\omega]^2\}^2} \end{cases} \qquad (5-8)$$

用时间频谱函数描述的冯·卡门紊流沿地轴系 3 个方向速度的模型如下:

$$\begin{cases} \Phi_u(\omega) = \sigma_u^2 \dfrac{2L_u}{\pi V} \dfrac{1}{\{1 + [(1.339L_u/V)\omega]^2\}^{5/6}} \\[4mm] \Phi_v(\omega) = \sigma_v^2 \dfrac{2L_v}{\pi V} \dfrac{1 + \dfrac{8}{3}[(2.678L_v/V)\omega]^2}{\{1 + [(2.678L_v/V)\omega]^2\}^{11/6}} \\[4mm] \Phi_w(\omega) = \sigma_w^2 \dfrac{2L_w}{\pi V} \dfrac{1 + \dfrac{8}{3}[(2.678L_w/V)\omega]^2}{\{1 + [(2.678L_u/V)\omega]^2\}^{11/6}} \end{cases} \qquad (5-9)$$

上述均为单侧频谱模型,其中 L_u、L_v、L_w 分别是紊流尺度,而 σ_u、σ_v、σ_w 为紊流强度,可以在规范 MIL – F – 8785C 中查到,当然也可以采用设计中所要求的值。V 为飞机飞行速度,u、v、w 分别为沿地轴系 $o_e x_e y_e z_e$ 3 个轴的速度。

德莱顿紊流速度模型的频谱函数是有理函数的形式,因此容易进行因式分解,并设计出成形滤波器,这样就可采用基于时间变化的函数来实现数学仿真。

冯·卡门紊流速度模型的频谱函数是超越函数的形式,因此不容易进行因式分解来设计成形滤波器,在数学仿真中的应用就非常困难,但可以应用在飞行品质、结构疲劳等计算中。

这两种模型的差异主要在高频段,图 5 – 7 给出了两种模型的纵向频谱函数的比较。很明显,两种频谱函数在高频段的斜率不同,而飞机结构弹性模态频率通常恰好处在高频范围内,因此高频范围内的紊流又可能会激发飞机结构的弹性振动。所以,在考虑弹性飞机的飞行品质和结构振动计算时,就需要采用冯·卡门模型。而在低频范围内,两种模型之间基本没有差别,因此,对于刚性飞机的飞行仿真和飞行品质分析计算来说,德莱顿和冯·卡门紊流模型都是适用的,但德莱顿模型则应用在实际仿真中更方便。

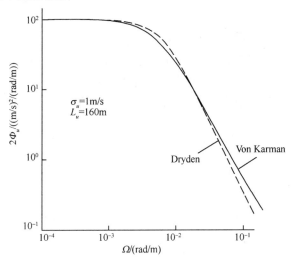

图 5 – 7　德莱顿和冯·卡门模型的纵向频谱函数的比较

3. 德莱顿紊流模型的数学仿真实现方法

德莱顿紊流模型的数学仿真就是采用数学计算机,并用适当的算法来实现紊流的随机过程。一般情况下,德莱顿紊流模型是一种有色噪声。因此,可以通过白色噪声 $r(t)$(均值为零,方差为 1 的高斯噪声)作为成形滤波器的输入,而其输出即得到有色噪声,如图 5 –8 所示。

$G(s)$ 为成形滤波器的传递函数,是基于德莱顿紊流模型设计的,它的作用就是将白色噪声转变为有色噪声,其输入和输出的时间频谱函数或功率谱密度函数

图 5 - 8　成形滤波器的作用原理

的关系为

$$\Phi_x(\omega) = |G(j\omega)|^2 \Phi_r(\omega) \tag{5 - 10}$$

式中:$G(j\omega)$ 为成形滤波器的传递函数的频率响应。

　　由于白色噪声 $r(t)$ 的时间频谱 $\Phi_r(\omega)$ 为常值,可令其为单位值,这样,输出 $x(t)$ 的有色噪声时间频谱函数为

$$\Phi_x(\omega) = |G(j\omega)|^2 = G^*(j\omega)G(j\omega) \tag{5 - 11}$$

　　式(5 - 11)说明,如果给定输出的有色噪声时间频谱函数 $\Phi_x(\omega)$,按式(5 - 11)进行共轭分解就得到成形滤波器的传递函数。即对该成形滤波器输入单位值的白色噪声频谱,则其输出频谱即为满足式(5 - 10)的有色噪声频谱函数。

　　对于给定德莱顿紊流模型即是相当于 $\Phi_x(\omega)$,根据其模型进行共轭分解就可以得到对应的成形滤波器。在进行数学仿真时,可以给成形滤波器输入频谱函数为单位值的白噪声(随时间变化),而其成形滤波器的输出即为德莱顿紊流速度,从而就实现了随时间变化的德莱顿紊流速度。

　　如果采用 Matlab 进行德莱顿紊流速度数学仿真的话,可采用高斯白噪声模块来产生按时间连续变化的白噪声信号,而成形滤波器则采用下述传递函数模型。德莱顿 3 个紊流速度模型所对应成形滤波器的传递函数和参数如下:

$$G_u(s) = \frac{K_u}{T_u s + 1}, \ K_u = \sigma_u\sqrt{\frac{2L_u}{\pi V}}, \ T_u = \frac{L_n}{V} \tag{5 - 12}$$

$$G_v(s) = \frac{K_v(T_{v1} s + 1)}{(T_{v2} s + 1)^2}, \ K_v = \sigma_u\sqrt{\frac{2L_v}{2\pi V}}, \ T_{v1} = \frac{2\sqrt{3}L_v}{V}, \ T_{v2} = \frac{2L_v}{V} \tag{5 - 13}$$

$$G_w(s) = \frac{K_w(T_{w1} s + 1)}{(T_{w2} s + 1)^2}, \ K_w = \sigma_w\sqrt{\frac{2L_w}{2\pi V}}, \ T_{w1} = \frac{2\sqrt{3}L_w}{V}, \ T_{w2} = \frac{2L_w}{V} \tag{5 - 14}$$

5.2　有风时的飞机动力学模型

　　由于在空气动力学中仅仅考虑了定常流动,也就是空气的静态物理特性,因此飞机动力学模型也只能适用于在静态空气中飞行的飞机。但空气还具有动态物理特性,即空气团的流动运动(也就是风),势必也将会影响飞机在大气层内的飞行,本节研究在有风环境下飞机的动力学模型。

　　风对飞机动力学运动的影响是飞行控制系统设计时必须要考虑的问题,不但在 MIL - F - 8785C 中有明确的要求, 而且 MIL - F - 8785C 和 MIL - F - 9490D 对

在风影响下飞行控制系统的性能也有规定。因此,在风作用下的飞机动力学模型,无论对系统设计还是进行数学仿真都具有重要的意义。从系统设计的角度来看,只是在系统设计完成以后通过数学仿真考察系统对风的抵抗能力,即如果在规范所规定风级的情况下,系统性能能够满足技术指标要求,那么设计是合格的;如果不能,则需要重新进行设计。

本节研究有风时飞机的小扰动线性化模型,不考虑梯度风对飞机转矩和气动导数的影响作用,仅仅研究作为质点飞机在风作用下的动力学问题,也就是所谓的风对飞行动力学的第一阶影响[13]。

5.2.1　风对飞行的影响和基本分析原理

风是由空气团的流动所形成的,其基本特征参数即是空气团的运动速度或风速。一般来说风速是按时间和空间变化的,因此研究风速一定是指当时当地的风速,并且是在地面坐标系中描述或定义。

研究飞行器在有风状态下的动力学问题,一般采用由飞行器的对地速度(地速或航迹速度)矢量 V_K、对空速度(或称飞行速度)矢量 V_A 和当时当地(作用于飞行器质心处)的风速矢量 V_W 所组成的速度三角形作为最基本的关系,这也是研究风对飞行动力学第一阶影响的基本方法和原理,如图 5 - 9 所示。由图 5 - 9 可以得到速度三角形的关系方程为

$$V_K = V_A + V_W$$

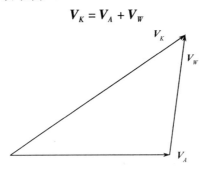

图 5 - 9　速度三角形

地速 V_K 描述了在惯性空间(可将地面坐标系近似为惯性坐标系)内飞行器的运动,决定了惯性力 $m(\mathrm{d}V_K/\mathrm{d}t)$ 的大小和方向;空速(或飞行速度) V_A 影响作用在飞行器上与动压 $(\rho V_A^2)/2$ 有关的空气动力和力矩的大小;而风速矢量影响速度三角形的相互关系。显然,如果风速为零的话,空速 V_A 即为地速 V_K。

相对飞行速度而言,风速一般都是小量的,只会引起工作点小的偏移,所以可以用线性化模型来精确描述或估算风的影响。但这并不适用于大空间缓慢变化的风场,例如发生在雷暴中或地面附近的风切变等,在这种情况下只能采用非线性方程进行研究。

如果风的梯度较小,即使大范围的风场对飞机的刚体转动运动影响也不大,因此只要考虑风作用于飞机质心处力的变化就足够了;当然如果是瞬间或小范围内的突风,则更能符合上述情况了。显然这两种情况下,如果风速远小于飞行速度,那么都可以采用线性方程进行研究。事实上,有关规范中所规定的风速,一般来说都远小于飞行速度,因此采用线性化模型研究风是可行的。

5.2.2　飞机对风的响应特性

将风速矢量 V_W 在地面坐标系下进行分解的话,可以分为顺风 u_w(或逆风,与地面坐标系的 $o_e x_e$ 轴平行)、侧风 v_w(或水平风,与地面坐标系的 $o_e y_e$ 轴平行)、下降风 w_w(或下降风,与地面坐标系的 $o_e z_e$ 轴平行)。以下研究在上述 3 种形式风作用下飞机的瞬态和稳态响应特性。

1. 顺风

顺风 u_w 也是风速沿着地面坐标系 $o_e x_e$ 轴正向增大,同时使地速 V_K 增大的风,如图 5-10(a)所示。顺风未出现时,有 $V_{K0} = V_{A0}$,$\gamma_0 = \gamma_{A0}$。

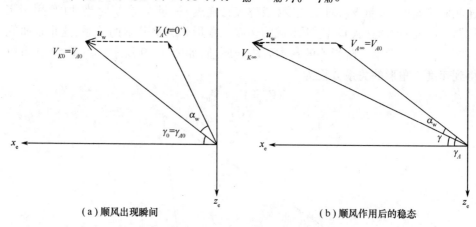

（a）顺风出现瞬间　　　　　　　　　　（b）顺风作用后的稳态

图 5-10　顺风时的速度三角形

在顺风突然出现的一瞬间(阶跃输入),地速并没有立即出现变化,而是仍然维持在风未出现那一时刻的大小和方向($V_{K0} = V_{A0}$),因此在这种情况下,为维持速度三角形,顺风的突然出现相当于是空速瞬间减小了,只有这样才能维持地速的不变。因此在顺风出现的瞬间,飞行速度或空速为

$$V_A(t=0^+) = V_A(t=0^-) - u_w = V_{A0} - u_w$$

式中:$V_A(t=0^+)$ 为风出现后的瞬间空速;$V_A(t=0^-)$ 为风出现前的瞬间空速。

图 5-10(a)描述了飞机初始响应瞬间速度之间的关系。从图中可以看出,顺风的瞬间出现也相当于给飞机施加了一个瞬间迎角 α_w,但由于风速一般远小于空速 $|u_w| \ll |V_A|$,因此这个初始迎角非常小,对动力学起主要作用的还是空速的瞬

间改变(即对空速的扰动),若飞机具有纵向静稳定性,将会使得飞机的迎角和速度又恢复到顺风未出现时的大小。所以空速重新加速恢复到原来的大小,而地速则增大,其变化或增量为

$$\Delta V_{K\infty} = u_w$$

上式反映了顺风对飞机动力学的最终影响结果,如图 5 – 10(b)所示。

这种现象非常有趣,在顺风出现的瞬间,风的扰动相当于改变了空速,而在最后则是改变了地速,产生这一动力学过程的原因主要是纵向运动的稳定性以及速度和气动角的配平(平衡)特性。

从图 5 – 10(b)中可以得到风扰动下速度之间的关系(假定风的作用是瞬间完成的):

$$V_K \cos\gamma = u_w + V_A \cos\gamma_A$$

式中:γ 和 γ_A 分别是地速和空速的航迹倾角。

如果飞机处在水平飞行状态下,则 $\gamma \approx 0$ 和 $\gamma_A = 0$,上式可以简化为

$$V_A = V_K - u_w \tag{5 – 15}$$

该式是飞机在水平飞行时,顺风或逆风 u_w(顺风时 $u_w > 0$ 逆风时 $u_w < 0$)和空速之间的基本关系,也是扰动风影响动力学的基本方程。

2. 侧风

在飞机水平飞行时,当有侧风瞬间出现时,其水平面的速度三角形如图 5 – 11(a)所示。

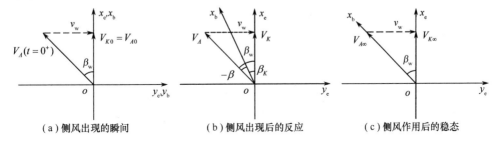

(a)侧风出现的瞬间　　　　(b)侧风出现后的反应　　　　(c)侧风作用后的稳态

图 5 – 11　侧风时的速度三角形

图中 V_{K0} 和 V_{A0} 表示侧风未出现时的地速和空速,且 $V_{K0} = V_{A0}$,$V_A(t = 0^+)$ 表示侧风出现后的瞬间空速。

与顺风时的情形一样,地速不可能在侧风瞬间出现后立即变化,因此从速度三角形的关系可知,空速只能瞬间减小,即从 V_{A0} 变化为 $V_A(t = 0^+)$,以维持地速 V_{K0} 的不变。同时瞬间出现的侧风形成了侧滑角,如图 5 – 11(a)所示,若风速远小于空速 $V_A(t = 0^+) \approx V_{A0}$。侧滑角为

$$\beta_w = \frac{v_w}{V_{A0}(t = 0^+)} \text{或} \beta_w \approx \frac{v_w}{V_A}$$

飞机在侧风出现的瞬间的航迹方位角为

$$\chi = \psi + \beta + \beta_w$$

由于侧风出现的瞬间地速不变,因此 χ 也不可能在侧风瞬间出现后立即变化,因此只能是

$$\beta(t = 0^+) = -\beta_w$$

这就相当于飞机的气动侧滑角出现了扰动,因此在风标稳定性(航向稳定性) $C_{n\beta}$(与 V_A 有关的气动力矩)的作用下,飞机机体轴 ox_b 将朝着风的方向转动并试图与 V_A 重合,在转动过程中,按空速定义的侧滑角和按地速定义的侧滑角之间的关系,如图 5 − 11(b)所示。由该图得到侧滑角之间的关系为

$$-\beta + \beta_K = \beta_w$$

将 $\beta_w = v_w/V_A$ 代入上式,得

$$\beta = \beta_K - \frac{v_w}{V_A} \qquad (5-16)$$

风标稳定性使飞机一直转动到 $\beta = 0$ 或 $\beta_K = \beta_w$,如图 5 − 11(c)所示。与此同时,由于滚转稳定性 $C_{l\beta}$ 也使得升力矢量旋转,结果会造成高度损失,飞机将偏离原来的水平面而不能维持水平飞行,如果飞机能持续维持水平,那么航迹方位角为

$$\chi = \psi + \beta_K$$

3. 下降风

当下降风出现后,铅垂平面内的速度三角形如图 5 − 12 所示。

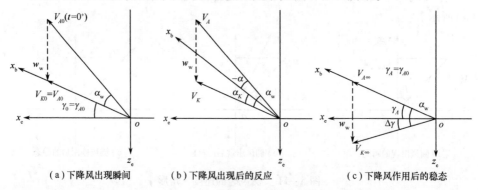

(a)下降风出现瞬间　　　(b)下降风出现后的反应　　　(c)下降风作用后的稳态

图 5 − 12　下降风时的速度三角形

其中图 5 − 12(a)给出了下降风瞬间出现后,空速、地速和风速的关系。与前面的分析一样,地速不可能在下降风出现的瞬间立即产生变化,因此只能是空速瞬间减小来维持速度三角形的关系。同时,下降风形成了瞬间的迎角:

$$\alpha_w = \frac{w_w}{V_A}$$

此时如果飞机滚转角为零,则航迹倾角为

$$\gamma = \theta - (\alpha - \alpha_w) \qquad (5-17)$$

同样,由于瞬间地速没有立即变化,同时 γ 也将不会变化,那么在下降风出现

的瞬间只能是

$$\alpha(t=0^+) = -\alpha_w$$

这就相当于飞机的气动迎角出现了扰动,因此在纵向静稳定性的作用下,飞机机体轴 o_bx_b 将向上(向着来风方向)转动来消除此迎角扰动。转动过程中的速度三角形关系如图 5-12(b)所示,从该图中得到其迎角之间的关系为

$$\alpha = \alpha_K - \alpha_w$$

将 $\alpha_w = w_w/V_A$ 代入上式,得

$$\alpha = \alpha_K - w_w/V_A \qquad (5-18)$$

在纵向静稳定性消除初始气动迎角扰动的同时,空速矢量将也逐步恢复到无下降风时的状态(大小和方向),并且迎角和俯仰角也都回到原来的状态,因此按式(5-17)只能是航迹倾角发生改变,从 γ_{A0} 改变为

$$\Delta\gamma = -\alpha_w$$

从上述分析可以得到这样的结论:下降风初始表现为对飞机气动迎角 α 的扰动,而在最后稳态时则改变了飞机的航迹倾角。

总的来说,在定常飞行的情况下垂直风对飞行航迹的影响比水平风要严重。

5.2.3　风作用下的飞机线性运动模型

5.2.2 节中,飞机对风的响应可以用式(5-15)、式(5-16)和式(5-18)表示,从方程的形式来看,风主要影响飞机的飞行速度、迎角和侧滑角。

如果在空速远大于风速的假设下,为了使线性化方程不过于复杂,可以将无风状态作为飞机的平衡状态或未扰状态。这样的话,飞机对风的响应可以认为是:风作用后飞机偏离了上述平衡状态的小扰动运动,故而可对式(5-15)、式(5-16)和式(5-18)进行小扰动线性化。平衡状态或未扰状态定义为

$$V_{K0} = V_0, \alpha_{K0} = \alpha_0$$
$$\beta_{K0} = \beta_0 = 0, \psi_0 = 0, \phi_0 = 0, u_0 = 0$$
$$q_0 = 0, p_0 = 0, \gamma_0 = 0$$

从而,式(5-15)、式(5-16)和式(5-18)的小扰动线性化的结果(习惯上,空速 V_A 符号省去下标 A,用平衡状态符号"0"来替换)如下:

$$\begin{cases} \Delta V = \Delta V_K - u_w \\ \Delta\alpha = \Delta\alpha_K - w_w/V_0 \\ \Delta\beta = \Delta\beta_K - v_w/V_0 \end{cases} \qquad (5-19)$$

式中: $\Delta\alpha$、$\Delta\alpha_K$、$\Delta\beta$ 和 $\Delta\beta_K$ 的单位均为 rad,如果采用"(°)"为单位,则 w_w/V_0 和 v_w/V_0 需乘以 $(180°/\pi)$。

考虑无风时飞机定常直线/对称飞行时的线性化方程式(4-57)和式(4-

60)。其方程的左边是惯性力和力矩,因此在有风情况下,其大小完全是由航迹坐标系下的地速 ΔV_K 和按地速定义的迎角 $\Delta\alpha_K$ 及侧滑角 $\Delta\beta_K$ 所决定的;而方程的右边则表示了气动力和气动力矩,其大小只与空速和按空速定义的迎角 $\Delta\alpha$ 和侧滑角 $\Delta\beta$ 有关。这就意味着,用式(5-19)来替换式(4-57)和式(4-60)中的有关变量后,就能得到有风情况下的飞机线性化方程。具体方法是:式(4-57)和式(4-60)方程等号左边的状态向量的导数 $\Delta\dot{V}$、$\Delta\dot{\alpha}$ 和 $\Delta\dot{\beta}$ 用 $\Delta\dot{V}_K = \dot{u}_w$、$\Delta\dot{\alpha}_K = \dot{w}_w/V_0$ 和 $\Delta\dot{\beta}_K = \dot{v}_w/V_0$ 替换;方程等号右边的状态向量 ΔV、$\Delta\alpha$ 和 $\Delta\beta$ 则用 $\Delta V_K - u_w$、$\Delta\alpha_K - w_w/V_0$ 和 $\Delta\beta_K - v_w/V_0$ 替换即可,按此方法就可以得到飞机在风扰动下的线性化方程。

纵向动力学和运动学方程为

$$
\begin{bmatrix} \Delta\dot{V}_K \\ \Delta\dot{\alpha}_K \\ \Delta\dot{q} \\ \Delta\dot{\theta} \end{bmatrix} = \begin{bmatrix} X_V & X_\alpha & 0 & X_\theta \\ Z_V & Z_\alpha & 1 & 0 \\ M_V & M_\alpha & M_q & 0 \\ 0 & 0 & 1 & 0 \end{bmatrix} \begin{bmatrix} \Delta V_K \\ \Delta\alpha_K \\ \Delta q \\ \Delta\theta \end{bmatrix} + \begin{bmatrix} 0 & X_{\delta_T} \\ Z_{\delta_e} & 0 \\ M_{\delta_e} & 0 \\ 0 & 0 \end{bmatrix} \begin{bmatrix} \Delta\delta_e \\ \Delta\delta_T \end{bmatrix}
$$

$$
+ \begin{bmatrix} -X_V & -X_\alpha/V_0 \\ -Z_V & -Z_\alpha/V_0 \\ -M_V & -M_\alpha/V_0 \\ 0 & 0 \end{bmatrix} \begin{bmatrix} u_w \\ w_w \end{bmatrix} + \begin{bmatrix} 1 & 0 \\ 0 & 1/V_0 \\ 0 & 0 \\ 0 & 0 \end{bmatrix} \begin{bmatrix} \dot{u}_w \\ \dot{w}_w \end{bmatrix} \qquad (5-20)
$$

运动学方程为

$$
\begin{cases} \Delta\dot{\theta} = \Delta q \\ \Delta u_e = -V_0\sin\gamma_0\Delta\gamma + \cos\gamma_0\Delta V_K \\ \Delta w_e = -V_0\cos\gamma_0\Delta\gamma - \sin\gamma_0\Delta V_K \end{cases} \qquad (5-21)
$$

几何关系方程为

$$
\begin{cases} \Delta\alpha_K = \Delta\theta - \Delta\gamma \\ \Delta\alpha = \Delta\alpha_K - w_w/V_0 \end{cases} \qquad (5-22)
$$

横侧向动力学和运动学方程为

$$
\begin{bmatrix} \Delta\dot{\beta}_K \\ \Delta\dot{p} \\ \Delta\dot{\gamma} \\ \Delta\dot{\phi} \end{bmatrix} = \begin{bmatrix} Y_\beta & Y_p/V_0 & Y_\gamma/V_0 & g/V_0 \\ L_\beta & L_p & L_\gamma & 0 \\ N_\beta & N_p & N_\gamma & 0 \\ 0 & 0 & \tan\theta_0 & 0 \end{bmatrix} \begin{bmatrix} \Delta\beta_K \\ \Delta p \\ \Delta\gamma \\ \Delta\phi \end{bmatrix}
$$

$$+\begin{bmatrix} 0 & Y_{\delta_\gamma}/V_0 \\ L_{\delta_a} & L_{\delta_\gamma} \\ N_{\delta_a} & N_{\delta_\gamma} \\ 0 & 0 \end{bmatrix}\begin{bmatrix} \Delta\delta_a \\ \Delta\delta_\gamma \end{bmatrix}+\begin{bmatrix} -Y_\beta/V_0 \\ -L_\beta/V_0 \\ -N_\beta/V_0 \\ 0 \end{bmatrix}v_w+\begin{bmatrix} 1/V_0 \\ 0 \\ 0 \\ 0 \end{bmatrix}\dot{v}_w \qquad (5-23)$$

运动学方程为

$$\begin{cases} \Delta\dot{\psi}=\Delta\gamma/\cos\theta_0 \\ \Delta v_E = V_0\cos\gamma_0\Delta x \end{cases} \qquad (5-24)$$

几何关系方程为

$$\begin{cases} \Delta\beta_K = \sin\alpha_0\Delta\phi - \cos\gamma_0(\Delta\psi - \Delta x) \\ \Delta u = \Delta\phi - \sin\gamma_0(\Delta\psi - \Delta x) \\ \Delta\beta = \Delta\beta_K - v_w/V_0 \end{cases} \qquad (5-25)$$

式中:u_w、v_w 和 w_w 是按地面坐标系定义的风速分量,可以是常值风或德莱顿连续随机紊流模型和离散突风等。

5.2.4　握杆(舵面不动)条件下飞机对常值风的响应

所谓常值风指的是风速大小和方向不随时间和地点变化,以及速度和方向为常值的一种风模型,一般情况下定义在地面坐标系上。这种风是对实际风的一种理想等效,是飞行控制系统设计常常采用的一种风扰动模型。在有关规范中(如 MIL - F - 8785C)均没有给出此类型的风模型,相对规范中的风模型来说,此种风模型对飞行控制系统的考验更为严格。握杆(舵面锁定)状态下的计算,则是考察飞机基本的、完全只依赖自身空气动力特性的情况下对风的响应能力。

采用式(5-20)和式(5-23)的有风情况下的飞机小扰动线性化方程,研究举例飞机在 77m/s 速度下着陆飞行时遭遇常值顺风(逆风)、左右侧风和上下风时飞机的响应。风速均按地面坐标系定义,其中:

顺风:(方向与地轴 $o_e x_e$ 一致)$u_w = 21.58\text{m/s},\dot{u}_w = 0$

下降风:(方向与地轴 $o_e z_e$ 一致)$w_w = 15.24\text{m/s},\dot{w}_w = 0$

左侧来风:(方向与地轴 $o_e y_e$ 一致)$v_w = 5.14\text{m/s},\dot{v}_w = 0$

这些风的数据均来自 MIL - F -9490D,对 3 种常值风分别进行飞机响应的计算。由于为握杆状态,因此升降舵、方向舵和副翼偏角的输入均为零,同时可将常值风作为阶跃输入。首先将无风状态下的举例飞机模型(4.1.8 节)转换为握杆状态下,在常值风作用下的状态空间形式的模型。

纵向动力学模型为

$$\begin{bmatrix} \Delta \dot{V}_K \\ \Delta \dot{\alpha}_K \\ \Delta \dot{q} \\ \Delta \dot{\theta} \end{bmatrix} = \begin{bmatrix} -0.0913 & 4.09 & 0 & -9.7866 \\ -0.0035 & -0.5182 & 1 & -0.0067 \\ 0.0012 & -0.5426 & -0.9001 & 0.0017 \\ 0 & 0 & 1 & 0 \end{bmatrix} \begin{bmatrix} \Delta V_K \\ \Delta \alpha_K \\ \Delta q \\ \Delta \theta \end{bmatrix}$$

$$+ \begin{bmatrix} 0.0913 & -0.0531 \\ 0.0035 & 0.0067 \\ 0.0012 & 0.007 \\ 0 & 0 \end{bmatrix} \begin{bmatrix} u_w \\ w_w \end{bmatrix}$$

运动学方程为

$$\Delta w_e = -76.89 \Delta \gamma + 0.0523 \Delta V_K$$

$$\Delta \dot{H} = -\Delta w_e$$

几何关系方程为

$$\begin{cases} \Delta \alpha_K = \Delta \theta - \Delta \gamma \\ \Delta \alpha = \Delta \alpha_K - w_w / V_0 \end{cases}$$

横侧向动力学模型为

$$\begin{bmatrix} \Delta \dot{\beta}_K \\ \Delta \dot{p} \\ \Delta \dot{\gamma} \\ \Delta \dot{\phi} \end{bmatrix} = \begin{bmatrix} -0.1114 & 0.1972 & -0.9329 & 0.1268 \\ -4.6861 & -8.9097 & 8.9240 & 0 \\ 1.2505 & -2.5345 & -2.6586 & 0 \\ 0 & 0 & 0.0847 & 0 \end{bmatrix} \begin{bmatrix} \Delta \beta_K \\ \Delta p \\ \Delta \gamma \\ \Delta \phi \end{bmatrix} + \begin{bmatrix} 0.0014_0 \\ 0.0608 \\ -0.0162 \\ 0 \end{bmatrix} v_w$$

运动学方程为

$$\begin{cases} \Delta \dot{\psi} = 1.004 \Delta \gamma \\ \Delta v_e = 76.89 \Delta \chi \\ \Delta \dot{Y}_e = \Delta v_e \end{cases}$$

几何关系方程为

$$\begin{cases} \Delta \beta_K = 0.1364 \Delta \phi - 0.9986 (\Delta \psi - \Delta \chi) \\ \Delta \mu = \Delta \phi - 0.0523 (\Delta \psi - \Delta \chi) \\ \Delta \beta = \Delta \beta_K - v_w / 77 \end{cases}$$

通过对以上模型的数学仿真,可以得到在常值阶跃风输入下的飞机响应,如图 5 - 13 ~ 图 5 - 15 所示。图中分别给出了风对高度和偏航距的影响。通过飞机相对于地面坐标系的位置变化,可以更加清晰地说明风对飞机运动最终的影响。

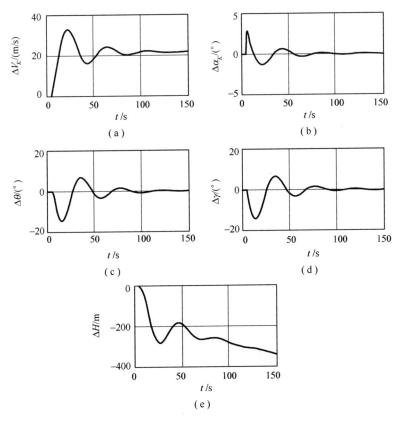

图 5 - 13　顺风作用下飞机(握杆)的响应

顺风作用下图 5 - 13 的飞机运动的特点:地速(航迹速度)最终是增加的,其增量大小为顺风速度 $\Delta V_K = 21.58 \text{m/s}$,则实际地速为:$77 + 21.58 = 78.58 \text{m/s}$;空速则没有变化,回到了原来的值,即 77m/s,其增量 $\Delta V = 0$;飞机的地速迎角和空速迎角均回到了原来的值,即水平风不影响迎角;同时轨迹角和俯仰角也都回到了原来的值。而高度则出现了下降,在 5s 内差不多下降了 44m。因此,在低高度飞行时,顺风对飞机的作用是危险的,它降低了飞机的高度。

在另一方面,顺风开始作用于飞机后,飞机的初始响应也使俯仰角减小,呈现高度下降的趋势,因此这也是顺风给飞行所带来的影响。

下降风作用下(图 5 - 14)飞机的运动特点:稳态时地速和空速均回到原来的值,飞机的俯仰角也由于静稳定性的作用回到了原来的值,而地速迎角的稳态增量恰好和下降风迎角相等 $\Delta \alpha_K = \Delta \alpha_w = 57.3 \times (15.24/77) = 11.34°$,这样轨迹角的稳态增量为 $\Delta \gamma = -\Delta \alpha_w = -11.34°$,因此就造成飞机的高度下降,在 5s 内大约下

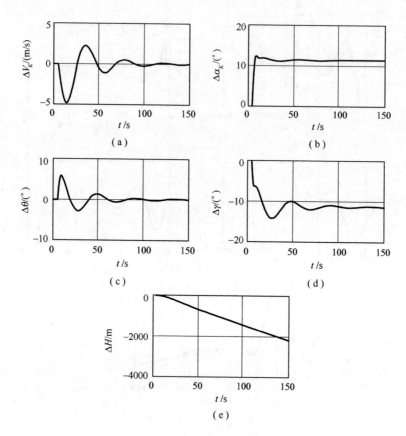

图 5 – 14　下降风作用下飞机(握杆)的响应

降了 35m。

　　顺风和下降风对飞机的飞行来说都是比较严重的干扰,它的直接作用就是降低了飞行高度,对于低高度飞行的飞机来说这是很危险的。

　　左侧来风作用下(图 5 – 15)飞机的运动特点:地速侧滑角的稳态值为正的右侧滑,大小恰好是 $\beta_K = \beta_w = v_w / V_0 = (5.14/77) \times 57.3 \approx 3.8°$,同时飞机偏向航道的右边(相当于左侧来风将飞机吹出原航道),由于飞机的风标稳定性的作用,使得飞机向着来风方向转动,即出现向左偏航,这样就使得航迹方位角也向左转动,使得飞机又偏向原航道的左侧。

　　必须指出的是,方程式(5 – 23)只能适用于偏航角小于 ±90°变化的情况。如果飞机完全转向来风方向后,即左偏航 90°后,那么对飞机来说侧风扰动问题就变成了逆风扰动问题了,只能用纵向运动模型式(5 – 20)来描述。所以上述模型适用于飞行控制系统的仿真或者可应用在飞机运动变量为小量变化的一些情形。

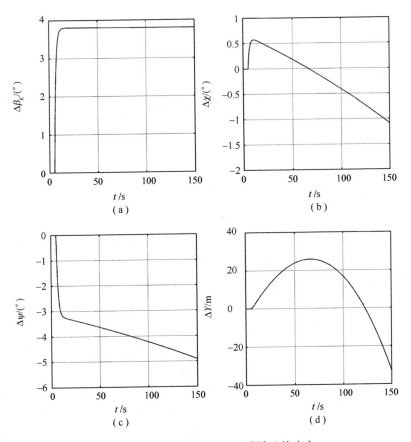

图 5-15　侧风作用下飞机(握杆)的响应

第6章 自动飞行控制系统的控制模式和性能

6.1 一般性的描述

自动飞行控制系统的任务是在安全的前提下,完成驾驶员所设定的自动飞行控制模式。所谓控制模式,总的来说不外乎有以下3种类型:

(1) 姿态角的跟踪、保持控制。

(2) 速度(空速和垂直速度)的跟踪、保持控制。

(3) 对飞行轨迹(纵向和横侧向)的跟踪、保持控制。

所谓跟踪和保持是由自动飞行控制系统的指令形式决定的。如果指令为零时接通自动飞行控制系统,或者驾驶员没有用自动飞行控制系统的操纵旋钮给出指令,那么自动飞行控制系统将保持系统接通那一时刻的姿态、速度或轨迹;如果指令不为零,即驾驶员通过操纵旋钮给系统发出指令,或者由飞行管理计算机根据预先的航迹计划给出指令,那么系统将自动跟踪这一指令并维持该指令的运动状态(姿态角、速度和轨迹);实际上这也是按自动飞行控制系统两个不同的输入状态进行定义的,即输入指令为零时称为保持,即保持原先的运动状态不变;输入指令不为零时称为控制或跟踪,即对指令进行跟踪控制。而从系统的反馈或动态特性上来看并没有任何变化。

对力矩式操纵的飞机来说,无论是改变角度还是改变轨迹和速度,都可以通过控制姿态角来实现。因此,在自动飞行控制系统中,姿态角控制系统是核心,也就是用姿态角信息作为自动飞行控制系统的主要反馈信息来进行飞行控制,也是最内层的回路,任何速度(除自动油门系统外)或轨迹控制回路都是在姿态控制系统或回路上构建的。

采用姿态角作为自动飞行控制系统的核心反馈信息也是易于理解的,一是动力学原因,在第4章中已有阐述;二是姿态角测量方便,易于构成姿态角反馈回路;三是驾驶员能够感受到且能容易观察到姿态角的变化,便于监控的姿态角控制系统运行。很显然,姿态角控制回路的性能将决定速度或轨迹反馈外回路特性的优劣。

自动飞行控制系统的性能应该分为两类,一类是自动飞行的动态、稳定性和操纵性等性能指标;另一类应该是自动飞行时的工作逻辑,这些指标可以从 3 个方面确定。

第一个方面涉及到飞机飞行品质,首先是关于飞机的动态特性要求,其次就是有关稳定性和操纵性要求,以及阵风敏感性问题(乘坐品质)的要求;这些要求目前都由一系列规范所规定,这些规范包括 MIL – F – 8785C、MIL – STD – 1797 和适航条例 CCAR – 25 或 FAR – 25 等,以及飞机用户提出的要求。

第二个方面是自动飞行控制系统对飞行环境的适应性,即对全部飞行活动的适应性。由起飞、巡航、进场和着陆的控制和标准飞行方式,得到关于对保持飞行航迹的允许偏差以及从各航迹段到自动进场着陆的程序等方面的要求。

第三个方面是基本的性能应满足相关的规范要求(如 MIL – F – 9490D)或用户的特殊要求。

很明显,性能指标的确定和自动飞行控制系统的任务以及飞行阶段有关,譬如巡航飞行的姿态保持控制问题,那么自动飞行控制系统的性能指标也相对比较简单。而如果是巡航飞行时的高度和航迹控制,那么性能指标的确定就复杂了,因为此时不但包括了姿态角控制性能指标,还包括了轨迹控制的性能指标。

6.2　各个飞行阶段的性能设计原则

对现代自动飞行控制系统来说,从起飞、巡航、进场和着陆的整个飞行阶段均实现了自动飞行能力。自动飞行控制系统性能最终是由驾驶员来评价的,这些评价就是系统设计的基本原则,它构成了系统在每个控制模式下的基本性能要求。由于在飞行的各个阶段,驾驶员对飞机的飞行性能要求是不同的,那么对自动飞行控制系统来说,在飞行的每个阶段的性能要求也是不同的。

驾驶员对自动飞行控制系统的控制性能评价主要依赖以下因素:

(1) 飞机类型(大型、迟钝的或小型、灵活的)。

(2) 飞行任务或阶段(起飞、巡航飞行、进场或特殊飞行)。

(3) 飞行环境条件(大气紊流、振动和噪声)。

(4) 飞行任务的困难程度(发动机停车或恶劣能见度)。

上述这些因素是驾驶员根据约束条件得到评价因素,实际上在空中飞行会受到很多外部约束条件的,譬如在巡航飞行时,就需要保持在根据空中交通管制所确定的飞行航线;从经济性上来考虑的话,还需要最优飞行(省油、准时到达)下的速度和高度;其次就是舒适性要求(对加速度和角速度的要求)或其他任务要求。由于巡航飞行是以长时间、定常飞行为特征的,因此在各个不同巡航飞行阶段进行转换时,都是用不剧烈的机动方式完成,这就要求各个操纵面的偏度都相当小。在进近着陆飞行阶段,则是以高精度的航迹控制为特征的,而且在接近落地点时要求越高,因为这时飞机速度在最小速度附近,并且随时会受到大气紊流的影响,驾驶员需要高度关注能量状况,同时,频繁地改变飞机的构型(放襟翼和起落架)又额外增加了驾驶员的工作负担,但由于飞行形式是分段转换完成的,因此对机动性的要求也并不高,然而要求舵面的操纵效能要高一些,并且这一阶段飞行时间和距离较短,所以经济性和舒适性就没有什么意义了。在表6-1中,列出了在不同飞行阶段时对一些主要飞行性能的设计原则[10],并用"高、中和低"来定义在各个飞行阶段对性能的要求。

表6-1 各个飞行阶段对性能的设计原则

	编队飞行	巡航飞行	进近着陆
稳定性和阻尼特性	低	中	中
机动性	高	低	低
阵风抑制	中	中	中
航迹精度	中	低	高
乘坐舒适性	低	中	低
经济性	低	高	低
包线保护	中	中	中

表6-1中的性能设计原则依然是一般性的,并且对于性能的描述也是部分和定性的,对于不同运输类飞机的任务和性能要求,这些设计原则也是可以改变的或增加的。表6-1可以转化为自动飞行控制系统在各个控制模式下的性能设计原则,这样就可以具体用于指导该控制模式下的控制律设计了,譬如在巡航飞行中,机动性要求不是太高,因此在巡航高度的转换控制中,垂直速度的控制只需要考虑经济性爬升或下降的要求,而无需考虑快速爬升或俯冲(大的舵面偏角)的机动性要求了。

6.3 自动飞行控制系统的控制模式

自动飞行控制系统的任务最终是要完成对飞机航迹、速度的控制,从飞行动力学来说就是分别对纵向和横侧向运动进行控制。由于所谓的纵向和横侧向运动对自动飞行控制系统而言则是用明确的运动量进行定义的,如纵向运动则是由俯仰角、高度、速度或升降速度等运动量来描述,同样横侧向运动则是由偏航角、滚转角或水平航迹(位移)等运动量描述。由于气动操作面和纵横向运动是对应的,因此自动飞行控制系统只能同时对纵向和横侧向运动的中某一个运动量进行控制,这种对某个运动量的控制也称为自动飞行控制系统的控制"模式"或"方式"。这就是说如果对纵向运动中的高度进行保持控制话就不能对升降速度进行保持控制了,这显然和纵向运动唯一的升降舵操纵形式有关。当然,横侧向运动一般有两个舵面可用于操纵,但由于两个舵面同时作用后的运动耦合特性,使得控制系统设计趋于复杂,因而目前对横侧向运动的控制以副翼操纵为主、方向舵操纵配合的形式。

所以,自动飞行控制系统为完整地实现对纵向和横侧向运动控制,设置了多种的控制模式,控制模式则是按飞机纵向和横侧向运动进行分类,可分为纵向运动控制模式和横侧向运动控制模式,自动飞行控制系统的工作实际上就是按这些控制模式运行的,而且也只能运行在唯一的纵向和横侧向控制模式下,那些唯一的控制模式则是由驾驶员根据飞行任务需要而选择的。

由于上述原因,把完成纵向运动自动控制的自动飞行控制系统,称为"纵向自动飞行控制系统",同样也有"横侧向自动飞行控制系统"的说法。

纵向运动控制模式有:

(1) 俯仰角保持和控制模式,"俯仰角保持"功能就是控制系统自动保持在系统接通时刻的俯仰角不变;"俯仰角控制"功能就是通过操纵旋钮给出俯仰角指令,控制系统使飞机跟踪这一指令俯仰角,并保持不变。俯仰角保持一般用作自动飞行控制系统接通工作时的默认模式。

(2) 垂直速度保持和控制模式,"垂直速度保持"则是指保持系统接通时刻的垂直速度不变,而"垂直速度控制"是指系统自动跟踪驾驶员给出的垂直速度指令,该模式也被作为自动飞行控制系统接通工作时的默认模式。

(3) 空速保持和控制模式,"空速保持"和"空速控制"的意义与垂直速度保持和控制类似,若空速保持是通过升降舵实现的,则称为"平飞改变"模式(FLCH,Fligh Level Change),若空速保持是通过控制发动机推力或拉力进行(即自动油门系统)则需要俯仰角保持控制配合下进行空速控制。

(4) 高度保持和控制模式,"高度保持"和"控制"的意义与垂直速度保持和控制类似。

(5) GS下滑信标模式,对进近下滑轨迹(GS)的跟踪控制,系统自动控制飞机自动截获和跟踪GS无线电信标给出的下滑道平面,并保持在下滑道平面上飞行,直到决断高度或飘落前,才断开控制。

(6) 垂直导航模式:该模式是由垂直速度控制和高度保持两个模式组合完成来实现驾驶员对预选高度的控制。当驾驶员选择了所要飞行的高度以后,系统按产生的垂直速度指令,并工作于垂直速度控制模式,使飞机自动追踪该高度,当接近该高度并满足一定误差时系统则自动转换为高度保持模式,使飞机稳定在该高度上飞行。

横侧向运动控制模式有(以下保持和控制的意义同上):

(1) 航向角保持和控制模式,一般用作自动飞行控制系统接通工作时的默认模式。现代的飞机均是采用对滚转角的控制达到对航向角控制目的。因此,操纵旋钮只给出滚转角指令,飞机开始滚转并出现航向角的变化,并通过方向舵的控制使之在运动期间侧滑角保持为零,即以协调转弯的形式完成航向角控制。

（2）滚转角保持和控制模式，该模式仅仅是维持滚转角不变或进入到一个新的滚转角，一般用作机型水平控制，即使飞机从滚转倾斜姿态改回到机翼水平状态。

（3）对确定航迹的跟踪和控制模式，对确定或计划飞行的水平航迹（可通过飞行管理计算机或其他设备产生水平航迹，航迹一般定义在地球坐标系），在与惯性导航系统或 GPS 或其他定位导航设备所给出的实际位置比较后，通过一定的算法得到飞机当前位置和确定航迹之间的偏航距离以及偏航速度，这两个量将作为系统的反馈并形成指令对副翼和方向舵进行控制，以协调转弯的形式控制飞机跟踪并保持在确定的航迹上。

（4）VOR 自动导航模式，对 VOR 无线电导航系统的航道进行跟踪和控制。系统自动控制飞机截获和跟踪 VOR 无线导航系统的水平航道（按角度定义，并通过台的水平轨迹），并保持在航道上（向台和背台）飞行，直到 VOR 信号消失，在海拔 4400m 高度飞行上，VOR 无线电导航的有效直径（以 VOR 台为圆心）约为400km 以上。

（5）LOC 航向信标模式，即对 LOC 航向信标的跟踪和控制，在进近着陆阶段使用。系统自动控制飞机截获和跟踪 LOC 航向信标给定的，包含跑道中心线且垂直于跑道的平面内，如果其后飞机能截获并保持在 GS 信标所构成的下滑平面内的话，那么飞机就被控制在两个平面相交所形成的唯一的下滑轨迹上，实现稳定的自动进近、下滑和着陆，直到决断高度上才断开控制。LOC 和 GS 也称为仪表着陆系统（ILS）。当飞机由 ILS 进行自动引导飞行时，则把自动飞行控制系统和 ILS 组成的系统称为自动进场系统。

上述这些控制模式是最基本的，也是运输类飞机自动飞行控制系统经常采用的，或是标准的模式。对于自动飞行控制系统来说可以根据飞机的使用需求，可对控制模式进行裁剪、组合或增加新的控制模式，譬如对于具有微波着陆系统的飞机来说，可能会增加微波着陆自动进近和着陆控制模式；对于具有自动油门系统的飞机来说，可能不会采用升降舵对空速的保持和控制模式等。

上述的控制模式是飞机自动飞行的形式，也是自动飞行控制系统的任务和工作方式，自动飞行控制系统的功能则是以这些控制模式来定义的，同时这些控制模式的选择则是由驾驶员根据飞行任务确定的。

6.4 自动飞行控制系统的性能要求

系统的性能首先要满足基本的飞机飞行品质要求，如 MIL – F – 8785C、MIL – STD – 1797 和适航条例 CCAR – 25 或 FAR – 25 等，同时对自动飞行控制系统来说，还有专门和详细的规范要求，如 MIL – F – 9490D，这个规范则是以上述基本的飞行品质为基础制定的。

在 MIL – F – 9490D 中,对自动飞行控制系统在不同工作状态等级下规定了不同的飞行品质最低的要求。当然这些要求是最基本的,而且作为系统的详细设计来说很难直接使用这些规范所规定的要求,仅仅只能作为设计的指引。

对系统设计来说,一般都是以正常的工作状态作为设计状态的。因此,系统性能要求也应按照正常工作状态来制定。

从控制系统设计的角度来说,系统性能指标是由两部分构成,一是稳态性能或精度;二是动态性能。事实上,MIL – F – 9490D 中仅仅规定了部分稳态和动态性能指标要求,而对一些描述动态性能指标(譬如幅值和相位裕量)的间接参数(如阻尼比和无阻尼自然频率)则没有给出。不言而喻这些参数对系统详细设计是不可或缺的,它们不但可以指出系统的稳态和动态性能指标,而且设计者可以根据这些参数非常方便地完成系统的设计。因此,除了稳态和动态性能指标外,给出这些描述动态性能指标的间接参数的设计指引也是非常重要的。

6.4.1　规范所要求的系统性能指标

以下是 MIL – F – 9490D 对运输类飞机自动飞行控制系统的稳态和动态性能指标以及一些限制要求。

(1) 姿态保持(俯仰和滚转角保持)。在平稳大气中姿态保持相对于基准(自动飞行控制系统接通时的姿态角)的静态精度:俯仰角(机翼水平)为 ±0.5°,滚转角为 ±1.0°。

在规定强度的紊流中姿态角均方根偏差(1σ):俯仰角不大于 5°,滚转角不大于 10°。

受到 5°的姿态角扰动(相当于 5°俯仰角或滚转角的扰动量)后,飞机应在 5s 内达到并保持以上精度。

(2) 航向保持。在平稳大气中航向保持相对于基准(自动飞行控制系统接通时的航向角)的静态精度为 ±0.5°;在规定强度的紊流中,航向的均方根偏差应不大于 5°。

(3) 航向选择(预选航向)。接通航向选择模态后,飞机应以最小角度自动转向驾驶员设定的航向,并在所规定航向保持精度内保持航向。航向选择器应具有 360°的控制能力。放下襟翼时,相对预选航向的超调应不大于 2.5°;收起襟翼时,应不大于 1.5°,飞机应以滚转角速度不大于 10°/s,滚转角加速度应不大于 5°/s² 平稳、迅速地进入和退出转弯。

(4) 稳态倾斜(滚转)转弯中的协调。在极限稳定倾斜角情况下,侧滑角偏离配平值的增量应不大于 2°,侧向加速度应不大于 0.03g。

(5) 滚转时的侧向加速度限制。对于飞机滚转角速度为 30°/s 的飞行状态,重心处机体轴侧向加速度应不大于 ±0.1g;对于滚转角速度 30 ~ 90°/s 的飞行状态,不应大于 ±0.2g;对于滚转角速度大于 90°/s 的飞行状态,不应大于 ±0.5g。

(6) 水平直线飞行中的协调。侧滑角偏离配平值的增量为 ±1°,或重心处的侧向加速度为 ±0.02g。

(7) 高度保持。爬升或下降速度小于 10m/s 时接通高度保持,并且飞机应在 30s 内稳定在接通高度保持时指示气压高度上。在此过程中飞机法向加速度增量应不大于 0.2g。

在飞机推力 – 阻力能力范围内和马赫数不大于 1 以及稳定滚转角下,高度保持所应达到的控制精度见表 6 – 2。

当爬升或下降速度等于或小于 10m/s 时,接通高度保持或受扰后,飞机应在 30s 内达到表 6 – 2 规定的精度。以上精度范围内的任何周期性剩余振荡的周期应不小于 20s。

表 6 – 2　最低可接受的控制精度

高度/m	滚转角/(°)		
	0 ~ 1	1 ~ 30	30 ~ 60
17000 ~ 24000	17000m 时为 0.1% ,然后线性变化,到24000m 时为 ±0.2%	±20m 或 ±0.3% ,取其大者	±30m 或 ±0.4% ,取其大者
9000 ~ 17000	±0.1%		
0 ~ 9000	±9m		

(8) Ma 保持。在 Ma 保持接通后,自动飞行控制系统应保持所指示的 Ma,其误差相对于接通时的基准数应不大于 ±0.01Ma,或指示 Ma 的 ±2%。在此范围内任何振荡的周期应不小于 20s。

(9) 空速保持。在直线稳态飞行中,包括爬升和下降,应以空速保持模态接通时的空速作基准,指示空速相对于基准空速的偏离应保持在 ±9km/h 或基准空速的 ±2% 以内,取其中的较大值。在此范围内,任何周期性振荡的周期应不小于 20s。

(10) VOR 自动导航飞行。对 VOR 航道的截获和跟踪:在无风情况下,距离VOR 发射台 93km 或 93km 以外,飞机以不大于 45°对 VOR 航道的切入角进行航道截获时,其超调不应超过所要求的 VOR 径向波束中心(驾驶员所选择的 VOR 航道,以度计)4°/3 以上;在截获后,飞机应保持离 VOR 径向波束中心(VOR 航道)的均方根值为 4°/3 的范围以内。均方根值的跟踪误差应是距离发射台 93 ~ 18.5km 之间,在 5min 内测得的数据,或者在同一距离范围之间,在飞机额定飞行时间所求得的平均值,取其中时间较短所得的值。

飞越 VOR 台:自动飞行控制系统应包括自动手段,以使飞机在进入 VOR 信号混淆区边缘时,保持航向或现有的地面跟踪角的 ±1°范围内。

(11) 自动进场系统(ILS 模式)。使用环境:自动进场系统是由自动飞行控制系统的 LOC 航向和 GS 下滑信标模式所组成,按照国际民航组织(ICAO)规定的 II

级气象条件下,系统应设计成自动控制飞机到 30m 的最低决断高度。同时系统应在逆风 46km/h、顺风 18.5km/h 和侧风 28km/h 的各种可能组合条件下满足以下的跟踪要求。

① LOC 航向信标的截获和跟踪。

截获条件:自动飞行控制系统应保持不变的航向,直到飞机处于波束中心的 $\pm 150\mu A$(LOC 航道偏差为 $\pm 2°$)的位置上,系统可使飞机机动进入到对 LOC 航道的截获状态。

截获性能要求:在无风情况下,离开跑道入口 13km 处切入角为 45° 或在离开跑道入口 29km 处切入角可线性增加到 60° 进行截获时,初始超调不应超过 75μA(LOC 接收机的信号强度,表示 LOC 航道偏差角大约为 1°),并且系统的阻尼比应不小于 0.1。

跟踪性能要求:LOC 航道偏差不大于 1°(或 75μA),LOC 航道偏差变化率不大于 0.025°/s(2μA/s),并且跟踪过程中其阻尼比应不小于 0.2。从远距信标到高出跑道 90m 的进场航迹上,应保持飞机在 LOC 航道偏差的 2σ 值为 0.47°(35μA);从高出跑道 90~30m 决断高度的进场航迹上,应保持飞机在 LOC 航道偏差的 2σ 值为 0.35°(25μA),在跟踪中不应存在持续的振荡。

② GS 下滑信标的截获和跟踪。无风情况下飞机以正常进场形态从 GS 下滑道(或波束中心)上方或下方对下滑道(或波速中心)进行截获时,第一次超调不应超过偏离 GS 下滑道(或波束中心)0.16°(35μA)。继第一次超调后,系统的阻尼比应不小于 0.2,并且在跟踪过程中瞬态误差不应超过偏离 GS 下滑道(或波束中心)0.16°(35μA)。当采用Ⅱ级仪表着陆系统地面设施条件时,在下滑信标发射台基准以上 210~30m 高度之间,系统应保持飞机下滑信标天线位置相对于波束中心的 2σ 偏差在 0.16°(35μA)的范围内或波束中心的 3.7m 范围以内,取两者之中的较大者。

6.4.2　姿态回路的一般设计指标

从上述性能要求中不难发现,对于自动飞行控制系统最重要的内回路,即姿态角控制回路并没有具体的动态性能要求,而仅仅只有稳态性能要求。这说明要根据使用需求,由设计者对系统内回路制订动态性能指标。动态性能指标的确定首先应该将飞行品质规范中对姿态角运动的要求作为最低的要求,其次需要从驾驶员的操纵感觉和控制系统设计的一般原则来考虑。

实际上,驾驶员对于姿态角运动的评价有着自己主观的认定,也就是操纵感觉。对于重要的纵向运动来说,驾驶员对于纵向运动操纵的感觉主要是以短周期运动为主要因素。由于短周期运动的传递函数是个二阶系统,因此可以用无阻尼自然频率和阻尼比来描述,驾驶员对此运动的感觉也是由无阻尼自然频率(ω_{ns})和阻尼比(ζ_s)的不同组合来描述的。图 6-1 就是用 ω_{ns} 和 ζ_s 描述的驾驶员评价的等意见曲线图[6]，按"满意的"、"可接受的"、"较差的"和"不可接受的"4个标准，得到了4个由无阻尼自然频率和阻尼比定义的区域，可以发现驾驶员"满意的"区域至少可以覆盖 $2.8 \leqslant \omega_{ns} \leqslant 3.3$ 和 $0.5 \leqslant \zeta_s \leqslant 1$ 所定义的区域，如果再结合控制系统设计最佳阻尼比的原则，则 $\omega_{ns} = 3$ 和 $\zeta_s = 0.7$ 是接近满意区域的中心点，显然可以将该数据作为纵向短周期运动控制回路的性能指标，此时其短周期运动的极点为：$s = -2.1 \pm 2.1424j$。当然上述设计指标也可用作于短周期运动相似的荷兰滚运动控制回路的动态性能指标。

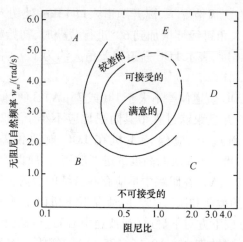

图 6-1　驾驶员对短周期运动评价的等意见曲线

A 区—初始反应太快，倾向于振荡及出现超调荷载；B 区—起初较慢，然后振荡，倾向于过度操纵；

C 区—反应很慢，机动时操纵运动很大，难以平衡；D 区—迟钝，杆位移和杆力过大；

E 区—初始反应太快，过度灵敏，杆力太轻。

除上述按等意见曲线所制订的设计指标外，在具体设计中也采用频域性能指标。一般情况下，姿态回路（无论是阻尼回路还是角度回路）其幅值裕度应大于 3~6dB，而相角裕度应大于 30°~60°（对应典型二阶系统的阻尼比为 0.27~0.61）。由于一些滤波器的设计，使得在实际情况下姿态控制系统并不是一个典型的二阶系统，所以采用幅值和相位裕度作为设计指标则更有意义和价值。

同时由于飞机在飞行中其动力学性能或数学模型是随着飞机的高度、速度和重量、重心以及外部构型（襟翼和起落架收放等）而不断变化的，按经验在飞机动力学性能变化的情况下要求自动飞行控制系统的性能变化被控制在 20% 以内，以及指令到姿态角之间的静增益（或闭环传递系统）的变化也在 20% 以内。

以上的要求实际上就是指出：如果在自动飞行控制系统的使用包线内，飞机自身的动力学性能如若不超过 20%（如可与系统经常工作的巡航状态进行比较）的话，那么自动飞机控制系统就可以采用固定控制律参数的方案，反之则需要采用控制律参数随飞行状态进行调节的方案。

6.5　自动飞行控制系统的接通和断开

接通和断开是自动飞行控制系统的两个重要的状态。对这两个状态的最基本要求是在接通和断开的前后瞬间飞机的运动应该是平稳的,具体来说飞机的姿态应不发生变化或不发生显著地变化。

自动飞行控制系统的接通,就意味自动飞行控制系统开始控制飞机进行飞行。系统接通后一般工作在默认控制模式,对纵向运动控制默认模式一般选择为俯仰角保持或垂直速度保持,对横侧向运动控制的默认模式一般选择为航向和滚转角保持。

在默认模式下,系统接通后瞬间应使姿态角不发生变化,则自动飞行控制系统中控制器或控制计算机对舵机的输出指令为零,或者说接通后舵机的输入指令应为零以保持舵机静止,这样就保持了接通前后飞机的姿态运动保持不变。这种功能对小扰动增量运动的系统数学模型是自然成立的。

然而在实际的系统中,如果没有措施则是无法实现的,其主要原因是系统的内回路是姿态控制回路,其角度传感器陀螺测量的是全量角度,而不是相对于基准运动的小扰动(或增量)角度,因此该全量角度经过反馈后,由于指令为零,必然形成误差,从而产生对舵机的控制指令,使得在系统接通后舵机就会偏转而引起飞机的姿态运动,就无法满足对接通的要求。

另一个原因就是传感器或控制器的零位影响,也就是当飞机处于基准运动时,陀螺不能给出完全为零的信号,这些信号经过放大后也会形成对舵机输入的指令,使得系统接通后舵机工作。

基于上述两个原因,必须要有措施来保证在系统接通后对舵机的输入指令为零,这种措施称为"回零"。由上述分析,"回零"实际是在自动飞行控制系统中建立与基准运动相匹配的信号基准过程,所有的指令必须以此为基准产生的。

根据上述分析,只需要对控制器或控制计算机的输出在系统接通后进行处理即减去一个"回零"值即可达到对舵机的输入指令为零。图 6 – 2 表示了"回零"的方法。

在图 6 – 2 中假定系统在 $t = 0$ 时刻,$u(t = 0^-)$ 表示在接通前瞬间的控制器或控制计算机的输出或回零值。由图可得系统在接通后的舵机输入为

$$\Delta\delta_c = u - u(t = 0^-)$$

而在接通后瞬间的舵机输入为

$$\Delta\delta_c(t = 0^+) = u(t = 0^+) - u(t = 0^-)$$

由于控制系统是连续并且有惯性的线性系统,因此在接通的前后瞬间必然有

$$u(t = 0^+) = u(t = 0^-)$$

从而有

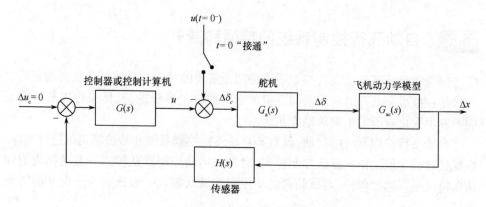

图6-2　"自动飞行控制子系统"的回零

$$\Delta\delta_c(t=0^+)=0$$

这样就保证了在系统接通后的瞬间,舵机保持不动。而在其后的历程中,除非 $\Delta u_c \neq 0$ 时,飞机运动才会发生改变,否则飞机将始终维持接通前的运动状态。而就意味着驾驶员选择了新的控制模式,或者用操纵旋钮给出了指令。

由于自动飞行控制系统接通工作后,控制模式的变化以及大气扰动系统需要不断工作而使舵面(或舵机)在克服了铰链力矩(若通过助力器操纵舵面,则需克服载荷感觉器的反作用力)后偏转,那么铰链力矩必然在操纵系统上产生反作用力矩,在系统工作时,由舵机承担了这部分反作用力矩。而一旦系统断开或停止工作后,舵机与操纵系统的联结就断开了,那么这部分反作用力矩将使舵面发生突然地偏转,造成飞机运动状态的改变,如果变化太大将产生不允许的纵向过载。同时,驾驶杆也会发生突然地动作而引起驾驶员不适应。

因此,在自动飞行控制系统工作期间,必须要将这部分反作用力矩进行卸载,使得由专门的机构来承担反作用力矩,以避免上述情况的发生,这种措施也称为杆力配平。

对于舵机直接驱动舵面助力器的操纵系统而言,一般采用安装于舵面后缘的调整片(或水平安定面)的偏转引起的对舵面铰链的反向力矩来平衡铰链力矩;对采用助力器操纵舵面的系统来说,则通过调整片效应机构来卸载杆力[14]。

一般来说杆力配平可由驾驶员人工进行也可通过杆力配平系统自动进行。本节只讨论纵向杆力自动配平系统。

杆力自动配平系统如图6-3所示。系统是个开环系统,输入是升降舵机的输出角度或升降舵面偏转角 $\Delta\delta_e$。

系统的输出是调整片或水平安定面(或调整片效应机构)的偏转角 $\Delta\delta_s$。其中非线性环节 ε_1 是配平系统的工作门限,而 τ 是积分器的积分时间常数或延迟。

一般情况下,杆力自动配平系统和自动飞行控制系统同时工作,因此杆力自动

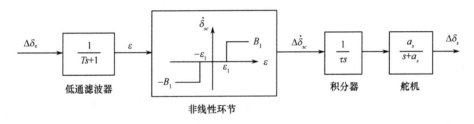

图 6 - 3　杆力自动配平系统

配平系统应工作时应避免影响到自动飞行控制系统的工作,这可通过 ε_1 和 τ 的选择来实现。

其中门限 ε_1 的选择取决于驾驶杆上可接受的最小杆力;τ 则是决定了杆力自动匹配系统的不影响自动飞行控制系统的工作时机。

对民航客机来说,$\tau = 5 \sim 6s^{[15]}$,而 A320 飞机 $\tau = 13s$ 和 $B_1 = 0.3°/s^{[10]}$,因此杆力自动配平系统的工作时机和飞机的短周期运动以及控制模态的响应时间紧密相关。

通过自动杆力配平系统对铰链力矩的卸载,可以使得在控制任务完成后,升降舵面始终在中立位置。这样舵机只需克服升降舵面偏离了中立位置的增量铰链力矩,就允许减小了舵机的设计功率。

第7章 纵向自动飞行控制系统的设计

7.1 一般性问题

就如第 6 章所描述的,纵向自动飞行控制系统也是按照一定的模式工作的。所谓的模式就是使自动飞行控制系统工作于具有特定功能的控制系统,譬如高度保持模式,也就是使纵向自动飞行控制系统仅仅工作于高度保持控制功能的状态,从这个角度来说,纵向飞行控制系统的设计可以认为是模式所定义功能的控制系统设计问题,因此纵向飞行控制系统是由一系列具有不同功能的控制系统所组成的。

在另一方面,对于一般的运输类飞机来说,纵向运动的控制主要是通过升降舵进行的,也就是说纵向自动飞行控制系统的执行机构是升降舵。从控制系统建立的可行性来说,升降舵对俯仰角运动的控制是可以精确测量的,譬如可利用角度陀螺、航向姿态系统或惯性导航设备来提供俯仰角的信息,同时驾驶员也能较为明显地感知到俯仰角运动,从而采用俯仰角信息的反馈来建立控制系统是可行。纵向飞行控制的最终目的是实现对纵向轨迹运动的控制,从飞行动力学理论来看,如果亚声速飞机的短周期运动是稳定的话,那么对俯仰角运动的控制是能达到对纵向轨迹控制的目的。所以在纵向飞行控制系统中,将俯仰角运动控制系统作为核心的内回路是符合其飞行动力学理论的,而其他功能的控制系统或功能则可以在此核心回路上进行构建的。

纵向飞行控制系统是通过升降舵实现对飞机控制的,那么纵向飞行控制系统将如何控制升降舵舵面的偏转的呢?对于具有机械式操纵系统的飞机来说,纵向自动飞行控制系统的舵机通过机械连接并联在机械操纵系统上(通过链条或钢索与扇形轮连接后,将舵机的旋转运动转变为机械操纵系统钢索或拉杆的直线位移运动),自动飞行控制系统舵机的转动就可带动机械操纵系统的运动,从而使得升降舵发生偏转。由于舵机和机械操纵系统是并联关系,因此舵机的转动运动也会通过机械操纵系统带动驾驶杆的运动,驾驶员可以据此来判断和监控自动飞行控制系统的工作。同时由于舵机转动力矩一般设计的不大,紧急状态下在不断开自动飞行控制系统时驾驶员可以直接控制驾驶杆强制舵面进行偏转,以防止自动飞行控制系统故障所带来的安全性问题的。另外在舵机中还设有电磁离合器以控制舵机输出轴与操纵系统的连接,仅仅只有在自动飞行时离合器才将舵机输出轴与机械操纵系统连接,并对舵面实施控制。图 7－1 表示了纵向自动飞行控制系统舵机和机械操纵系统的实际连接示意图。

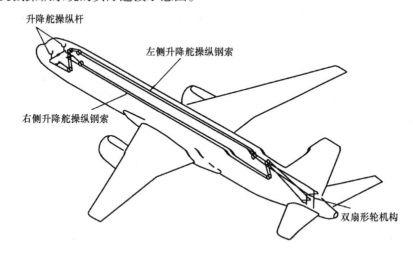

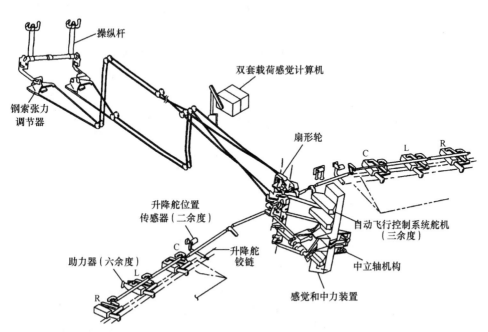

图 7－1　纵向自动飞行控制系统舵机和升降舵之间的实际连接关系

图 7-1 表明了这样的一个概念,就是舵机并不是直接驱动升降舵的,而是通

过一个复杂的机械操纵系统完成的。因此,在纵向自动飞行控制系统设计时必须要考虑机械操纵系统的位移静增益(不考虑机械操纵系统的非线性以及助力器的动态),也就是说在纵向自动飞行控制系统的设计模型中,必须要考虑舵机到升降舵面之间的位移静增益。在大多数飞机中,这个增益并不是"1",这将影响舵机到飞机运动输出之间的静增益或自动飞行控制系统的前向通道增益,并对系统反馈增益参数的选取有一定的影响。所以在建立舵机—飞机数学模型时,应该考虑舵机到舵面之间操纵系统的静增益。

在系统设计时飞机动力学运动模型可以采用经过小扰动线性化处理后的纵向运动方程或模型。对于不同功能的系统设计可以分别采用短周期运动方程或长周期运动方程纵向全面运动方程。采用小扰动线性化运动模型,在控制系统的设计中是具有足够精度,原因在于采用负反馈的自动飞行控制系统一般都是有差控制系统,任何对飞机平衡点或系统接通时刻飞机状态的小偏离或偏差运动,控制系统将进行纠偏控制直到回到平衡点或接通时刻的飞机状态。如果自动飞行控制系统是稳定的话,那么其控制运动一定是小偏差或小扰动的运动形式,所以采用小扰动线性化模型和实际控制情况是相适应的也是合理的。

完整的自动飞行控制系统模型,除了舵机和操纵系统以及飞机模型以外,还包括有控制器和传感器模型。一般情况下,传感器模型用简化的增益环节来代替,而控制器模型就需要进行设计了,其形式取决于系统的性能要求。在现代自动飞行控制系统中,控制器是数字计算机,其功能或控制律(模型)则是用软件来实现的。图7-2表示了自动飞行控制系统的基本物理组成和信号流向。

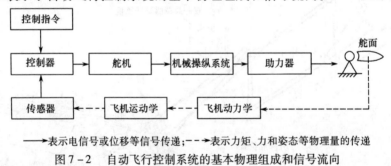

——→表示电信号或位移等信号传递;-→表示力矩、力和姿态等物理量的传递

图7-2 自动飞行控制系统的基本物理组成和信号流向

显然,基于控制理论意义的自动飞行控制系统模型或方框图则是依据图7-2建立的,而系统模型或系统方框图则是自动飞行控制系统设计的基础。

控制系统的设计实际上是包含两个问题:一个是控制系统或控制律结构的设计,也就是采用什么反馈和补偿环节等满足功能要求;另一个则是在确定的控制律结构基础上,选择满足性能要求的参数或增益。纵向自动飞行控制系统的设计也主要是围绕着这两个问题展开,在很多情况下,为了简化设计,往往在控制器结构确定后,先不考虑有关滤波器的影响,而是仅仅考虑决定主要功能和性能的反馈增益的设计,然后在此基础上,再考虑每个滤波器参数对系统性能的影响或对反馈增益进行修改。在很多实际设计中,这些滤波器的选取则是通过数学仿真来完成的。

7.2　俯仰角控制系统

7.2.1　俯仰角控制系统的需求分析和组成

俯仰角控制系统就是采用俯仰角为主要反馈的控制系统,可以完成以下功能:
①在自动飞行控制系统接通后,保持系统接通时刻的姿态角;②在俯仰操纵旋钮指令下跟踪并保持该指令俯仰角,实现驾驶员通过自动飞行控制系统对俯仰角的操纵;③作为其他功能控制系统的内回路。

因此,从功能上就能确定其控制律的结构,即主要是引入俯仰角反馈,其次为了使得控制系统具有较好的动态响应或阻尼特性,还需要引入俯仰角速度反馈,以阻尼俯仰角过快的变化或调整俯仰角控制系统的阻尼特性。另外,在俯仰角和俯仰角角速度反馈回路中需设计一些低通滤波器,以滤除反馈信号中的高频分量,由于这些低通滤波器的时间常数一般均小于 0.06s,因此并不会显著影响具有低频特性的俯仰角控制系统动态性能,如若影响系统性能,一般可采用数学仿真的方法予以调整。设计中的飞机纵向运动模型采用短周期运动模型,这是因为俯仰角运动的发生主要是由俯仰力矩运动所决定的,因而采用描述俯仰力矩运动的短周期运动方程或模型是由足够的精度的。在控制系统设计完成后,则可以用纵向全面运动方程对控制律进行数学仿真,来观察系统对飞机全面纵向运动的影响。用于俯仰角姿态控制系统设计的纵向短周期运动数学模型为

$$\frac{\Delta q}{\Delta \delta_e} = \frac{M_{\delta_e}s + (M_\alpha - M_{\delta_e}Z_\alpha)}{s^2 + (-Z_\alpha - M_q)s + (Z_\alpha M_q - M_\alpha)} \tag{7-1}$$

在对称飞行时,俯仰角速度和俯仰角之间的关系为

$$\Delta\dot{\theta} = \Delta q, \Delta\theta = s\Delta q \tag{7-2}$$

除了上述控制器和飞机的模型外,在系统方框图模型建立中,还需要考虑传感器和舵机的数学模型。一般情况下假设传感器的带宽远大于自动飞行控制系统的带宽,可以简化为增益为"1"的比例环节。如果实际中的传感器模型增益不为"1",那么只要将设计结果数据按此增益进行转换即可。

舵机一般均采用带有角度位置反馈的位置式舵机,因此控制器对舵机的输入指令代表的是舵机输出轴的偏转角度,指令可以用模拟或数字信号的形式表示。但目前舵机均采用以电动机为主的位置伺服系统,其内部具有测速和位置反馈控制系统,以控制舵机的位置精度和动态性能。舵机的数学模型则主要采用简化的形式,即只考虑其电动机—减速机构的惯性也就是伺服系统的低频特性,其传递函数模型为

$$\frac{\Delta\delta}{\Delta\delta_c} = \frac{K_a}{s+a} \tag{7-3}$$

其中输入 $\Delta\delta_c$ 是舵机的控制电压,输出 $\Delta\delta$ 是舵机转动轴的角度位置,电动舵机的典型时间常数 $\tau = 1/a$,其范围在 $0.05 \sim 0.25\text{s}$ 之间。

除了上述模型以外,还需要考虑飞机机械操纵系统模型。由于舵机并不是直接带动飞机操纵舵面偏转的,而是并联在操纵系统上以驱动专门设置的摇臂,摇臂带动拉杆或钢索来带动助力器,助力器再通过机械机构(钢索、摇臂等)来带动舵面转动,所以舵机到舵面之间具有位移传动关系。这个传动关系定义为:舵面偏转角度与舵机偏转角度之比[15]。并用传动系数 K_z 来表示。在 K_z 的定义中假定了助力器的响应速度(时间常数小于 0.05s)要远远大于舵机的带宽,这样在模型中就可以忽略助力器的动态过程,这个假设在设计阶段是完全可行的。当然如果进行数学仿真的话,为了更好地体现实际情况可以考虑助力器的惯性。

从上述讨论中,就可以建立俯仰角姿态控制系统的组成框图,如图7-3所示。

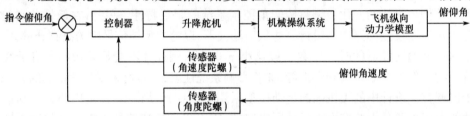

图7-3　俯仰角控制系统的组成框图

上述组成框图中,对每一个具有功能的环节赋予其数学模型,并考虑数学和物理逻辑上的正确性,特别是物理量单位或量纲上的一致性后,就可以得到控制系统设计用的方框图了。从图7-3中可以看到,由于引入了两个不同物理量的反馈,即俯仰角速度和俯仰角反馈,因此系统由两个不同的回路所组成,即俯仰角速度和俯仰角控制回路。根据控制系统古典设计方法,则需先设计内回路,即俯仰角速度反馈回路或俯仰角速度控制回路;然后再设计外回路,即俯仰角反馈回路或俯仰角控制回路。

7.2.2　俯仰角速度控制回路设计

根据上述的分析,先设计俯仰角速度控制回路,其方框图如图7-4所示。很显然,引入俯仰角速度反馈的目的是为了俯仰角姿态控制系统在控制俯仰角运动过程中具有较好的阻尼特性;同时由于飞机动力学模型采用的是短周期运动模型(见式(7-11)),在该模型中一般为负的传递函数形式,这个负号实际上是表示在正的 $\Delta\delta_e$ 下产生负的 Δq,而这仅仅表示操纵后 Δq 的运动方向,并不表示 Δq 在数量上的减小。所以在建立方框图7-4时,为了使得前向通道为正,同时又保持运动量的方向,可令舵机模型为:$G_a = -a/(s+a)$,其中负号是表示舵机输出的运动方向和输入是反向的,以保证系统方框图的开环增益是正的。

注意到短周期运动模型含有一个零点(见式(7-1)),因此从反馈系统的特征来看,反馈增益 K_q 将会明显地影响二阶系统的阻尼比。其俯仰角速度反馈增益 K_q 的作用,可以从下述简单的分析中得到。

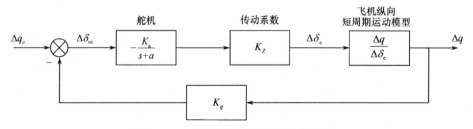

图 7-4　俯仰角速度控制回路方框图

作出图 7-4 的闭环传递函数,为了简化分析可先假定舵机的时间常数为零。这样,舵机 $G_a = -1$ 且认为 $Z_{\delta_e} \approx 0$,故可以得到图 7-4 的闭环传递函数为

$$\frac{\Delta q}{\Delta q_c} = \frac{-K_Z M_{\delta_e}(s - Z_\alpha)}{s^2 + (-M_q - Z_\alpha - K_q K_Z M_{\delta_e})s + (M_\alpha + Z_\alpha M_q + K_q K_Z M_{\delta_e} Z_\alpha)} \quad (7-4)$$

闭环特征方程为

$$s^2 + (-M_q - Z_\alpha - K_q K_Z M_{\delta_e})s + (M_\alpha + Z_\alpha M_q + K_q K_Z M_{\delta_e} Z_\alpha) = 0 \quad (7-5)$$

从式(7-5)中很明显看出反馈增益 K_q 对特征根以及对二阶系统阻尼比和无阻尼自然频率的影响作用。而这一特征方程的根就是俯仰角反馈回路设计时的开环特征根,因此反馈增益 K_q 的设计也将影响到外回路即俯仰角反馈回路的设计。注意到图 7-4 中,一般将 $\Delta\delta_{ec} = \Delta q_c - K_q \Delta q$ 或 $\Delta\delta_e = -aK_Z(\Delta q_c - K_q \Delta q)/(s+a)$ 称为俯仰角速度控制系统的控制律,它描述了舵面偏转与系统输入和反馈之间的关系,控制律也是自动飞行控制系统在地面测试时的依据,可用来检查指令或反馈所形成的舵面偏转角度以及方向是否与设计值一致。

对于俯仰角速度控制回路的设计或控制律参数的选择可以采用根轨迹方法进行。现在给出飞机在巡航飞行状态下,姿态控制系统的设计。

在高度为 4000m,速度为 130m/s 进行巡航时的飞机纵向短周期运动模型为

$$\frac{\Delta q}{\Delta\delta_e} = -\frac{3.3231(s + 0.625)}{s^2 + 1.689s + 2.725} \ (°/s)/(°) \quad (7-6)$$

舵机模型为

$$G_a = \frac{30}{s + 30} \ (°/V) \quad (7-7)$$

飞机机械操纵系统的传动系数为

$$K_Z = 0.5 \ (°)/(°) \quad (7-8)$$

在上述模型中必须要注意到物理量单位之间的关系,在连接为方框图时,必须要使得模型间的物理量单位是一致的,如图 7-5 所示。

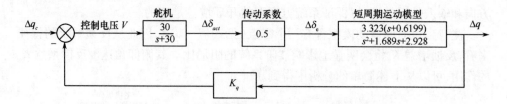

图 7-5　巡航飞行状态下俯仰角速度控制系统方框图

通过上述模型,其俯仰角速度控制回路的开环传递函数包含 3 个极点(短周期运动两个、舵机一个)和一个零点,其闭环根轨迹的形状与舵机时间常数密切相关。图 7-6(a)、图 7-6(b)和图 7-6(c)表示了当舵机时间常数分别为 0、0.05 和 0.25 时的根轨迹。很明显,时间常数越小,则对短周期运动极点形成的根轨迹影响也越小。

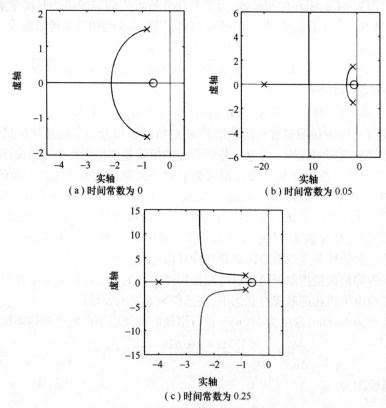

图 7-6　舵机时间常数对根轨迹的影响

对于本例的设计来说,图 7-7 表示了在巡航飞行状态时,随着俯仰角速度反馈增益 K_q 的变化俯仰角速度控制回路的闭环根轨迹曲线。注意到,飞机在不同飞行状态下,根轨迹的形状是有差别的,但总的趋势是随着俯仰角速度反馈增益 K_q

的增加,根轨迹不会向着虚轴发展而进入右半 S 平面的。从该图中,可以分析和归纳出俯仰角速度反馈增益 K_q 的选择依据和原则。

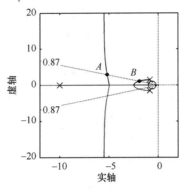

图 7 - 7   巡航飞行状态下 K_q 变化时的根轨迹

首先 K_q 的选择将影响外回路俯仰角控制系统的设计,从根轨迹的变化来看,如果将 K_q 选择在根轨迹和等阻尼比为 0.7 的直线相交处的增益,那么在设计俯仰角反馈回路时,就会发现由于开环特征根就位于 0.7 的等阻尼比直线上,因此随着俯仰角反馈增益 K_θ 的变化时,其闭环特征根的根轨迹很难再穿越阻尼比为 0.7 的等阻尼直线了,也就是说,俯仰角控制回路的阻尼比只能小于 0.7,而且随着 K_θ 的增加,根轨迹将趋向右半 S 平面而进入不稳定区域,这样的话对俯仰角反馈增益的设计是不利的。理想的根轨迹应该是:当俯仰角反馈增益 K_θ 增加时,至少有一段根轨迹的方向不能直接朝着右半 S 平面发展或延伸。所以从设计简单化的原则出发即不采用复杂的补偿环节(超前—滞后或滞后—超前环节),则应将俯仰角速度回路的阻尼比设计为过阻尼的特性,譬如可以将阻尼比设计在 0.7 ~ 1 之间。

由于舵机时间常数的影响,同一个阻尼比下有两种俯仰角速度反馈增益或闭环特征根的选择,如图 7 - 7 所示。很明显可以将闭环特征根放置在由于舵机时间常数影响而形成的直线根轨迹上,如图 7 - 7 中的 A 点,当然也可以选择放置在如图 7 - 7 中的 B 点上。明显地,如选择 A 点,则考虑了舵机的影响,同时需要较大的反馈增益 K_q;选择 B 点,则接近自然飞机的动力学特性,同时具有较小的反馈增益 K_q。两种情形下,在阻尼比都为 0.87 时的俯仰角速度反馈增益和闭环特征根的结果见表 7 - 1。

表 7 - 1 K_q 选择不同值时的特征根

	A 点	B 点
增益 K_q	0.591	0.311
闭环特征根	$s_{1,2} = -5.1725 \pm 2.9356j$ $s_3 = -1.3440$	$s_{1,2} = -1.9445 \pm 1.0976j$ $s_3 = -7.8001$

从表 7 - 1 的结果来看,选择 A 点时,增益 K_q 较大,闭环共轭复极点绝对值较

大,但有一个较靠近原点的负实根;选择 B 点时,增益 K_q 较小,而闭环特征根中的主导极点(一对共轭极点)和自然飞机短周期特征根 $-0.8445 \pm 1.4882j$ 的性质接近,同时一个绝对值较大的负实根代表了舵机的惯性影响,显然这个影响将是非常小的。

如果选择大增益(或选择 A 点),在闭环特征根中的小实根对俯仰角速度控制回路的设计将是有影响的,绝对值较大的共轭复极点代表了很快收敛的周期振荡运动,使得飞机的短周期运动更趋向于由小的负实根所决定的非周期单调运动。而选择小增益(B 点),则飞机运动仍和自然飞机相似,只是短周期运动加快了。

选择小增益或大增益的 K_q,俯仰角速度控制回路对外部扰动或飞机短周期运动模型误差的鲁棒性是不同的,即对扰动或误差将有不同的灵敏度。

如果假定飞机短周期运动传递函数为

$$\frac{\Delta q}{\Delta \delta_e} = G(s) \qquad (7-9)$$

的稳态增益或静增益($s=0$)为

$$\left. \frac{\Delta q}{\Delta \delta_e} \right|_{s=0} = G(0) \qquad (7-10)$$

并令 $K_0 = G(0)$,此增益一般也称为飞机的静操纵性。对式(7-1)而言,在 $Z_{\delta_e} \approx 0$ 的情况下:

$$\left. \frac{\Delta q}{\Delta \delta_e} \right|_{s=0} = \frac{-M_{\delta_e} Z_\alpha}{Z_\alpha M_q - M_\alpha} \qquad (7-11)$$

由式(7-11)所知,很显然如果飞行状态改变或模型误差,则该增益或静操纵性将随之变化,这就意味着俯仰角速度控制系统的闭环稳态增益(式(7-4)中令 $s=0$)将发生改变,或者说闭环增益将随着静操纵性的变化而变化,这种变化可用灵敏度进行定量表述。

若飞机短周期运动的静操纵性(式(7-11)),由于飞行状态改变或模型误差导致由 K_0 变化到 $K_0 + \Delta K_0$,则俯仰角速度控制回路的闭环稳态增益也由 T_c 变化到 $T_c + \Delta T_c$,波特将下述表达式定义为灵敏度,并记为

$$S_{K_0}^{T_c} = \left(\frac{\Delta T_c}{T_c} \right) \bigg/ \left(\frac{\Delta K_0}{K_0} \right) \qquad (7-12)$$

从定义中看出,灵敏度代表了静操纵性(或开环稳态增益)的变化对闭环稳态增益的影响程度。如果灵敏度小,则静操纵性的变化对闭环稳态增益影响就小;反之,如果灵敏度较大,则表明静操纵性的变化对闭环稳态增益的影响就大。

按此定义,则可以推导出俯仰角速度控制系统的灵敏度公式。由于静操纵性变化到 $K_0 + \Delta K_0$ 后,其闭环稳态增益由式(7-4)得

$$T_c + \Delta T_c = \frac{a_0 K_Z (K_0 + \Delta K_0)}{1 + K_q a_0 K_Z (K_0 + \Delta K_0)} \qquad (7-13)$$

式中:$a_0 = G_a(0)$,G_a 是舵机传递函数。

并且上式中,闭环稳态增益 T_c 为

$$T_c = \frac{a_0 K_Z K_0}{1 + K_q a K_Z K_0} \qquad (7-14)$$

即为标称状态或选定的设计状态的闭环稳态增益。上式也表明 T_c 是 K_0 的函数,因此下述一阶偏微分是近似成立的(可通过泰勒展开式得到):

$$\Delta T_c = \frac{\mathrm{d}T_c}{\mathrm{d}K_0} \cdot \Delta K_0 \qquad (7-15)$$

将式(7-15)做一变形,就得到

$$\frac{\Delta T_c}{T_c} = \left(\frac{K_0}{T_c} \cdot \frac{\mathrm{d}T_c}{\mathrm{d}K_0} \right) \cdot \frac{\Delta K_0}{K_0} \qquad (7-16)$$

因此,按灵敏度的定义式(7-12),得到了俯仰角速度控制回路的灵敏度为

$$S_{K_0}^{T_c} = \frac{K_0}{T_c} \cdot \frac{\mathrm{d}T_c}{\mathrm{d}K_0} \qquad (7-17)$$

从式(7-14)中得到

$$\frac{\mathrm{d}T_c}{\mathrm{d}K_0} = \frac{a_0 K_Z (1 + K_q a_0 K_Z K_0) - a_0 K_Z K_0 \cdot (K_q a_0 K_Z)}{(1 + K_q a_0 K_Z K_0)^2} \qquad (7-18)$$

和

$$\frac{K_0}{T} = \frac{1 + K_q a K_Z K_0}{a_0 K_Z} \qquad (7-19)$$

代入式(7-17)后就得到了最后的表达式为

$$S_{K_0}^{T_c} = \frac{1}{1 + K_q a_0 K_Z K_0} \qquad (7-20)$$

从该式中可以发现,如果反馈增益 K_q 越大灵敏度就越小,这意味着飞行状态的改变或模型误差将对俯仰角速度控制回路的闭环增益影响就越小,反之则影响较大。表7-2计算了当 K_q 取两种不同增益时的灵敏度 $S_{K_0}^{T_c}$(按式(7-20)),这一结果表明当 K_q 取较大增益时,即选择根轨迹的 A 点时,其灵敏度比选择 B 点的灵敏度小了大约18%,表明较大 K_q 对模型误差或飞行状态变化的鲁棒性是有益的。

表7-2 不同增益 K_q 下的灵敏度

	$K_q = 0.591$	$K_q = 0.311$
$S_{K_0}^{T_c}$	0.616	0.753

7.2.3 俯仰角控制回路设计

利用对称飞行时俯仰角速度和俯仰角之间的关系,在俯仰角速度控制回路的基础上得到俯仰角控制回路了,图7-8是俯仰角控制回路的方框图。从图7-8中看到:俯仰角控制回路的开环传递函数增加了一个为零的极点,同时也是一个无静差的系统,即静增益 $\left. \frac{\Delta \theta}{\Delta \theta_c} \right|_{s=0} = 1$ 的系统。在以下的俯仰角控制回路的设计中,可

以进一步看出选择 A 点和 B 点时对该回路参数选择的影响。

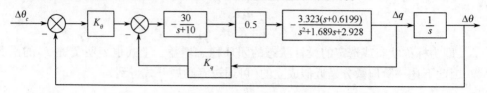

图 7-8　巡航飞行状态下俯仰角控制回路方框图

在俯仰角速度控制回路设计中,选择 A 和 B 点时的俯仰角控制回路在 K_θ 变化时的闭环根轨迹如图 7-9 所示。

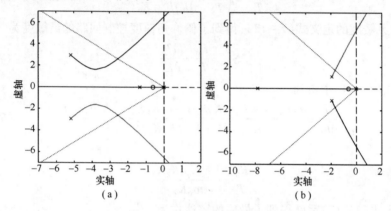

（a）　　　　　　　　　　　　（b）

图 7-9　K_θ 变化时的根轨迹

显然,当阻尼比都选择为 0.7 时,不同反馈增益 K_q 就导致了不同的 K_θ。当 $K_q = 0.591$（A 点）时,则 $K_\theta = 1.05$,而当 $K_q = 0.311$（B 点）时,则 $K_\theta = 0.289$,此时的闭环特征根见表 7-3。

表 7-3　不同增益 K_q 和 K_θ 下的特征根

增益	A 点:$K_q = 0.591, K_\theta = 1.05$	B 点:$K_q = 0.311, K_\theta = 0.289$
特征根	$s_{1,2} = -2.5437 \pm 2.6021\mathrm{j}$ $s_3 = -6.2068$ $s_4 = -0.3948$	$s_{1,2} = -1.6812 \pm 1.7175\mathrm{j}$ $s_3 = -8.1366$ $s_4 = -0.19$
闭环传递函数 $\dfrac{\Delta\theta}{\Delta\theta_c}$	$\dfrac{52.3373(s+0.6199)}{(s+6.207)(s+0.3948)(s^2+5.087s+13.24)}$	$\dfrac{14.4052(s+0.6199)}{(s+8.137)(s+0.19)(s^2+3.362s+5.776)}$

从表 7-3 中可以看出,如果俯仰角速度控制回路的增益 $K_q = 0.591$（A 点）时,将使得俯仰角回路闭环特征根的绝对值较大,该回路的响应速度较快。

如果 $K_q = 0.311$（B 点）时,则在俯仰角控制回路的闭环特征根中,出现了一个靠近原点、绝对值较小的根 $s = -0.19$,这个根将影响俯仰角控制回路的响应速度,同时如果出现模型误差的话,则会可能影响系统的稳定性。

图 7 - 10(a)和图 7 - 10(b)表示 A 点和 B 点增益时俯仰角控制回路的阶跃响应。对于图 7 - 10(a):进入 2% 误差带的调节时间为 6.36s,无超调。对于图 7 - 10(b):进入 2% 误差带的调节时间为 19.4s,无超调,这样的结果是符合上述分析结论。

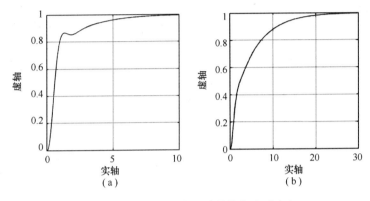

图 7 - 10　俯仰角控制回路的单位阶跃响应

从工程实践上来看,选择小增益 K_q(或选择 B 点)也是常见的,尽管可能是保守的,但从一般的控制系统设计经验来说,可以防止实际飞机动力学特性的不确定和模型误差性等一些问题(如开环增益增大)所带来的系统不稳定问题。但从俯仰角速度反馈回路的根轨迹(考虑舵机时间常数,图 7 - 6)来看,俯仰角速度回路增益设计与稳定性并没有关联,因为没有出现随着 K_q 的增加而使得根轨迹穿越虚轴而进入右半 S 平面的情况,而是随着 K_q 的增加根轨迹向着左半 S 平面发展。所以,从理论设计上说,采用大增益的 K_q 设计是有利,不仅提高了系统的响应速度和俯仰角的快速跟踪性能,而且抗干扰能力也得到了加强。

7.2.4　飞行状态对俯仰角控制系统性能的影响和改善

由于在不同的飞行状态下有着不同的飞机动力学模型,因此基于单一飞行状态或模型进行设计的俯仰角控制系统的性能,并不能保证在另外一种飞行状态下仍然维持这一性能。例如,在前一节中,基于巡航的飞行状态进行设计的俯仰角控制系统,并不能适合于降落或起飞的飞行状态,也就是说如果要获得在不同飞行状态下的相同性能(阻尼比和无阻尼自然频率),那么就必须采用不同的俯仰角控制规律或控制律。

从俯仰角控制系统的方框图图 7 - 8 来观察,飞行状态的改变也就是意味着图 7 - 8 中飞机短周期运动模型发生了改变,进一步说是模型的参数出现了变化。表 7 - 4 是飞机在不同飞行状态下的短周期运动特性,很明显传递函数的结构(零点和极点的个数)没有发生改变,只是传递函数中的系数发生了改变。这样的话,飞行状态的变化则主要影响内回路,即俯仰角速度控制回路,也就是说飞行状态的改变将影响 K_q 的选择。

表 7 - 4   飞机在不同飞行状态时短周期运动特性

飞行状态	着陆: $H = 0\text{m}, V = 63\text{m/s}$	巡航 1: $H = 4000\text{m}, V = 130\text{m/s}$	巡航 2: $H = 8000\text{m}, V = 154\text{m/s}$
纵向短周期运动模型	$\dfrac{\Delta q}{\Delta \delta_e} = -\dfrac{1.0923(s + 0.5762)}{s^2 + 1.317s + 1.377}$	$\dfrac{\Delta q}{\Delta \delta_e} = -\dfrac{3.3225(s + 0.6199)}{s^2 + 1.689s + 2.928}$	$\dfrac{\Delta q}{\Delta \delta_e} = -\dfrac{3.047(s + 0.4773)}{s^2 + 1.334s + 2.535}$
静增益	-0.4571	-0.7034	-0.5747

由表 7 - 4 可见:飞行状态的改变对飞机的操纵性影响较大。如若俯仰角速度控制系统的 K_q 不变的情况下,那么系统对上述 3 种飞行状态下的灵敏度见表 7 - 5。

表 7 - 5   固定增益下飞行状态改变时的灵敏度

飞行状态	着陆	巡航 1(设计状态)	巡航 2
动压 $Q_C(\text{N/m}^2)$	2462.0	6938.4	6262.4
$K_q = 0.591$	0.712	0.616	0.662
$K_q = 0.311$	0.824	0.753	0.779

由此可见,如果在增益 K_q 不变的情况下,灵敏度将随飞行状态变化:在"着陆"和"巡航 2"的飞行状态下灵敏度比设计状态即"巡航 1"的灵敏度要大。这意味着克服扰动的能力降低了,在 K_q 不变的情况下飞行状态改变了系统的鲁棒性。

因此,严格来说对于不同的飞行状态需要不同的 K_q 值,才可以得到性能基本一致且不随飞行状态改变的系统。表 7 - 6 表示了在不同飞行状态下所设计的 K_q 以及相应的短周期运动的阻尼比和无阻尼自然频率。

表 7 - 6   不同飞行状态下的 K_q 和性能

飞行状态	着陆	巡航 1	巡航 2
K_q	1.77	0.591	0.659
ξ	0.87	0.87	0.87
ω_n	6.01	5.94	5.75

不同飞行状态下,按上述表格中增益时,其俯仰角速度控制回路对脉冲指令(幅值 5°/s,时间宽度 1s)的时间响应如图 7 - 11 所示,图 7 - 11 中明显地看出,其时间响应的动态性能基本是一致的,收敛时间大约为 4s。

进一步可以发现,如果选择 K_q 时,若将极点选为根轨迹的 A 点时,也有利于在不同飞行状态下通过改变 K_q 的选择使阻尼比和无阻尼自然频率更好的趋于一致。

表 7 - 6 实际上也是 K_q 随飞行状态变化的函数。也就是说,如果要保持俯仰角速度控制系统在不同飞行状态(或说在飞行包线内)下的性能一致性(ζ 和 ω_n),

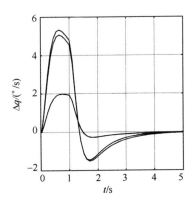

图 7 - 11　不同飞行状态下俯仰角速度控制系统的脉冲响应

那么就需要使 K_q 随着飞行状态的不同而要按表 7 - 6 进行取值。在实际飞行时，如果速度和高度不满足上述飞行状态时，那么 K_q 的选取可以根据表 7 - 6 所表示的函数关系通过插值等方法得到。这样的话就需要用一个具体的物理量来表示"飞行状态"。一般情况下飞行状态主要是与飞行高度和速度(真空速或指示空速)相关，当然也与重量和重心有一定的关系。因此，可以用表示高度和速度函数的动压 $\rho V^2/2$ 来表示飞行状态，其中高度在动压中是用密度来间接表示的。采用动压来表示飞行状态，不但具有动力学上的意义，而且在实际应用中也较为方便，即飞行状态作为高度和速度的二元函数，变成了作为动压的单变量函数，这样也可使得 K_q 作为动压的单变量函数计算得到简化。

因此就可以将表 7 - 6 改写为 K_q 和动压 Q_C 之间的表格函数。

表 7 - 7 所表示的函数关系可以方便地在计算机中实现。在实际使用中，飞机当时飞行状态所表示的动压只要在表 7 - 7 中的动压数据范围内，那么可以通过对最接近两点动压所对应的 K_q 值的线性插值就能得到当时动压下的增益 K_q。这种方法也称为控制律参数随动压调参或简称为控制律调参，文献[11]中称为"对飞行状态的适配"。

表 7 - 7　飞机当时飞行状态所表示的动压

飞行状态	着陆	巡航 2	巡航 1
$Q_C/(\text{N}/\text{m}^2)$	2462.0	6262.4	6937.4
K_q	1.77	0.659	0.591

当然如果要使得俯仰角速度控制在整个使用包线(自动飞行控制系统的使用包线)范围内保持性能的不变，那么表 7 - 7 中的数据就需要足够的多，也就是需要选择更多的飞行状态设计 K_q，以构成具有较多数据的表格函数。但一般来说不可能采用整个包线内的所有飞行状态来进行系统设计，只能采用有限个飞行状态来设计。对于自动飞行控制系统来说，其在系统工作中飞行状态之间的转换不是非常激烈的，即飞机飞行中的速度和高度不会发生激烈的变化，并且大多数情况

下使用包线也小于飞机性能包线的,所以选择多少飞行状态来构成表格函数,需要根据具体的使用包线情况来确定。在设计之初可以采用数学仿真的方法,通过使用状态来对所设计的表格函数进行性能仿真计算,以确定其表格函数是否能覆盖使用包线。图 7 - 12 表示了使用包线和设计状态的关系,那些等动压曲线表示了所选定用于设计的飞行状态,很显然如果等动压曲线越密,就说明设计状态越多其表格函数就能覆盖更大区域的使用包线,而且精度也越高,性能也越好。

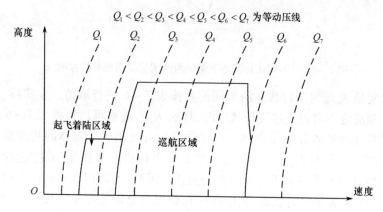

图 7 - 12　飞行状态和飞机使用包线的关系

作为外回路的俯仰角反馈回路增益 K_θ,从方框图上来看是不需要进行按飞行状态进行调节的,但是,如果 K_q 的调参效果有限或受到某些限制的话,则需要对 K_θ 进行调参,以满足俯仰角控制系统性能保持不变,毕竟调参的目的是为了保证俯仰角控制系统的性能保持一致。

从图 7 - 11 的结果来看,为保证俯仰角控制系统的性能的基本一致,仅对 K_q 调参是不够的,还需对 K_θ 进行调参才能达到目的,因此在 K_q 如表 7 - 6 数据的条件下对 K_θ 在 3 个飞行状态下也进行了设计,其结果见表 7 - 8,很明显其主导复极点的性能基本是一致的。

表 7 - 8　不同飞行状态下 K_q 和 K_θ 的设计结果

飞行状态	着陆	巡航 2	巡航 1
$Q_C/(\text{N}/\text{m}^2)$	2462.0	6262.4	6937.4
K_q	1.87	0.659	0.591
K_θ	3.45	1.08	1.05
(ζ, ω_n)	(0.7, 3.35)	(0.7, 3.64)	(0.7, 3.54)

以下给出一个例子,来验证通过插值所得的非设计状态下的增益能否使其性能与设计性能保持一致。假设实际飞行状态是:高度 6000m、速度为 141m/s 下进行巡航飞行,其动压为: $Q_C = 6533.0\text{N}/\text{m}^2$。很明显该飞行状态不在表 7 - 8 中所包

含的设计状态中,其飞机的短周期运动模型为

$$\frac{\Delta q}{\Delta \delta_e} = -\frac{3.152(s+0.5413)}{s^2+1.493s+2.685}$$

因此,其俯仰角速度控制回路的增益 K_q 应按表 7-8 进行插值得到。按两点的线性插值公式(拉格朗日公式):

$$K_q = \frac{1}{Q_{C1}-Q_{C0}}[K_{q1}(Q_C-Q_{C0}) - K_{q0}(Q_C-Q_{C1})] \qquad (7-21)$$

其中 $Q_{C0} < Q_C < Q_{C1}$, K_{q0} 和 K_{q1} 分别对应 Q_{C0} 和 Q_{C1} 时的增益。因此,按表 7-8 以及 $Q_C = 6533.0 \text{N/m}^2$ 可得 $\begin{cases} Q_{C0}=6262.4 \text{ N/m}^2 \\ K_{q0}=0.659 \end{cases}$, $\begin{cases} Q_{C1}=6938.4\text{N/m}^2 \\ K_{q1}=0.591 \end{cases}$。

代入上式,于是得到

$$K_q = 0.6318(\text{V}/(°/s))$$

用该增益对该巡航飞行状态下的俯仰角速度控制回路进行性能计算,类似图 7-7 的闭环传递函数为

$$\frac{\Delta q}{\Delta q_c} = \frac{47.28(s+0.5413)}{(s+1.236)(s^2+10.26s+34.81)}$$

传递函数中二阶环节或振荡模态的阻尼比和无阻尼自然频率分别为

$$\zeta = 0.87, \omega_n = 5.9\text{rad/s}$$

从上述计算结果来看,通过插值所得到的 K_q 能够使得俯仰角速度控制回路的性能基本达到所设定的性能指标,见表 7-6。

同样用线性插值公式对 K_θ 也进行插值计算,其结果为

$$K_\theta = \frac{1}{Q_{C1}-Q_{C0}}[K_{\theta1}(Q_C-Q_{C0}) - K_{\theta0}(Q_C-Q_{C1})] = 1.068$$

其俯仰角控制系统的闭环系统在 $K_q = 0.6318$ 和 $K_\theta = 1.068$ 时短周期运动的类似图 7-8 的闭环传递函数为

$$\frac{\Delta \theta}{\Delta \theta_c} = \frac{50.495(s+0.5413)}{(s+6.102)(s+0.3491)(s^2+5.042s+12.83)}$$

其中振荡模式或二阶环节的阻尼比和无阻尼自然频率分别为

$$\zeta = 0.704, \omega_n = 3.58\text{rad/s}$$

将此结果对照表 7-8,其性能和设计性能基本是一致的。表明采用线性插值进行调参的有效性。在俯仰角指令为幅值 5° 阶跃信号时,上述系统和设计状态(巡航 1)时的时间响应如图 7-13 所示,进入 2% 误差带的调节时间:设计状态时大约为 7s,而非设计状态大约为 9s,动态过程相似,表明性能几乎是相同的。

上例表明,采用有限个设计状态得到的控制参数,完全可以通过按动压的线性插值方法得到其他实际飞行状态时的控制律参数,其控制律调参方法是有效的。

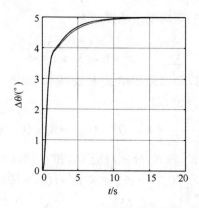

图 7 - 13　非设计状态的俯仰角控制系统阶跃响应

7.2.5　俯仰角控制系统的抗干扰能力分析和计算

1. 扰动作用机理、类型和模型

俯仰角控制系统在对飞机进行控制时,分别完成对俯仰角的保持控制和跟踪由俯仰操纵旋钮所发出的指令。在控制过程中,若在平静大气中,上述俯仰角控制系统的响应对控制过程的预测是可信的;倘若在非平静大气中,则俯仰角控制系统将会遭遇到外干扰对它的作用,这些外干扰一般认为是下降或上升气流和重量、重心的变化等,这些干扰将会影响俯仰角控制系统的性能。

一般而言,在设计控制律参数时是可不采用具有外干扰的短周期运动模型的,而是在设计完成后在数学仿真的过程中来定量观察俯仰角控制系统对外干扰克服的能力。当然,如果俯仰角控制系统对外干扰有特定的性能要求,那么设计之初就需要考虑系统的输出和外干扰的关系函数了,在性能要求下得到控制律参数的最小或最大边界。

那么首先要解决具有外干扰作用下的短周期运动模型。如此的话,短周期运动模型将要增加外干扰输入,而外干扰的建模则取决于外干扰的性质。如果是下降或上升气流的话,则是以扰动迎角的形式加入到短周期运动模型中(见第 5 章),而水平风扰动则对短周期运动无影响;如果是飞机状态变化所引起绕机体轴 $o_b y_b$ 的刚体转动运动,则以扰动俯仰力矩的形式加入到短周期运动模型中。引起飞机俯仰转动的主要由于下列的一些情况,如收放起落架,襟翼的收放、燃油消耗引起重量的改变以及飞机装载重量的变化等,这些都将引起重心、焦点位置和重量的变化,从而产生额外的俯仰力矩,也就是干扰力矩。

关于在这两种扰动下的模型是分析和计算的基本条件。对于上升或下降气流的扰动,其数学模型为式(5 - 20),按此式和短周期运动的简化条件就可以得到气流扰动和 $\Delta\delta_e$ 作用下的短周期运动模型了如下式所示:

$$\begin{bmatrix} \Delta\dot{\alpha}_K \\ \Delta\dot{q} \end{bmatrix} = \begin{bmatrix} Z_\alpha & 1 \\ M_\alpha & M_q \end{bmatrix} \begin{bmatrix} \Delta\alpha_K \\ \Delta q \end{bmatrix} + \begin{bmatrix} Z_{\delta_e} \\ M_{\delta_e} \end{bmatrix} \Delta\delta_e + 57.3 \begin{bmatrix} -Z_\alpha/V_0 \\ -M_\alpha/V_0 \end{bmatrix} w_w \quad (7-22)$$

传递函数模型则为

$$\Delta q = \frac{M_{\delta_e}s + (M_\alpha Z_{\delta_e} - M_{\delta_e}Z_\alpha)}{s^2 + (-Z_\alpha - M_q)s + (Z_\alpha M - M_\alpha)}\Delta\delta_e + 57.3\frac{(-M_\alpha/V_0)s}{s^2 + (-Z_\alpha - M_q)s + (Z_\alpha M - M_\alpha)}w_w$$

$$(7-23)$$

$$\Delta\alpha_K = \frac{Z_{\delta_e}s + (-M_q Z_{\delta_e} + M_{\delta_e})}{s^2 + (-Z_\alpha - M_q)s + (Z_\alpha M - M_\alpha)}\Delta\delta_e$$

$$+57.3\frac{(-Z_\alpha/V_0)s + 57.3 \times (-1/V_0)(-M_q Z_\alpha + M_\alpha)}{s^2 + (-Z_\alpha - M_q)s + (Z_\alpha M - M_\alpha)}w_w \quad (7-24)$$

式中：w_w 为垂直风，向下吹向地面时为正（m/s）；V_0 为飞行速度（m/s）；气动迎角 $\Delta\alpha = \Delta\alpha_K - 57.3(w_w/V_0)$；地速迎角 $\Delta\alpha_K = \Delta\theta - \Delta\gamma$；俯仰角 $\Delta\dot{\theta} = \Delta q$。

上述 $\Delta\alpha_K$、$\Delta\alpha$、$\Delta\theta$、$\Delta\gamma$ 的单位均为度。由式（7-23）可得到俯仰角控制系统在垂直风作用下的俯仰角控制系统框图如图 7-14 所示。

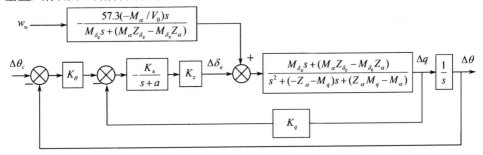

图 7-14　垂直风作用下的俯仰角控制系统方框图

对于俯仰力矩扰动的数学模型，可按下述方法建立。扰动俯仰力矩主要是由于重量和重心的变化而引起，如起落架收放、燃油消耗和飞机装载重量的改变；而襟翼的收放则主要影响机翼焦点位置以及产生附加的升力，这些改变都会产生对重心的俯仰力矩增量。

作为扰动力矩应该增加到纵向动力学模型式（4-57）的俯仰力矩方程（即第三个方程）中去。若扰动力矩为 M_d，则式（4-57）表示的纵向动力学模型为

$$\begin{bmatrix} \Delta\dot{V} \\ \Delta\dot{\alpha} \\ \Delta\dot{q} \\ \Delta\dot{\theta} \end{bmatrix} = \begin{bmatrix} X_V & X_\alpha & 0 & -g \\ Z_V & Z_\alpha & 1 & 0 \\ M_V & M_\alpha & M_q & 0 \\ 0 & 0 & 1 & 0 \end{bmatrix} \begin{bmatrix} \Delta V \\ \Delta\alpha \\ \Delta q \\ \Delta\theta \end{bmatrix} + \begin{bmatrix} X_{\delta_e} & X_{\delta_T} \\ Z_{\delta_e} & Z_{\delta_T} \\ M_{\delta_e} & M_{\delta_T} \\ 0 & 0 \end{bmatrix} \begin{bmatrix} \Delta\delta_e \\ \Delta\delta_T \end{bmatrix} + \begin{bmatrix} 0 \\ 0 \\ M_d/I_y \\ 0 \end{bmatrix}$$

$$(7-25)$$

其中扰动力矩 M_d 的符号是按右手定则确定，飞机低头为负、抬头为正。按式

(7-25)采用短周期运动的假设,即受扰后的最初运动只是俯仰力矩作用下的刚体转动运动,于是在 $\Delta\delta_e$ 和扰动力矩共同作用下的短周期运动方程为

$$\begin{bmatrix}\Delta\dot{\alpha}\\\Delta\dot{q}\end{bmatrix}=\begin{bmatrix}Z_\alpha & 1\\M_\alpha & M_q\end{bmatrix}\begin{bmatrix}\Delta\alpha\\\Delta q\end{bmatrix}+\begin{bmatrix}Z_{\delta_e}\\M_{\delta_e}\end{bmatrix}\Delta\delta_e+\begin{bmatrix}0\\M_d/I_y\end{bmatrix} \qquad (7-26)$$

式中: $\Delta\dot{\theta}=\Delta q$。

传递函数形式的模型分别为

$$\Delta q=\frac{M_{\delta_e}s+(M_\alpha Z_{\delta_e}-M_{\delta_e}Z_\alpha)}{s^2+(-Z_\alpha-M_q)s+(Z_\alpha M_q-M_\alpha)}\Delta\delta_e+\frac{s-Z_\alpha}{s^2+(-Z_\alpha-M_q)s+(Z_\alpha M_q-M_\alpha)}\frac{M_d}{I_y}$$
$$(7-27)$$

$$\Delta\alpha=\frac{Z_{\delta_e}s+(-M_q Z_{\delta_e}+M_{\delta_e})}{s^2+(-Z_\alpha-M_q)s+(Z_\alpha M_q-M_\alpha)}\Delta\delta_e+\frac{1}{s^2+(-Z_\alpha-M_q)s+(Z_\alpha M_q-M_\alpha)}\frac{M_d}{I_y}$$
$$(7-28)$$

从式(7-27)中进行变形后得到

$$\Delta q=\frac{M_{\delta_e}s+(M_\alpha Z_{\delta_e}-M_{\delta_e}Z_\alpha)}{s^2+(-Z_\alpha-M_q)s+(Z_\alpha M_q-M_\alpha)}\left(\Delta\delta_e+\frac{s-Z_\alpha}{M_{\delta_e}s+(M_\alpha Z_{\delta_e}-M_{\delta_e}Z_\alpha)}\frac{M_d}{I_y}\right)$$
$$(7-29)$$

式(7-29)的形式可以方便地用方框图表示,如图7-15所示。

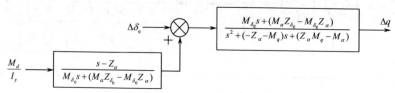

图7-15　俯仰扰动力矩作用下的飞机短周期运动模型方框图

图7-15可以用作在进行数学仿真时干扰力矩的施加方式。图7-16就表示了俯仰角控制系统具有外干扰力矩作用时的方框图,可用于外干扰作用下的俯仰角控制系统的分析和研究。

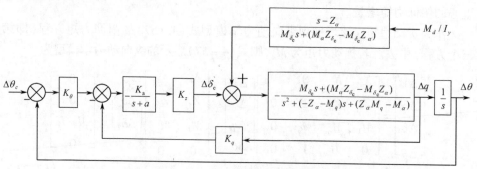

图7-16　俯仰扰动力矩作用下的俯仰角控制系统方框图

　　对于外干扰力矩主要是由于重心和重量的变化所引起,以下研究重心和重量变化所产生的俯仰力矩计算方法。

　　1）重心变化引起的俯仰干扰力矩

　　重心移动改变了机翼和平尾升力对重心的力臂,从而产生相对于平衡状态的俯仰干扰力矩,此力矩将使飞机产生俯仰转动,由于平尾的升力小、力臂较长,因此重心的小范围移动对于平尾对重心的力矩几乎不起作用,而主要考虑机翼升力对俯仰力矩的影响。

　　由于重心变化或移动将影响到纵向静稳定性,因此飞机设计必须使得:在任何飞行状态下,都要保证重心在焦点之前且有一定的距离,以保证必要的纵向静稳定性。所以,这里研究的重心移动是一种有限距离的移动,是在容许的纵向静稳定性范围内的。

　　飞机重心位置一般是用重心相对于机翼前缘（机翼平均气动弦前缘）的距离 x_{cg} 和机翼平均气动弦 c_A 之比来表示的,即

$$\overline{x_{cg}} = \frac{x_{cg}}{c_A} \times 100\% \tag{7-30}$$

　　假设在重心变化前,飞机处在平衡（配平）状态,且进行平飞,其重心位置为 x_{cg0},平衡俯仰角为 θ_0,如图 7-17 示,F 点为焦点。

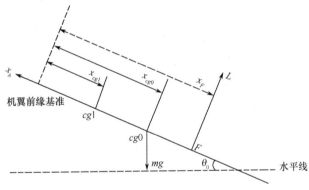

图 7-17　中心变化引起的扰动力矩

　　在平衡状态,假定飞机的升力主要是由机翼提供,忽略平尾升力,因此有

$$L = mg\cos\theta_0 \tag{7-31}$$

　　如果重心发生移动,即从原来的重心 $cg0$ 向前移动到 $cg1$ 点,此时新重心位置距离机翼前缘为 x_{cg1},此时由于机翼升力没有改变,仅重心产生移动,所以产生升力对重心的转动力矩,由于该力矩是低头力矩,其符号应为负,有

$$M = -L\left[(x_F - x_{cg0}) + (x_{cg0} - x_{cg1})\right] \tag{7-32}$$

　　对式（7-32）进行变化后得到

$$M = -L(x_F - x_{cg0}) - L(x_{cg0} - x_{cg1}) \tag{7-33}$$

显然等式的右边第一项是重心未受到扰动时的机翼对重心的力矩,或者说是平衡状态时机翼产生的俯仰力矩,并被平尾力矩所平衡;而第二项则完全是由重心的移动贡献的俯仰力矩,也就是干扰力矩,因此:

$$M_d = -L(x_{cg0} - x_{cg1}) \qquad (7-34)$$

由于升力没有发生变化,上式中的升力和平衡时的升力是一致的,可将式(7-31)代入式(7-34)后得到由于重心移动所产生的外干扰力矩为

$$M_d = -mg\cos\theta_0(x_{cg0} - x_{cg1}) \qquad (7-35)$$

如果不计重心移动对平尾力矩的影响(事实上也如此,由于此重心移动一般都是在焦点之前的有限移动,因此对平尾来说力臂变化不大,完全可以忽略),则上式就可以作为重心移动时的外干扰力矩。

从式(7-35)中,注意到当 $x_{cg1} < x_{cg0}$ 时,干扰力矩将加大机翼的低头力矩,使得飞机从平衡位置向下转动而低头,为负力矩;而当 $x_{cg1} > x_{cg0}$ 时,干扰力矩相当于减小了机翼的低头力矩,结果使得飞机从平衡位置向上转动而抬头,为正力矩,式(7-35)的描述和实际情况是一致的。

2)重量变化引起的俯仰力矩

重量的变化将首先破坏飞机的平衡(或配平)状态,若重量从 $m_0 g$ 减小到 $m_1 g$,其重量减小了 Δmg。如此,按式(7-31)则原来飞机平衡升力将满足:

$$L = m_0 g\cos\theta_0 > m_1 g\cos\theta_0 \qquad (7-36)$$

这样剩余升力 $\Delta L = L - m_1 g\cos\theta_0$ 将使得飞机的航迹向上弯曲进行爬升,此时航迹倾角将会从平衡状态时的零增加大于零的角度,如果飞机力矩没有变化,那么在俯仰角不变的情况下航迹倾角的增加也就使得迎角减小。迎角减小后所产生的稳定力矩将要小于平衡状态下的稳定力矩,从而使得飞机在俯仰方向发生刚体转动运动,因此迎角的变化或迎角增量(相对于平衡迎角)所产生的稳定力矩是干扰力矩。在产生一系列的动力学行为后,最终迎角将减小以使得升力变小,从而和重量减小后的飞机重新获得平衡。所以总的来说,重量的减小将产生使飞机低头的负力矩扰动。

重量变化后,设相对于平衡迎角的减小其增量迎角为 $\Delta\alpha$ 且其稳定力矩比平衡状态稳定力矩减小为

$$\Delta M = \left(\frac{1}{2}\rho V_0^2\right)S_w c_A C_{m\alpha}\Delta\alpha \qquad (7-37)$$

该力矩也可以这样认为是由剩余升力所产生的,并假定转动点和剩余升力之间的力臂距离为 Δx。

$$\Delta M = \Delta L \cdot \Delta x = \left(\frac{1}{2}\rho V_0^2\right)S_w C_{L\alpha}\Delta\alpha\Delta x \qquad (7-38)$$

式(7-37)和式(7-38)为迎角减小后扰动力矩的两种表达形式。综合上述两式得到

$$\Delta x = \frac{C_{m\alpha}}{C_{L\alpha}} c_A \qquad (7-39)$$

平衡状态时,重量的减小,就相当于升力的增加,其剩余升力恰好等于重量的减少量,即

$$\Delta L = \Delta mg = m_0 g - m_1 g \qquad (7-40)$$

将式(7-39)和式(7-40)代入到式(7-38)后得到扰动力矩为

$$M_d = \Delta M = \Delta mg \frac{C_{m\alpha}}{C_{L\alpha}} c_A \qquad (7-41)$$

由于 $C_{m\alpha} < 0 , C_{L\alpha} > 0$,所以 $M_d < 0$ 故重量减小所产生的扰动是负力矩,这与前面的分析是一致的。

在上述分析中分别考虑了重心和重量单独变化时的扰动力矩建模,在实际中重心和重量是同时变化的,因此可以将式(7-35)和式(7-41)两项扰动力矩合并在一起就可以描述这种情况了,即

$$M_d = -mg\cos\theta_0 (x_{cg0} - x_{cg1}) + (m_0 g - m_1 g) \frac{C_{m\alpha}}{C_{L\alpha}} c_A \qquad (7-42)$$

在实际飞行中,重心和重量的变化是用一条曲线来描述的,如图 7-18 所示。因此,需要将此转变为随飞行时间变化的曲线后,再通过式(7-42)就可以加入图7-16 的模型中进行数学仿真研究。

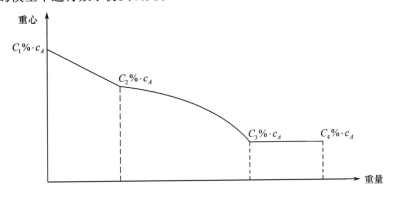

图 7-18　重心和重量在飞行中的变化

当然如果将重心或重量的变化近似为时间离散的,而且远远大于飞机的响应时间,这样就可以将重心和重量的变化产生的干扰力矩可作为常值力矩来进行研究。

2. 扰动对俯仰角控制系统的作用分析

扰动主要影响俯仰角控制系统的动态和稳态性能。对于动态性能来说,可能会影响到响应的快速性(调节时间和上升时间),并可能使得超调量过大而超出限制范围;而稳态性能方面,可能存在有静差从而降低了系统精度等。

可通过建立在扰动输入下的数学模型来研究上述问题,以下将分别研究风和干扰力矩对俯仰角控制系统的作用机理。

在垂直风和扰动力矩作用下(指令俯仰角为零),由图7-14和图7-16得到俯仰角控制系统闭环传递函数分别为

$$\frac{\Delta\theta}{w_w} = \frac{57.3(-M_\alpha/V_0) \cdot s \cdot (s+a)}{s(s+a)[s^2+(-Z_\alpha-M_q)s+(Z_\alpha M_q-M_\alpha)]-K_a K_z(K_\theta+K_q s)[M_{\delta_e}S+(M_\alpha Z_{\delta_e}-M_{\delta_e}Z_\alpha)]}$$

(7-43)

$$\frac{\Delta\theta}{M_d} = \frac{(s-Z_\alpha)(s+a)/I_y}{s(s+a)[s^2+(-Z_\alpha-M_q)s+(Z_\alpha M_q-M_\alpha)]-K_a K_z(K_\theta+K_q s)[M_{\delta_e}S+(M_\alpha Z_{\delta_e}-M_{\delta_e}Z_\alpha)]}$$

(7-44)

如果是常值的垂直风和扰动力矩,则垂直风和扰动力矩的模型可写为

$$w_w = \frac{K_w}{s}$$

$$M_d = \frac{K_M}{s}$$

式中:K_w 和 K_M 分别是常值风速和力矩的数值。

因此,在常值垂直风和扰动力矩作用下的俯仰角控制系统的输出俯仰角的稳态值为

$$\Delta\theta_w(\infty) = 0$$

$$\Delta\theta_M(\infty) = \frac{Z_\alpha a(K_M/I_y)}{K_\alpha K_z K_\theta(M_\alpha Z_{\delta_e}-M_{\delta_e}Z_\alpha)}$$

(7-45)

式中:$\Delta\theta(\infty)_w$ 和 $\Delta\theta(\infty)_M$ 分别为垂直风和扰动力矩作用下的输出响应稳态值。

俯仰角控制系统在垂直风扰动作用下,其俯仰角的稳态值为零,表明当系统进入稳态后,垂直风对系统的输出没有影响,系统不存在稳态误差。原因是其开环传递函数为"I"型系统,稳态误差为零。而在常值扰动力矩作用下,其系统输出的稳态值却不为零,说明对于常值扰动力矩的作用俯仰角控制系统将有稳态误差,从而影响系统输出的精度。

从式(7-43)可得到,如果垂直风是随时间变化的斜坡信号形式,那么俯仰角控制系统输出稳态值就不为零了,表明系统的输出对斜坡垂直风存在有稳态误差,将影响系统的稳态控制精度。而从式(7-44)可得到,若扰动力矩为斜坡形式时,则稳态误差将趋向无穷大,即输出将跟随扰动力矩的增长而增长。

若垂直风具有下述的斜坡信号形式:

$$w_w = \frac{K_w}{s^2}$$

则由式(7-43)得到其输出响应的稳态值分别为

$$\Delta\theta_w(\infty) = \frac{57.3(M_\alpha/V_0)a}{K_\alpha K_z K_\theta(M_\alpha Z_{\delta_e}-M_{\delta_e}Z_\alpha)}$$

(7-46)

以上结果表明:对俯仰角控制系统来说消除常值垂直风是有效的,而无法消除常值俯仰扰动力矩对系统精度的影响。因此,用常值扰动力矩作用下的性能可更

好地描述俯仰角控制系统的精度和能力,例如在重心和重量变化下或襟翼收放时的控制能力和精度的要求,对系统则更为有意义。

对于图 7 – 8 所示的俯仰角控制系统,在下降风为 5m/s 作用时的方框图如图 7 – 19 所示。

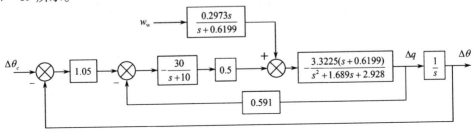

图 7 – 19 举例飞机在下降风 5m/s 作用下的俯仰角控制系统

在指令俯仰角为零的情况下,施加 5m/s 的常值下降风后,俯仰角、俯仰角速度、迎角以及升降舵偏角的响应如图 7 – 20 所示(注意:风是在仿真开始后的 2s 时加入的)。很明显,输出 $\Delta\theta$ 差不多 15s 后就进入了稳态,其稳态值为零,这与前面的分析是一致的。

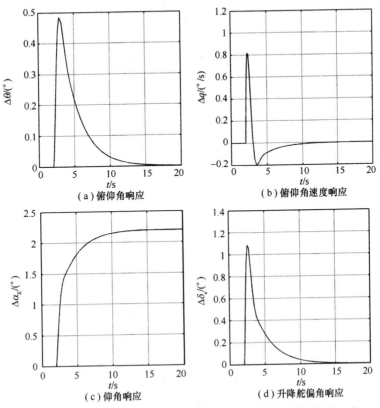

图 7 – 20 5m/s 常值下降风作用下的俯仰角控制系统的阶跃响应

地速迎角的稳态值为 2.2°,表明有风后,地速矢量必然改变,但气动迎角的稳态值为零,因为:

$$\Delta\alpha = \Delta\alpha_k - 57.3\left(\frac{w_w}{V_0}\right) = 2.2° - 57.3 \times \frac{5}{130.14} \approx 0$$

在指令俯仰角为零的情况下,施加斜率为 1m/s 的斜坡形式的下降风后,俯仰角、俯仰角速度、迎角以及升降舵偏角的响应如图 7-21 所示。

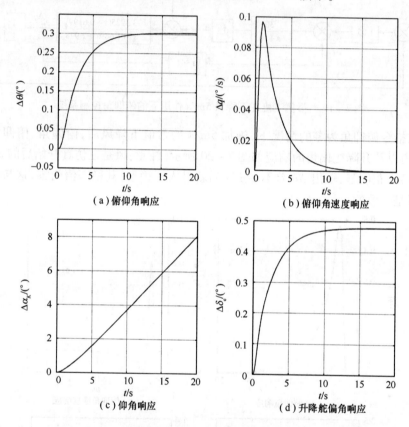

（a）俯仰角响应　　　　　　　　（b）俯仰角速度响应

（c）仰角响应　　　　　　　　（d）升降舵偏角响应

图 7-21　1m/s 斜坡下降风作用下的俯仰角控制系统的斜坡响应

图 7-21 中地速迎角将随下降风的增大而增大,符合地速矢量特性,而气动迎角将经过短暂的动态后回到零,因此稳态时地速迎角的变化将满足:

$$\Delta\alpha_K = \frac{57.3 w_w}{V_0} = \frac{57.3 t}{130.14} \approx 0.44t$$

式中:t 为时间(单位:s)。

通过对式(7-46)的计算可得到系统俯仰角响应的稳态值为

$$\Delta\theta_w(\infty) = 0.303°$$

此结果和图 7-21 中的结果是一致的。

对俯仰角控制系统,在常值扰动力矩作用下的框图如图 7 - 22 所示。

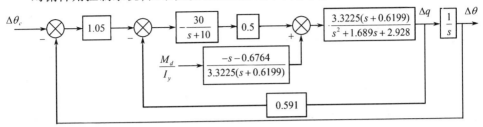

图 7 - 22 俯仰扰动力矩作用下的俯仰角控制系统

若设 $M_d/I_y = 2 \, °/s^2$,使飞机向上转动的常值扰动作用下,系统的响应如图 7 - 23 所示(计算时,令 $\Delta\theta_c = 0$,即俯仰角保持状态,干扰在系统工作 2s 后加入)。

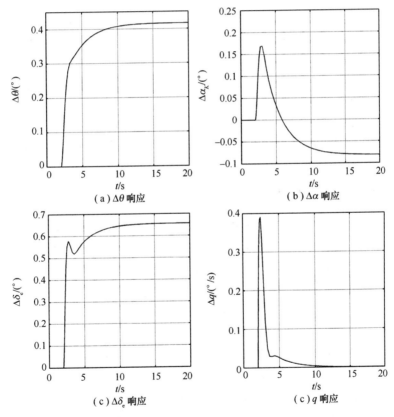

（a）$\Delta\theta$ 响应　　　　　（b）$\Delta\alpha$ 响应

（c）$\Delta\delta_e$ 响应　　　　　（c）q 响应

图 7 - 23 常值俯仰扰动力矩作用下的俯仰控制系统的阶跃响应

显然响应中的 $\Delta\theta$ 存在稳态误差,这与前面分析的结果是一致的(见式(7 - 45))。

7.3 垂直速度控制系统

垂直速度(又称升降速度)控制是现代自动飞行控制系统的重要模式,系统将按最优(或最省油)的垂直速度自动控制飞机的爬升或下降。在一些飞机上,已经将垂直速度控制系统作为纵向自动飞行控制系统的默认模式,改变了以俯仰角自动控制系统作为默认模式的传统。

从动力学来看,对垂直速度的控制。若在飞行速度或空速不变的条件下,实际上就是对纵向轨迹角或航迹倾角的控制,而对轨迹角的控制是飞机驾驶的最终目标。从这一意义上来说,垂直速度控制系统成为纵向自动飞行控制系统的重要工作模式是容易理解的。

但从固定翼飞机纵向运动的操纵实质来说,只能通过改变俯仰力矩来达到对垂直速度的控制。这也就是说,航迹倾角或纵向轨迹角是无法通过升降舵的偏转直接达到改变的目的,而是需要通过对俯仰角的控制来间接达到对纵向轨迹倾角的控制目的。因此,对于垂直速度控制系统其核心是俯仰角控制系统,将是以此作为内回路来建立垂直速度控制系统。

驾驶员通过自动飞行控制系统的模式/操作面板的旋钮来给定垂直速度指令,或由飞行管理计算机自动给出该指令[16]。而垂直速度的反馈信号可来自大气数据系统。

7.3.1 垂直速度控制系统的模型

飞机的垂直速度,实际指的是飞机重心相对于地面坐标系沿 $o_e z_e$ 轴方向的速度,但方向与 $o_e z_e$ 轴相反。一般可采用测量空气静压或重心加速度的形式来间接测量,也可以采用静压和加速度进行互补组合滤波处理以得到高精度的信息。

从运动学方程(4-58)中,可以得到垂直速度的线性化方程为

$$\Delta w_e = -V_0 \cos\gamma_0 \Delta\gamma - \sin\gamma_0 \Delta V \tag{7-47}$$

式中:γ_0、V_0 为飞机平衡状态时的航迹倾角度和速度。

在实际中常用高度作为变量并以标准海平面作为测量基准,平衡状态时的高度为 H_0,则式(7-47)可改写为

$$\Delta\dot{H} = V_0 \cos\gamma_0 \Delta\gamma + \sin\gamma_0 \Delta V \tag{7-48}$$

很显然,$\Delta\dot{H} < 0$ 表示飞机下降,$\Delta\dot{H} > 0$ 表示飞机爬升。在控制系统设计中,式(7-48)是常用的垂直速递模型。如果平衡状态下 $\gamma_0 \approx 0$,则式(7-48)就可以简化为

$$\Delta\dot{H} = (V_0 \cdot \Delta\gamma)/57.3 = \left(\frac{V_0}{57.3}\right) \cdot \Delta\gamma \tag{7-49}$$

式中:$\Delta\gamma$ 单位是(°)。

由于是通过俯仰角控制系统来控制垂直速度,因此需要求出航迹倾角和俯仰角之间的关系,即

$$\Delta\gamma = \Delta\theta - \Delta\alpha \qquad (7-50)$$

所以

$$\Delta\dot{H} = \left(\frac{V_0}{57.3}\right)(\Delta\theta - \Delta\alpha) \qquad (7-51)$$

对式(7-50)做一变换,并写成传递函数的形式得到

$$\frac{\Delta\gamma(s)}{\Delta\theta(s)} = 1 - \frac{\Delta\alpha(s)}{\Delta\theta(s)} \qquad (7-52)$$

而在短周期运动的条件下,则有

$$\frac{\Delta\alpha(s)}{\Delta\theta(s)} = \left[\frac{\Delta\alpha(s)}{\Delta\delta_e(s)}\right] \Big/ \left[\frac{\Delta\theta(s)}{\Delta\delta_e(s)}\right] \qquad (7-53)$$

将此结果,代入式(7-52)于是有

$$\frac{\Delta\gamma(s)}{\Delta\theta(s)} = \frac{-Z_{\delta_e}s^2 + M_q Z_{\delta_e}s + (M_\alpha Z_{\delta_e} - M_{\delta_e}Z_\alpha)}{M_{\delta_e}s + (M_\alpha Z_{\delta_e} - M_{\delta_e}Z_\alpha)} \qquad (7-54)$$

式(7-54)的使用需要注意:在某些飞行状态下式(7-54)很容易成为非最小相位系统,从而对系统设计增加了困难,所以为避免这一现象,一般采用以下的近似模型。由于在式(7-54)中 $Z_{\delta_e} \approx 0$(对于大型飞机来说尤其这样),如此就得到

$$\frac{\Delta\gamma(s)}{\Delta\theta(s)} = \frac{-Z_\alpha}{s - Z_\alpha} \qquad (7-55)$$

如果 $Z_{\delta_e} \neq 0$,则可由式(7-54)得到简化形式为

$$\frac{\Delta\gamma(s)}{\Delta\theta(s)} \approx \frac{\left(M_\alpha \dfrac{Z_{\delta_e}}{M_{\delta_e}} - Z_\alpha\right)}{s + \left(M_\alpha \dfrac{Z_{\delta_e}}{M_{\delta_e}} - Z_\alpha\right)} \qquad (7-56)$$

式(7-56)用在系统设计中的精度是足够的,并能保证是最小相位系统,将此式代入到式(7-49)中,从而

$$\Delta\dot{H} = \left(\frac{V_0}{57.3}\right) \cdot \frac{\left(M_\alpha \dfrac{Z_{\delta_e}}{M_{\delta_e}} - Z_\alpha\right)}{s + \left(M_\alpha \dfrac{Z_{\delta_e}}{M_{\delta_e}} - Z_\alpha\right)} \cdot \Delta\theta(s) \qquad (7-57)$$

式中:$\Delta\theta(s)$ 的单位是(°)。

根据式(7-57)就可以建立在俯仰角控制系统基础上垂直速度控制系统了,而式(7-51)则可使用在建立数学仿真的模型。

7.3.2 垂直速度控制系统的设计

垂直速度控制系统是由俯仰角控制系统作为内回路的,垂直速度控制器将形成俯仰角指令并作为俯仰角控制系统的输入,进而对垂直速度实施控制。同时根据负反馈的原则,需引入垂直速度的反馈作为控制器生成俯仰角指令的必要信息。垂直速度控制系统的方框图如图7-24所示。

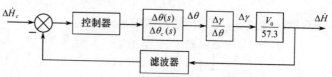

图 7 - 24   垂直速度控制系统方框图

上述垂直速度控制系统中 $\Delta\theta(s)/\Delta\theta_c(s)$ 为俯仰角控制系统的闭环传递函数,且开环传递函数并不包含积分环节,将会存在垂直速度的稳态误差。所以垂直速度控制系统控制律的基本结构是由比例和积分环节所组成。下面以具体例子来说明垂直速度控制系统的设计。

高度4000m,速度130m/s下飞机动力学和俯仰角控制系统的模型(图7-8),在 $K_q = 0.591$ 和 $K_\theta = 1.05$ 时的闭环传递函数为

$$\frac{\Delta\theta}{\Delta\theta_c} = \frac{52.3373(s+0.6199)}{(s+6.207)(s+0.3948)(s^2+5.087s+13.24)} \qquad (7-58)$$

由式(7-54)和式(7-55),此飞行状态下飞机俯仰角和轨迹角之间的关系为

$$\frac{\Delta\gamma}{\Delta\theta} = \frac{0.6199}{s+6.199}, \frac{\Delta\dot{H}}{\Delta\theta} = 2.2712 \times \frac{0.6199}{s+6.199} = \frac{1.4079}{s+0.6199} \qquad (7-59)$$

从而垂直速度控制系统的方框图如图7-25所示。

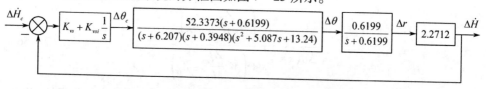

图 7 - 25   例子飞机垂直速度控制系统方框图

在反馈回路中,为了滤除垂直速度信号中的高频分量,一般要采用低通滤波器,由于低通滤波器的时间常数较小,因此一般情况下并不影响系统的性能和设计,故可忽略。当然,可以通过数学仿真的方法来确定滤波器的时间常数。

当控制律结构确定后就可进行参数选择,首先确定系统的主要参数增益 K_{vs},而后再设计用于改善系统稳态精度的积分增益 K_{vsi}。在比例积分控制中,K_{vs} 起主要作用,而 K_{vsi} 则主要用于响应的后期以改变稳定精度,因此在设计 K_{vs} 时,可先假定 $K_{vsi} \approx 0$,这样就可以将 K_{vs} 作为闭环特征根的单一变量绘制根轨迹。

当 K_{vs} 变化时的系统闭环特征根的根轨迹曲线如图 7 - 26 所示。

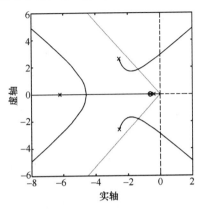

图 7 - 26　K_{vsi} 变化时的系统闭环根轨迹

由于需要同时选择两个参数 K_{vs}、K_{vsi}，因此在用根轨迹设计时需要考虑两个参数之间的折中。通过参数之间的折中还要使得系统的振荡模态仍是由一对主导复极点所决定，以不改变短周期运动模态的特征。

在这样的要求下，设计 K_{vs} 时，应使得系统的主导复极点是欠阻尼的（如果在 0.6 ~ 0.7 之间是较为适当的），这样将有利于 K_{vsi} 的选择，并满足闭环极点中仍是存在一对主导复极点。

如图 7 - 26 所示当 $K_{vs} = 0.936$ 时，主导复极点的阻尼比为 0.601，振荡模态是由复极点 $s_{1,2} = 1.3897 \pm 1.8459j$ 决定的。

为了设计 K_{vsi}，则需要对图 7 - 25 所示的系统的闭环特征方程进行变换。图 7 - 25 闭环特征方程为

$$1 + \left(K_{vs} + \frac{K_{vsi}}{s} \right) \cdot G = 0 \qquad (7 - 60)$$

式中：$\Delta \dot{H} / \Delta \theta_c = G(s)$，$K_{vs}$ 是已知的。

式 (7 - 60) 的两边同除以因子 $1 + K_{vs}G$ 得到

$$1 + K_{vsi} \frac{G}{s(1 + K_{vs}G)} = 0 \qquad (7 - 61)$$

显然式 (7 - 61) 则是以开环传递函数 $G_{op} = G / [s(1 + K_{vs}G)]$，反馈增益 K_{vsi} 所构成负反馈系统的闭环特征方程，因此其闭环特征根的根轨迹是以其开环传递函数 G_{op} 进行绘制，显然满足式 (7 - 60) 和式 (7 - 61) 在 K_{vsi} 变化时的根轨迹是一致的。对本例来说，开环传递函数为

$$G_{op} = \frac{73.6866}{s(s + 5.115)(s + 3.845)(s^2 + 2.729s + 5.157)}$$

当 K_{vsi} 变化时，其闭环根轨迹如图 7 - 27 所示。

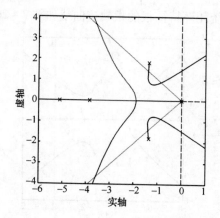

图 7 - 27 K_{vsi} 变化时的系统闭环根轨迹

由于 K_{vsi} 将决定积分器工作时的性能,因此将主动复极点选择在阻尼比为 0.7 处,此时 $K_{vsi}=0.388$。

当 $K_{vs}=0.936,K_{vsi}=0.388$ 时,在指令垂直速度为 5m/s 的阶跃输入下,垂直速度控制系统的响应如图 7 - 28 所示。

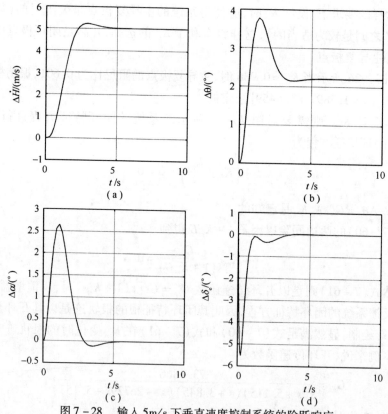

图 7 - 28 输入 5m/s 下垂直速度控制系统的阶跃响应

垂直速度控制系统,对垂直风和俯仰扰动力矩作用下的抗干扰能力可通过数学仿真的方法进行,需要注意的是:从俯仰角到 $\Delta \dot{H}$ 之间的模型必须使用式(7 – 51),而采用式(7 – 55)则误差较大,甚至得到相反的结果。

对本例而言,在垂直风和俯仰扰动力矩作用时,利用式(7 – 51)以及式(7 – 23)和式(7 – 24)得到其垂直风以及俯仰扰动力矩作用下的方框图如图 7 – 29所示。

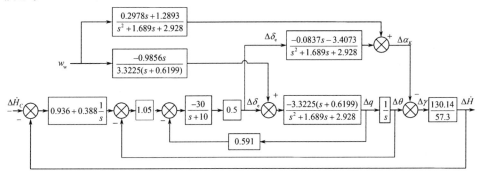

图 7 – 29　垂直风扰动下的垂直速度控制系统方框图

在垂直风扰动时,设 $\Delta \dot{H}_C = 0$,且 $w_w = 5\text{m/s}$ 的阶跃下降风(阶跃发生在系统工作后 2s)。其响应曲线如图 7 – 30 所示。

明显地,对 $\Delta \dot{H}$ 而言不存在稳态误差,且 $\Delta \delta_e$ 的偏角变化也是满意的,但形成了 $\Delta \alpha_K$ 和 $\Delta \theta$ 的稳态误差。

而如果是斜坡形成的下降风作用下,仿真时设 $\Delta \dot{H}_C = 0$,$w_w = t$,t 是时间,则响应如图 7 – 31 所示。

显然 $\Delta \dot{H}$ 存在有稳态误差(稳态值大约为 – 1.13m/s),保持 $\Delta \dot{H}$ 不变的主要原因是 $\Delta \delta_e$ 向上偏转了一个固定的角度(大约为 – 0.147°),但同时也使得 $\Delta \theta$ 随时间不断增长,除非扰动消失,显然以这种形式抵抗斜坡垂直风的扰动来保持 $\Delta \dot{H}_C = 0$ 是没有意义的,因此垂直速度控制系统只能抵抗短时的斜坡垂直风,并形成稳态误差。

对于俯仰扰动力矩作用下的垂直速度控制系统方框图如图 7 – 32 所示。同样在 $\Delta \dot{H}_C = 0$ 时,分别输入两种扰动形式,即 $M_d / I_y = 5°/\text{s}^2$ 阶跃动力矩和 $M_d / I_y = t°/\text{s}^2$($t$ 为时间,单位:s)的斜坡形式,这两种扰动力矩均为使飞机抬头的力矩($M_d / I_y > 0$)。

阶跃扰动力矩作用下的响应曲线如图 7 – 33 所示。

垂直速度控制系统,对阶跃俯仰扰动力矩的作用无稳态误差,但 $\Delta \delta_e$、$\Delta \alpha$、$\Delta \theta$ 形成了稳态误差(稳态值分别为 1.64°、– 0.2°、– 0.2°),$\Delta \alpha$ 和 $\Delta \theta$ 的低头作用就

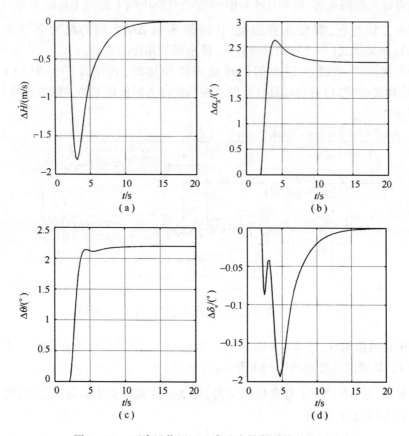

图 7 - 30 下降风作用下垂直速度控制系统的阶跃响应

是为抵抗抬头扰动力矩,使得 $\Delta \dot{H}$ 无稳态误差。

在斜坡扰动力矩作用下的系统响应曲线如图 7 - 34 所示。

显然 $\Delta \dot{H}$ 存在稳态误差,大约为 $0.642 \mathrm{m/s}$。表明在不断随时间增长的斜坡抬头干扰力矩作用下,飞机将向上爬升。由于扰动力矩使飞机连续地抬头,为维持垂直速度的不变,系统使得升降舵向下偏转($\Delta \delta_e > 0$)以产生负的低头力矩来抵抗。但由于扰动力矩随时间增大,因此升降舵向下偏转角也随时间增大。若斜坡扰动力矩是短时的扰动,那么升降舵偏转角只在短时增大,只要在其舵的权限范围内则是可行的,如果扰动是长期的或所需升降舵偏转角超过权限,那么系统将不具有抵抗斜坡俯仰扰动力矩的能力。

7.3.3 飞行状态对垂直速度控制系统的影响

由于俯仰角控制系统是一个需要进行独立工作的模式,其控制律必须要随飞行状态进行调参。因此对垂直速度控制系统来说,就意味着其内回路的性能将是

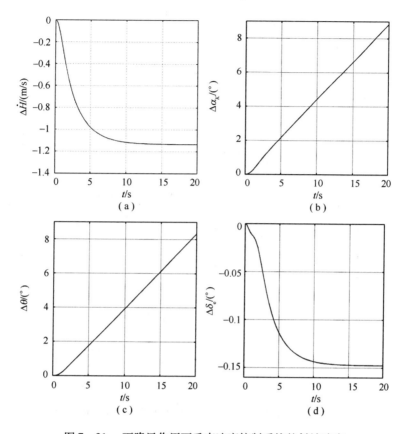

图 7 - 31 下降风作用下垂直速度控制系统的斜坡响应

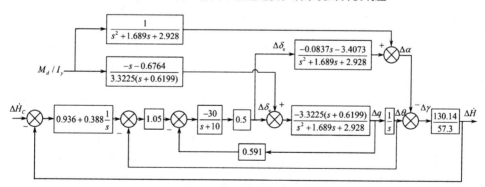

图 7 - 32 俯仰扰动力矩作用下的垂直速度控制系统方框图

基本不变的,那么飞行状态对其性能的影响主要是由式(7 - 56)中的速度 V_0 和 Z_α ($Z_{\delta_e} \approx 0$)随飞行速度和高度的变化所引起,特别是速度的变化对开环传递函数影响非常明显。式(7 - 55)在不同飞行状态下的结果见表 7 - 9。

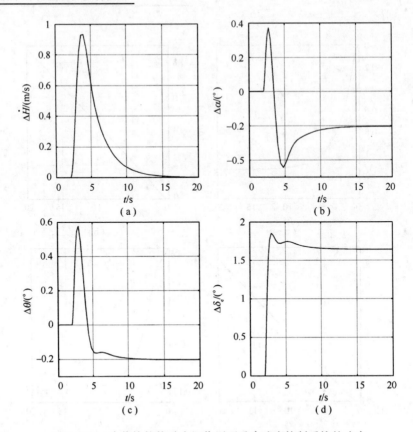

图 7 - 33   常值俯仰扰动力矩作用下垂直速度控制系统的响应

表 7 - 9   不同飞行状态下的 $\Delta\dot{H}/\Delta\theta$ 的传递函数

着陆	巡航 1	巡航 2
$H = 0\text{m}, V_0 = 63\text{m/s}$	$H = 4000\text{m}, V_0 = 130\text{m/s}$	$H = 7000\text{m}, V_0 = 154\text{m/s}$
$\dfrac{\Delta\dot{H}}{\Delta\theta} = 1.1065 \cdot \left(\dfrac{0.5762}{s + 0.5762} \right)$	$\dfrac{\Delta\dot{H}}{\Delta\theta} = 2.2712 \cdot \left(\dfrac{0.6199}{s + 0.6199} \right)$	$\dfrac{\Delta\dot{H}}{\Delta\theta} = 2.6237 \cdot \left(\dfrac{0.4773}{s + 0.4773} \right)$

　　从表 7 - 9 中可以看到,不同飞行状态时速度 V_0 的变化使开环传递函数的增益也有较大变化,这将影响到闭环系统的上升时间和超调量。尽管如此,由于垂直速度控制系统控制律中包含有积分环节,所以并不能影响系统的稳态精度。而另一个参数 Z_α 所形成的极点和短周期运动传递函数中的零点相抵消,因而 Z_α 的变化对系统性能的影响几乎可以忽略不计。所以在垂直速度控制系统中主要考虑 V_0 的变化对性能的影响。

　　如果俯仰角控制系统的 K_q 和 K_θ 进行调参后,那么飞行速度对垂直速度性能的影响主要是在调节时间方面,特别是在小速度下(起飞和着陆)影响比较明显。图 7 - 35 表示了当 $K_{vs} = 0.936, K_{vsi} = 0.388$ 时,而飞机分别处在"着陆"和"巡航 2"飞

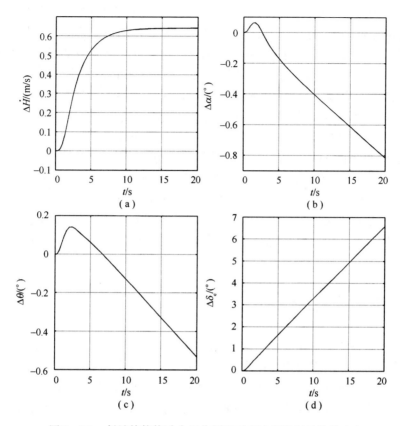

图 7 - 34　斜坡俯仰扰动力矩作用下垂直速度控制系统的响应

行状态下垂直速度控制系统对 5m/s 阶跃指令的垂直速度响应。

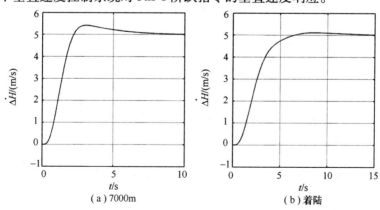

图 7 - 35　飞行速度对垂直速度控制系统性能的影响

　　很明显,响应曲线的结果和上述的预计基本是一致的。在着陆状态,进入 2% 误差带的调节时间大约为 10s,而图 7 - 28 在设计"巡航"状态和图 7 - 35 中"巡航

2″7000m 巡航状态,调节时间分别是 3.75s 和 6.6s。如果从一般使用的角度来说,这是可以接受的性能,这意味着:即使 K_{vs} 和 K_{vsi} 不进行随飞行状态的调节,也能使得升降速度控制系统在不同飞行状态下仍具有较好的性能,这样就可以减小 K_{vs} 和 K_{vsi} 调参设计所带来的系统复杂性。即便如此,还是需要在最大使用速度下对系统的性能进行数学仿真,以防止大速度所导致过大的开环增益而影响到系统稳定性;而在最小速度下则需要对系统响应的快速性是否满足要求进行检查。

如果的确需要在所有飞行状态下具有一致的响应性能,那么对 K_{vs} 和 K_{vsi} 进行调参是必要的,调参规律的设计方法与俯仰角控制系统是类似的。

通过这个例子,说明了如果俯仰角控制系统的 K_q 和 K_θ 进行调参的话,那么在俯仰角控制系统基础上构造的升降垂直控制系统的 K_{vs} 和 K_{vsi} 即使不进行调参,系统的性能也是可以接受的。特别是由于俯仰角控制系统是无稳态误差的,因此垂直速度控制系统的稳态误差只决定于其他环节,这个特点对系统的分析和设计特别有利。

7.4 高度控制系统

高度控制系统主要完成维持驾驶员所选定的高度自动飞行。一般情况下,该系统与垂直速度控制系统配合使用的,驾驶员为了到达某个高度飞行,往往先采用垂直速度控制系统使飞机爬升或下降,当飞机到达需要高度时,驾驶员就将系统控制模式改变为高度保持模式,这样高度控制系统就控制飞机在此高度上进行自动飞行。

高度控制依然是通过对俯仰角的控制进行,因此系统的核心还是俯仰角控制系统,其系统设计将在俯仰角控制系统的基础上进行的。

7.4.1 高度控制系统的设计

高度控制系统的模型可由式(7-56)的左边进行拉普拉斯变换后,得到

$$\Delta H(s) = \frac{1}{s} \cdot \left(\frac{V_0}{57.3}\right) \cdot \left[\frac{M_\alpha \frac{Z_{\delta_e}}{M_{\delta_e}} - Z_\alpha}{s + \left(M_\alpha \frac{Z_{\delta_e}}{M_{\delta_e}} - Z_\alpha\right)}\right] \Delta\theta \qquad (7-62)$$

在高度 4000m,速度 130m/s 的设计状态下,高度控制系统的方框图如图 7-36 所示。

从上述结构图来看,由于前向通道传递函数包含有独立的积分环节,因此高度控制系统是一个对输入无稳态误差的系统,这样控制器的控制律结构中可以不包含积分环节。

若控制器采用比例控制规律时,即让 $G_H(s) = K_H$,则在增益 K_H 变化时,设计状

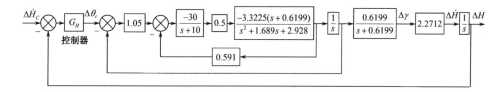

图 7 - 36　高度控制系统方框图

态的高度控制系统闭环根轨迹如图 7 - 37 所示。

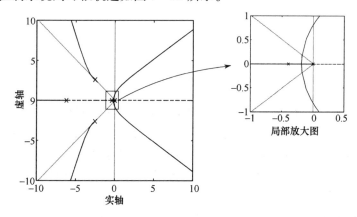

图 7 - 37　K_H 变化时高度控制系统的闭环根轨迹

从该根轨迹图可以发现,当 $K_H > 0.827$ 时,系统就失去稳定性了,因此若单纯采用比例控制的话对系统性能限制很大,因此必须要采用适当的控制律形式来改变根轨迹的形状。从系统开环传递函数上来看:

$$G_{op} = \frac{73.7157}{s(s + 6.207)(s + 0.3948)(s^2 + 5.087s + 13.24)}$$

很显然,由于两个极点 $s = 0$ 和 $s = -0.3948$ 在实轴上形成根轨迹的分离,从而使得根轨迹在很小的 K_H 时就进入了右半 s 平面。为此可以在上述两个极点之间增加一个零点 $z = -a(a > 0)$,使得 $s = 0$ 极点和新增零点 $z = -a$ 形成一段根轨迹,而极点 $s = -0.3948$ 则沿实轴向左边无穷远处发展,从而就可以避免根轨迹在实轴上的分离。

更好的设计则是让新增零点为:$z = -0.3948$,这样就与极点 $s = -0.3948$ 对消,使得 $s = 0$ 的极点在左半 s 平面的实轴上形成一段根轨迹。即使由于模型误差不能使得零极点精确对消,那么这种情况下的根轨迹就如上述描述情形。在增加零点 $z = -0.3948$ 的情形下,根轨迹如图 7 - 38 所示。从图 7 - 38 中可知系统的临界增益 $K_H = 3.71$,而在阻尼比为 0.7 时的增益 $K_H = 0.932$,很明显与无零点时情况相比,临界增益增大了 4 倍多。

因此,控制器的控制律应为

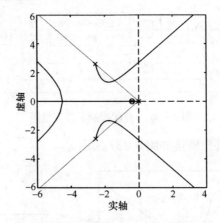

图 7 - 38   高度控制系统的阶跃响应

$$G_H = 0.932(s + 0.3948) = 0.368 + 0.932s$$

高度控制系统的控制律属于比例 + 微分控制。在上述设计中的关键是先改变根轨迹的形状,即先设计补偿环节,使根轨迹形状满足要求后再选择增益 K_H。这种方法使得系统设计简单明了,也能较准地说明高度控制采用比例 + 微分形式的原因。

在上述控制律下,对高度指令为 5m 阶跃信号下,高度控制系统的响应曲线如图 7 - 39 所示。

在响应中,高度仅仅只用了 17s 就到达了稳态,升降舵大约向上偏转了不到 1.5°,使得飞机抬头向上爬升,最大航迹倾角为 0.42°。到达稳态时,俯仰角和迎角均增量均为零,表明飞机已经稳定在新高度上,并以新的高度飞行。

7.4.2   扰动对高度控制系统的影响

垂直风或俯仰扰动力矩对高度控制系统的影响可以通过数学仿真的方法进行研究,其方法和垂直速度控制系统扰动作用下的仿真是相似的。

设计状态的垂直风扰动数学仿真方框图如图 7 - 40 所示。图 7 - 40 中,高度模型采用的是式(7 - 51),其理由和垂直速度控制系统数学仿真是一致的。

在俯仰扰动力矩作用下的数学仿真框图如图 7 - 41 所示。

在常值下降风 5m/s(阶跃发生在 2s)作用下,高度控制系统存在有稳态误差,其值大约为 - 5.97m。意味着在下降风的作用下飞机最终在所需保持高度下方 5.97m 处飞行,并进入新的平衡飞行状态。在此状态时,升降舵偏角回到了初始位置,而俯仰角和地速迎角均增加了 2.2°,即机体轴和地速矢量向上转动了 2.2°,如图 7 - 42 所示。

而在斜坡下降风的扰动下,高度保持系统则是发散的,即随着下降风的增大,飞机的高度将随之下降,意味着高度控制系统对斜坡下降风无抵御能力。

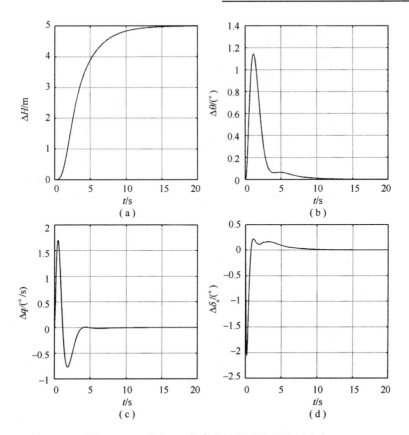

图 7-39　指令 5m 的高度控制系统的阶跃响应

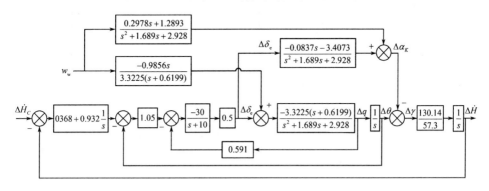

图 7-40　垂直风作用下的高度控制系统的方框图

对于使飞机抬头的常值俯仰扰动力矩 $M_d/I_y = 5\ °/s^2$ 的作用,高度控制系统也是存在稳态误差的,其值大约为 3.4m。也就是说,在此抬头力矩作用下,飞机最终将在所需保持高度上方 3.4m 处飞行,此时升降舵向下偏转了 1.64°,而俯仰角和地速迎角稳态值为 -0.2°,说明飞机向下转动了 0.2°,如图 7-43 所示。

同样在斜坡俯仰扰动力矩作用下,高度保持系统也是没有抵抗能力的,高度将

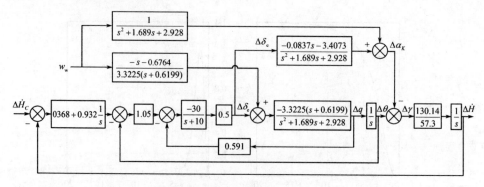

图 7 - 41　俯仰扰动力矩作用下的高度控制系统方框图

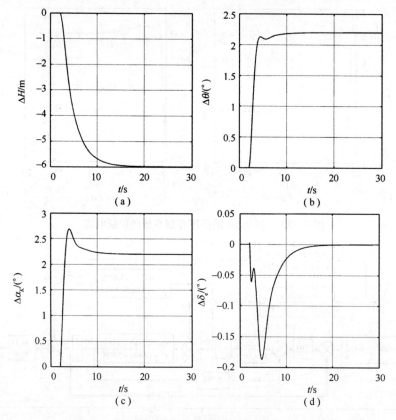

图 7 - 42　常值下降风作用下的高度控制系统响应

随着该扰动力矩的增大(或减小)而增大(或减小)。

7.4.3　飞行状态对高度控制系统的影响

飞行状态对高度控制系统的影响与垂直速度控制系统的结论是类似的,因此不做进一步的分析了,在这里仅给出数学仿真的结果。

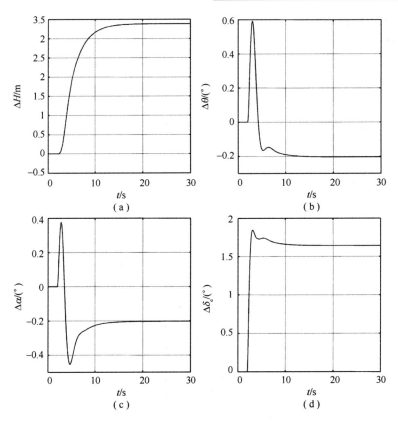

图 7 - 43　常值俯仰扰动力矩作用下的高度控制系统响应

飞机采用高度 6000m、速度 141m/s 下的短周期运动模型,动压为: $Q_C =$ 6533N/m^2。俯仰控制系统控制律是用表 7 - 8 的数据通过插值得到的,而高度控制律则采用设计状态所得到的结果,其数学仿真的方框图如图 7 - 44 所示。很明显,图 7 - 44 中的飞机模型和设计状态的模型(图 7 - 36)是有差别的。

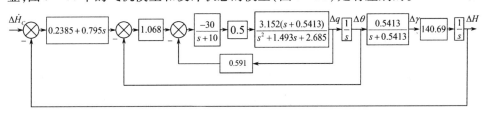

图 7 - 44　飞行状态对高度控制系统影响的数学仿真方框图

在 $\Delta H_C = 5$m 的阶跃指令下,上述高度控制系统的响应如图 7 - 45 所示。将这些响应曲线和设计状态下的响应曲线(图 7 - 39)比较,可以发现其响应曲线的形状是类似的,高度响应的调节时间大约为 16s,这一性能和设计状态下的性能相差不大,这再次说明:尽管设计和仿真的两个飞行状态差异较大,但如若对俯仰角控制系统控制律参数调参后,就能使得高度控制系统对飞行状态的变化具有较好的鲁棒性能。

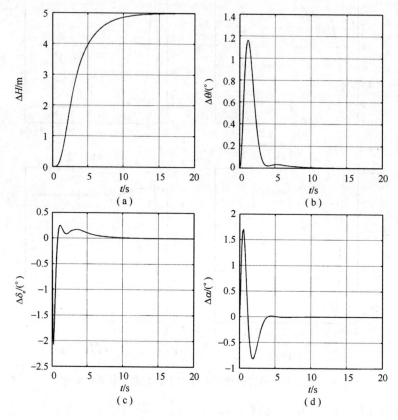

图 7 - 45　飞行状态对高度控制系统的影响

7.5　下滑波束控制系统

7.5.1　下滑信标和下滑航道

　　下滑信标是仪表着陆系统(ILS)的一部分。ILS 还包括航向信标(测量飞机与跑道中心线在水平面上的相对位置)、指点信标(表示飞机与跑道前端的距离)。ILS 在地面分别设置下滑信标台、航向信标台和指点信标台,航向信标和下滑信标台形成了下滑航道。飞机上则装备有 ILS 接收机用于接收地面信标台的无线电信号,并解算出飞机与下滑航道的相对位置信息,该信息可用于向驾驶员指示或用于自动飞行控制系统。图 7 - 46 是 ILS 地面信标台在跑道上配置。
　　下滑波束指的是由下滑信标(GS)所形成的下滑波束航道,该下滑航道和跑道中心线的夹角大约为 2.5°,飞机通过下滑接收机接收的下滑信号表示飞机和下滑

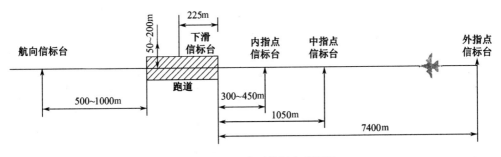

图 7-46 ILS 地面信标台的配置

航道的相对位置,这样可便利于驾驶员将飞机按下滑航道进行进近飞行。

飞机在着陆前,一般在 300~500m 的高度上空以高度保持飞向着下滑航道,当截获到下滑波束后,将转为按飞机与下滑波束的偏差进行飞行,使飞机稳定在下滑航道上直到决断高度。若是Ⅱ级着陆,则决断高度为 30~60m,若是Ⅲ级着陆,则决断高度为 0m。当然决断高度的确定还与跑道上的能见度有关系。着陆过程示意图如图 7-47 所示。

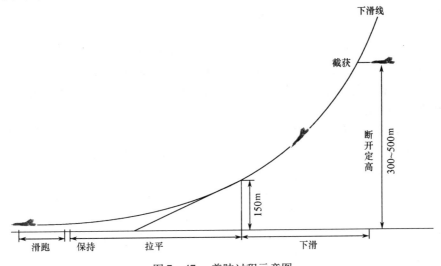

图 7-47 着陆过程示意图

下滑信标台向飞机提供有效作用距离为 19km 的下滑基准,如图 7-48 所示。下滑信标台向飞机着陆方向(或向着飞机方向)连续发射频率为 90Hz 和 150Hz 的高频无线电调幅信号,其载波频率范围一般为 329.3~335MHz。90Hz 信号大波瓣的下沿与 150Hz 信号最下面波瓣互相重叠形成等信号线,即下滑波束中心线,其仰角为 2°~4°。在等信号线上方,90Hz 调幅信号强度要大于 150Hz 调幅信号强度;反之在等信号线下方,则 150Hz 调幅信号要大于 90Hz 调幅信号。

飞机上所装备的下滑信标接收机同时接收这两个调幅信号,若当飞机在波束中心线上方飞行时,则出现波束偏差角 Γ(图 7-48),并规定此时 Γ 为正;反之在

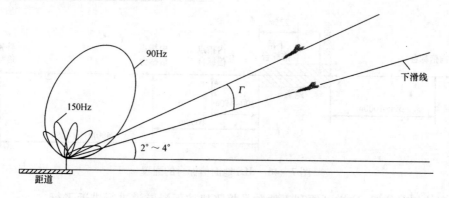

图 7 – 48　下滑信标台提供下滑基准

下方飞行时,则规定波束偏差角 Γ 为负。当两个信号的强度相同时,则经过解调和比较后波束偏差角输出为零,表示飞机在沿着波束中心线飞行。接收机的输出就是代表飞机与波束中心线之间的相对位置的波束偏差角 Γ,波束中心线实际上就是下滑航道,其标称仰角为 2.5°。

7.5.2　下滑波束控制系统的模型

按上述分析,下滑波束控制系统将根据波束偏差角作为主要反馈并形成控制指令,以对飞机的纵向轨迹进行控制,使飞机稳定在波束中心线或下滑道上。

对飞机来说则主要是通过俯仰角达到对航迹倾角的控制,为此就需要建立航迹倾角和波束偏差角之间的数学模型。

航迹倾角和波束偏差角之间实际上是运动学之间的关系,它们只是用不同的物理量表示了飞机和波束中心线之间的关系。表示两者之间的几何关系如图 7 – 49 所示。

假设飞机以高度 500m 水平飞行去截获下滑航道,则在下滑信标台信号的有效距离内飞机必在下滑道下方,如图 7 – 49 所示。飞机重心距离下滑道的垂直距离为 z_d,并建立如图所示的地面坐标系 $o_s x_s z_s$。设飞机向下滑道飞行的速度为 V,并且速度向量和地面之间的航迹倾角为 $-\gamma$,下滑道仰角为 2.5°,GSS 为下滑信标台。

按图 7 – 49 速度矢量和下滑道之间的夹角 σ 为

$$\sigma = 2.5° + \gamma$$

从而,飞机在 z_d 方向上的速度分量(或飞向下滑道的速度)为

$$\frac{\mathrm{d}z_d}{\mathrm{d}t} = V \cdot \sin\sigma = V \cdot \sin(2.5° + \gamma) \tag{7 – 63}$$

按所建立坐标系 $o_s x_s z_s$,则 $\mathrm{d}z_d/\mathrm{d}t < 0$,表明飞机在下滑航道的下方时 $z_d < 0$,反之若飞机在下滑道上方向着航道飞行,则 $\mathrm{d}z_d/\mathrm{d}t > 0$ 及 $z_d > 0$。

并且波束偏差角满足

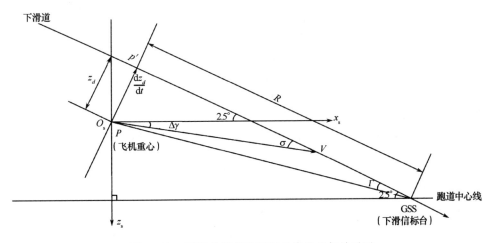

图 7 - 49　飞机位置和下滑道之间的几何关系图

$$\tan\varGamma = \frac{z_d}{R} \qquad\qquad (7-64)$$

R 是飞机重心在下滑道上的投影点 p' 到下滑道信标台的距离,即 p' 到 GSS 的距离。同时式(7 - 64)也表明了 $\varGamma$ 和 z_d 是同符号的,即飞机在下滑航道下方时 $z_d < 0$,$\varGamma < 0$,反之在下滑道上方时 $z_d > 0$,$\varGamma > 0$。

对式(7 - 63)和式(7 - 64)进行线性化后,就可建立波束偏差角 $\varGamma$ 和航迹倾角之间的关系方程,从而可建立波束下滑控制系统的数学模型。

对于 $\varGamma$ 和 z_d 而言,若 $\varGamma \neq 0$ 和 $z_d \neq 0$ 则飞机不在下滑道上,$\varGamma = 0$ 和 $z_d = 0$ 表明飞机在下滑道上,因而 $\Delta\varGamma = \varGamma$,$\Delta z_d = z_d$,即为小扰动变量。

飞机速度 $V = V_0 + \Delta V$,航迹倾角 $\gamma = \gamma_0 + \Delta\gamma$,其中 V_0 和 γ_0 的值是由基准运动形式决定的。一般情况下,飞机的基准运动有以下两种选择:

(1)飞机稳定在下滑道上做等速下滑飞行,此时 $\gamma_0 = -2.5°$,V_0 为下滑速度。

(2)飞机作定常等速水平飞行,此时 $\gamma_0 = 0°$,V_0 为水平速度。

在上述两种情况的基准运动下,航迹倾角和波束偏差角的方程是有差异的。对第一种情况来说,任何偏离下滑道的运动将是偏离基准运动的小扰动运动;而第二种情况中,稳定在下滑道上的飞机运动则是偏离基准运动的小扰动运动。理论上来说,两种基准运动的选择都是可以的,但必须保证与采用的飞机线性模型的基准运动是一致的。

在本节内容中采用的是第一种基准运动,而在第 9.9 节的内容中采用了第二种基准运动。以下将对两种基准运动下的航迹倾角和波束偏差角关系方程进行推导。

(1)基准运动为飞机在下滑道上做等速下滑飞行。显然有:$V = V_0 + \Delta V$,$\gamma = -2.5° + \Delta\gamma$,以及 $z_d = \Delta z_d$ 代入到式(7 - 63)后得到

$$\frac{\mathrm{d}(\Delta z_d)}{\mathrm{d}t} = (V_0 + \Delta V)\sin\Delta\gamma \tag{7-65}$$

将式(7-65)线性化,并进行拉普拉斯变换后得到

$$\Delta z_d = \left(\frac{V_0}{57.3}\right) \cdot \frac{1}{s} \cdot \Delta\gamma \tag{7-66}$$

式中:$\Delta\gamma$ 单位为(°)。

将式(7-64)线性化,并用 $z_d = \Delta z_d$,$\Gamma = \Delta\Gamma$ 进行相应替换后得到

$$\Delta\Gamma = \frac{57.3}{R}\Delta z_d \tag{7-67}$$

式中:$\Delta\Gamma$ 单位为(°)。

将式(7-66)代入到式(7-67)后得到

$$\Delta\Gamma = \left(\frac{V_0}{R}\right) \cdot \frac{1}{s} \cdot \Delta\gamma \tag{7-68}$$

(2)基准运动为飞机作定常等速水平飞行。水平飞行时 $\gamma_0 = 0$ 因此 $V = V_0 + \Delta V$,$\gamma = \Delta\gamma$ 以及 $z_d = \Delta z_d$ 代入式(7-63)后得到

$$\frac{\mathrm{d}(\Delta z_d)}{\mathrm{d}t} = (V_0 + \Delta V)\sin(2.5° + \Delta\gamma) \tag{7-69}$$

线性化后得到

$$\frac{\mathrm{d}(\Delta z_d)}{\mathrm{d}t} = V_0 \cdot \frac{2.5° + \Delta\gamma}{57.3} + \Delta V \cdot \frac{2.5°}{57.3} \tag{7-70}$$

式中:$\Delta\gamma$ 单位为(°)。

由于飞机下滑时需要速度控制系统配合维持速度 V_0 不变,则 $\Delta V = 0$。从另一方面来说,由于 $(2.5° \cdot \Delta V)/57.3$ 是小量,即有

$$V_0 \cdot \frac{2.5° + \Delta\gamma}{57.3} \gg \Delta V \cdot \frac{2.5°}{57.3}$$

式(7-70)用上式简化并拉普拉斯变换后得到

$$\Delta z_d = \left(\frac{V_0}{57.3}\right) \cdot \frac{1}{s} \cdot (2.5° + \Delta\gamma) \tag{7-71}$$

将式(7-71)代入到式(7-67)后得到

$$\Delta\Gamma = \left(\frac{V_0}{R}\right) \cdot \frac{1}{s} \cdot (2.5° + \Delta\gamma) \tag{7-72}$$

对比式(7-68)和式(7-72),两种基准运动下,关于 $\Delta\Gamma$ 的方程相差下滑道仰角 2.5°,这也恰好是两种基准运动的差别之处,对定常直线水平飞行的基准运动来说,当飞机稳定在下滑道时相当于作偏离基准运动 $\Delta\gamma = -2.5°$ 的小扰动运动。

$\Delta\Gamma$ 方程说明航迹倾角和波束偏差角之间是积分关系,其积分增益 V_0/R 将随着飞机接近着陆点 $R\to0$,使得 $(V_0/R)\to\infty$。如果在控制系统增益不变的情况下,

系统的开环增益将趋于无穷大而使得控制系统不稳定而发散,因此需要有措施使控制器的增益随 R 进行调节以防止这种情况的发生。

$\Delta\Gamma$ 方程也表明,下滑波束控制系统的前向通道含有积分环节,对输入指令是无稳态误差的,因此控制器中可以不包含积分环节,这一点和高度控制系统是类似,由于存在一个 $s=0$ 方程的极点,因此控制律中需要补偿环节,来改善其根轨迹形状。

7.5.3　下滑波束控制系统的设计

由于飞机下滑飞行时,都是在 500m 左右的低高度下用小速度飞行,因此飞机模型需要采用相应飞行状态下的数据。

着陆状态:高度为 0m,速度为 63m/s 的飞机短周期运动模型(表 7 - 4):

$$\frac{\Delta q}{\Delta \delta_e} = \frac{-1.0923(s+0.5762)}{s^2+1.317s+1.377}$$

和

$$\frac{\Delta \gamma}{\Delta \theta} = \frac{0.5762}{s^2+0.5762}$$

其俯仰角控制系统的增益(表 7 - 8)分别为 $K_q = 1.87(\text{V} \cdot \text{s}/(°))$, $K_\theta = 3.45$ $(\text{V}/(°))$。

设下滑控制系统已稳定在下滑道上飞行,工作起点时 $R = 11460$m,系统停止工作(到达决断高度)时 $R = 344$m。

故在工作起点时,

$$\frac{V_0}{R} = \frac{63.4}{11460} \approx 0.0055(1/\text{s})$$

在决断高度时,

$$\frac{V_0}{R} = \frac{63.4}{344} \approx 0.1843(1/\text{s})$$

控制器模型为

$$G_0 = K_\Gamma G_C$$

式中: K_Γ 为增益; G_C 为补偿环节。这样就可以建立起下滑波束控制系统在工作起点处的方框图了,如图 7 - 50 所示。

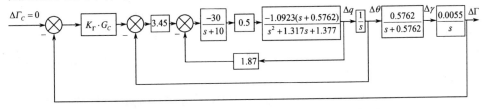

图 7 - 50　下滑等束控制系统在工作起点处的方框图

若先假定:$G_c = 1$,则当 K_r 变化时上述系统的根轨迹如图 7 – 51 所示。

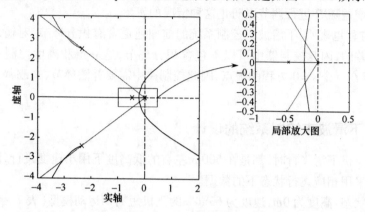

图 7 – 51 K_r 变化时下滑波速控制系统的闭环根轨迹

该根轨迹图和高度控制系统的根轨迹图是类似的,由于 V_0/R 导致了系统的前向通道增益很小,因而当 $K_r > 323$ 时根轨迹才进入右半 S 平面,根轨迹与 0.7 的等阻尼比直线相交时的增益也达到了 $K_r = 33.6$。产生这种情况的主要原因在于 $s = 0$ 和 $s = -0.4717$ 位于在实轴上根轨迹的分离点距原点太远所造成的,或者说 $s = -0.4717$ 极点对分离点的影响太过于显著了。

如果不改变根轨迹的形状,那么为了获得阻尼比为 0.7 的主导复极点就产生一个很大的增益,过大增益对采用无线电导航信息来控制飞机并不合适,将放大系统的噪声而使得信噪比降低,影响系统性能。为此先观察图 7 – 50 的开环传递函数为

$$G_{op} = \frac{0.18019}{s(s+6.156)(s+0.4717)(s^2 + 4.685s + 11.21)}$$

如图 7 – 51 所示,如果要在 0.7 阻尼比处的 $K_r \leqslant 35.5$,那么就要使在极点 $s = 0$ 和极点 $s = -0.4717$ 之间的分离点向右移,即使靠近原点附近的根轨迹向右移动,这样的话就可能在 K_r 不大的情况下,根轨迹就能与 0.7 的等阻尼直线相交。但同时临界稳定增益也将减小了,这是不利的一面。

为此,可增加一个零点 $z = -a$ 来吸引极点 $s = -0.4717$,并增加一个极点 $s = -b$,使得和极点 $s = 0$ 之间产生新的分离点,从而可达到上述目的。

可以使零点为:$z = -0.4717$,那么在理想的情况下零极点对消,就彻底消除 $s = -0.4717$ 的影响作用。即使在实际中出现模型误差即极点 $s \neq -0.4717$ 时,那么也就是在与零点 $z = -0.4717$ 之间出现一小段根轨迹而已,并不会影响整体的根轨迹右移的结果。

$s = 0$ 和 $s = -b$ 两个极点的接近程度则决定了分离点接近原点或根轨迹右移的程度,可由根轨迹和 0.7 等阻尼比直线相交时的 K_r 确定,就是说可通过不断改

变 b 值,获得满意的 K_Γ。

因此,补偿环节的传递函数为

$$G_C = \frac{s+a}{s+b}$$

若取零点 $z = -0.4717$,极点 $s = -0.1$,则补偿环节为

$$G_C = \frac{s+0.4717}{s+0.1}$$

这是个滞后补偿环节,此时下滑波束控制系统的闭环根轨迹如图 7 – 52 所示。

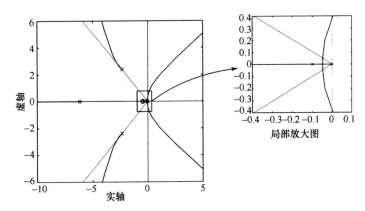

图 7 – 52　具有补偿环节的下滑波束控制系统根轨迹

明显地,阻尼比为 0.7 时的 $K_\Gamma = 1.84$,临界稳定时 $K_\Gamma = 57$,与没有补偿环节的情形相比,增益 K_Γ 的减小非常明显,阻尼比为 0.7 时的增益不到原增益的 5% ,因此采用补偿环节后,效果非常明显。

需要注意的是,滞后补偿环节的 a 和 b 的适配很重要。对本例来说,若取 $a = 1$ 和 $b = 0.1$,则 $a = 10b$,在 0.7 阻尼比时 $K_\Gamma = 0.374$,临界稳定时 $K_\Gamma = 5$。由此可见,如 $a \gg b$ 时又使得 K_Γ 太小,同样这也是不希望的。本例中 $K_\Gamma = 1.84$ 是合适的,与 K_q 和 K_θ 的大小匹配!

由于过小的前向通道增益,若使 K_Γ 合适,则必须要选择以较短路径到达 $\zeta = 0.7$ 等阻尼直线的根轨迹是必要的,否则就会产生很大增益的 K_Γ,这是不希望的。

在决断高度点时,也是下滑波束控制系统即将工作结束的点上,此时 $R = 334\text{m}$ 在阻尼比为 0.7 时 $K_\Gamma = 0.0552$。

而在起点和决断高度点的中间时,即 $R = ((11460 - 344)/2) + 344 = 5902\text{m}$ 时,则阻尼比为 0.7 时的增益为 $K_\Gamma = 0.948$。

通过上述数据,可以得到表 7 – 10。

表 7 - 10　　飞机距 GS 台不同距离时 K_Γ 的设计值

$R_2 = 344\text{m}$	$R_1 = 5902\text{m}$	$R_0 = 11460\text{m}$
$K_{\Gamma 2} = 0.0552$	$K_{\Gamma 1} = 0.948$	$K_{\Gamma 0} = 1.84$
$(V_0/R_2) = 0.184$	$(V_0/R_1) = 0.0107$	$(V_0/R_0) = 0.0055$

分别作出:

$$\frac{K_{\Gamma 1} - K_{\Gamma 2}}{R_1 - R_2} = \frac{0.948 - 0.0552}{5902 - 344} = 1.606 \times 10^{-4}$$

$$\frac{K_{\Gamma 0} - K_{\Gamma 1}}{R_0 - R_1} = \frac{1.84 - 0.948}{11460 - 5902} = 1.605 \times 10^{-4}$$

$$\frac{K_{\Gamma 0} - K_{\Gamma 2}}{R_0 - R_2} = \frac{1.84 - 0.0552}{11460 - 344} = 1.606 \times 10^{-4}$$

以上 3 个等式的计算结果基本是相等的,这就意味着 K_Γ 和 R 呈现线性关系。也就是说随着对着陆点的接近,增益 V_0/R 将逐渐增大,在阻尼比为 0.7 的性能不变的条件下,则增益 K_Γ 应线性地随 R 逐步减小,这样就可以在 V_0/R 逐渐变大的过程中保持系统前向通道增益基本不变。

所以在下滑波束控制系统工作期间,K_Γ 可以按以下公式随 R 进行调参,其规律为

$$K_\Gamma = K_{\Gamma 2} + \frac{K_{\Gamma 0} - K_{\Gamma 2}}{R_0 - R_2}(R - R_2)$$

代入上述数据后为

$$K_\Gamma = 0.0552 + 1.606 \times 10^{-4}(R - 344)$$

当然采用多段调参的方法,譬如在起点到中间点之间工作时,K_Γ 采用下述调参规律:

$$K_\Gamma = 0.948 + 1.605 \times 10^{-4}(R - 5902), 5902\text{m} \leqslant R \leqslant 11460\text{m}$$

而在中间点到决断高度点时,则 K_Γ 采用下述调参规律:

$$K_\Gamma = 0.0552 + 1.606 \times 10^{-4}(R - 344), 344\text{m} < R < 5902\text{m}$$

K_Γ 的调节规律中参变量 R 可以通过无线电高度表测量的飞机到跑道高度 h 并由以下公式进行变换得到

$$R = \frac{h}{\sin 2.5°}$$

在整个的飞行过程中,由于飞行的速度是不变的,同时高度的变化也不大(从 500 ~ 15m),飞机的动压基本保持不变,所以不需要对俯仰角控制系统的控制律进行调参。

当然,在系统工作期间如果采用固定增益 $K_\Gamma = 1.84$ 的话,就需要校核在 $1/R$ 变化而增益 K_Γ 不变情况下的根轨迹与 S 平面虚轴相交时的 R 值。图 7 - 53 是在 $K_\Gamma = 1.84$ 而 $1/R$ 变化情况下的根轨迹,与虚轴相交时:$1/R = 0.00269$,也就是 $R \approx$

372m,而本系统工作时候的最小 $R=344$m,因此从理论上讲在固定增益 K_Γ 的情况下,下滑波束控制系统因为 R 的变化而将失去稳定性,即飞机越接近下滑信标台则越不稳定,且动态特性将随着 R 的减小而使阻尼比变小,即从 $\zeta=0.7$ 变化到 $\zeta=0$。

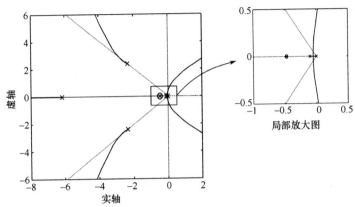

图 7-53　$K_\Gamma=1.84$,$1/R$ 变化时的下滑波束控制系统根轨迹

　　通过上述的研究可以得到结论,如果控制器的 K_Γ 随着飞机到着陆点距离 R 调节的话,那么就可以避免前向通道增益随着 R 增大所带来的稳定性问题,并且其性能可以基本保持不变。但若如果采用固定增益控制器的话,那么就需要检查在 R 变化情况下的系统稳定性,并且其动态特性将随着 R 的变化而改变,因此采用固定增益的控制律意义不大。

　　当然上述设计方法也有不足,由于原点处根轨迹的右移就使得系统的闭环特征根存在有一对实部和虚部都很小的复根,从而将影响系统的响应时间。对图 7-50 所示的系统,对 $\Delta\Gamma_c=0.1°$ 的阶跃响应,如图 7-54 所示。

　　通过曲线可以发现系统的调节时间(2% 误差)大约为 76s 左右,这说明下滑波束控制系统必须要在 $\Delta\Gamma$ 非常小或者甚至为零时,才能被接通用于跟踪波束,否则稳定的时间就太长了。

　　图 7-55 是 K_Γ 按 R 调参时,系统在 $\Delta\Gamma=-0.05°(z_d=-10\text{m})$,$R=11460$m 处开始跟踪下滑波束的响应曲线。

　　图 7-55 中,$\Delta\Gamma$ 第一次(也是唯一的一次)超调量大约为 0.0035°,小于规范要求的 0.16°,进入 2% 误差带的调节时间大约为 26s,此时大约从截获点开始飞行了 1647s。仿真用系统方框图如图 7-56 所示。

7.5.4　下滑波束控制系统对扰动的响应

　　下滑波束控制系统在飞行中所遭遇的扰动主要是垂直风和俯仰扰动力矩。由于下滑飞行时间较短,因此重量和重心的变化非常小,将不会引起扰动力矩,然而

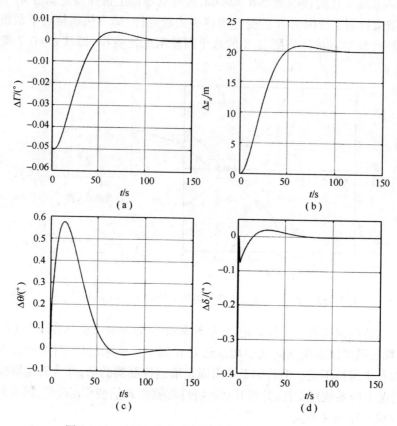

图 7 - 54 $\Delta\Gamma_C = 0.1°$ 时下滑波束控制系统的阶跃响应

下滑时飞机构型的变化如襟翼和起落架放下,特别是襟翼的放下是引起低头扰动力矩的主要原因。

　　然而在一般情况下,飞机着陆时的短周期运动模型中,都已经考虑了襟翼和起落架放下后的力矩和升力的变化了。所以如果采用这种模型进行设计的话,那么下滑波束控制系统的扰动主要考虑垂直风的影响,因为垂直风对纵向轨迹的影响非常大,抗垂直风能力应作为系统性能指标之一。

　　研究风扰动时,采用的系统方框图,如图 7 - 57 所示。

　　注意图 7 - 57 中,将风扰动的输入叠加在 $\Delta\theta$ 和 $\Delta\alpha_K$ 中了,同时航迹倾角按式 $\Delta\gamma = \Delta\theta - \Delta\alpha_K$ 进行计算。

　　仿真时假设飞机已经稳定在下滑航道上,则在 1m/s 阶跃下降风作用下(阶跃时间 2s)的系统响应如图 7 - 58 所示。

　　根据响应曲线,明显地可以看到下滑波束控制系统对垂直风是存在稳态误差的。Δz_d 的稳态误差是 $\Delta z_d = -21m$,表明在常值下降风 1m/s 的作用下,稳态时飞机的下滑轨迹平行于下滑波速中心线并在其下方约 21m 处;俯仰角和地速迎角的

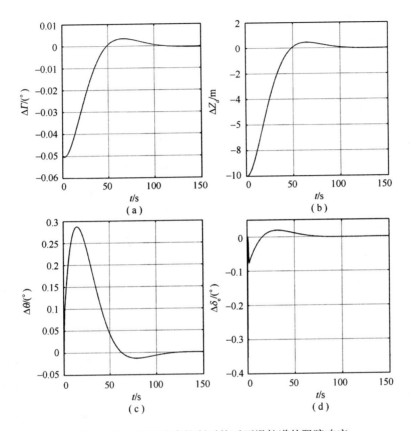

图 7 - 55 下滑波束控制系统对下滑航道的跟踪响应

稳态值都为 0.9°,此刻航迹倾角增量为零,意味着飞机的下滑轨迹仰角为 2.5°即与波束中心线是平行的,因此 $\Delta\Gamma$ 将随时间不断增大,其理论上的最大值为 $-2.5°$,而且其下滑轨迹和跑道中心线的交点将位于波束中心线与跑道中心线交点后方约 481m($\Delta z_d / \sin 2.5° = 21 / \sin 2.5° = 481$)处。

实际上无论是下降风还是上升风,对下滑波束控制系统的轨迹控制形成稳态误差,使得不能维持飞机在波速中心线上。

为解决这一问题,还需要在控制器中增加积分环节才能消除这一稳态误差。而这所带来的问题是,系统开环传递函数将在原点有两个极点,所以无论如何设计将总是会带来大增益的 K_Γ,即使在阻尼比很小的时候也是如此[17]。

注意到,在 MIL – F – 9490D 中并没有规定下滑波束控制系统在垂直风作用下的性能,而只仅仅规定了水平方向风作用下的性能要求。尽管如此,由于垂直风对纵向轨迹的影响非常显著,因此还是需要对一定强度垂直风可用数学仿真的方法来研究系统的抗干扰能力。

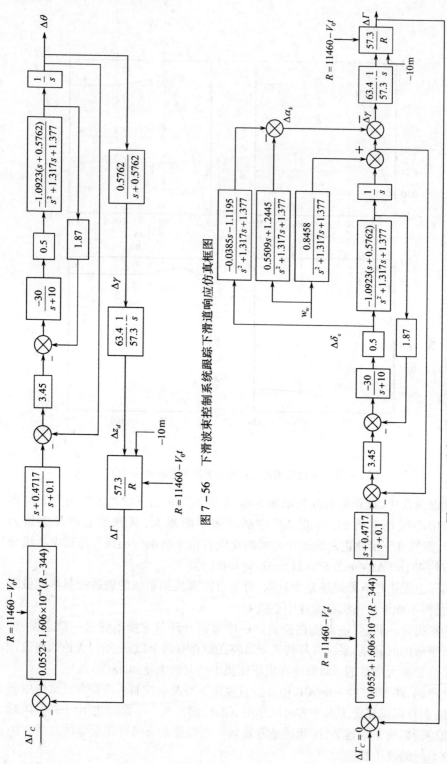

图 7-56 下滑波束控制系统跟踪下滑道响应仿真框图

图 7-57 垂直风作用下的下滑波束控制系统方框图

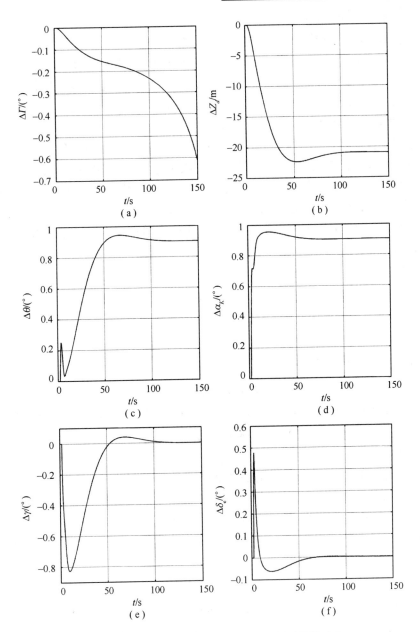

图 7-58　下降风作用时下滑波束控制系统的响应

7.5.5　基于垂直速度控制系统的波束下滑控制系统设计

以上讨论的下滑波速控制系统都是以俯仰角控制系统为内回路建立的,因此波束偏差角反馈经过控制律形成俯仰角指令。而从下滑轨迹控制的目的来说,如果波束偏差角反馈形成的是对航迹倾角的控制指令,那么就可以更直接和有效地实现对下滑轨迹控制目的。

在垂直速度控制系统研究中,已经说明了在小扰动运动的条件下,对垂直速度的控制实际上就是对航迹倾角的控制,特别是对于飞机定速下滑运动中更是如此。因此,以垂直速度控制系统作为内回路形成下滑波束控制系统就可以达到上述目的,此时波束偏差角反馈经控制律后形成的是垂直速度指令,但在下滑速度不变(用速度控制系统保持不变)的条件下,则就是航迹倾角指令。

采用垂直速度控制系统作为核心的另外一个好处是:垂直速度控制系统对常值垂直风是没有稳态误差的,也就是说航迹倾角是无稳态误差的。而如果以俯仰角控制系统为内回路的话,则俯仰角对常值垂直风是无稳态误差的,但航迹倾角却存在稳态误差,这也是造成下滑波束控制系统稳态误差的原因。

为此,若采用垂直速度控制系统作为系统的内回路的话,那么就需要建立下滑波束和垂直速度之间的运动学关系。

根据图 7-52,得到

$$\dot{H} = -\dot{z}_d \cos 2.5°$$

由于 $\cos 2.5° \approx 1$,因此

$$\dot{H} \approx -\dot{z}_d$$

垂直速度的平衡点为

$$\dot{H}_0 = V_0 \sin 2.5° \approx 0$$

这就意味着飞机的基准运动选择为定常直线水平飞行,从而就得到

$$\Delta\dot{H} \approx -\Delta\dot{z}_d$$

这样的话,就可以建立以升降速度控制系统为核心的下滑波束控制系统的方框图了。图 7-59 表示了在截获时($R = 11460\mathrm{m}$)下滑波束控制系统的方框图。

其中,升降速度控制系统的控制律参数分别为:$K_{vs} = 1.44$,$H_{vsi} = 0.602$,俯仰角控制系统的控制律参数是:$K_\theta = 3.45$,$K_q = 1.87$,因此图 7-59 中的开环传递函数为

$$G_{op} = \frac{0.25947(s+0.4181)}{s(s+5.58)(s+2.566)(s+0.3813)(s^2+2.79s+3.974)}$$

与前述下滑波束控制系统的设计方法相同,将补偿器设计为

$$G_\Gamma = \frac{s+z}{s+p}$$

其中零点 $s = -z$ 是与开环传递函数中的极点 $s = -0.3813$ 对消,从而靠近原点的根轨迹形状由补偿器极点 $s = -p$ 和开环传递函数极点 $s = 0$ 所决定,取 $p = 0.1$。此时其系统的闭环根轨迹为如图 7-60 所示。

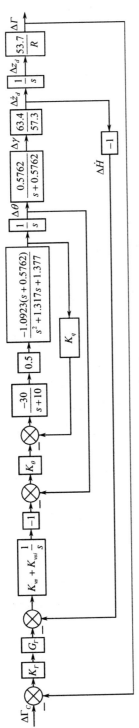

图 7 - 59　垂直速度控制系统为内回路的下滑波束控制系统方框图

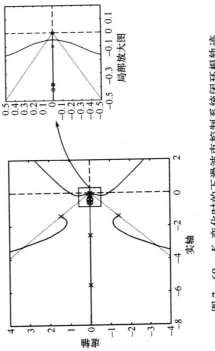

图 7 - 60　K_Γ 变化时的下滑波束控制系统闭环根轨迹

在阻尼比为 0.7 时的 $K_\Gamma = 3.08$。因此,下滑波束控制律设计为

$$G_c = K_\Gamma G_\Gamma = 3.08 \cdot \frac{s + 0.3813}{s + 0.1}$$

同样,也可以求出在下滑航道中间点和系统工作结束点(决断高度点)时的控制律参数,见表 7 - 11。

表 7 - 11 飞机距 GSS 不同距离时 K_Γ 的设计值

$R_2 = 344m$	$R_1 = 5902m$	$R_0 = 11460m$
$K_{\Gamma2} = 0.0926$	$K_{\Gamma1} = 1.59$	$K_{\Gamma0} = 3.08$

很明显 K_Γ 与 R 基本上是线性关系的,增益 K_Γ 可以按下述规律调节:

$$K_\Gamma = 0.0926 + 2.6875 \times 10^{-4}(R - 344)$$

这样就可以保证系统在工作期间保持同一性能。

在上述可调节的控制律作用下,假定飞机已经稳定在下滑道上并遭遇到 5m/s 常值下降风,系统的响应如图 7 - 61 所示。

在 5m/s 的下降风作用下,$\Delta\Gamma$ 的超调没有超过 0.1°,偏离下滑道下方最大约 6m,并用不到 50 秒时间回到了波束中心线,系统不存在稳态误差。尽管动态响应的性能和以俯仰角控制系统为内回路的系统差别不大,但却能消除常值垂直风的扰动所带来的稳态误差,同时也避免了复杂的系统抗扰动设计问题,由此可见以垂直速度控制系统作为下滑波来控制系统内回路的优点。上述数学仿真的框图如图 7 - 62 所示。

系统在 $\Delta z_d = -10m$ 处开始截获和跟踪下滑波束的响应曲线如图 7 - 63 所示。

明显可以看出系统响应是满意的,第一次超调不超过规范要求的 0.16°,大约用了 42s 就到达波束中心,此时飞机大约飞行了 7.7km,距下滑信标还有 2.3km。

必须指出的是,本节中关于下滑波束控制系统的设计是基于速度不变的短周期运动模型,而由于纵向轨迹还受到速度的影响,因此其设计结果是初步和近似的。

实践表明,只有考虑了速度保持控制以后,下滑轨迹的控制才是有效的。因此,只有在采用飞机纵向全面运动模型和速度控制系统后所得到控制律才是全面和准确的(见9.9节)。

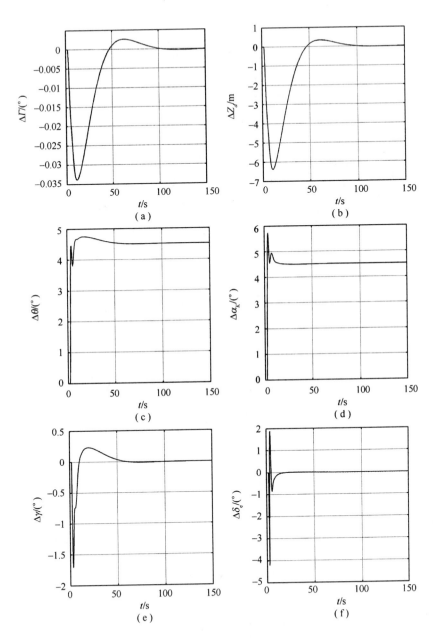

图 7 - 61　常值下降风作用下滑波束控制系统对下滑道保持的响应

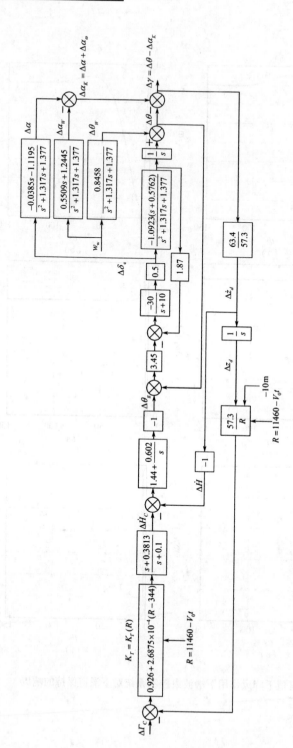

图 7 – 62　垂直速度控制系统为内回路的下滑波束控制系统方框图

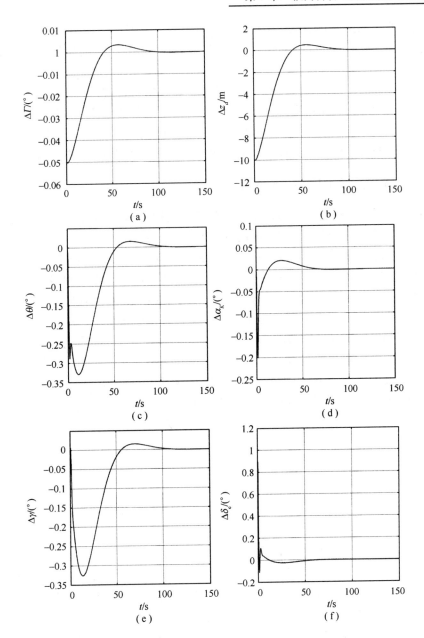

图 7 – 63　下滑波束控制系统截获和跟踪下滑道的响应

7.6　速度控制系统

速度控制系统的作用是:保持驾驶员接通速度控制系统时刻的飞行速度或者

按驾驶员给定的速度指令从一个速度改变到另一个速度并保持。被控制的速度可以是真空速或指示空速,可依据需要确定,本文中如不作说明的话,一般是指真空速。

从飞行动力学来说,速度控制可以通过升降舵的偏转或者发动机油门杆角度的改变来实现。如果采用升降舵来控制速度,那么这种速度控制系统的核心依然是俯仰角控制系统;而采用油门杆来控制速度,实际就是通过对发动机拉力或推力的控制,达到对速度控制的目的,本节将主要讨论上述两种速度控制系统。

7.6.1 速度控制的动力学问题

有关速度控制的动力学问题在第 4 章已经进行了描述,本节主要说明速度控制的有效性以及用升降舵和油门杆进行速度控制方案的选择。

一般来说,速度主要属于长周期运动,从长周期运动的特性来说,速度的改变或变化必然是缓慢的,对于有些飞机来说可能还具有运动缓慢发散的特点,因此速度控制系统的响应时间也是较长的。由于在长周期运动中,还伴随着俯仰角和航迹倾角的变化,而这两个运动量对速度控制的效果有着重要的影响。

4.2.5 节和 4.2.6 节说明了在升降舵和油门杆操纵下的速度响应的静增益,并且注意到油门杆对速度的静增益是在航迹倾角为零或具有俯仰角控制系统条件下得到的,如果不保持航迹倾角为零的情况下,则油门杆对速度的稳态值为零。将升降舵和油门杆对速度静增益作如下比较,即

$$K_{\delta_e}^V / K_{\delta_T}^V = \frac{M_{\delta_e}}{X_{\delta_T}} \cdot \frac{(X_\theta + X_\alpha)Z_V - Z_\alpha X_V}{M_\alpha Z_V - M_V Z_\alpha}$$

由于 $|M_{\delta_e}| \gg |X_{\delta_T}|$,因此升降舵对速度的静增益要大于油门杆对速度的静增益,即:$K_{\delta_e}^V > K_{\delta_T}^V$。

使用样例飞机数据(高度 4000m、速度 130m/s)的数据:$K_{\delta_e}^V = 6.58$,$K_{\delta_T}^V = 3.88$,$K_{\delta_e}^V > K_{\delta_T}^V$。

这就表明,升降舵对速度的控制效果要强于油门杆对速度的控制效果。但升降舵控制速度时,其姿态和高度是不确定的。在另一方面,大多数情况下速度控制主要是配合纵向轨迹控制的,也就是说,在用升降舵控制轨迹时(如下滑或爬升阶段)需要速度控制系统配合的,以保证轨迹控制的有效性,所以在这种情况下,只能采用油门杆来控制速度的方案。采用油门杆的速度控制系统也称为自动油门系统。为了区别采用升降舵的速度控制系统,将用油门杆的速度控制系统称为自动油门系统。

7.6.2 自动油门系统一般性问题

自动油门系统的最终控制目标是飞行速度,系统是通过舵机操纵油门杆的偏转角度来对发动机拉力或推力控制,进而在俯仰角控制系统的配合下(使航迹倾

角为零)实现对速度控制的。因此,自动油门系统的实际物理组成包括:控制面板和自动油门系统计算机,以及舵机等。由于现代发动机都采用了电子控制装置,因此已经不采用传统的舵机来拉动油门杆,而是直接将油门控制指令传输到发动机电子控制装置,由该装置来执行油门控制指令,以改变发动机功率达到推力或拉力改变的目的。

　　自动油门系统工作于两个状态:一种是速度控制和保持状态,另一种则是配合纵向控制系统工作状态。

　　速度控制和保持状态,则是以自动油门系统为主,辅以俯仰角控制系统的工作方式。所保持的速度可以是自动油门系统接通时刻的速度,也可以由驾驶员给定速度指令后自动油门系统跟踪此速度后并保持。速度控制和保持的状态是由驾驶员通过方式面板进行操作的。

　　另外一种状态,则完全是在纵向控制系统开始工作后,自动油门系统也同步进行工作,以保持纵向控制系统工作过程中的速度不变。

　　同样自动油门系统也需要有自动回零系统,以保证在自动油门系统接通时刻无指令输出,以防止系统出现突然的响应。自动油门系统的组成如图 7 - 64 所示。

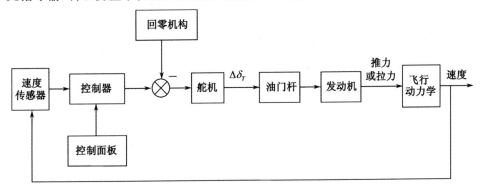

图 7 - 64　自动油门系统的组成框图

7.6.3　自动油门系统的模型和设计

　　自动油门系统初步设计时,可采用油门杆对速度的长周期运动模型。对于状态为高度 4000m、速度 130m/s 飞行的飞机,其长周期运动的近似传递函数模型为

$$\frac{\Delta V}{\Delta \delta_T} = \frac{0.019s}{s^2 + 0.0202s + 0.026} \qquad (7-73)$$

　　而使用纵向全面运动方程得到的油门杆对速度的传递函数模型为

$$\frac{\Delta V}{\Delta \delta_T} = \frac{0.01944s(s - 0.03983)(s^2 + 1.699s + 2.962)}{(s^2 + 0.009526s + 0.01998)(s^2 + 1.692s + 2.921)} \qquad (7-74)$$

　　由于式(7 - 74)中一对复零点和一对复极点是近似相等可以约去,且零点 $s = 0.03983$ 也可忽略(与增益 0.019445 相乘后为 7.7×10^{-4},故可忽略),这样就为

$$\frac{\Delta V}{\Delta \delta_T} \approx \frac{0.0194s}{s^2 + 0.009526s + 0.01998} \tag{7-75}$$

与式（7-73）中的系数相比，采用近似假设的长周期运动模型误差并不太大。为保证精度以下设计中还是采用式（7-75）。

在自动油门系统中，除了控制器外还有以下环节：

（1）发动机的推力已经归到了长周期运动模型中了，但油门偏转到推力改变的时间延迟需要考虑，就如第4章所阐述的，发动机的推力延迟主要是由转子动力学所决定的，对喷气发动机来说，一般时间常数均小于10s，因此在这里的设计中，发动机具有最大时间常数10s，静增益为1的一阶环节，即 $0.1/(s+0.1)$。

（2）油门杆舵机则采用时间常数为0.1s，静增益为1的一阶环节。

这样，就可以得到自动油门系统的方框图，如图7-65所示。

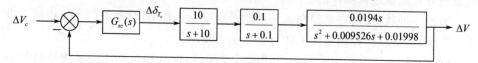

图 7-65　自动油门系统的设计方框图

从上述框图可知，发动机的延迟将使得系统的响应变得更慢，因此在系统设计中必须要补偿这一影响。由于长周期运动的固有阻尼较小，所以还要设法增加系统的阻尼；其次油门杆对速度的飞机长周期模型是具有微分性质的，同时又要求自动油门系统对速度的控制是无稳态误差的，故而自动油门系统的控制律结构为

$$G_{sc} = \left(K_s + \frac{K_{si}}{s} \right)(s+p)\frac{s+0.1}{0.1s} \tag{7-76}$$

其结构图如图7-66所示。

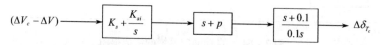

图 7-66　自动油门系统的控制律结构图

图7-66的最右边环节是用于消除发动机延迟以及长周期运动模型中微分作用的，中间环节则是用增加的零点来改善长周期运动的阻尼，而左边的环节则是用于控制和消除稳态误差。

其中需要设计的的参数分别是：p、K_s 和 K_{si}，一般来说，可以先设 $p=0.1$ 即等于发动机延迟环节的极点，然后在 K_s 和 K_{si} 设计完成后，再根据系统阻尼要求确定 p。

这样，在 $p=0.1$，$K_{si}=0$ 条件下，K_s 变化时系统闭环根轨迹如图7-67所示。为了方便 K_{si} 的选取，在设计 K_s 的时候，阻尼比可选择为 0.75~0.7。在 $K_s=17.2$，阻尼比 $\zeta = 0.75$。

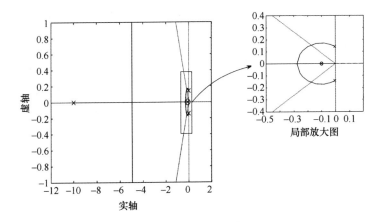

图 7 - 67 K_s 变化时,自动油门系统的闭环根轨迹

同样在 $K_s = 17.2$, K_{si} 变化时的系统闭环根轨迹如图 7 - 68 所示。在阻尼比为 0.7 时, $K_{si} = 0.373$。

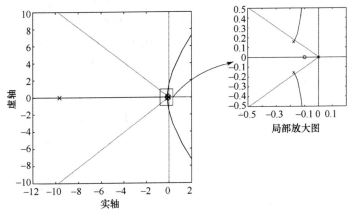

图 7 - 68 K_{si} 变化时,自动油门系统的闭环根轨迹

对于自动油门系统来说,由于前向通道增益较小,系统的响应必然较慢(上升和调节时间长),所以采用 0.7 的阻尼比并不有利于系统响应的快速性要求。在上述数据下,系统在阶跃指令输入下的调节时间大约为 257s。

因此,需要通过调整 p 来确定阻尼比。在其他数据不变, p 变化时的根轨迹如图 7 - 69 所示。

因此,在 $p = 0.247$,阻尼比 $\zeta = 0.5$,系统为欠阻尼,此时自动油门系统对阶跃速度输入的调节时间大约为 144s。

所以系统阻尼比设计为欠阻尼特性,可以大大加快系统的响应时间,这一目标需要通过仔细地选择控制器中的零点 $s = -p$ 来达到。

最终设计完成的自动油门系统的控制律为

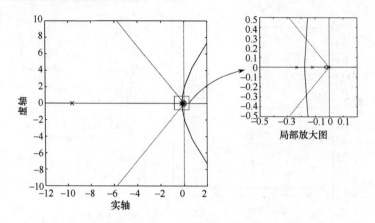

图 7 - 69 p 变化时,自动油门系统的闭环根轨迹

$$G_{sc} = \left(17.2 + \frac{0.373}{s}\right)(s + 0.247)\left(\frac{s + 0.1}{0.1s}\right) \qquad (7 - 77)$$

必须指出的是,这种控制器几乎是不可实现的,它必须使油门杆按积分形成前推式或后拉至无穷大,才能维持具有微分特性的速度保持常值。因此,飞机速度若要得到有效控制及控制器可实现,则必须要在俯仰角控制系统的共同作用下才能实现。且对控制律的评价必须要在采用纵向全面运动模型和俯仰角控制系统的条件下,才能通过数学仿真的方法进行。

7.6.4   俯仰角控制系统工作时的自动油门系统设计

7.6.3 节的讨论是关于自动油门系统独立工作对速度的控制,在这种情况下,控制效率比较低,需要油门有较大的角度。在实际的应用中,速度控制所用的油门是受到限制的,譬如 1m/s 的速度改变,油门的改变应在正负 10°范围内,从这个意义上来说,自动油门系统独立工作只有理论上的意义。

要使得油门角度在变化不大的情况下实现速度的控制,就需要提高油门对速度的操纵性,只有在俯仰角控制系统工作时,这种情况才能实现。因此,研究俯仰角控制系统配合自动油门系统的工作是有实际意义的。

由于俯仰角控制系统基本上在短周期运动的时间尺度范围内已经进入了稳态,因此并不影响自动油门系统对速度控制的长周期运动过程。这样就意味着,自动油门系统的设计模型应该是自然飞机 + 俯仰角控制系统所形成的动力学系统。仍是采用高度 4000m、速度 130m/s 的状态进行设计,其状态空间模型为式(7 - 78)。

$$\begin{bmatrix} \Delta \dot{V} \\ \Delta \dot{\alpha} \\ \Delta \dot{q} \\ \Delta \dot{\theta} \end{bmatrix} = \begin{bmatrix} -0.0124 & 5.8880 & 0 & -9.7940 \\ -0.0013 & -0.6764 & 1 & 0 \\ 0.0045 & -2.2432 & -1.0129 & 0 \\ 0 & 0 & 1 & 0 \end{bmatrix} \begin{bmatrix} \Delta V \\ \Delta \alpha \\ \Delta q \\ \Delta \theta \end{bmatrix}$$

$$+\begin{bmatrix} 0 & 0.019445 \\ -0.0837 & 0 \\ -3.3225 & 0 \\ 0 & 0 \end{bmatrix}\begin{bmatrix} \Delta\delta_e \\ \Delta\delta_T \end{bmatrix} \qquad (7-78)$$

式中:$\Delta\alpha$、$\Delta\theta$、$\Delta\delta_e$ 的单位为 rad;ΔV 的单位为 m/s;Δq 的单位为 rad/s;$\Delta\delta_T$ 的单位为°。

按在 $\Delta\theta_c = 0$ 的条件下俯仰角控制系统所形成的升降舵偏角为

$$\Delta\delta_e = 1.575\Delta\theta + 0.887\Delta q$$

在上述 $\Delta\delta_e$ 方程中忽略了舵机的动态影响,只考虑了其稳态增益。并代入到自然飞机的状态空间模型式(7-78)中后得

$$\begin{bmatrix} \Delta\dot V \\ \Delta\dot\alpha \\ \Delta\dot q \\ \Delta\dot\theta \end{bmatrix} = \begin{bmatrix} -0.0124 & 5.880 & 0 & -9.7940 \\ -0.0013 & -0.6764 & 0.9258 & -0.1318 \\ 0.0045 & -2.2432 & -3.96 & -5.2329 \\ 0 & 0 & 1 & 0 \end{bmatrix}\begin{bmatrix} \Delta V \\ \Delta\alpha \\ \Delta q \\ \Delta\theta \end{bmatrix} + \begin{bmatrix} 0.019445 \\ 0 \\ 0 \\ 0 \end{bmatrix}\Delta\delta_T$$

$$(7-79)$$

因此,上述模型就是包含了俯仰角控制系统的自动油门系统设计用的模型。其油门杆对速度的传递函数为

$$\frac{\Delta V}{\Delta\delta_T} = \frac{0.019445(s+0.3553)(s^2+4.251s+8.355)}{(s^2+0.4015s+0.01706)(s^2+4.247s+8.331)}\left(\frac{\text{m/s}}{(°)}\right)$$

传递函数中存在一对绝对值较大的零点和极点,代表了短周期的俯仰角运动,它们对 S 平面原点附近的零极点影响不大,且它们是近似相等的因此可以对消掉。这样上述传递函数就变为

$$\frac{\Delta V}{\Delta\delta_T} \approx \frac{0.019445(s+0.3553)}{s^2+0.4015s+0.01706}\left(\frac{\text{m/s}}{(°)}\right)$$

将该式与式(7-75)进行比较,当俯仰角控制系统工作后相当于零点从零变成了 -0.3553,从而速度模型不具有纯微分的性质了。所以对于这样一个模型的自动油门系统的基本控制可以采取比例积分控制,方框图如图7-70所示。

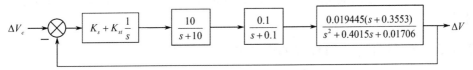

图7-70 含俯仰角控制动力学的自动油门系统方框图

可以先设 $K_{si} = 0$,如此在 K_s 变化时的根轨迹如图7-71所示。

为了方便选择 K_{si},K_s 的选择可以将系统具有过阻尼的特性,在 $K_s = 1.89$ 阻尼比为 $\zeta = 0.8$,在此数据下 K_{si} 变化时的系统闭环根轨迹如图7-72所示,在 $K_{si} =$

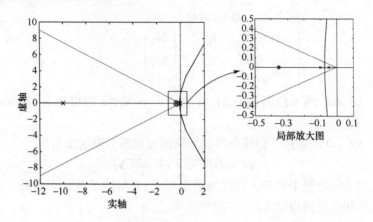

图 7 - 71 K_v 变化时,自动油门系统的闭环根轨迹

0. 108 时,阻尼比为 $\zeta = 0.7$。

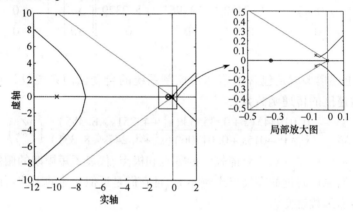

图 7 - 72 K_{si} 变化时自动油门系统的闭环根轨迹

在上述设计结果下,图 7 - 73 给出了自动油门系统对于幅值 5m/s 的阶跃响应,速度响应的调节时间大约为 107s,可见比上节中的速度响应快了 36s,同时前推油门杆大约最大为 + 15°。由此可见,自动油门系统的响应加快了,操纵性也得到了很大的提高,而俯仰角控制系统在这期间所要做的仅仅就是维持平衡俯仰角不变。

7.6.5 风对自动油门系统的干扰和推力平静

自动油门系统的干扰主要是顺风或逆风,由于空速是通过飞机迎面气流的动压来间接测量的,因此气流的流动所形成的顺风或逆风与空速叠加后的地速依然能被压力传感器所测量,并被反馈到速度控制系统。要研究顺风和逆风对自动油门系统的扰动问题,首先是建立顺风或逆风输入下的飞机动力学方程,如式(5 - 20)所示的状态空间模型。

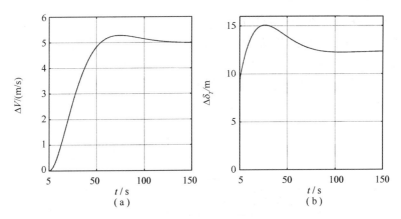

图 7 - 73　含俯仰角控制动力学的自动油门系统的阶跃响应

　　但需要指出的是,如果采用俯仰角控制系统配合自动油门系统工作的话,那么式(5 - 20)中的系统矩阵将发生改变,这样在风作用下的模型也会发生变化的。如 7.6.4 节中的样例飞机数据,则顺风或逆风(顺风为正,逆风为负)作用下飞机 + 俯仰角控制系统模型为

$$\frac{\Delta V_K}{u_w} = \frac{0.0124(s + 0.3553)}{s^2 + 0.4015s + 0.01706} \left(\frac{\mathrm{m/s}}{\mathrm{m/s}}\right)$$

式中：$\Delta V_K = \Delta V + u_w$,$u_w$ 为顺风或逆风。

　　如果以长周期运动近似方程来得到风扰动下的长周期运动传递函数模型(即无俯仰控制系统作用时),只需对 4.2.6 节中的长周期运动方程的 ΔV 和 $\Delta \alpha$ 用 $\Delta V_K - u_w$ 和 $\Delta \alpha_K$ 来代替,进行拉普拉斯变换后,即

$$\begin{cases} s \cdot (\Delta V_K - u_w) = X_V(\Delta V_K - u_w) + X_\alpha \Delta \alpha_K + X_\theta \Delta \theta \\ s \cdot \Delta \alpha_K = Z_V(\Delta V_K - u_w) + Z_\alpha \Delta \alpha_K + s \Delta \theta \\ M_V(\Delta V_K - u_w) + Z_\alpha \Delta \alpha_K = 0 \end{cases}$$

因此,得到顺风或逆风扰动下的长周期运动传递函数模型为

$$\frac{\Delta V_K}{u_w} = \frac{\left[-X_V + \dfrac{M_V}{M_\alpha}(X_\theta + X_\alpha) \right]s + X_\theta \left(Z_V - \dfrac{M_V}{M_\alpha}Z_\alpha \right)}{s^2 + \left[-X_V + \dfrac{M_V}{M_\alpha}(X_\theta + X_\alpha) \right]s + X_\theta \left(Z_V - \dfrac{M_V}{M_\alpha}Z_\alpha \right)}$$

$$\frac{\Delta \theta}{u_w} = \frac{\Delta \alpha_K}{u_w} = \frac{s^2}{s^2 + \left[-X_V + \dfrac{M_V}{M_\alpha}(X_\theta + X_\alpha) \right]s + X_\theta \left(Z_V - \dfrac{M_V}{M_\alpha}Z_\alpha \right)}$$

　　必须指出的是:长周期运动描述的是纵向运动后期或接近稳态时的运动,而不反映最初的短周期运动。因此,上式仅仅只表示了在风影响下的长周期运动,然而由于速度在短周期运动期间变化不大,上述结果还是能反映在顺风或逆风作用下的速度响应。

上式也说明在顺风或逆风作用下,最终迎角和俯仰角将回到风扰动前状态的这一事实,而空速也将回到扰动前的状态,唯一有变化的是地速,此时地速增量就等于风速。

在俯仰角控制系统配合下,自动油门系统在顺风或逆风扰动下的系统框图如图 7 – 74 所示。

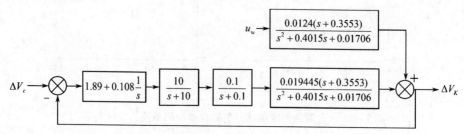

图 7 – 74　顺风或逆风作用下的自动油门系统

若当空速保持状态时,加入 $u_w = 5\text{m/s}$ 的常值顺风后自动油门系统(含俯仰角控制系统时)的响应如图 7 – 75 所示。

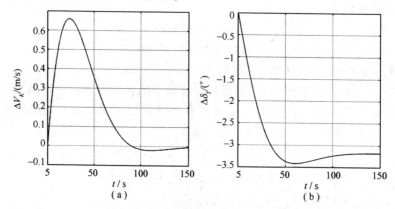

图 7 – 75　常值风作用下的自动油门系统响应

地速大约在 117s 后回到了零,说明在常值顺风扰动下自动油门系统无稳态误差,期间油门在不断减小(收油门),最大收至 – 3.4°,稳态油门为 – 3.2°,以维持地速不变,由于 $\Delta V = \Delta V_K - u_w$,故空速减小了。在这种情况下,飞机将以降低高度的形式来维持新的平衡,故而顺风对飞行来说更危险。

从上述例子再一次说明了,如果用自动油门系统来独立地控制速度必须要有俯仰角控制系统配合。并且在这种条件下,油门杆对迎角和俯仰角的作用几乎为零,这可从式(7 – 79)得到迎角和俯仰角的传递函数模型进行说明,由式(7 – 79)可得

$$\frac{\Delta \alpha}{\Delta \delta_T} = \frac{-9.875 \times 10^{-5}(s + 0.3815)(s^2 + 3.671s + 4.098)}{(s + 0.3532)(s + 0.0483)(s^2 + 4.247s + 8.331)}$$

$$\frac{\Delta\theta}{\Delta\delta_T} = \frac{-1.875\times10^{-5}(s+16.8)(s+0.3693)}{(s+0.3532)(s+0.0483)(s^2+4.247s+8.331)}$$

很明显其静增益分别为

$$K_{\Delta\delta_T}^{\Delta\alpha} = -0.0011°,\quad K_{\Delta\delta_T}^{\Delta\theta} = -0.0008°$$

静增益几乎为零,可忽略不计,表明在自动油门系统控制速度时,飞机通过俯仰角控制系统能基本保持原来的姿态,并实现了油门杆对姿态的控制的解耦,实现了以平飞姿态用油门杆控制系统飞机进行加减速度。

对于自动油门系统还有一个重要要求就是推力(拉力)平静问题。由于自动油门系统所用的速度主要是采用压力传感器进行测量,扰动风中的高频脉动量(见第 5 章)将使压力中所含有的高频噪声将不可避免地耦合到速度控制系统中,因此系统将会响应这种高频噪声(即使在速度已经进入稳态后,这些小幅度的高频噪声还依然存在),而使得发动机频繁地进行小量的加、减油门工作,这样将造成:①加剧发动机的磨损而影响寿命;②增加了燃油消耗;③加大噪声;④影响电源和液压系统的输出稳定性。总而言之,自动油门系统必须是在速度需要变化时才去控制发动机,否则发动机有可能处在平静状态而不受高频扰动风的响应。

可采用飞机在纵轴 $o_b x_b$ 方向加速度和来自大气数据系统的空速进行组合滤波来剔除高频扰动噪声。当然也可以采用一些低频滤波器来对空速进行滤波,但从理论上来说,效果应该要差一些。

假设来自空速传感器(大气数据系统)的速度为: $\Delta V+\Delta V_N$, ΔV 是未受大气扰动的空速, ΔV_N 是大气高频扰动速度。

设加速计安装于飞机重心,且测量机体轴方向 $o_b x_b$ 的加速度 a_x ,则在速度方向的加速度为

$$\Delta\dot{V} = (a_x - g\sin\theta)\cos\alpha \tag{7-80}$$

式中: θ 和 α 为飞机俯仰角和迎角。

在小角度下 $(\theta<10°,\alpha<10°)$ 则有 $\sin\theta\approx\theta,\cos\alpha\approx1$,从而式(7-80)为

$$\Delta\dot{V} \approx a_x - g\theta \tag{7-81}$$

显然式(7-81)中是不包含高频扰动风噪声的。组合的速度滤波器可设计如图 7-76 所示。

明显地,

$$\Delta V_f = \frac{1}{Ts+1}\left[K_a\Delta\dot{V} + K_V(\Delta V + \Delta V_N)\right]$$

上式变换后得

$$\Delta V_f = \frac{K_a s + K_V}{Ts+1}\Delta V + \frac{K_V}{Ts+1}\Delta V_N$$

若使得 $K_a = K_V T$,则有

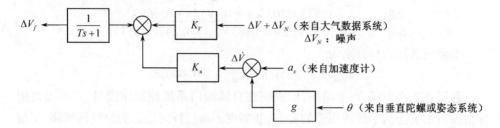

图 7 - 76   速度滤波器方框图

$$\Delta V_f = K_V \Delta V + \frac{K_V}{Ts+1}\Delta V_N \qquad (7-82)$$

式(7-82)说明低通滤波器 $1/(Ts+1)$ 对不含噪声的空速 ΔV 无影响,而对高频噪声 ΔV_N 有抑制作用,这样就可防止 ΔV_N 对自动油门系统的影响。

7.6.6   由升降舵控制的速度控制系统设计

1. 速度控制系统描述

在第 4 章中已经指出升降舵对速度的操纵性也比油门杆对速度的操纵性有效得多,因此采用升降舵通道来控制速度或进行空速保持的控制效率要高于自动油门系统。从纵向动力学上来说,若采用升降舵控制飞行速度的话,那么飞机只能通过俯冲或爬升的运动才能实现对速度的增加或减少,这也就是说只能通过俯仰角和高度的改变以间接达到对速度的控制,也是速度控制所带来的代价。既然速度控制时俯仰角改变无法避免,但可以采取适当的措施使得飞机在速度改变后能迅速地恢复平飞,即航迹倾角为零,这样就可以在航迹倾角变化最小或基本维持平飞的条件下,实现升降舵对速度的控制。

第 4 章中也已经说明了发动机油门杆对航迹倾角的操纵是有效的,同时在小扰动运动中或速度的小量变化中,航迹倾角又与垂直速度成正比的。所以,在用升降舵对速度控制时的航迹倾角控制,可以通过发动机油门杆对垂直速度的控制来实现。

因此,用升降舵控制飞行速度时,发动机油门杆则用于控制飞机的垂直速度,以保证在速度控制过程中垂直速度保持不变,实现以维持航迹倾角不变的形式完成对飞行速度的控制。

这种方案似乎与动力学是有矛盾的,因为在升降舵对速度的控制中一定伴随有航迹倾角的改变,然而由于航迹倾角的收敛速度要比速度的收敛速度快很多。因此,所谓在速度控制中航迹倾角维持不变主要是在长周期运动中体现的。

该方案的主要优点在于,由于升降舵控制的俯仰角运动为短周期运动,所以速度控制所需要俯仰角改变能迅速地完成,这样就使得速度的初始变化十分迅速(如上升时间非常短暂),而速度的最后收敛还是按长周期运动特性变化的。

2. 速度控制系统的模型和设计

由于在升降舵控制飞行速度时,发动机油门杆控制系统是为了维持或保持垂直速度不变,因而油门杆控制系统或自动油门系统是配合速度控制系统工作的。

因此,在设计速度控制系统时,需要考虑油门杆控制系统的动力学特性。这样就需要首先设计基于垂直速度反馈的油门杆控制系统或自动油门系统。

用举例飞机的数据来设计基于垂直速度反馈的自动油门系统。举例飞机仍然选择高度 4000m,速度为 130m/s 进行巡航飞行的状态,其状态方程模型见式(7 - 78)。注意到,垂直速度和航迹倾角之间的关系为

$$\Delta \dot{H} = V_0 \Delta \gamma$$

式中:$\Delta \gamma$ 单位为弧度。

而航迹倾角又为

$$\Delta \gamma = \Delta \theta - \Delta \alpha$$

从而垂直速度和油门杆之间的传递函数模型为

$$\frac{\Delta \dot{H}}{\Delta \delta_T} = V_0 \left(\frac{\Delta \theta}{\Delta \delta_T} - \frac{\Delta \alpha}{\Delta \delta_T} \right)$$

这样根据状态方程模型就得到了举例飞机垂直速度和油门杆之间的传递函数模型为

$$\frac{\Delta \dot{H}}{\Delta \delta_T} = \frac{0.012851(s + 0.5439(s^2 + 0.7374s + 2.242)}{(s^2 + 0.009526s + 0.01998)(s^2 + 1.692s + 2.921)}$$

注意到上式的分子和分母中,多项式 $s^2 + 0.7374s + 2.242$ 和多项式 $s^2 + 1.692s + 2.921$ 形成了独立的一段根轨迹,而且模态将很快收敛,只需考虑其稳态值 $2.242/2.921 \approx 0.7625$ 即可。因而油门杆对垂直速度的传递函数模型可以简化为

$$\frac{\Delta \dot{H}}{\Delta \delta_T} \approx \frac{0.0098637(s + 0.5439)}{s^2 + 0.009526s + 0.01998}$$

很明显,上述模型要设计出满意的控制系统,就必须用超前环节来解决一对较小的共轭复根在原点附近所形成根轨迹的形状问题。系统设计的方框图如图 7 - 77 所示。

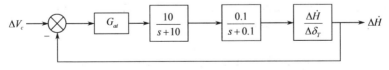

图 7 - 77　控制垂直速度的自动油门系统方框图

图 7 - 77 中发动机的延迟环节将和飞机模型中的零点形成在实轴上根轨迹,飞机模型中的一对共轭根形成的根轨迹向着右半 S 平面发展。为了改变共轭根所形成根轨迹的形状,可以通过增加超前补偿环节来实现。将发动机油门杆垂直速

度控制系统的控制律设为

$$G_{at} = \left(K_{evs} + K_{evsi} \frac{1}{s} \right) \cdot \frac{s+0.1}{s+3}$$

当 $K_{evs} = 27.5$ 时,系统阻尼比为 0.0524,而将积分增益选择为 $K_{evsi} = 1.98$。注意,由于升降舵对速度的控制作用,最终长周期运动的阻尼比也是与速度控制系统有关的。

这样,油门杆的控制律为

$$\Delta \delta_T = \left(27.5 + 1.98 \frac{1}{s} \right) \cdot \frac{s+0.1}{s+3} \cdot \frac{10}{s+10} \cdot \frac{0.1}{s+0.1} (\Delta \dot{H}_c - \Delta \dot{H})$$

若只考虑油门杆控制律中舵机和超前补偿环节的稳态值,并忽略积分环节,则油门杆控制律为

$$\Delta \delta_T = 27.5 \times \frac{0.1}{3} \times (\Delta \dot{H}_c - \Delta \dot{H})$$

由于发动机只进行垂直速度保持控制,即 $\Delta \dot{H}_c = 0$。故有

$$\Delta \delta_T = -0.9167 \Delta \dot{H}$$

或

$$\Delta \delta_T = -0.9167 \times 130 \times (\Delta \theta - \Delta \alpha) = -119.295 \times \begin{bmatrix} 0 & 1 & 0 & 1 \end{bmatrix} \begin{bmatrix} \Delta V \\ \Delta \alpha \\ \Delta q \\ \Delta \theta \end{bmatrix}$$

将此方程代入到式(7-78)所表示的纵向全面运动方程后,就得到包含了油门杆控制垂直速度动力学的升降舵对速度的传递函数模型:

$$\frac{\Delta V}{\Delta \delta_e} = \frac{-0.011989(s-19.73)(s+1.852)}{(s^2 + 0.01731s + 0.02493)(s^2 + 1.696s + 5.918)} \qquad (7-83)$$

式(7-83)存在一个正的零点是非最小相位系统。正的升降舵偏转(下偏)飞机低头下滑俯冲将使速度增加,这符合动力学原理。通过发动机油门杆对垂直速度进行控制后,长周期阻尼比得到一定的改善,对短周期运动影响不大。但决定速度响应的共轭复根阻尼依然较小,尽管通过发动机油门杆控制后有所改善,依然还会影响升降舵对速度的快速控制,为此仍需要增加超前环节进行补偿,用升降舵通道的速度控制系统设计方框图如图7-78所示。

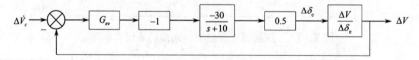

图 7-78   用升降舵通道的速度控制系统设计方框图

图7-8中"-1"环节是为了保证系统的前向通道为正。这是因为式(7-83)

中表示升降舵偏角和速度方向的符号是一致的,而舵机的方向仍需是与 $\Delta\delta_e$ 相反,以保证其他角运动方向的正确性。故只有增加" -1 "环节,才能保证前向通道为正。

将控制律设计为

$$G_{ev} = \left(K_{es} + K_{esi}\frac{1}{s} \right) \cdot \frac{s+0.1}{s+5}$$

式中 $(s+0.1)/(s+5)$ 为超前补偿环节。通过根轨迹设计,在 $K_{es} = 6.83$, $K_{esi} = 0.16$ 时,系统主导极点的阻尼比为: $\zeta = 0.7$。

至此,用升降舵通道的速度控制系统和用发动机油门杆的垂直速度控制系统已经设计完成了,其数学仿真将在第 10 章中详细描述。

第8章 横侧向自动飞行控制系统的设计

8.1 一般性问题

横侧向自动飞行控制系统主要具有以下一些基本功能:水平轨迹控制和保持、航向选择和保持以及滚转角的控制。从现代飞机的横侧向自动飞行控制系统的工作模式来看,主要包括航向保持、航向预选、滚转角保持和操纵、VOR/LOC 信标、横侧导航(LNAV)模式,驾驶员通过控制面板来选择其工作的模式。

(1)航向保持:保持横侧向自动飞行控制系统接通该模式瞬间的航向,也可通过预选航向模式来改变所要保持的航向。

(2)预选航向:驾驶员通过设定或预设所要飞行的航向后,系统将使飞机自动转向所设定的航向并保持。预选航向也称为航向模式,它具有航向改变和航向保持的功能。

(3)滚转角保持和操纵:驾驶员可以利用控制面板上的滚转操纵旋钮来改变飞机的滚转角,使飞机机翼倾斜并进行协调转弯,当旋钮回到最初的零位后,飞机机翼将变成水平。

(4)VOR/LOC 信标:根据 VOR/LOC 信标自动导引飞机按信标所指引的航道(轨迹)飞行,其中 VOR 信标航道是可以由驾驶员进行预设的,LOC 信标航道则和飞机跑道中心一致。

(5)横侧导航:是由飞行管理计算机或其他设备根据驾驶员所要飞行的航路点,自动生成大圆航线或航迹[16],自动飞行控制系统将根据这一航迹自动引导飞机沿着该航迹飞行,并且根据提前转弯指令,使飞机的航迹在转弯处与两条确定的大圆航迹相切,避免了在转弯时航迹超调的发生。

从飞机的操纵来看,速度在地平面内投影方向的改变才是横侧向运动操纵真正的目的,从横侧向飞行动力学上来说,采用副翼或扰流板的操纵是最有效的。但带来的问题是将出现侧滑角,于是需要通过方向舵的偏转使得机体轴的跟随速度轴同步转动,从而就可以在消除侧滑角的条件下完成副翼或扰流板操纵下的转弯动作,这种操纵也称为协调转弯。很显然,这种转弯航向角和航迹方位角(速度在地平面内的投影方向)都发生了变化,而航迹方位角的改变,也就是飞机的水平航迹将发生变化。换句话说,通过副翼或扰流板不但可以控制飞机的航向,也能控制飞机的水平航迹,这就达到了横侧向运动的操纵目的。一般情况下,副翼主要用于大角度的滚转角控制,而扰流板则可用于小角度时的滚转角控制,如着陆阶段。

所以协调转弯不仅可以改变航向,也能改变水平轨迹,是横侧向操纵运动的主要形式。这意味着横侧向控制系统应以协调转弯控制为主要目的,需要对滚转角和偏航角进行协调控制。基于这样的理由在横侧向自动飞行控制系统中,滚转角控制系统和航向角控制系统是重要的核心系统,所有的横侧向控制模式几乎都是以此为核心而建立的。

但是也应看到,由于横侧向运动中的运动自由度的高度耦合特性,因而方向舵或副翼中的任何一个航向偏转将引起滚转角、航向和侧滑角的变化,这就难于得到准确且运动自由度之间解耦的数学模型用于系统设计,而只能得到在适当假设下的近似解耦模型来用于设计。实际中采用横侧向运动近似模型所得到的设计结果误差非常大(除了滚转运动的简化模型外),因此在系统的设计和数学仿真中,应尽量采用全面横侧向运动模型。

横侧向自动飞行控制系统的物理组成也是由控制面板、舵机和计算机所组成,同纵向自动飞行控制系统类似,舵机也是采用小功率、带有电磁离合器的位置式电动舵机,并通过毂轮—钢索或扇形轮—摇臂机构同操纵系统连接。舵机将在电磁离合器连接输出轴后,才能带动操纵机构并驱动助力器使副翼或方向舵发生偏转,任何有关影响系统安全的因素都将使舵机中的离合器断开,以保证飞机的飞行安全。

8.2　协调转弯的运动学分析和数学模型

飞机在水平面内速度不变的条件下连续改变飞行方向,保证滚转与偏航(航向)运动两者耦合影响最小即侧滑角 $\beta = 0$,并能保持飞行高度的一种机动动作,称为协调转弯或定常盘旋。根据上述定义,飞机在协调转弯时具有下述特点:

(1)稳态滚转角 ϕ 为常数;

(2)航向稳态角速度 $d\psi/dt$ 为常数;

(3)稳态垂直速度等于零,即 $\dot{H} = 0$;

(4)稳态侧滑角等于零。

很明显,对一定的滚转角和飞行速度,只有一个相应的转弯角速度可实现协调转弯,并且由于稳态侧滑角为零,从而侧向过载为零,这意味着协调转弯稳态后是以等角速度 $d\psi/dt$、无侧向过载的等高度的盘旋(圆周)运动。

协调转弯时,作用在飞机上力如图 8-1 所示,为简便起见,设俯仰角为零 $\theta = 0$。此时,下列平衡方程是成立的,即

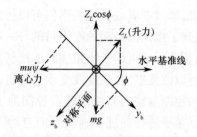

图 8-1 协调转弯时飞机的受力

$$\begin{cases} Z_L\cos\phi = mg \\ Z_L\sin\phi = F_y \end{cases} \tag{8-1}$$

其中,离心力 F_y 是由于飞机在以速度 V_0 做圆周运动时而产生的,离心力可表示为

$$F_y = m\frac{V_0^2}{R} \tag{8-2}$$

式中:R 为盘旋半径;m 为飞机质量。

由于飞机速度 $V_0 = R(\mathrm{d}\rho/\mathrm{d}t)$,其中 $\mathrm{d}\rho/\mathrm{d}t$ 为盘旋角速度(假定飞机从 A 点飞到 B 点),如图 8-2 所示。

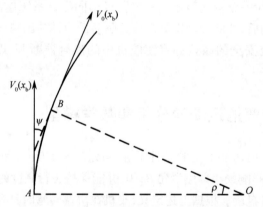

图 8-2 协调转弯时水平航迹

如图 8-2 所示,显然有偏航角 $\psi = \rho$,此式即使在带有侧滑角作圆周盘旋时也是成立的,这样在协调转弯时飞机速度为

$$V_0 = R\frac{\mathrm{d}\psi}{\mathrm{d}t} \tag{8-3}$$

将该式代入到离心力表达式(8-2)中后就得到

$$F_y = mV_0\frac{\mathrm{d}\psi}{\mathrm{d}t}$$

并将上述离心力方程代入到协调转弯时力平衡方程式(8-1)后有

$$\begin{cases} Z_L \cos\phi = mg \\ Z_L \sin\phi = mV_0 \dfrac{\mathrm{d}\psi}{\mathrm{d}t} \end{cases} \tag{8-4}$$

式(8-4)表明,协调转弯时,垂直方向的升力的分力和重力平衡,以保持飞机在水平面上等高度飞行,升力的水平分力与飞机转弯时的离心力平衡。这样,飞机就以恒定的转弯角速度在水平面内作圆周运动。由式(8-4)可得

$$\frac{\mathrm{d}\psi}{\mathrm{d}t} = \frac{g}{V_0} \tan\phi \tag{8-5}$$

式(8-5)即协调转弯公式。同样此公式在带有侧滑角作圆周盘旋时也成立。

在等高度协调转弯时 $\mathrm{d}\psi/\mathrm{d}t$ 是垂直的(按右手定则确定角速度的矢量方向),当飞机有 θ 和 ϕ 进行协调转弯时,则 $\mathrm{d}\psi/\mathrm{d}t$ 矢量不会与机体轴重合,图 8-3 表示了 $\mathrm{d}\psi/\mathrm{d}t$ 在机体轴上的投影图。

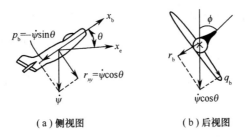

(a)侧视图　　　　　　(b)后视图

图 8-3　偏航角速度在机体轴系上的投影

由于 $\mathrm{d}\psi/\mathrm{d}t$ 是垂直的,因此位于飞机的对称平面内,因此在 $o_b x_b z_b$ 平面内可以分解为在绕机体轴 $o_b x_b$ 上的角速度 p_b 和垂直于机体 $o_b x_b$ 轴的角速度 r_{xy}。

而 r_{xy} 则在 $o_b y_b z_b$ 平面内,因此可以分解到绕机体轴 $o_b y_b$ 的角速度 q_b 和绕机体轴 $o_b z_b$ 的角速度 r_b,即

$$p_b = -\dot{\psi}\sin\theta$$

$$q_b = \dot{\psi}\cos\theta\sin\phi$$

$$r_b = \dot{\psi}\cos\theta\cos\phi$$

其中: $\dot{\psi} = \mathrm{d}\psi/\mathrm{d}t$。这就说明若在 θ 和 ϕ 不为零的条件下进行协调转弯的话,将会引起绕机体轴的转动运动。这些转动角速度将产生额外的气动力矩,而这些气动力矩需要用气动操纵面附加偏角 $\Delta\delta_a$、$\Delta\delta_e$ 和 $\Delta\delta_r$ 所产生的操纵力矩加以平衡,即

$$\begin{cases} C_{mp}p_b + C_{m\delta_a}\Delta\delta_a = 0 \\ C_{mq}q_b + C_{m\delta_e}\Delta\delta_e = 0 \\ C_{mr}r_b + C_{m\delta_r}\Delta\delta_r = 0 \end{cases}$$

则所需舵偏角分别为

$$\Delta\delta_{\mathrm{a}} = \frac{C_{mp}}{C_{m\delta_{\mathrm{a}}}} \cdot \frac{g}{V_0} \cdot \tan\phi \cdot \sin\theta$$

$$\Delta\delta_{\mathrm{e}} = -\frac{C_{mq}}{C_{m\delta_{\mathrm{e}}}} \cdot \frac{g}{V_0} \cdot \tan\phi \cdot \cos\theta \cdot \sin\phi$$

$$\Delta\delta_{\mathrm{r}} = -\frac{C_{mr}}{C_{m\delta_{\mathrm{r}}}} \cdot \frac{g}{V_0} \cdot \tan\phi \cdot \cos\theta \cdot \cos\phi$$

若设飞机已经在进行向右的协调转弯飞行,那么对由于 θ 和 ϕ 不为零所产生的额外气动力矩的平衡操纵动作应该是:右副翼下偏($\Delta\delta_{\mathrm{a}} > 0$,左滚转),蹬右舵($\Delta\delta_{\mathrm{r}} < 0$,右偏航),升降舵上偏($\Delta\delta_{\mathrm{e}} < 0$,抬头)。必须指出这仅仅是已经在进行协调转弯过程中所需要的操纵动作,而对自动飞行控制系统来说将自动完成这些操纵。

从力的平衡方程可以看出,如果飞机是从平飞转入协调转弯的话,那么在升力不变的条件下,飞机就不可能维持在水平面上进行等高度协调转弯,而出现在转弯的过程中逐渐地降低高度。因此,协调转弯时必须要在平飞升力 Z_L 的基础上,增加额外的升力 ΔZ_L 来保持飞机的高度,即垂直方向力的平衡方程为

$$(Z_L + \Delta Z_L)\cos\phi = mg$$

因为平飞时的升力等于重力,$\Delta Z_L = mg$,故而有

$$\Delta Z_L = \frac{1 - \cos\phi}{\cos\phi} mg$$

由于额外的升力 ΔZ_L 可以写为

$$\Delta Z_L = \left(\frac{1}{2}\rho V_0^2\right) S_{\mathrm{w}} C_{L\alpha} \Delta\alpha = Q S_{\mathrm{w}} C_{L\alpha} \Delta\alpha$$

综合关于上述 ΔZ_L 两个方程,则所需的迎角增量为

$$\Delta\alpha = \left(\frac{1 - \cos\phi}{\cos\phi}\right) \frac{mg}{Q S_{\mathrm{w}} C_{L\alpha}}$$

而迎角增量可以由升降舵偏角增量 $\Delta\delta_{\mathrm{e}}$ 来产生,则按照力矩平衡方程有

$$C_{m\alpha} \Delta\alpha + C_{m\delta_{\mathrm{e}}} \Delta\delta_{\mathrm{e}} = 0$$

所以

$$\Delta\delta_{\mathrm{e}} = -\frac{C_{m\alpha}}{C_{m\delta_{\mathrm{e}}}} \cdot \Delta\alpha = -\frac{C_{m\alpha}}{C_{m\delta_{\mathrm{e}}}} \cdot \left(\frac{1 - \cos\phi}{\cos\phi}\right) \cdot \frac{mg}{QSC_{L\alpha}}$$

结合上述由于偏航角速度引起的升降舵偏角增量,则协调转弯时所需升降舵偏角增量为

$$\Delta\delta_e = -\frac{C_{m\alpha}}{C_{m\delta_e}} \cdot \left(\frac{1-\cos\phi}{\cos\phi}\right) \cdot \frac{mg}{QSC_{L\alpha}} - \frac{C_{mq}}{C_{m\delta_e}} \cdot \frac{g}{V_0} \cdot \cos\theta \cdot \sin\phi \cdot \tan\phi \quad (8-6)$$

或

$$\Delta\delta_e = -L_\phi |\phi|$$

若 θ 和 ϕ 较小(小于 10),则式(8-6)可以近似为

$$\Delta\delta_e \approx -\frac{C_{mq}}{C_{m\delta_e}} \cdot \frac{g}{V_0} \cdot \phi^2$$

且

$$L_\phi = \frac{C_{mq}}{C_{m\delta_e}} \cdot \frac{g}{V_0} > 0$$

把 L_ϕ 称为是升降舵对滚转角的传动比。上式中总是有:$\Delta\delta_e < 0$。因此,在协调转弯时(无论是向左还是向右滚转转弯)必须保证 $\Delta\delta_e < 0$ 即升降舵应向上偏转。这就意味着在飞机进行协调转弯时,纵向自动飞行控制系统应处在高度保持控制模式。

需要再次指出的是,保持协调转弯和进入协调转弯所要求的副翼偏转方向是不同的。若使飞机从平飞进入向右的协调转弯,则必须要"杆舵"一致,即向右压杆、蹬右舵,同时适当地后拉驾驶杆来产生所需的 $\mathrm{d}\psi/\mathrm{d}t$。当飞机接近预定的滚转角 ϕ 而维持协调转弯时,应适当地向左回杆,或改成左压杆,以保持要求的 $\mathrm{d}\psi/\mathrm{d}t = 0$,这样飞机才能维持向右的协调转弯飞行。

8.3　滚转角控制系统的设计

滚转角控制系统是横侧向控制系统的核心回路,是通过副翼或扰流板来控制飞机的滚转方向和速度的,一般情况下用于协调转弯并和方向舵控制通道协调工作,但也可以独立地工作。当滚转角控制系统独立地用作滚转角(倾斜角)改平(或称机翼水平)的控制,其作用是,当飞机处于任何有滚转角状态时,当驾驶员选择了"改平"或"机翼水平"模式后,系统自动将滚转角指令置零,滚转角控制系统控制飞机处于机翼水平状态,也就是将具有滚转角的飞行状态改为水平飞行的状态。

在小扰动运动假设下,在副翼偏转后主要引起滚转运动,且叠加了一定程度的荷兰滚运动,如果忽略荷兰滚运动的影响($\Delta\beta \approx 0$,$\Delta r \approx 0$),则可近似认为飞机只进行滚转运动,在横侧向运动全面方程中的滚转力矩方程可写为

$$\Delta\dot{p} = L_p\Delta p + L_{\delta_a}\Delta\delta_a$$

进行拉普拉斯变换后其动力学模型为

$$\frac{\Delta p}{\Delta \delta_a} = \frac{L_{\delta_a}}{s - L_p}$$

和

$$\Delta \phi \approx \frac{1}{s} \Delta p$$

采用上述简化的滚转运动模型设计滚转角控制系统是具有足够的精度的,其对滚转角的作用与用横侧向全面运动模型得到的结果基本是一致的,只是该模型不能反映其他运动量在副翼作用时影响而已。

与俯仰角控制系统的控制律结构类似,滚转角控制系统也是引入滚转角速度和滚转角作为主要的反馈,其系统方框图如图 8 - 4 所示。

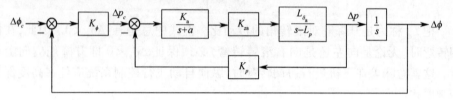

图 8 - 4　滚转角控制系统方框图

先选择滚转角速度控制回路的增益 K_p。该回路的开环传递函数不包含零点,因此根轨迹较为简单,选择 K_p 的原则是回路阻尼比应大于 0.7(在 0.8 附近),原因是有利于滚转角回路增益 K_ϕ 的选择。

以高度 4000m、速度 130m/s 飞行的飞机数据为例子,其副翼对滚转角的传递函数为

$$\frac{\Delta p}{\Delta \delta_a} = -\frac{2.2356}{s + 0.9716}$$

舵机传递函数为

$$G_a = \frac{30}{s + 10}(°/V)$$

机械操纵系统的传动比为

$$K_{za} = 0.4(°)/(°)$$

则图 8 - 4 中的开环传递函数为

$$G_{op} = G_a K_{za} \frac{\Delta p}{\Delta \delta_a} = \frac{26.83}{s^2 + 10.97s + 9.716}$$

对于这类简单系统的设计,也可以采用下述方法进行。按图 8 - 4 和上述开环传递函数 G_{op},得到滚转角速度回路的闭环传递函数为

$$\frac{\Delta p}{\Delta p_c} = \frac{26.83}{s^2 + 10.97s + (9.716 + 26.83K_p)}$$

这是一个典型的二阶环节,则其阻尼比和无阻尼频率分别为

$$\zeta = \frac{10.97}{2\sqrt{9.716 + 26.83K_p}}$$

$$\omega_n = \sqrt{9.716 + 26.83K_p}$$

若要阻尼比 $\zeta = 0.8$,则从以上阻尼比的方程中解出增益 $K_p = 1.39$,且此时无阻尼自然频率 $\omega_n = 6.8563$。滚转角速度回路的闭环传递函数为

$$\frac{\Delta p}{\Delta p_c} = \frac{26.83}{s^2 + 10.97s + 47.01}$$

与开环传递函数相比,其特征方程中关于 s 的系数并无改变,这说明 K_p 是无法改变滚转角速度回路调节时间的,进入 2% 误差带的调节时间大约为 0.7s,这与开环传递函数的调节时间是一致的。

滚转角回路的增益 K_ϕ 则可通过根轨迹来选择,当 K_ϕ 变化时的滚转角控制系统的闭环根轨迹如图 8-5 所示。在 $\zeta = 0.7$ 时,$K_\phi = 3.29$。

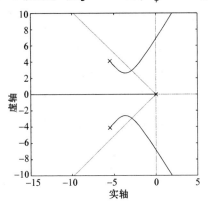

图 8-5　K_ϕ 变化时滚转控制系统的闭环根轨迹

在 $K_p = 1.39$,$K_\phi = 3.29$ 时举例飞机滚转角控制系统的性能指标见表 8-1。

表 8-1　滚转角控制系统的性能指标

$\zeta = 0.7$	$\omega_n = 4.130\text{rad/s}$	带宽 $\omega_c = 3.349\text{rad/s}$
$t_s = 1.3539\text{s}$(调节时间)	$t_r = 0.435\text{s}$(上升时间)	超调量:4.6%

图 8-4 中的滚转角控制系统的闭环传递函数为

$$\frac{\Delta \phi}{\Delta \phi_c} = \frac{K_a K_{za} L_{\delta_a} K_\phi}{s^3 + (K_p K_a K_{za} L_{\delta_a} - aL_p)s + K_a K_{za} L_{\delta_a} K_\phi}$$

很明显,该系统的输出对输入指令是无误差的。滚转角控制系统的干扰主要来自

滚转干扰力矩。滚转力矩的产生主要由下述一些原因:①副翼制造工艺的误差,照成机翼两侧的升力不对称;②垂直风沿机翼展长方向的梯度是不对称及不是均匀分布的,这对于大型飞机来说尤为明显;③上单翼飞机发动机气流向着垂尾的一侧流动,造成垂尾产生侧力而形成滚转干扰力矩等。

如果从纯滚转方程出发,那么滚转干扰力矩 L_d 可以通过下述方程加入到滚转运动模型中,

$$\begin{cases} \Delta \dot{p} = L_p \Delta p + L_{\delta_a} \Delta \delta_a + L_d / I_x \\ \Delta \dot{\phi} = \Delta p \end{cases}$$

式中: L_d 为滚转扰动力矩; I_x 为绕机体轴 $o_b x_b$ 的转动惯量。将上述方程拉普拉斯变换后就得到

$$\Delta \phi = \frac{L_{\delta_a}}{s(s - L_p)} \Delta \delta_a + \frac{1}{s(s - L_p)} (L_d / I_x)$$

在滚转扰动力矩作用下的滚转角控制系统方框图如图 8 – 6 所示。

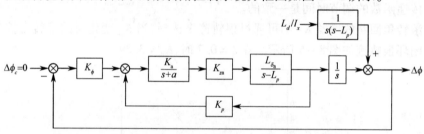

图 8 – 6　滚转扰动力矩作用下的滚转角控制系统

在 $\Delta \phi_c = 0$ 条件下,扰动力矩作用下的滚转角响应为

$$\Delta \phi = \frac{s + a}{s(s - L_p)(s + a) + (K_\phi + K_p s) K_a K_{za} L_{\delta_a}} \cdot \frac{L_d}{I_x}$$

对于常值扰动力矩而 L_d = 常数时,其滚转角的稳态值为

$$\Delta \phi(\infty) = \frac{a}{K_\phi K_a K_{za} L_{\delta_a}} (L_d / I_x)$$

这说明,滚转角控制系统是无法克服滚转扰动力矩的影响的,只能对上述公式中增益参数进行合理选择,就可使得滚转角扰动力矩的影响尽可能的小。

注意到 K_a、K_{za} 和 L_{δ_a} 是俯仰角速度回路的前向通道增益,是由飞机、舵机和机械操纵系统所决定的,如果这个增益确定了,那么选择尽可能大的增益 K_ϕ 可以有效地减小扰动力矩对滚转角控制系统性能的影响。

对于上述举例飞机数据和所选择的增益 $K_\phi = 3.29$,滚转扰动力矩所形成滚转角的稳态值为

$$\Delta \phi(\infty) = 0.1133 (L_d / I_x)$$

8.4　侧滑角控制系统设计

8.4.1　侧滑角控制系统的描述

本节主要研究协调转弯过程中,对侧滑角的控制问题。侧滑角控制系统采用侧滑角反馈并通过方向舵来消除协调转弯过程中的侧滑角,对用于航向控制的滚转角控制回路来说,侧滑角控制系统的作用是在协调转弯过程中始终保持侧滑角为零的状态。

但在另一方面,由于依靠方向舵控制侧滑角的实质是使机体轴 $o_b x_b$ 转动来追赶速度轴,因此只有 $o_b x_b$ 和速度轴的同步运动了,才能在滚转后飞机就能无侧滑地改变航向,显然这就需要机体轴的转动速度快于速度轴才能达到目的。

在协调转弯开始时,飞机滚转后首先出现的是滚转角和偏航角,其后才出现侧滑角,这是由于横滚静稳定性力矩阻止侧滑角的产生所引起的现象。因此,为了加速机体轴 $o_b x_b$ 的偏转,在侧滑角反馈控制系统中引入偏航角反馈是必要的。

在另一方面,由于方向舵的偏转主要激发荷兰滚模态运动,因此还需要引入了偏航角速度的反馈,以改善荷兰滚的阻尼特性,偏航角速度反馈恰好可代替上述所讨论的偏航角反馈。综合上述讨论,可将偏航角速度反馈作为侧滑角控制系统的内回路,而侧滑角反馈则是外回路。

由于侧滑角控制系统是用于控制滚转角运动过程中所产生的侧滑角,因此在设计偏航角速度回路时,必须要考虑到滚转控制系统对横侧向全面运动方程中系统矩阵的影响,以建立方向舵到偏航角速度之间的传递函数模型,在设计中是需要注意的。以下通过例子来说明侧滑角控制系统的设计过程。

8.4.2　侧滑角控制系统的设计

对于举例飞机在速度 130m/s,高度 4000m 的巡航飞行状态下,横侧向全面运动方程为

$$
\begin{bmatrix} \Delta\dot{\beta} \\ \Delta\dot{p} \\ \Delta\dot{r} \\ \Delta\dot{\phi} \end{bmatrix} = \begin{bmatrix} -0.1370 & 0.0499 & -0.9988 & 0.0753 \\ -1.0081 & -0.9716 & 0.2624 & 0 \\ 0.4920 & -0.0403 & -0.1634 & 0 \\ 0 & 1 & 0 & 0 \end{bmatrix} \begin{bmatrix} \Delta\beta \\ \Delta p \\ \Delta r \\ \Delta\phi \end{bmatrix} +
$$

$$
\begin{bmatrix} 0 & 0.0375 \\ -2.2356 & 0.3231 \\ -0.1729 & -1.0281 \\ 0 & 0 \end{bmatrix} \begin{bmatrix} \Delta\delta_a \\ \Delta\delta_r \end{bmatrix} \tag{8-7}
$$

式中:$\Delta\beta$、$\Delta\phi$、$\Delta\delta_a$、$\Delta\delta_r$的单位为 rad;Δp、Δr 的单位为 rad/s。

舵机稳态情况下的滚转角控制系统的控制律(见 8.3 节)如下:

$$\Delta\delta_a = \begin{bmatrix} 0 & 0.0291 & 0 & 0.0689 \end{bmatrix} \begin{bmatrix} \Delta\beta \\ \Delta p \\ \Delta r \\ \Delta\phi \end{bmatrix} - 0.0689\Delta\phi_c$$

代入全面运动方程后,就得到新的横侧向运动模型如下:

$$\begin{bmatrix} \Delta\dot{\beta} \\ \Delta\dot{p} \\ \Delta\dot{r} \\ \Delta\dot{\phi} \end{bmatrix} = \begin{bmatrix} -0.1370 & 0.0499 & -0.9988 & 0.0753 \\ -1.0081 & -0.9716 & 0.2624 & 0 \\ 0.4920 & -0.0403 & -0.1634 & 0 \\ 0 & 1 & 0 & 0 \end{bmatrix} \begin{bmatrix} \Delta\beta \\ \Delta p \\ \Delta r \\ \Delta\phi \end{bmatrix} +$$

$$\begin{bmatrix} 0 & 0.0375 \\ 0.1540 & 0.3231 \\ 0.01190 & -1.0281 \\ 0 & 0 \end{bmatrix} \begin{bmatrix} \Delta\phi_c \\ \Delta\delta_r \end{bmatrix} \tag{8-8}$$

该运动的特征根为:$s_r = -0.9194$,$s_s = -0.1665$,$s_h = -0.1256 \pm 0.7745j$,而自然飞机的特征根分别为:$s_r = -1.0161$,$s_s = -0.0044$,$s_h = -0.1258 \pm 0.7679j$。

很明显,螺旋模态得到改善,然而滚转及荷兰滚模态没有明显的改善,并且其阻尼比为 0.16,荷兰滚模态阻尼比偏小将影响到侧滑角反馈时的设计。因而在设计侧滑角反馈控制前,首先需要改善荷兰滚模态的阻尼特性,才有可能设计出满意的侧滑角控制系统,这也是引入偏航角速度的原因之一。

式(8-8)是设计模型。从式(8-8)中得到方向舵偏角输入、偏航角速度为输出的传递函数为

$$\frac{\Delta r}{\Delta\delta_r} = \frac{-1.0282(s+0.9145)(s^2+0.2555s+0.09042)}{(s+0.9194)(s+0.1665)(s^2+0.2511s+0.6156)} \tag{8-9}$$

方向舵输入下,侧滑角输出的传递函数为

$$\frac{\Delta\beta}{\Delta\delta_r} = \frac{0.0375(s+27.97)(s+0.8921)(s+0.1569)}{(s+0.9194)(s+0.1665)(s^2+0.2511s+0.6156)} \tag{8-10}$$

综合式(8-9)和式(8-10)可得

$$\frac{\Delta\beta}{\Delta r} = \frac{-0.036472(s+27.97)(s+0.8921)(s+0.1569)}{(s+0.9145)(s^2+0.2555s+0.09042)} \tag{8-11}$$

将侧滑角控制律设计为比例 + 积分控制的形式,侧滑角控制系统的控制律方框图

如图 8 - 7 所示。

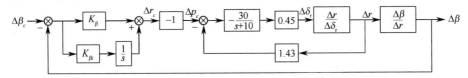

图 8 - 7 侧滑角控制系统方框图

其中"- 1"的环节是因为式(8 - 11)的符号为负,为保持开环传递函数为正而所加,表示控制律输出反向后才能用于偏航角速度控制回路。

在 K_r 变化时,偏航角速度回路的闭环根轨迹如图 8 - 8 所示。

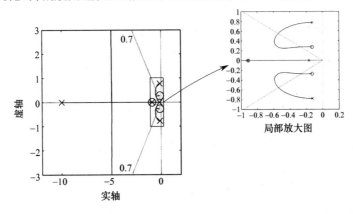

图 8 - 8 K_r 变化时,$\Delta r / \Delta r_c$ 闭环根轨迹

显然,当 $K_r = 1.43$,荷兰滚阻尼比为 0.7。K_r 确定后,设 $K_{\beta i} = 0$,当 K_β 变化时,侧滑角控制系统的闭环根轨迹如图 8 - 9 所示。

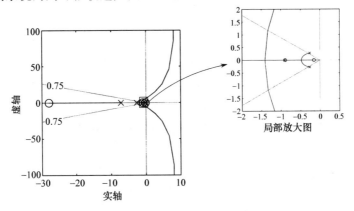

图 8 - 9 K_β 变化时,侧滑角控制系统的闭环根轨迹

为方便 $K_{\beta i}$ 的设计,一般将 K_β 设计为使系统主导极点具有过阻尼特性。当阻尼比为 0.72 时,$K_\beta = 1.3$。此后再用根轨迹方法设计 $K_{\beta i}$,当 $K_{\beta i} = 0.687$,系统主导

极点的阻尼比为 0.7。这样就得到了侧滑角控制系统的控制律的参数。

由于侧滑角的直接测量比较困难,因此往往用测量飞机的侧向过载来代替侧滑角反馈或计算出侧滑角。这是由于在小扰动运动的假设下重心处的侧向过载为

$$\Delta n_z = \frac{V_0}{g}(-\alpha_0 \cdot \Delta p + \Delta r + \Delta \dot\beta) - \cos\theta_0 \cdot \Delta\phi$$

在小角度运动的条件下,则有 $\alpha_0 \approx 0, \theta_0 \approx 0$,通过对过载和偏航角速度以及滚转角的测量,就可以计算出侧滑角为

$$\Delta\beta = \frac{1}{s}\left[\left(\frac{g}{V_0}\right)(\Delta n_z + \Delta\phi) - \Delta r \right]$$

8.4.3　侧滑角控制系统的扰动及不利因素

由于侧滑角控制系统引入了偏航角速度反馈,因此需要考虑偏航力矩的扰动。对于在机翼上安装的多发动机布局来说,由于发动机推力或拉力的不对称或安装误差都将会引起偏航力矩,这个力矩对侧滑角控制系统来说,则是一种扰动力矩。

若设偏航扰动力矩为 N_d,绕机体轴 $o_b z_b$ 的转动惯量为 I_z,因此所产生的偏航角加速度为:N_d/I_z。将此加入到横侧向全面运动方程式(4-60)中的第三个方程中后,即可得到偏航力矩扰动下的横侧向运动模型。然而在很多情况下,往往将偏航力矩则算成方向舵的偏角后加入到式(4-60)中,这样就不用修改横侧向全面运动模型了,用这个方法式(4-60)后方向舵偏角输入应为

$$\Delta\delta'_r = \Delta\delta_r + \Delta\delta_{rd}$$

式中:$\Delta\delta_r$ 是引起飞机动力学运动的实际方向舵偏转角,而 $\Delta\delta_{rd} = N_d/(I_z N_{\delta_r})$ 是偏航扰动力矩折算的方向舵偏角。

通过数学仿真发现侧滑角控制系统的响应总是慢于滚转角控制系统。由于 $N_p < 0$ 使得在滚转时总是要产生不利的偏航力矩,以阻止机体轴跟随速度轴转动,不利于对侧滑角的快速修正。因此,在侧滑角控制系统中需引入类似前馈作用的滚转角协调交联信号,这样方向舵就能在滚转发生后很快地偏转,来消除不利的偏航力矩,以使得机体轴 $o_b x_b$ 快速地跟随速度轴变化,加快消除侧滑角的响应。此时侧滑角控制律的结构形式为如图 8-10 所示。

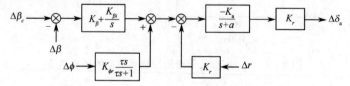

图 8-10　滚转角和侧滑角控制系统的交联

图 8 - 10 中高通滤波器(时间常数 $\tau = 1 \sim 4\mathrm{s}$)的作用在于只有动态的 $\Delta\phi$(或 $\Delta p \neq 0$)信号才能通过,一旦滚转角进入稳态后 $\Delta\phi$ 就不能通过该滤波器了,目的就是为了在飞机滚转过程中通过 $\Delta\phi$ 以加快方向舵的响应。

在图 8 - 10 中,协调交联信号的增益计算如下,若滚转角速度所产生的不利偏航力矩由方向舵偏转后的力矩平衡,因此平衡方程为

$$N_p \Delta p + N_{\delta_\mathrm{r}} \Delta\delta_\mathrm{r} = 0$$

则

$$\Delta\delta_\mathrm{r} = -\frac{N_p}{N_{\delta_\mathrm{r}}}\Delta p$$

或

$$\Delta\delta_\mathrm{r} = -\frac{N_p}{N_{\delta_\mathrm{r}}}s\Delta\phi$$

故而可得到协调交联增益为

$$K_{\phi r} = -\frac{N_p}{N_{\delta_\mathrm{r}}}$$

由于 $N_p < 0, N_{\delta_\mathrm{r}} < 0$,故 $N_p/N_{\delta_\mathrm{r}} > 0$,则 $K_{\phi r}$ 中的符号仅仅表示:若发生向右滚转 $\Delta\phi > 0$,由于 $K_\phi < 0$,则需使 $\Delta\delta_\mathrm{r} < 0$ 即产生向右偏航 $\Delta\psi > 0$,这样满足了飞机向着滚转方向的偏航运动要求,就能加快对侧滑角修正。

对于举例飞机来说,在高度 4000m、速度 130m/s 时,$N_p = -0.0403(1/\mathrm{s})$, $N_{\delta_\mathrm{r}} = -1.0281(1/\mathrm{s}^2)$,则协调交联增益为

$$K_{\phi r} = -\frac{(-0.0403)}{(-1.0281)} = -0.0392(\mathrm{s})$$

在实际应用中,在高通滤波器时间常数的配合下,可适当提高协调交联增益的放大倍数,以使得方向舵在初始响应中偏角较大,达到快速响应的目的。当然这可以通过数学仿真进行调整。

8.5　航向控制系统设计

8.5.1　问题描述

本节研究的航向控制系统是指将航向(或称偏航角,下同)指令施加于把偏航角反馈作为滚转角控制系统的外回路所构成的系统,并且侧滑角控制系统与它配合工作用协调转弯的运动形式完成对航向的控制。

航向控制指令有两类形式:一类是驾驶员通过操纵旋钮直接给出滚转角指令,

使得飞机转弯,当飞机将到达所需航向时,操纵旋钮回到零位,飞机到达新的航向且机翼恢复水平;另一类是驾驶员用航向指示器或水平位置指示器(HSI)的航向标志旋钮设定期望航向后,指示器将给出当前航向和期望航向之差作为航向控制指令,使飞机转向期望航向,当飞机到达该航向后机翼恢复水平,这个过程也称为预选航向控制。航向控制系统的方框图如图 8 - 11 所示。

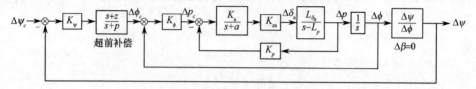

图 8 - 11   航向控制系统方框图

如图 8 - 11 所示,如果在人工操纵时,实际上就是滚转角控制系统按给定的滚转指令进行滚转角控制,这个滚转角指令其性质就是偏航角指令。由于没有偏航角反馈,此时驾驶员承担了航向控制器的作用,滚转角控制系统相当于是一个伺服随动系统,而侧滑角角控制系统配合工作以消除侧滑角。

在预选航向时,所形成的航向误差作用于控制律后形成指令用于滚转角控制系统,实现了航向的自动控制,这也就意味着滚转角控制系统具有了偏航角反馈。因此,航向控制系统主要研究的是预选航向时的自动控制问题。

由于滚转角及侧滑角控制系统和航向控制系统同时工作,所以航向控制系统设计模型中应包含侧滑角和滚转角控制系统的动力学过程。

8.5.2   航向控制系统的设计

以下用具体例子来说明航向控制系统的设计过程。

由侧滑角控制系统的控制律结构如图 8 - 7 所示,并由 8.4.2 节,在只考虑舵机稳态和忽略侧滑角积分环节的条件下,举例飞机的控制律为

$$\Delta\delta_r = \begin{bmatrix} -0.0306 & 0 & 0.0337 & 0 \end{bmatrix} \begin{bmatrix} \Delta\beta \\ \Delta p \\ \Delta r \\ \Delta\phi \end{bmatrix} + 0.0306\Delta\beta_c$$

将该方程代入到已经包含有滚转控制系统动力学的方程式(8 - 8)中,得到

$$\begin{bmatrix} \Delta\dot{\beta} \\ \Delta\dot{p} \\ \Delta\dot{r} \\ \Delta\dot{\phi} \end{bmatrix} = \begin{bmatrix} -0.1381 & 0.0499 & -0.9975 & 0.0753 \\ -1.018 & -1.0367 & 0.2733 & -0.154 \\ 0.5235 & -0.0453 & -0.1980 & -0.0119 \\ 0 & 1 & 0 & 0 \end{bmatrix} \begin{bmatrix} \Delta\beta \\ \Delta p \\ \Delta r \\ \Delta\phi \end{bmatrix} +$$

$$\begin{bmatrix} 0 & 0.0011 \\ 0.1540 & 0.0099 \\ 0.01190 & -0.0315 \\ 0 & 0 \end{bmatrix} \begin{bmatrix} \Delta\phi_c \\ \Delta\beta_c \end{bmatrix}$$

从图 8 – 10 中，$\Delta\phi_c$ 输入对 $\Delta\psi$ 输出是航向控制系统的设计模型。从上式中得到其传递函数为

$$\frac{\Delta\psi}{\Delta\phi_c} = \frac{0.011913(s+0.8588)(s^2-0.2701s+0.6828)}{s(s+0.9189)(s+0.1702)(s^2+0.2838s+0.6498)} \qquad (8-12)$$

上述模型是个非最小相位系统，将控制律设计为比例控制的话，则图中的 $G_\psi(s) = K_\psi$，在 K_ψ 变化时的根轨迹如图 8 – 12 所示。

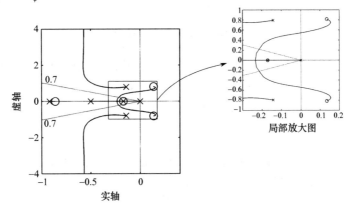

图 8 – 12　K_ψ 变化时，航向控制系统的闭环根轨迹

当 $K_\psi = 1.12$，航向控制系统主导极点的阻尼比为 0.7。闭环传递函数为

$$\frac{\Delta\psi}{\Delta\psi_c} = \frac{0.013342(s+0.8588)(s^2-0.2701s+0.6828)}{s(s+0.9172)(s^2+0.1602s+0.01312)(s^2+0.2955s+0.6503)}$$

$$(8-13)$$

该模型将是横侧向轨迹控制系统设计的出发模型。航向控制系统的性能数学仿真将在第 10 章中给出。

实际上，上面的设计将导致非常慢的响应过程，其原因在于式(8 – 12)中的 $s = -0.1702$ 极点所引起。这个根是由螺旋模态经过滚转控制系统的作用后演化而来的，绝对值较小，使得在航向控制系统 $\Delta\psi/\Delta\psi_c$ 中出现绝对值较小的极点，使得响应较慢。可采用超前补偿的方式来消除这一极点加快响应速度。由式(8 – 12)可知，当 $s = -0.1702$ 极点被零点对消后，可以再增加一个靠近零点 $s = -0.8588$ 的极点，如增加极点 $s = -0.4$ 来吸引该零点，使得在 $s=0$ 和 $s=-0.4$ 两个极点之间形成分离点。这样超前补偿环节可设计为：$(s+0.1702)/(s+0.4)$。

在补偿环节设计完后，K_ψ 变化所形成的根轨迹如图 8 - 13 所示，由根轨迹图，当阻尼比为 0.7 时，$K_\psi = 17.6$。

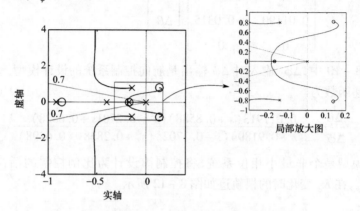

图 8 - 13　具有超前补偿环节时，K_ψ 变化时的根轨迹

在上述所设计控制律参数下的航向控制系统的闭环传递函数模型为

$$\frac{\Delta\psi}{\Delta\psi_c} = \frac{0.2097(s + 0.8588)(s^2 - 0.2701s + 0.6828)}{(s + 0.909)(s^2 + 0.3554s + 0.06369)(s^2 + 0.3382s + 0.6405)}$$

$$(8 - 14)$$

与式(8 - 13)相比，上述传递函数模型中的极点绝对值均得到了增加，因此响应速度必然加快了，可缩短系统的响应时间。

8.6　LOC/VOR 导引控制系统设计

8.6.1　LOC/VOR 信标

LOC 信标也称为航向信标，在飞机着陆阶段用于引导飞机进入并稳定在跑道中心线的一种导航设备。

VOR 信标是用于飞机巡航飞行时的一种导航设备，按驾驶员所选择 VOR 航道方位，形成以地面 VOR 台为圆心、VOR 有效信号为半径的直线航道。

由于 LOC 和 VOR 导航的基本原理是一致的，只是其信号被调制在不同的载波频率上。因此可用一个接收机，接收来自地面 LOC/VOR 信标台的信号。两者之间的差别在于：LOC 的方位是固定，而 VOR 的方位则是在 360° 内可以选择的。

LOC 信标台是在跑道中心线的延长线距离跑道末端约 500 ～ 1000m 处的一个无线电发射台。它向飞机着陆方向连续发射载波频率 110MHz 的聚焦波束，其左波束用 90Hz 调制，右波速用 150Hz 调制，形成水平方向上两个载波频率相同，信号强度相同且对称的两个波束，两波束相交形成一条等强度线（或称等信号区），等信号区和机场跑道中心线重合并作为航向基准,在跑道中心线的 ±25° 范围内能接收到信号,然而可以线性计算的范围大约是 ±2.5°,作用距离 25 海里(约 46km),如图 8 – 14 所示。

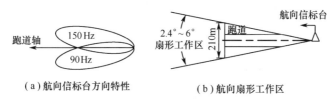

（a）航向信标台方向特性　　　　　（b）航向扇形工作区

图 8 – 14　LOC 信标台示意图

在等信号区的左侧则 90Hz 信号强,而在右侧是 150Hz 信号强,这样就可以表示飞机的跑道中心线的左边还是右边以及与中心线相对位置。

VOR 信标分为航路 VOR 和终端 VOR,用于航路导航和终端进近。VOR 工作于 108 ~ 118MHz 的频率范围内。航路 VOR 导航台功率为 100 ~ 200W,在 10000m 高空典型作用距离为 300 ~ 350km,5000m 时约为 200km,提供经过 VOR 台上空的最大约 700km 直线航道(向台和背台飞行)。

当驾驶员选择 VOR 航道方位后,其接收机将给出当前飞机位置和所选 VOR 航道方位之间的相对位置信息。由于 LOC 方位航道代表了机场跑道中心线方位,因此航道方位是固定,只要 LOC 信号有效后,接收机将自动给出飞机和 LOC 方位航道所代表跑道中心线之间的相对位置。这些相对位置是通过飞机重心与地面台之间连线与航道之间的夹角(或称 LOC/VOR 航道偏差角)来表示的,一般用水平位置指示器(HSI)的航道偏差杆指示。

从自动飞行控制系统来说,这两种信标的导引方式是类似的,因为系统只使用上述所谓的相对位置(偏差角)作为主要反馈,自动控制飞机完成对航道的截获、跟踪并稳定在航道上飞行,即使飞机与 LOC/VOR 航道的相对位置(偏差角)为零。

8.6.2　LOC/VOR 导引模型

航道偏差角将是 LOC/VOR 导引控制的主要反馈控制量,因此需要建立与飞机运动之间的关系的模型,通过这个模型将飞机运动转换为航道偏差角后,才能建立 LOC/VOR 导引控制系统模型。建立如图 8 – 15 中的 LOC/VOR 航道坐标系 $O_R x_R y_R$,并将横侧向运动变量在该坐标系中进行表示,飞机重心和 o_R 重合。

由图 8 – 15 得到在 $O_R x_R y_R$ 坐标系中飞机重心和 LOC/VOR 航道之间偏离距离的关系方程为

$$\begin{cases} y_d = R\sin\rho \\ \dfrac{\mathrm{d}y_d}{\mathrm{d}t} = -V_0\sin(\lambda_0 - \chi) \end{cases} \tag{8-15}$$

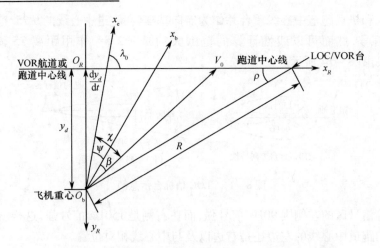

图 8-15　飞机横侧向运动和航道偏差角之间的几何关系

式中:ρ 为航道偏差角(度),规定飞机朝信标台飞行时飞机在航道左侧 $\rho < 0$、右侧 $\rho > 0$,在图 8-15 中 $\rho > 0$;λ_0 为航道方位(单位为(°));ψ 为飞机航向(单位为(°));χ 为航迹方位角(单位为(°)),$\chi = \psi + \beta$;y_d 为飞机与确定航道的横侧向距离,方向同 ρ,即在航道左侧时 $y_d < 0$,右侧时 $y_d > 0$。图 8-14 中由于飞机飞向航道,因此在 $O_R x_R y_R$ 坐标系中 $y_d > 0$,$dy_d/dt < 0$;R 为飞机重心到信标台距离;V_0 为飞机空速。

　　由于偏差角 ρ 的线性范围很小(LOC 为 $\pm 2.5°$,VOR 为 $\pm 10°$),因此飞机仅仅只能相对 LOC/VOR 航道做小偏离运动时,才能将 LOC/VOR 的偏差角信号用于自动飞行控制系统。

　　这就意味着图 8-15 中的运动变量,是以飞机稳定在航道上飞行为基准运动时所进行的小偏离运动。当飞机稳定在航道上时有:$\rho_0 = 0$,$y_{d0} = 0$,$\beta_0 = 0$,所以 $\rho = \Delta\rho$,$y_d = \Delta y_d$,$\beta = \Delta\beta$,因此有

$$\lambda_0 - \chi = \lambda_0 - \psi - \beta = -(\Delta\psi + \Delta\beta) \tag{8-16}$$

式中:$\Delta\psi = \psi - \lambda_0$ 为偏航角。

　　将式(8-16)代入到式(8-15)中,并用 $\dot{y}_d = dy_d/dt$ 进行替换后得到

$$\begin{cases} y_d = R\sin\Delta\rho \\ \dot{y}_d = V_0 \sin(\Delta\psi + \Delta\beta) \end{cases} \tag{8-17}$$

　　对式(8-17)在基准运动处进行小扰动线性化处理,在处理中将 R 视为常数,得到

$$\Delta y_d = R\Delta\rho / 57.3$$

$$\Delta\dot{y}_d = V_0 (\Delta\psi + \Delta\beta) / 57.3$$

将以上两式并进行拉普拉斯变换后,消去 Δy_d 后得到航道偏差角和飞机运动量之间的关系为

$$\Delta\rho = \left(\frac{57.3}{R}\right)\left[\left(\frac{V_0}{57.3}\right)\frac{1}{s}(\Delta\psi + \Delta\beta)\right]$$

或

$$\Delta\rho = \left(\frac{V_0}{R}\right)\frac{1}{s}(\Delta\psi + \Delta\beta) \tag{8-18}$$

而 $\Delta\chi = (\Delta\psi + \Delta\beta)$,故

$$\Delta\rho = \left(\frac{V_0}{R}\right)\frac{1}{s}\Delta\chi \tag{8-19}$$

其结构图如图 8-16 所示。

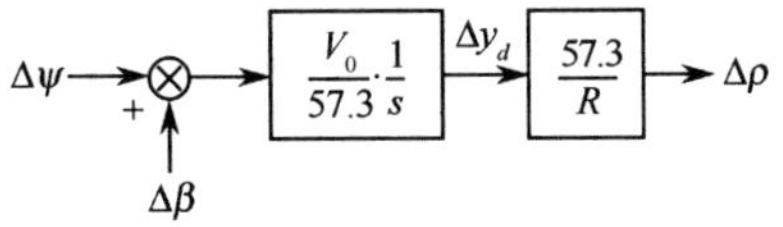

$$\Delta\psi \longrightarrow \bigotimes \longrightarrow \boxed{\frac{V_0}{57.3}\cdot\frac{1}{s}} \xrightarrow{\Delta y_d} \boxed{\frac{57.3}{R}} \longrightarrow \Delta\rho$$

图 8-16　航道偏差角 $\Delta\rho$ 数学模型的方框图

在上述模型中,R 是随飞行时间变化的。

8.6.3　LOC/VOR 导引控制的程序

LOC 和 VOR 导引控制时,一般来说分为几个阶段进行工作,每个工作阶段期间其控制律是不同的,这就意味着导引控制是按一定的程序进行的。对 LOC 导引控制来说,共有 5 个阶段(图 8-17)。

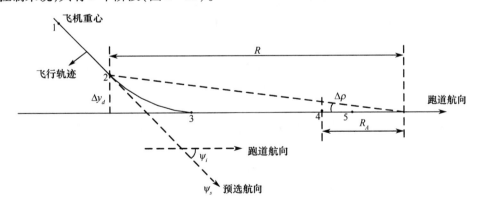

图 8-17　LOC 导引控制时的工作程序示意图

(1)拦截阶段(或称准备阶段),用航向预选模式控制飞机转向拦截航向,并保持该航向飞向 LOC 航道(跑道中心线),直到截获阶段。拦截航向是由驾驶员选

择的,并且要求与 LOC 波束中心线的夹角小于 90°,即图 8-17 中 $\psi_i < 90°$。

(2)截获阶段,LOC 信号有效后,用 LOC 导引控制模式使飞机转向并对准跑道中心线飞行。

(3)在航道阶段,LOC 导引控制模式使飞机稳定在 LOC 航道上飞行,同时 LOC 导引控制律增益将随到 LOC 台的距离进行调节,该阶段也称为跟踪阶段。

(4)最后进近阶段,截获下滑信标($R_A \approx 11\text{km}$),LOC 导引控制系统用小机动方式准确跟踪 LOC 波速中心,此时进一步减小副翼偏转角的权限或用扰流片进行小滚转角控制。

(5)对准跑道中心线,用微调航向的方式使飞机机头对准跑道中心线,并断开 LOC 导引控制,准备着陆。

VOR 导引控制分为下述几个阶段(图 8-18)。

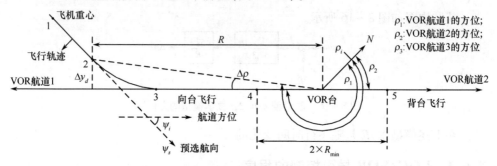

图 8-18 VOR 导引控制时的工作程序示意图

(1)拦截阶段(或称准备阶段),用航向预选模式控制飞机飞向拦截航向,并保持该航向飞向 VOR 航道,直到截获阶段。拦截航向是由驾驶员选择的,并且要求与 VOR 航道夹角小于 90°,即图 8-18 中 $\psi_i < 90°$。

(2)截获阶段,VOR 信号有效后,用 VOR 导引控制模式使飞机转向并对 VOR 航道飞行。

(3)在航道阶段(向台飞行,也称跟踪阶段),VOR 导引控制模式使飞机稳定在 VOR 航道上飞行,并控制律中接入积分环节,以消除稳态误差,提高跟踪航道精度。同时控制律增益将随飞机到 VOR 台的距离进行调节。

(4)过台飞行阶段,进入 VOR 信号盲区,自动断开 VOR 导引控制模式并转为航向保持模式飞行。

(5)背台飞行阶段,飞出 VOR 信号盲区,航向保持模式又自动转为 VOR 导引控制模式,直至飞出 VOR 信号的有效范围。

8.6.4 LOC/VOR 导引控制系统的设计

式(8-19)表明 LOC/VOR 导引控制实际就是横侧向航迹方位角控制问题。故而如果以图 8-9 具有协调转弯的航向控制系统作为 LOC/VOR 导引控制系统内回路的话,那么航迹方位角控制就变为了航向角或偏航角的控制问题。由于该航向控制系统是以 $\Delta\beta = 0$ 协调转弯形式来改变航向或航迹方向角的,由式 (8-18)可知,若当 $\Delta\beta = 0$ 则航道偏差角等于航向角的积分,那么航向角的反馈就相当于航道偏差角的微分反馈,可起到阻尼航道偏差角运动的效果。基于航向控制系统的 LOC/VOR 导引控制系统的方框图如图 8-19 所示,图 8-19 中滚转控制系统和图 8-4 相同。

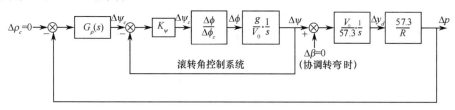

图 8-19　LOC/VOR 导引控制系统方框图

由于航向控制系统本身就具有较好的阻尼特性和抗干扰特性,同时从图8-19上可以看出系统本身也是对输入无稳态误差的无差系统。

图 8-18 中的 R 决定了系统的开环增益,而 R 是由 LOC/VOR 导引控制系统进入截获直到系统断开的时间所决定的。从 ILS 精密进近程序来看[18],系统应在中间进近点(大约距离跑道入口端22km,该距离与进近着陆速度有关)处,飞机必须位于航向信标的有效范围内,这也就是说如果按 LOC 波束导引控制的话,系统可以从中间进近点处截获 LOC 波束并导引飞机进近着陆,因此此时 $R_{max} = 22km$(MIL-F-9490D 提供了 $R_{max} = 29km$ 截获);但对于 VOR 波束导引来说,$R_{max} = 370km$。

系统断开时,则决定了最小的 R。对 LOC 信标来说,与 GS 信标相同,当飞机到达决断高度时则是系统断开时刻。若决断高度按 15m,飞机按 GS 波束下滑时,跑道距离按 3000m 计算,如图 7-44 所示,则可选 $R_{min} = 4000m$。

对 VOR 导引来说,存在向台和背台飞行两个阶段,因此 R 的变化是:$R_{max} \to R_{min} \to R_{max}$,而 R_{min} 是根据 VOR 台上空存在的信号顶空盲区的区域大小来确定,在信号盲区系统将断开 $\Delta\rho$ 反馈而仅用航向保持飞行,等到飞出该区域后再接入 $\Delta\rho$ 反馈控制。对 VOR 来说信号盲区是个圆锥体[18],其半径与飞行高度有关,即 $R_{min} = H \cdot \tan\alpha$,$\alpha$ 为半圆锥角,约为 50°。

在另一方面,若 $R_{min} = 0$ 则系统的开环增益趋向无穷大,为避免这一问题,系统也需要在一个最小距离上断开系统。

所以 LOC 或 VOR 波束导引控制时,R 变化所引起的系统开环增益相差很大,LOC/VOR 导引控制系统的控制律也有较大的差异性。

对于 LOC/VOR 导引控制的控制律来说由以下的一些要求:

(1) 由于 LOC/VOR 偏差角的线性范围很小,因此系统在跟踪波速时应有合适阻尼特性,不能产生太大的超调量,对于 LOC 导引控制来说由于距离跑道入口已近很近了,太大的超调也不利于飞机安全着陆。

(2)尽管 R 显著地影响系统开环增益,而控制器的增益不希望设计得太大,并且需随 R 调节来保证性能的一致性,同时还要求系统具有响应的快速性(短的调节时间)。

(3)MIL – F – 9490D 要求在 28km/h 的侧风下,飞机仍能跟踪 LOC 航道。

图 8 – 18 中,系统开环传递函数特征是:存在一个位于原点的极点,无零点,且开环增益很小。位于原点的极点将会显著地影响系统的动态特性,而过小的开环增益则影响系统的稳态特性。所以控制律的设计将是以改善系统的稳态特性为主并兼顾动态性能为原则。将控制律设计为下述形式:

$$G_\rho(s) = \left(K_\rho + K_{\rho i}\frac{1}{s} \right)\frac{s+z}{s+p}$$

式中: $z > p$, $(s+z)/(s+p)$ 为滞后环节, K_ρ 为增益,滞后补偿是用来改善系统的稳态特性。如果稳态特性改善后而动态特性亦不能满足要求,则可再采用超前补偿,当然这也增加了系统控制律的复杂性。以下用实际例子说明设计过程。

8.6.5 LOC 导引控制系统设计实例

举例飞机在以速度 63m/s,进近着陆时的横侧向全面运动方程为

$$\begin{bmatrix} \Delta\dot\beta \\ \Delta\dot p \\ \Delta\dot r \\ \Delta\dot\phi \end{bmatrix} = \begin{bmatrix} -0.1643 & 0.0530 & -0.9986 & 0.1547 \\ -0.4152 & -0.6724 & 0.3856 & 0 \\ 0.27 & 0.0272 & -0.1531 & 0 \\ 0 & 1 & 0 & 0 \end{bmatrix} \begin{bmatrix} \Delta\beta \\ \Delta p \\ \Delta r \\ \Delta\phi \end{bmatrix} +$$

$$\begin{bmatrix} 0 & 0.0272 \\ -0.7014 & 0.1021 \\ -0.0171 & -0.3784 \\ 0 & 0 \end{bmatrix} \begin{bmatrix} \Delta\delta_a \\ \Delta\delta_r \end{bmatrix} \tag{8-20}$$

式中: $\Delta\beta$ 、 $\Delta\phi$ 、 $\Delta\delta_a$ 、 $\Delta\delta_r$ 的单位为 rad; Δp 、 Δr 的单位为 rad/s。

这样按前述航向控制系统和侧滑角控制系统的设计方法及性能指标分别得到航向控制系统副翼和侧滑角控制系统方向舵通道的控制律为

$$\begin{cases} \Delta\delta_{ac} = 4.7742 \cdot \dfrac{s+0.1997}{s+0.5}(\Delta\psi_c - \Delta\psi) - 10.9\Delta\phi - 5.21\Delta p \\[3mm] \Delta\delta_{rc} = -\left(0.193 + \dfrac{0.0468}{s} \right)(\Delta\beta_c - \Delta\beta) - 1.45\Delta r \end{cases} \tag{8-21}$$

式中: $\Delta\delta_{ac}$ 和 $\Delta\delta_{rc}$ 分别为副翼舵机和升降舵机的输入。

在上述控制律中,由于飞机在低空时滚转操纵效率下降,因此为使得航向控制系统响应的快速性而增加了超前补偿环节 $(s+0.1997)/(s+0.5)$,其中零点

$s = -0.1997$是为了与$\Delta\phi/\Delta\psi_c$中的极点对消。由式(8-20)和式(8-21),并忽略舵机的动态过程,只考虑稳态增益的情况下,得到航向控制系统的闭环传递函数为

$$\frac{\Delta\psi}{\Delta\psi_c} = \frac{0.007885(s+1.956)(s^2 - 0.003748s + 0.9136)}{(s+0.72)(s^2 + 0.3343s + 0.05591)(s^2 + 0.324s + 0.3502)}$$

该闭环传递函数即是 LOC 导引系统的主要设计模型或内回路的模型,由该模型并按式(8-18)就可建立 LOC 导引控制系统的设计模型了。

按 LOC 工作程序,在截获 LOC 航道之前可采用预选航向模式来对准 LOC 航道自动飞行。驾驶员可以预先选择一个航向来对准 LOC 航道,一般情况下该预选航向应使得飞行方向和指向 LOC 台的跑道方向的夹角不能大于90°,按预选航向对准 LOC 或 VOR 航道的飞行也称为"准备"状态;若当满足截获波束的条件后,系统就转为"截获"工作状态并用 LOC 航道偏差角控制飞机转向航道;当飞机在航道上后并且航道偏差角小于一定的数值后,系统就转为"跟踪"状态,并且接入航道偏差角的积分环节提高稳态精度。综上所述,LOC 导引控制时的横侧向控制律如图 8-20 所示,其中包括了用于协调转弯时控制 $\Delta\beta = 0$ 的侧滑角控制系统。本小节主要研究截获状态时的控制律设计问题。

图 8-20 中,$\Delta\psi_s$ 为驾驶员选择的截获(或拦截)航向。

由于 LOC 航道偏差角的线性范围大约为 ±2.5°,因此一般情况下,只有当 LOC 航道偏差角小于等于这个值时才对 LOC 航道进行截获。当截获时,由于飞机与 LOC 台的距离较远,使得系统前向通道的误差常数或增益太小,为了获得较好的稳态特性,则控制律就需要较大的增益。

若设 LOC 导引控制系统在 $R = 40\text{km}$ 处截获 LOC 波束,则此时系统的方框图如图 8-21 所示。

根据 LOC 工作程序,LOC 导引控制律设计为具有下述形式:

$$\left(K_\rho + K_{\rho i}\frac{1}{s}\right)\frac{(s+z)}{(s+p)}$$

式中:$z > p$ 是滞后补偿,用于改善系统的稳态性能。对于前述举例飞机数据来说,滞后补偿环节可设计为

$$G_\rho(s) = (s+20)/(s+1)$$

在此条件下,可将 LOC 航道偏差反馈增益设计为 $K_\rho = 1.62$,而积分增益为 $K_{\rho i} = 0.0407$ 时,主导极点阻尼比为 0.7。

在选择 K_ρ 和 $K_{\rho i}$ 时,是按照靠近原点的根轨迹来确定这些增益的,原因在于这段根轨迹决定了系统的响应时间和稳态性能。

由于 R 随飞机的进近而逐步减小,因此开环增益也将增大,为保持 LOC 导引控制时动态性能的一致性,所以增益 K_ρ 和 $K_{\rho i}$ 应随 R 调节。通过根轨迹方法,设计

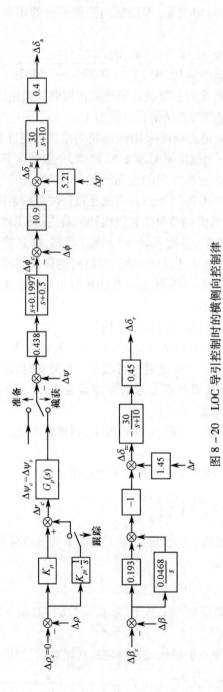

图 8 – 20 LOC 导引控制时的横侧向控制律

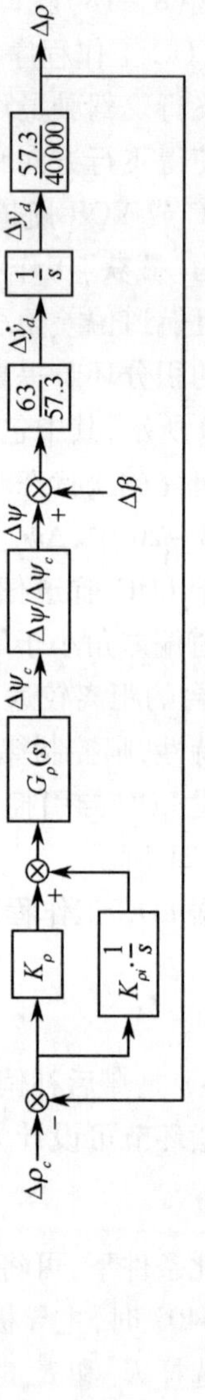

图 8 – 21 LOC 导引控制系统设计方框图

出在不同 R 时的增益 K_ρ 和 $K_{\rho i}$ 见表 8 – 2。

表 8 – 2　LOC 导引控制系统参数随 R 的变化

R	10km	25km	40km
K_ρ	0.405	1	1.62
$K_{\rho i}$	0.0102	0.025	0.041
阻尼比	0.7	0.7	0.7

假定跑道长度为 5km，LOC 地面台与跑道末端的距离为 1km，那么系统的停止条件大约为 $R = 6 \sim 7$km（还取决于决断高度）。在 $R = 10 \sim 40$km 的航段上 K_ρ 和 $K_{\rho i}$ 与 R 成正比，因此增益 K_ρ 和 $K_{\rho i}$ 随 R 的条件规律为

$$K_\rho = 1.62 - 4.05 \times 10^{-5} \times (40000 - R)$$

$$K_{\rho i} = 0.041 - 1.03 \times 10^{-6} \times (40000 - R)$$

式中：R 的单位为 m。

R 的测量还是只能间接进行或可以从 GPS/INS 导航系统得到。按照上述 K_ρ 和 $K_{\rho i}$ 的调节规律，在 $R = 25000$m 时计算得到：$K_\rho = 1.0125$ 和 $K_{\rho i} = 0.026$。与表 8 – 2 中实际设计值的误差分别为：1.25% 和 0.1%，所以控制律参数的调节规律的精度是可以满足要求的。

注意上述控制律设计中，忽略了舵机的动态，而只考虑其稳态特性，这种情况对系统设计结果影响不大，在后面的仿真中可验证这一点。对 LOC 导引控制系统的数学仿真在第 10 章中进行。

8.6.6　VOR 导引控制系统设计实例

假定飞机以速度 130m/s，高度 4000m 进行巡航飞行，航向控制系统如前面所设计的结果，即式(8 – 14)。

由于飞机在 4000m 高度上飞行，VOR 信号的作用距离大约为 160km，VOR 上空信号盲区半径即为系统工作的最小距离：$R_{\min} = 4000 \times \tan50° \approx 4.767$km，则让 $R_{\min} = 5$km。

与 LOC 相同，完整的 VOR 导引控制过程是由 5 个阶段组成的，因此 VOR 导引过程中横侧向控制律如图 8 – 22 所示。

显然对于 VOR 导引控制过程中，航向控制系统使用不同的指令和 VOR 航道偏差角反馈，按程序在不同的阶段控制飞机飞行。因此，就 VOR 导引控制系统设计来说，主要是在截获和跟踪阶段才是引入 VOR 偏差角反馈后的系统设计问题，而这两个阶段唯一不同的是：后者增加了积分环节。从系统设计上来说则是比例 + 积分控制，只是积分的加入是有条件的而已。

假定飞机在 160km 截获 VOR 航道，则 VOR 导引控制系统的方框图如图8 – 23所示，图 8 – 23 中的航向控制系统的传递函数见式(8 – 14)。

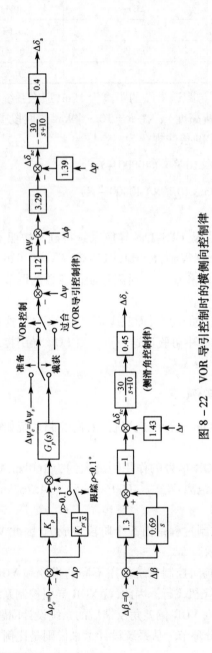

图 8 - 22　VOR 导引控制时的横侧向控制律

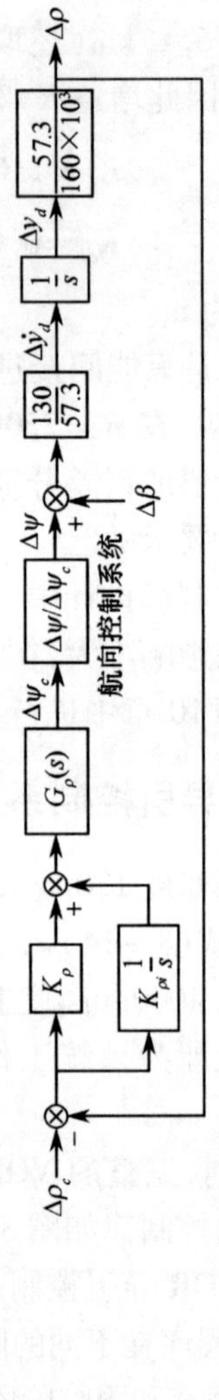

图 8 - 23　VOR 导引控制系统设计方框图

同样,采用 VOR 航道偏差角 $\Delta\rho$ 进行反馈,其控制律为比例 + 积分控制,并进行滞后补偿,即 VOR 导引控制律为

$$\Delta\psi_c = (-1)\left(K_\rho + K_{\rho i}\frac{1}{s}\right)\frac{s+z}{s+p}(\Delta\rho_c - \Delta\rho)$$

式中:" -1 "表示方向,以使得系统的前向通道为正,由于前向通道增益较小,而影响稳态性能,所以控制律中设计了滞后补偿环节 $(s+z)/(s+p)$,且 $z > p$ 。

由于距离 VOR 台 160km 处截获 VOR 波束航道,此时系统前向通道或开环增益非常小,大约为 0.00081,因此滞后补偿环节的稳态增益要求较大。由于系统在原点和零点 $s = -0.8588$ 间在实轴上形成根轨迹(见式(8 – 14)),此段根轨迹非常短,因此必然导致闭环极点在根轨迹上的极小的移动将导致很大增益,为了减小这种敏感性,就必须增加根轨迹的范围。

故而将滞后补偿环节极点设计为 $p = 0.8588$,这样就能与式(8 – 14)中的零点 $s = -0.8588$ 对消,从而在系统极点 $s = 0$ 和极点 $s = -0.909$ 之间形成新的根轨迹分离点,其分离后的两条根轨迹中的一条趋向无穷远处,而另外一条则终止于由补偿环节的零点 $s = -z$ 。在考虑了稳态性能的情况下,将零点选择为: $z = 8$ 。当 $G_\rho(s) = (s+8)/(s+0.8588)$ 滞后补偿环节选定以后,则当 K_ρ 变化时的根轨迹如图 8 – 24 所示。

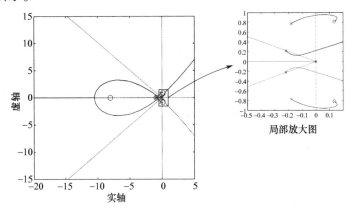

图 8 – 24 K_ρ 变化时 VOR 导引控制系统的闭环根轨迹

选择主导极点阻尼比为 0.7 时, $K_\rho = 2.12$ 。同样可选择积分增益为 $K_{\rho i} = 0.0163$,此时阻尼比也为 0.7。

注意到在系统最小工作距离 $R = 5km$ 时,前向通道增益为 0.0273,即随着飞机向台飞行,系统的开环增益是系统开始工作时的 34 倍。为保证系统开环增益的不变,必须要使控制律中的增益 K_ρ 和 $K_{\rho i}$ 按 R 进行调节。表 8 – 3 是在不同的到台距离下根轨迹设计结果, R 选择了 3 个点,最远点($R = 160km$)、中间点($R = 82.5km$)和最近点($R = 5km$)。

表8-3　VOR导引控制系统参数随 R 的变化

R	5km	82.5km	160km
K_ρ	0.0678	1.12	2.12
$K_{\rho i}$	0.000528	0.00875	0.0162
阻尼比	0.705	0.705	0.705

通过表8-3明显可以看出 K_ρ、$K_{\rho i}$ 与 R 是成正比,用最远点和最近点的数据就可以得到 K_ρ 和 $K_{\rho i}$ 的线性调节规律为

$$K_\rho = 2.12 - 1.324 \times 10^{-5}(160000 - R)$$

$$K_{\rho i} = 0.0162 - 1.0111 \times 10^{-7}(160000 - R)$$

式中:R 单位是 m。

若用中间点距离即 $R = 82500$m 代入上述公式进行计算的话,则 $K_\rho = 1.094$,$K_{\rho i} = 0.00837$,与表8-3中的设计值相比误差分别为:2.3%和4.5%。可以看出,如果在阻尼比一致的条件下进行设计的话,那么 K_ρ 和 $K_{\rho i}$ 随 R 变化规律则完全是线性的,并且误差可以满足要求。

关于飞机到 VOR 台距离 R 的测量:一种方法是由 GPS/INS 给出;另一种方法就是通过 DME 斜距(若 VOR 和 DME 地面台组合在一起的条件下)和飞行高度 H 的计算得到

$$R = \sqrt{L_{\text{DME}}^2 - H^2}$$

式中:H 为飞机的当地气压高度;L_{DME} 是飞机到 DME 台的斜距。

LOC/VOR 导引控制系统也可以直接在滚转角控制系统的基础上建立[17],即航道偏差角直接形成对滚转角的控制指令,控制律采用 PID 控制的形式[4,17],带来的问题是如何获取航道偏差角的微分信号。由于航道偏差角是无线电信号,包含较强的噪声,若直接对该信号进行微分处理,又可能使得噪声掩盖偏差角信号而无法使用,为此提出了多种解决方案[17]。

从式(8-18)得到:如果飞机是以协调转弯($\Delta\beta = 0$)的形式跟踪 LOC/VOR 航道时,则偏航角等于航道偏差角的微分,这就意味着引入协调转弯时的偏航角反馈就相当于引入了航道偏差角的微分反馈,增加了系统的阻尼和改善动态特性。这就避免采用复杂的滤波器来处理航道偏差角的微分信号了,这也是采用航向控制系统作为其内回路的优点和依据之一。

因此,在航向控制系统基础上所建立的 LOC/VOR 导引控制系统,对于航道偏差角控制来说实际已具有了超前补偿的作用,这也是在 LOC/VOR 导引控制中只要设计滞后补偿环节就能使得系统动态和稳态特性都得到改善的原因。另一方面,由于波束导引是航迹方位角的控制问题,而采用协调转弯运动形式时就将此问题转换成了航向角的控制问题,而航向角的控制对驾驶员来说直观且可感知。以

上是用航向控制系统作为 LOC/VOR 导引控制系统内回路的思路和原因。

对图 8–23 的系统,侧风扰动无法加入到模型中以研究侧风扰动下的系统响应特性,只有在控制对象为横侧向全面运动模型时才能加入侧风的影响,才可通过数学仿真的方法来研究侧风扰动下的响应特性稳态,这一工作将在第 10 章中进行说明。

▌8.7 横侧向航迹控制系统

8.7.1 横侧向航迹控制系统分析

横侧向航迹是指在地球坐标系内由航路点定义的大圆航线或等角航线。在驾驶员按飞行计划确定航线的航路点后、由飞行管理计算机(或导航计算机)产生大圆航线,导航系统如 GPS 和惯性导航系统等给出飞机当前位置后,飞行管理计算机(或导航计算机)将产生当前飞机位置和大圆航线之间相对偏差信息,一般用偏航距离或偏航速来表示,如图 8–25 所示。自动飞行控制系统将利用这个偏差信息来控制飞机,使飞机在所规划的航线上飞行。由于横侧向航迹控制是对大圆航线的跟踪和控制,因此也称为"远距导航模式"(LNAV),多用于巡航飞行阶段。

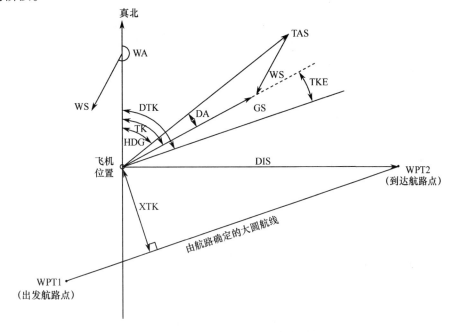

图 8–25　飞机大圆航线导航参数的定义

DA—偏流角；TK—当前航迹角；DIS—当前飞机位置到下一航路点距离；
TKE—航迹角误差；DTK—确定航迹角；WA—风向角；GS—地速；WPT—航路点；
HDG—航向角(偏航角)；WS—风速；TAS—真空速；XTK—偏航距。

　　图8-25是常用的大圆航线导航参数的定义,它和自动飞行控制系统的有关概念密切相关,也是飞机导航的重要参数,一般情况下这些参数是由惯性导航系统给出,并用水平位置指示器(HSI)进行表示。

　　显然横侧向航迹控制也是水平面轨迹控制问题。这样的话,采用航向控制系统作为侧向航迹控制系统的内回路是必然的。

　　这里不研究如何由大圆航线和当前飞机位置计算偏航距离和偏航速度的方法。但建立横侧向航迹控制系统模型时,则需要将偏航距离和偏航速度与飞机横侧向运动变量联系起来。

8.7.2　横侧向运动和航迹间的运动学模型

　　由图8-25可建立偏航距和大圆航线之间的运动学关系。

　　设飞机稳定在大圆航线飞行作为基准运动,在横侧向航迹控制系统作用下,对该航线的偏离将都是小扰动运动。

　　以确定航迹角(DTK)为航线方向,并以大圆航线建立坐标系 $O_t x_t y_t$,轴 $O_t x_t$ 与大圆航线重合,如图8-26所示。

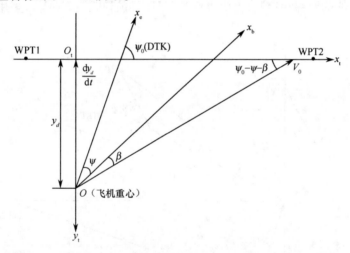

图8-26　侧向偏离运动与航线的几何关系

　　Ox_e 和 Oy_b 分别为地球和机体坐标系的纵轴,飞机在距离航线为 y_d 处飞向航线,在图8-26的坐标系 $O_t x_t y_t$ 中显然有

$$\frac{\mathrm{d}y_d}{\mathrm{d}t} = -V_0 \sin(\psi_0 - \psi - \beta) \tag{8-22}$$

　　若以飞机在航线($O_t x_t$ 轴)上飞行时作为基准运动,则有:$\psi - \psi_0 = \Delta\psi, \beta_0 = 0$,$\beta = \Delta\beta$ 和 $y_{d0} = 0, y_d = \Delta y_d$。

　　对式(8-22)在基准运动处进行小扰动线性化后就得到

$$\frac{\mathrm{d}\Delta y_d}{\mathrm{d}t} = \frac{V_0}{57.3}(\Delta\psi + \Delta\beta) \tag{8-23}$$

式(8-23)和式(4-61)中侧向速度是一致的。

对式(8-23)进行拉普拉斯变换后得到

$$\Delta y_d = \left(\frac{V_0}{57.3}\right)\frac{1}{s}(\Delta\psi + \Delta\beta) + \Delta y_{d0} \tag{8-24}$$

式(8-23)中:当飞机稳定在大圆航线上飞行后接通横侧向航迹控制,则 $\Delta y_{d0} = 0$;若飞机不在大圆航线上飞行时接通横侧向控制,则 $\Delta y_{d0} \neq 0$。

在进行系统设计时,由于考虑到是协调转弯形式完成航向控制,故可使 $\Delta\beta = 0$,但在数学仿真中建议还是用式(8-24)建立横侧向航迹控制系统方框图。

式(8-24)表示了飞机在横侧向航迹控制系统作用下,飞机横侧向运动和大圆航线之间的关系。实际上即使不是大圆航线,譬如在局部区域(地面近似为平面时)内导航时式(8-24)也是适用的。有了式(8-24)后就可以建立横侧向轨迹控制系统的模型并进行设计了。

8.7.3　横侧向轨迹控制系统的设计

横侧向轨迹控制系统的方框图如图8-27所示。

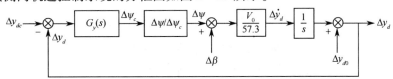

图 8-27　横侧向航迹控制系统方框图

图8-27中的 $\Delta\psi/\Delta\psi_c$ 表示使用协调转弯的航向控制系统的闭环传递函数模型,在设计时可令 $\Delta\beta = 0$。

从图8-27看,当 $\Delta\beta = 0$ 时,偏航距是航向角的积分过程。因此,航向控制系统中的航向角反馈就相当于偏航速 $\Delta\dot{y}_d$ 反馈,这与侧向波束导引控制类似。用航向控制系统作为内回路就相当于已经引入了超前补偿,系统只需要采用比例 + 积分控制就可以达到控制目的了,即 $G_y(s) = K_y + (K_{yi}/s)$。由此可见,用航向系统作为横侧向轨迹控制的内回路可以明显地减小系统的复杂性。

系统前向通道增益由 V_0 决定,并且是 I 型系统对常值输入系统的输出是无误差的。显然如果要使飞机稳定在航线上飞行,则恒有: $\Delta y_{dc} = 0$,因此系统的输出偏航迹也为零,且无误差,这正是横侧轨迹控制系统所要达到的目的。但若有特殊要求,譬如要对斜坡输入时,输出无误差或尽量减小误差,那么就需要进行滞后补偿了,以尽量增大速度误差系数。

用举例飞机以高度4000m,速度130m/s巡航飞行的数据进行设计。前面已经设计完成的航向控制系统对本节所研究的问题式(8-14)并不合适,需要重新设计。由于航向控制系统的闭环极点将是横侧向轨迹控制系统的开环传递函数的极点,为降低设计的复杂程度,可将航向控制系统设计为具有超前环节$(s+0.1702)/(s+0.8)$和过阻尼特性,而滚转角控制系统和侧滑角控制系统仍不变。因此在航向控制系统主导极点阻尼比为0.8时,其增益$K_\psi = 4.35$,这样其航向控制系统的闭环传递函数模型为

$$\frac{\Delta\psi}{\Delta\psi_c} = \frac{0.01044(s+0.8588)(s^2-0.2701s+0.6828)}{(s+0.9176)(s^2+0.1624s+0.01026)(s^2+0.2929s+0.6502)}$$

举例飞机横侧向航迹控制系统的完整控制律如图8-28所示。

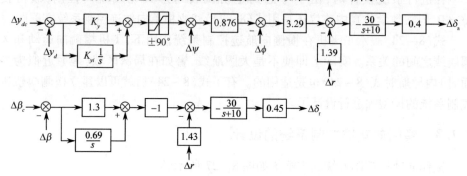

图8-28　横侧向航迹控制系统的控制律

需要注意的是,在对横侧向航迹进行控制时,偏航距引起的航向角,指令应不超过±90°。否则的话,将可能在$\Delta y_d = 0$的条件下使飞机沿着相反的航迹方向飞行。所以在图8-28的控制律中,在航向控制系统的指令输入端加±90°的航向限制器,以防止这种情况的发生。

关于K_y和K_{yi}的设计与前边的方法是一致的,当阻尼比要求为0.7时,可选择$K_y = 0.0457$,$K_{yi} = 0.0025$。

同样,积分器应该是当飞机已稳定在航道上飞行后再接入,否则若一开始就接通的话将极大地影响飞机的机动,并出现较大的超调。

至此,并于横侧向运动轨迹的控制问题已经讨论完成。总的来说,具有协调转弯形式的航向控制系统作为横侧向轨迹控制的内回路可以使得外回路的设计变得简单,同时偏航角的反馈就是相当于横侧向轨迹反馈的微分作用,因此避免难于实现的复杂控制律。从动力学方面的看法就是:协调转弯时,控制了航向实际上就是控制了航迹方位角,而在飞行速度不变的条件下,横侧向运动轨迹仅仅是由航迹方位角决定的。

当然也可以直接用滚转角控制系统作为横侧向轨迹控制的内回路,带来的问题就如前面提到的,即如何改善轨迹的阻尼问题。特别是在无线电导航时,对偏差信号的微分处理在实际工程中将是非常困难的。如侧向航迹控制系统中也是以滚

转角控制系统作为内回路的,就需要引入对偏航距的微分即偏航速反馈,这就形成了习惯上所说的偏航距加偏航速控制方案,即使这样系统在侧风扰动时也会形成对航迹的稳态误差,其性能不会比本节中所研究的方案好。

　　无论是以航向控制系统还是以滚转角控制系统作为内回路,横侧向自动控制系统中任何控制模式的完成均需要副翼和方向舵的协调配合工作才能完成,这是横侧向自动飞行控制系统设计的特点,而方向舵仅仅只用于消除侧滑角的控制中,副翼则用于航向或航道方位角的控制,这种方案使航向或航迹方位角的控制效率得到明显地提高。

第9章
纵向自动飞行控制系统的数学仿真

9.1 问题描述

如前面章节所述,自动飞行控制系统实际上由一系列具有特定功能的、基本控制系统所组成的,因此对自动飞行控制系统进行数学仿真,实际上就是在使用条件和状态下,对一系列特定功能的控制律进行数学仿真。

数学仿真的目的就是在控制律初步完成后,通过线性化的飞机全面运动方程依据使用条件和状态对控制律进行性能测试和评价及调整,同时控制律也应具有与实际应用形式的一致性。数学仿真的环境必须要和实际使用环境相近,得到的仿真结果才是可信的。

对于第7和第8章中初步设计的控制律和实际应用的控制律是否一致? 由于初步设计中仅仅是给出了控制律的核心参数和结构,而对控制律使用的限制和对反馈信号处理的问题没有解决。因此,在数学仿真时,在控制律中必须要加入这些限制因素,以使控制律和实际情况接近。

控制律在使用中是有限制的,这是为了飞行安全的必然结果。首先,在自动飞行控制系统工作时,驾驶员需要对飞机有操控能力,这就意味着对舵面而言,自动飞行控制系统只能有部分的权限,而大部分权限需要留给驾驶员在紧急状态下使用(譬如在自动飞行控制系统无法断开等故障时),这种限制称为权限,实际上是位置限制;另外则是飞机性能所限制而需要对控制律所产生的输出指令进行限制,这种限制往往依据飞机过载等性能限制所确定的。

对舵面偏转速度和加速度也是需要加以限制的,但这种限制一般是在舵机中设置的,而不在控制律中设置。

故而在实际控制律中,需要有一系列不同限制条件的限幅器环节,这些环节的确定可以在初步设计中考虑,也可以在数学仿真中确定。这些限制环节的重要性在于,它们使系统的控制能力下降了,而限幅器的非线性特性又使得系统的性能难于定量的描述,只有通过数学仿真才能表明限制所带来的性能下降能否还能满足要求。

一般而言反馈信号都是一些低频信号,而从传感器中输出的信号含有高频噪声,所以一般需要通过低通滤波器来滤掉这些噪声。这些对信号处理的滤波器,它们的带宽一般都要远远大于自动飞行控制系统的带宽,因此并不会显著影响系统的性能,在控制律设计和数学仿真中可以忽略。

所以,考虑了上述因素后就能形成具有工程意义的控制律了,并能用于数学仿真。本节将通过数学仿真来介绍限幅器的设计问题。

在目前,一般都采用 Matlab/Simulink 中基于方框图仿真方法进行自动飞行控制系统的数学仿真,这种数学仿真方法简便、直观且效率高。本节主要也采用这种数学仿真方法。

9.2 纵向自动飞行控制系统数学仿真中的模型

在数学仿真中,飞机动力学模型应采用纵向全面运动模型,在设计条件下,只有采用这种模型是符合数学仿真的近似原则。如果仍是采用短周期或长周期运动的近似模型,则数学仿真的结果具有局限性。

在 Matlab/Simulink 方框图的仿真中,数学模型的表达既可以用状态空间方程模型,也可以用传递函数模型。因此,纵向全面运动方程应尽量用状态空间方程的形式,其优点是非常灵活,可以适用于多种不同的控制律需要。

纵向全面运动方程一般是用式(4–57)的形式。但由于在纵向自动飞行控制系统需要有高度和垂直速度等的反馈,因此需要增加有关方程。所增加的方程可以合并到式(4–57)所表示的方程中,也可以作为独立的方程建模。

对于飞机的高度。高度是按海平面或当地地面作为基准来测量的,因此地面以离开地面向上飞行为正,而以向地面接近飞行为负,故而有垂直速度方程为

$$\Delta \dot{H} = V_0 (\Delta \theta - \Delta \alpha) \tag{9-1}$$

而高度为

$$\Delta H = \frac{1}{s} V_0 (\Delta \theta - \Delta \alpha) \tag{9-2}$$

在数学仿真时,可以用式(4–57)的输出 $\Delta \theta$ 和 $\Delta \alpha$ 按式(9–1)和式(9–2)即可得到垂直速度和高度。

在纵向运动中还有一个重要的反馈就是重心处的法向过载 Δn_z,其方程为

$$\Delta n_z = - \frac{V_0}{g} (\Delta \dot{\theta} - \Delta \dot{\alpha}) \tag{9-3}$$

注意过载的方向是按速度坐标系所定义的,即飞机向上飞行所产生的过载为负,反之为正。这个数学模型可作为式(4–57)状态方程的输出方程,即

$$\Delta n_z = \begin{bmatrix} \frac{V_0}{g} Z_V & \frac{V_0}{g} Z_\alpha & 0 & 0 \end{bmatrix} \begin{bmatrix} \Delta V \\ \Delta \alpha \\ \Delta q \\ \Delta \theta \end{bmatrix} + \begin{bmatrix} \frac{V_0}{g} Z_{\delta_e} & \frac{V_0}{g} Z_{\delta_T} \end{bmatrix} \begin{bmatrix} \Delta \delta_e \\ \Delta \delta_T \end{bmatrix} \tag{9-4}$$

关于水平和垂直风作用下的模型可见式(5-20)。

在本节数学仿真中,纵向全面运动方程用了巡航和着陆两个飞行状态的数学模型,其状态方程分别为如下:

(1)巡航飞行状态,高度4000m,速度130m/s。

$$
\begin{bmatrix} \Delta\dot{V} \\ \Delta\dot{\alpha} \\ \Delta\dot{q} \\ \Delta\dot{\theta} \end{bmatrix} = \begin{bmatrix} -0.0124 & 5.888 & 0 & -9.794 \\ -0.0013 & -0.6764 & 1 & 0 \\ 0.0045 & -2.2432 & -1.0129 & 0 \\ 0 & 0 & 1 & 0 \end{bmatrix} \begin{bmatrix} \Delta V \\ \Delta\alpha \\ \Delta q \\ \Delta\theta \end{bmatrix} +
$$

$$
\begin{bmatrix} 0 & 0.0034 \\ -0.0837 & 0 \\ -3.3225 & 0 \\ 0 & 0 \end{bmatrix} \begin{bmatrix} \Delta\delta_e \\ \Delta\delta_T \end{bmatrix} + \begin{bmatrix} 0.0124 & -0.0452 \\ 0.0013 & 0.0052 \\ 0.0045 & 0.0172 \\ 0 & 0 \end{bmatrix} \begin{bmatrix} u_w \\ w_w \end{bmatrix} \qquad (9-5)
$$

(2)着陆飞行状态,高度0m,速度63m/s。

$$
\begin{bmatrix} \Delta\dot{V} \\ \Delta\dot{\alpha} \\ \Delta\dot{q} \\ \Delta\dot{\theta} \end{bmatrix} = \begin{bmatrix} -0.0558 & 6.8069 & 0 & -9.807 \\ -0.0050 & -0.6095 & 1 & 0 \\ 0.0089 & -0.9458 & -0.7076 & 0 \\ 0 & 0 & 1 & 0 \end{bmatrix} \begin{bmatrix} \Delta V \\ \Delta\alpha \\ \Delta q \\ \Delta\theta \end{bmatrix} +
$$

$$
\begin{bmatrix} 0 & 0.0183 \\ -0.0385 & -0.0007 \\ -1.0923 & 0.0003 \\ 0 & 0 \end{bmatrix} \begin{bmatrix} \Delta\delta_e \\ \Delta\delta_T \end{bmatrix} + \begin{bmatrix} 0.0558 & -0.1074 \\ 0.0050 & 0.0096 \\ -0.0089 & 0.0149 \\ 0 & 0 \end{bmatrix} \begin{bmatrix} u_w \\ w_w \end{bmatrix}
$$

$$(9-6)$$

上述两式中:$\Delta\alpha$、$\Delta\theta$ 和 $\Delta\delta_e$ 单位为 rad;Δq 单位为 rad/s;$\Delta\delta_T$ 单位为 °/s;ΔV、u_w 和 w_w 单位为 m/s。

9.3 俯仰角控制系统数学仿真

9.3.1 数学仿真设计

俯仰角控制系统的控制律如图9-1所示,其中输出为舵机的输入控制 $\Delta\delta_{ec}$。

图9-1中的位置限幅器的限制值,实际上就是俯仰角控制系统或纵向自动飞行控制系统关于升降舵面的权限。若升降舵面是绕铰链轴对称偏转,最大偏转为

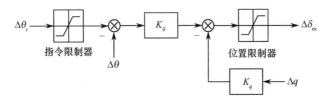

图 9 - 1　俯仰角控制系统的控制律

$\pm\delta_{emax}$，且给控制系统的权限为升降舵面满偏转的 $\sigma\%$，由图 9 - 1 得到其限制值 $\pm\delta_{ecmax}$ 为

$$\pm\delta_{ecmax} = \frac{(\pm\delta_{emax}\cdot\sigma\%)}{\left(\dfrac{K_a}{a}\cdot K_z\right)} \tag{9-7}$$

式中：K_a/a 为舵机的静增益；K_z 为机械操纵系统中舵机到升降舵面的传动系数。

而指令限幅器的设计应考虑到两个因素：①俯仰机动时的过载限制或迎角限制；②防止俯仰指令过大时由于位置限幅器的非线性因素而引起系统的自激振荡或失稳。

飞机在巡航飞行时，俯仰角控制系统的数学仿真方框图如图 9 - 2 所示。

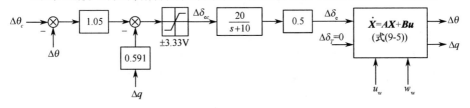

图 9 - 2　俯仰角控制系统 Simulink 方框图

控制律按舵面权限 $\pm5°$ 进行限制，则控制律中的限幅器的限制值为：$\pm3.33V$；控制律增益分别为 $K_\theta = 1.05$，$K_q = 0.591$。飞机纵向运动模型采用式(9 -5)。

9.3.2　数学仿真结果及分析

1. 不考虑风和油门杆输入（$\Delta\delta_T = 0$，$u_w = w_w = 0$）时系统对输入的响应

在指令俯仰角为幅值 $+5°$（飞机抬头）阶跃时间为 10s 输入下，系统的响应如图 9 - 3 所示。

在应用了纵向全面运动方程模型后，系统的响应和 7.2 节的短周期运动模型下的响应就有一定的差异了。

当俯仰角控制系统按指令使飞机抬头后，速度开始减小，飞机为了平衡就要以增加迎角来维持飞机升力和重力的相等，并建立新的平衡状态（稳态），结果是：迎角和俯仰角都有增加，其稳态值分别为 3° 和 2.5°，飞机以极小轨迹角（约 0.5°）进入爬升，而速度则减小了。这种情况是容易理解的，如果飞机抬头向上爬升，并使航迹倾角等于俯仰角的话，迎角增量的稳态值就应为零，同时还必须增加动能以转

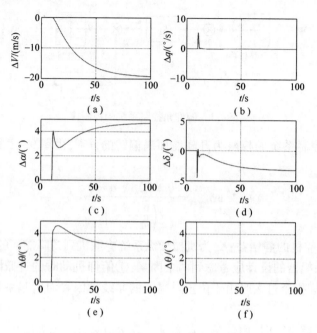

图 9 – 3　在指令俯仰角为 +5°时,俯仰角控制系统响应

换为向上爬升后的势能,也就是要在控制过程中保持飞机速度不变。否则的话,只能依靠飞机的自平衡特性,用增加迎角的形式来补偿速度的损失,以保持必要的升力。更进一步,如果在升力不变条件下速度减小所需的迎角大于俯仰角的话,那么飞机就非但不能向上爬升,反而将以负的航迹倾角下滑,也就是使飞机抬头向上爬升的控制,其长期的结果是飞机反而下滑了。

　　通过上述数学仿真得到这样的结论:由于长周期运动的影响,俯仰角响应是有稳态误差的,而且要小于指令俯仰角,并且稳态时速度减小和迎角增加了。对于举例飞机而言,飞机只能以极小的轨迹角(0.5°)向上爬升,可以预见,在垂直速度控制中也将是有稳态误差的。

　　用短周期运动模型是得不到上述结论的(图 7 – 10,表明俯仰角响应是无误差的),说明采用短周期运动模型只能对较短时间内运动进行预测,而无法预测长期或稳态运动,这也是使用纵向全面运动模型的原因,因它可以更好地预测控制系统的完整响应,这与实际飞行情况是基本一致的。

　　还要注意到系统限幅器的非线性影响。如果俯仰角控制指令 $\Delta\theta_c$ 太大,可能会引起系统的自激振荡或失去稳定性,这也需要在 $\Delta\theta_c$ 给定装置上,例如操纵旋钮上增加指令限制器,以防止这种情况的出现。这种限制可以通过数学仿真来完成,对本例来说,将俯仰角指令限制值设计为 ±7.5°是适当的。

2. 常值下降风作用下的系统响应

常值下降风设定为幅值 w_w = +5m/s、阶跃时间为 10s,飞机处于俯仰角保持控制状态,即 $\Delta\theta_c = 0$,其系统响应结果如图 9 - 4 所示。

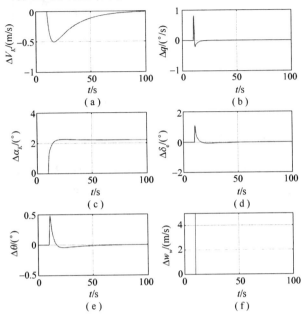

图 9 - 4　常值下降风作用下的俯仰角控制系统响应

俯仰角控制系统对常值下降风(或垂直风)是无稳态误差的,也就是常值下降风作用后,飞机将以增加地速迎角(地速矢量绕机体轴向下转动)的形式来抵抗下降风,以维持飞机空速迎角和俯仰角的不变,并且飞机以 -2.2° 的航迹倾角下滑。

从仿真的结果可以看到,即使俯仰角能得到控制,但飞机的轨迹还是缓慢地下滑了,这仍然需要驾驶员采取措施来防止飞机的下滑。从飞机操纵目的来看,俯仰角保持控制的使用意义不大,这种控制模式只能是短暂(如系统接通的初期作为系统的默认控制模式)或控制模式之间过渡时使用。

9.4　垂直速度控制系统数学仿真

9.4.1　数学仿真设计

垂直速度控制系统是以俯仰角控制系统核心建立的,系统仿真框图如图 9 - 5 所示。

框图中的垂直速度按式(9 - 1)得到,采用巡航飞行状态模型式(9 - 5)。控制律增益 $K_{hd} = 0.936, K_{hdi} = 0.388$。

正如上一节所述,对俯仰角的指令也应有限制,以防止限幅器的非线性特性引起自激振荡或系统失去稳定性,因而就需要在升降速度控制律中增加的俯仰角指令限制环节,对例子飞机来说限制值为 ±7.5°。

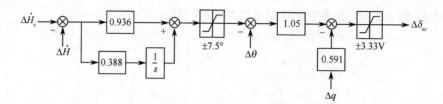

图 9-5　垂直速度控制系统 Simulink 方框图

9.4.2　数学仿真结果及分析

1. 不考虑风和油门杆输入($\Delta\delta_T=0, u_w=w_w=0$)时系统对输入指令的响应

图 9-6 是垂直速度指令为幅值 +5m/s(向上爬升飞行) 阶跃输入下的系统响应。

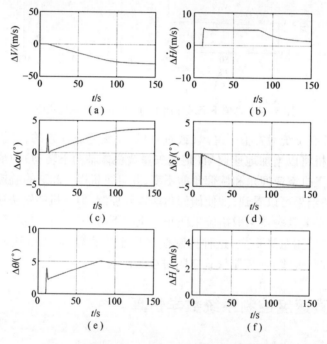

图 9-6　指令为 5m/s 下垂直速度控制系统的响应

在响应的初期,垂直速度是能跟踪指令的,系统无误差。但大约在 80s 时,由于指令限制器使得俯仰角指令被限制,从而升降舵偏转角饱和,系统控制能力不足,则可用迎角将不再增加,而此时速度仍然在减小,因此只能是以减小垂直速度来保证新的平衡,形成垂直速度的误差,其稳态值大约为 1.4m/s,与指令要求的 5m/s 相差大约 3.6m/s。

从理论上讲,垂直速度控制系统对输入是无稳态误差,并能完全跟踪的,但数学仿真中之所以产生误差是由于限幅器的作用而使得系统的控制能力下降而引起。可以预见到,若下滑导引控制时无自动油门配合控制速度的话,具有限制的系统将很难跟踪下滑波束航道。

如果不使用限制器的话,那么由于控制律中含有积分环节,将需要更大的升降舵面偏角才能提供无误差的垂直速度控制,就本例而言大约需要升降舵向上最大偏转18°,才能完全跟踪,这个偏转角基本上是驾驶员全权限操纵时偏转角的70%以上了。

为了在有限的升降舵偏转角内实现无误差跟踪,其方案有:放宽限幅范围,也可以用减小垂直速度控制指令或对垂直速度指令进行限制。对本例来说在已有的限制条件下,垂直速度指令的限制值设定为 ±1.5m/s 时就能实现对垂直速度指令的无误差跟踪了,当然最好的方法还是通过自动油门系统来维持垂直速度期间的速度不变,这样就从源头上解决了问题。

2. 常值下降风作用下的系统响应

在幅值为 $w_w = +5\text{m/s}$,阶跃时间为 10s 的常值下降风作用下,系统的响应如图 9 − 7 所示。

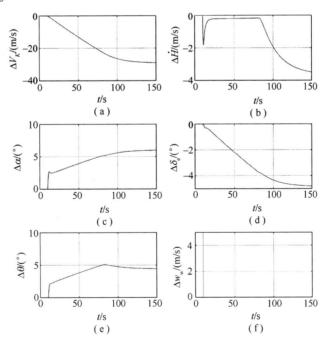

图 9 − 7　常值下降风作用下的垂直速度控制系统响应

垂直速度响应出现稳态误差,原因依然是权限限幅器所引起的控制能力不足。当常值下降风为 +1.3m/s 时,垂直速度的响应就无稳态误差了。

因此,为防止出现垂直响应的稳态误差,对垂直速度增加指令限制环节是非常重要的,当然这将会影响到飞机的机动能力。

9.5 高度保持控制系统数学仿真

9.5.1 数学仿真设计

在使用高度保持控制系统时,必须先将飞机飞到所要保持的高度后或在一定的误差范围内才能接通高度保持控制。高度保持模式是自动飞行控制系统的主要工作模式之一。

用举例飞机在巡航飞行时的模型式(9-5)的高度保持控制系统的数学仿真方框图如图9-8所示,其中指令软化器是为了转化高度微分所引起的指令突变。

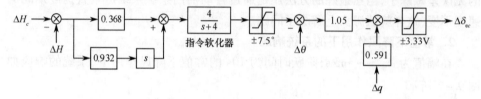

图 9-8 高度保持控制系统的控制律

9.5.2 数学仿真结果及分析

1. 不考虑风和油门杆输入时系统对输入指令的响应

对于高度为 +15m 的输入(注意:此处 +15m 表示高度偏差,实际高度应为 $H = H_0 + 15 = 4015\text{m}$,其中 $H_0 = 4000\text{m}$ 为飞机当前高度),系统的响应如图 9-9 所示。

高度保持控制系统在 10s 内已经到达了稳态,速度仍然减小,但减小的量不大。当速度到达稳态后,其高度的稳态误差为零。

升降舵上偏最大不到5°;俯仰角和迎角的最大值小于4°和3°且在进入稳态后均回到零,表明飞机在新的高度进行平飞。

仿真表明高度保持控制系统,即使在速度有损失的条件下,仍能完成对输入的无误差跟踪,其主要原因在于:高度为航迹倾角的积分过程,只要航迹倾角有很小的误差,就能实现以大增益 V_0 进行积分的高度输出。对于举例飞机来说,不管速度有多大的损失,其航迹倾角总是稳定的,也就是说长周期运动稳定性,为高度控制的顺利实现打下了基础。

2. 常值下降风作用下的系统响应

在幅值为 +1.3m/s、阶跃时间为 10s 的常值下降风作用下,系统的响应如图 9-10所示。

显然高度控制系统对常值的垂直风是有稳态误差的,这个结论和系统设计时的分析是一致的。而且如果垂直风过大的话,由于限幅器环节限制了系统的控制

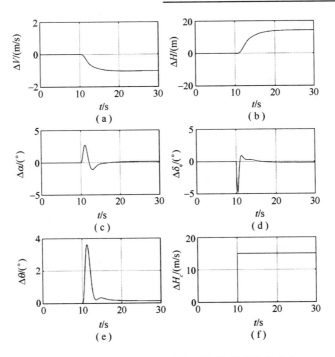

图9-9 指令为+15m时高度保持控制系统的响应

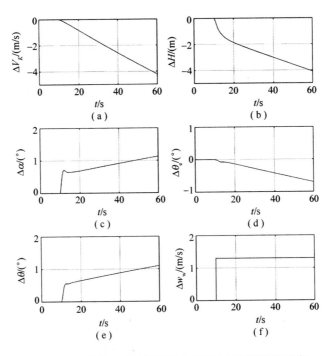

图9-10 常值下降风作用下高度保持控制系统的响应

能力,将使得系统失去稳定性。在 1.3m/s 下降风作用下,最终其高度下降了 19.5m。所以高度保持控制律,对下降风的鲁棒性非常弱。

9.6 垂直导航模式(VNAV)数学仿真

9.6.1 数学仿真设计

垂直导航模式是现代自动飞行控制系统重要工作模式,其实质就是按驾驶员给定的高度指令或飞行管理计算机(FMC)所产生的指令自动控制飞机纵向运动的轨迹到达该高度。

一般来说飞机所要飞行的高度,驾驶员是可以任意选择的。控制面板上有高度指令给定装置,当驾驶员选择他所需要飞行的高度后,就与当前飞机高度形成误差,控制系统就利用这个信号来控制飞机飞到这一高度并保持飞行。注意到,这个高度误差恰好也等于其高度增量之差,以下来说明这一问题。

若飞机当前高度为 H_0,驾驶员给定或希望飞行高度为 H_c,此后假设控制开始,即飞机高度变为 $H = H_0 + \Delta H$,因此控制开始后的高度误差为

$$H_c - H = H_c - (H_0 + \Delta H) = (H_c - H_0) - \Delta H = \Delta H_c - \Delta H$$

显然,$\Delta H_c = H_c - H_0$ 和 ΔH 分别为驾驶员希望飞行的高度差和当前飞机高度相对于 H_0 增量,这就证实了上述结论。

当垂直导航模式被选择后,系统按照由驾驶员选择的高度指令或飞行管理计算机中所规划的高度指令进行飞行,如图 9-11 所示。

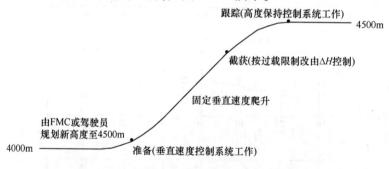

图 9-11　VNAV 模式下的纵向飞行轨迹示意图

图 9-11 所表示的垂直导航飞行形式,是用高度保持控制系统和垂直速度控制系统来共同完成的。所谓垂直导航模式就是对任意高度的跟踪和保持问题,只不过是在该模式下,将整个的飞行阶段分为了准备—截获高度—跟踪或保持高度 3 个阶段,在每个阶段采用不同的控制系统进行控制。

准备阶段:当预设高度和飞机当前高度之差不满足高度保持控制接通条件时(A320 飞机高度保持接通条件:高度差的绝对值小于 250 英尺(约 76.2m),系统将

首先转入垂直速度控制,并以驾驶员选择的垂直速度飞向预设的高度。

截获阶段:当高度差值(绝对值)满足规定条件时(A320 飞机条件:等于 150 英尺(约 39.6m)),系统将转入截获状态,以限制过载的形式使飞机无超调地切入预设的高度。

跟踪或高度保持阶段:当高度差值(绝对值)符合规定的条件时(A320 飞机:小于 20 英尺(约 6.1m),并延时 1.25s),系统接通高度保持控制。

显然,在准备阶段和跟踪阶段可应用垂直速度控制系统和高度保持控制系统来完成控制任务。截获阶段,可使用垂直速度控制系统来跟踪设定的垂直速度指令,使飞机的纵向轨迹以指数曲线形式的轨迹无超调的切入预设的高度。在此机动过程中,需要对垂直速度指令按纵向过载进行限制,以防止控制过程中过大的航迹倾角速度引起大的纵向过载,从而可能突破飞机的过载性能限制。

若在准备阶段,选择以较小的垂直速度进行爬升或下降的话,其上升或下滑轨迹必然比较平缓,因此,就可以省略截获阶段,当满足一定的条件时直接由准备阶段转入高度保持阶段,这样就可以避免截获阶段控制律和截获逻辑的设计,而且这个条件可以通过数学仿真确定。因此,在这种情况下,垂直导航模式完全可以由垂直速度控制系统和高度保持控制系统来完成,缺点就是爬升比较慢,而优点是系统简单。

9.6.2　数学仿真结果及分析

以下是对一条确定的轨迹的跟踪控制过程的数学仿真,并在没有采用速度控制情况下进行的。使用举例飞机在巡航飞行时的模型式(9 - 5),仿真过程按如下设计:

假定飞机先在 4000m 的高度,以 130m/s 的速度飞行,大约 100s 后按垂直速度为 5m/s 指令向上爬升进行高度截获,在 4490m 处直接转为高度跟踪或高度保持控制而省略截获阶段,最后稳定在 4500m 的高度上飞行。系统控制律如图 9 - 12 所示。

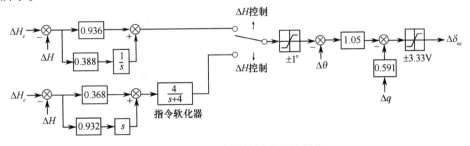

图 9 - 12　垂直导航模式的控制律

增加指令软化器 $4/(s + 4)$,以防止垂直速度控制系统和高度保持控制系统转换过程中的指令突变现象。同时为满足大约 $0.05 \sim 0.124g$ 的过截获限制范围,对俯仰角指令限幅器重新设计了限幅范围为±1°。图9-13为响应曲线图,从仿真结果来看:即使无截获阶段响应也是满意的,机动时最大过截大约为0.12g,符合要求。

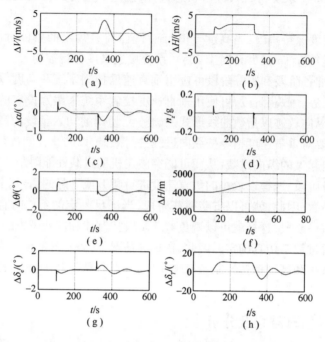

图9-13　垂直导航控制模式响应

9.7　速度控制系统(自动油门系统)数学仿真

9.7.1　数学仿真设计

速度控制系统主要用于自动飞行控制系统的速度模式。速度模式具有两个功能:一是速度的保持;二是以保持速度为基准进行±18km/h微调(MIL-F-9490D要求)。

这里仿真的速度控制系统是采用自动油门系统来实现的。因系统直接控制的是发动机油门杆的角度,因而速度控制系统也需要对其指令输出进行限制。限制分为两种:一种是对油门权限的限制;二是对油门杆转动速度的限制,目的是防止过快的油门杆动作引起发动机喘振导致停车。

使用巡航飞行时的模型式(9-5),油门杆位置限制值为+25°和-15°,转速限制为10/s。

如前面所讨论的,速度控制系统只有在俯仰角控制系统配合且$\Delta\theta_c = 0$时,才能被有效使用,以下只讨论这种情形。此时速度控制系统的控制律框图如图9-14所示。

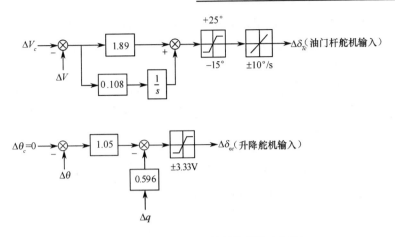

图 9 - 14　速度控制系统的控制律方框图

9.7.2　数学仿真结果及分析

1. 不考虑风和油门杆输入时系统对输入指令的响应

假定飞机在进行速度保持状态下飞行,在 10s 后进行将基准速度增加 +18km/h(+5m/s)的微调,即相当于对系统施加速度为 +5m/s 的阶跃输入,系统的响应如图 9 - 15 所示。

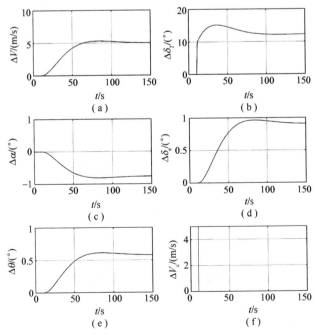

图 9 - 15　+5m/s 指令下速度控制系统的响应

很明显,速度能无误差地跟踪上输入并保持,然而在速度增加 5m/s 的同时飞机却以 1.3°的航迹倾角向上爬升,这种现象从能量守恒原理上是易于解释的,即所增加的动能(速度)必定要转化为势能。

同时油门杆仅仅只前推 12.3°(最大不到 15°),在俯仰角控制系统配合下,飞机的油门杆对速度的操纵性得到了极大地提高。事实上,在目前控制律的权限下,系统对速度的改变能力达到了 10m/s(36km/h)。

2. 常值顺风作用下的系统响应

假定速度控制系统处于速度保持状态即 $\Delta V_c = 0$ 系统在工作 10s 后加入幅值为 +5m/s 的顺风后,系统的响应如图 9 – 16 所示。

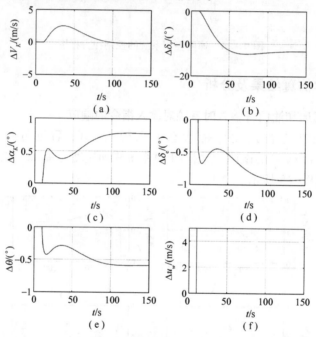

图 9 – 16　+5m/s 常值顺风作用下速度控制系统的响应

很明显,地速很明显地回到了零,这意味着空速需要减小 5m/s,才能维持地速不变,空速减小意味着升力下降,从而飞机以 – 1.3°的稳态轨迹角下滑,期间油门杆后拉或减小了约 12.3°。

9.8　控制升降舵的速度控制系统数学仿真

9.8.1　数学仿真设计

这里研究采用升降舵通道来控制飞机的速度,而用自动油门系统来控制垂直速度的速度控制系统的数学仿真问题。

升降舵通道控制飞机速度时,对升降舵的权限限制也是 ±5°,其升降舵通道的控制律如图 9 – 17 所示。

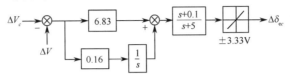

图 9 – 17 速度控制系统的控制律

自动油门系统采用的是垂直速度反馈来对发动机油门杆进行控制,其控制律如图 9 – 18 所示。

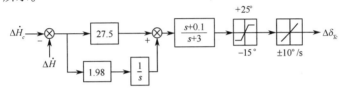

图 9 – 18 自动油门系统控制律

对于这种速度控制方案,主要是用于巡航飞行时单纯的速度控制问题中,而不能和轨迹或姿态控制等来配合使用了,其原因是不言而喻的。

因此,用举例飞机在巡航飞行时的模型式(9 – 5),用仿真主要考察下述两个功能:

(1) 水平风和垂直风对速度保持功能的影响。

(2) 速度在 ±18km 范围内的微调功能或保持基准的改变。

9.8.2　数学仿真结果及设计

1. 10m/s 的常值顺风对速度保持功能的影响

系统状态设置为零后,将速度和垂直速度指令设置为保持状态,即:$\Delta V_c = 0$,$\Delta \dot{H}_c = 0$,将常值顺风设定为:阶跃时间为 0s,幅值为 + 10m/s 的阶跃信号,系统在 300s 内响应如图 9 – 19 所示。

速度的初始响应是非常迅速的,航迹倾角也在很短的时间内响应完成,最终速度回到零,即飞机仍是按原先平衡(配平)速度飞行,保持了速度和航迹倾角的不变,在这期间飞机经历了先下降高度,其后上升高度的过程,高度变化有 60m,但稳态后飞机大约上升了 30m。最后飞机以抬头的姿态(+ 1.3°俯仰角)来抵抗顺风扰动,并维持航迹倾角为零。

2. 5m/s 常值下降风对速度保持功能的影响

将速度指令和垂直速度指令设置为保持状态,即:$\Delta V_c = 0$,$\Delta \dot{H}_c = 0$,将常值下降风设定为:阶跃时间为 0s、幅值为 + 5m/s 的阶跃信号,系统在 300s 内响应如图 9 – 20 所示。

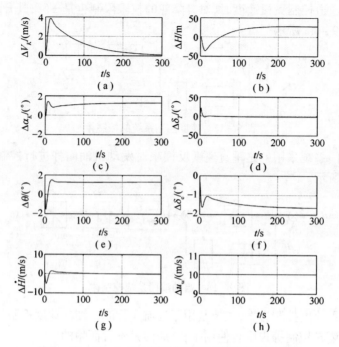

图 9 - 19 10m/s 常值顺风作用下速度控制系统响应

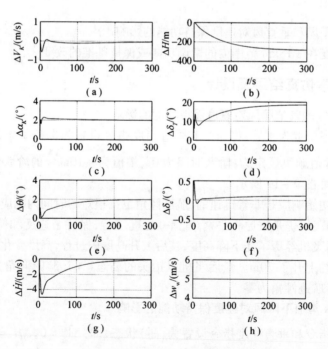

图 9 - 20 5m/s 常值下降风作用下速度控制系统响应

在速度保持系统作用下,5m/s 的常值下降风对空速的影响很小,空速的最大损失还不到 0.6m/s,由此可见系统空速保持功能的有效性。但高度下降了约 280m,说明在升降舵维持速度不变的情况下,俯仰角基本上不受控制,导致高度下降严重。最后飞机以抬头的姿态(+2°俯仰角)来抵抗下降风扰动,以维持航迹倾角为零。

3. 对 5m/s(18km/h)速度指令的响应能力

系统状态设置为 0 后,将垂直速度指令设置为保持状态,即:$\Delta V_c = 0$,$\Delta \dot{H}_c = 0$,将空速指令设定为:阶跃时间为 0s,幅值为 +5m/s 的阶跃信号,系统前 10s 内响应见图 9 - 21 所示。

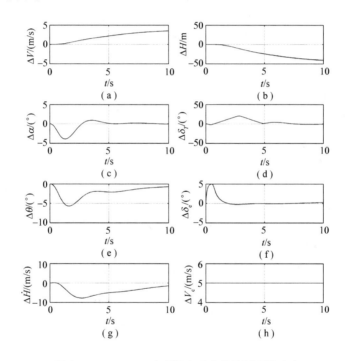

图 9 - 21　+5m/s 速度指令下速度控制系统响应

系统初期响应速度指令非常迅速,在前 10s 内速度已经达到 3.5m/s,为指令的 70%,航迹倾角为 -0.63。随后在长周期运动特性的影响下。空速在 300s 左右后到达稳态值 5m/s,即相当于使平衡速度从 130m/s 增加到了 135m/s,为此飞机必须以俯冲的形式达到。最终飞机以低头(-0.65°俯仰角)俯冲,下降约 13m 的高度获得了 +5m/s 的增速,其后航迹倾角为零恢复平飞,符合预期。与发动机油门杆控制速度的方案比较,图 9 - 15 中在前 10s 的速度只达到了 0.63m/s,可见采用升降舵控制时速度的初期响应很快,但稳态时间较长,这与长周期运动的阻尼比改善不多有关。

9.9 下滑导引控制过程的数学仿真

9.9.1 数学仿真设计

本节的下滑导引控制数学仿真,是对整个下滑导引控制的过程包括了准备—截获—跟踪 3 个阶段进行数学仿真。因为一个完整的下滑导引控制过程是无法仅通过唯一的下滑导引控制系统来完成的,因此需要通过对整个过程的数学仿真来观察其控制性能。

在准备阶段,飞机一般以高度保持的形式去飞向截获点,当到达截获位置时飞机开始机动,由平飞转入下滑飞行,该机动受到法向过载的限制。但在一般情况下,由于下滑波束仰角为 2.5°,飞机速度又处于较小的着陆速度,同时对升降舵偏角又有位置权限限制,这就使得机动过程是缓慢的,所以将不会引起太大的纵向过载。当 GS 偏差角小于一定值的时候,系统将转入跟踪控制。因此,下滑导引控制过程或下滑导引控制模式是由 4 个控制系统按程序协同完成的,即高度保持控制系统、垂直速度控制系统和速度控制系统及下滑导引控制系统。

以下主要讨论系统截获和跟踪两个阶段的控制律。

1. 截获阶段

在截获阶段主要是使飞机从高度保持快速地转向下滑航道飞行,因此用垂直速度控制系统按给定的指令控制飞机的垂直速度转向下滑道,在这期间无需进行精确跟踪并以快速性为主,故而在垂直速度控制系统中去掉积分环节。同时垂直速度的有效控制需要速度控制系统进行配合,而速度控制系统的设计模型则包含了垂直速度控制系统,这样系统就得到了简化。因此,控制律如图 9 - 22 所示。

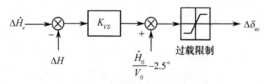

图 9 - 22   截获时的控制律

控制律中$(\dot{H}_0/V_0) - 2.5°$是额外的角度偏置,使得飞机能快速地低头建立下滑姿态去跟踪下滑道。$\dot{H}_0$ 是截获时刻飞机的垂直速度。垂直速度指令可设计为

$$\Delta\dot{H}_c = V_0\left(\frac{-2.5°}{57.3}\right)$$

2. 跟踪阶段

跟踪阶段将使用下滑波束偏差角进行反馈控制。由于飞机总是从航道下方去跟踪下滑道,所以偏差角是负的,因此基于负反馈的控制系统将以飞机抬头的形式

（或正的轨迹角）去跟踪下滑道,由于此时飞机距离航道很近了,飞机必将会围绕着下滑道出现超调。按 MIL - F - 9490D 要求其偏差角的第一次超调不能超过 0.16°,这也意味着出现超调是必然。同时,航道偏差角将产生垂直速度的指令应该受到法向过载的限制。跟踪阶段的控制律如图 9 - 23 所示。

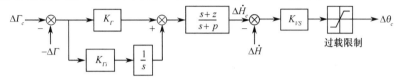

图 9 - 23   跟踪时的控制律

图 9 - 23 中:$K_{\Gamma i}$是为了无误差精确跟踪下滑道的积分环节,$(s + z)/(s + p)$ 为滞后补偿以改善稳态特性。

9.9.2   控制律及数学仿真结果和分析

用举例飞机在着陆时的模型式(9 - 6)进行下滑控制过程的数学仿真。在仿真中未考虑纵向过载限制,并且将发动机油门杆后限制放宽到 - 25°。数学仿真的状态如下:

（1）飞机飞行速度:$V_0 = 63\text{m/s}$,以保持高度状态对 GS 进行截获和跟踪。

（2）飞机初始位置:高度 500m,距 GS 台约 13km。

（3）准备阶段:①准备阶段,以高度保持的控制模式飞向 GS 下滑道;②控制律(图 9 - 24)。

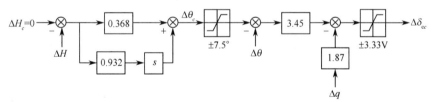

图 9 - 24   准备阶段控制律

（4）截获阶段:①截获条件为 $\Delta\Gamma = -0.25°$(由于从下滑道下方去截获下滑道的原因);② 控制律(图 9 - 25)。

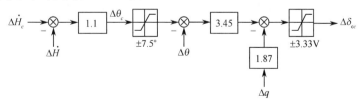

图 9 - 25   截获阶段控制律

$$\Delta \dot{H}_c = \left(-\frac{2.5}{57.3} \times 63.4 \right) = -2.77 (\text{m/s})(\text{未加偏置角})$$

(5) 跟踪阶段:①跟踪条件为 $|\Delta \Gamma| < 0.05°$;②控制律(图 9 – 26)。

(6) 仿真停止条件:

$$R \leqslant 344\text{m}$$

(7) 飞机纵向全面运动模型。飞机动力学模型采用纵向全面运动方程式 (9 – 6)。将纵向轨迹的坐标系建立在地面上并视大地为平面。坐标系原点选择为飞机的起点,横轴 OX_e 为飞机飞行方向,纵轴 OH_e 为飞机高度方向(离开地面向上为正),在这样的坐标系下,运动轨迹方程为

$$X_e = \int_0^t V_0 \cos(\Delta \gamma) \, \mathrm{d}t$$

$$H_e = 500 + \int_0^t V_0 \sin(\Delta \gamma) \, \mathrm{d}t$$

$$R = \sqrt{(13000 - X_e)^2 + H_e^2}$$

式中:X_e 是以飞机出发位置为基准;H_e 是以跑道作为零高度基准。

(8) 数学仿真方框图如图 9 – 27 所示,控制律应以初始条件为零的状态进行转换,否则将会产生跳变,特别是从截获转换为跟踪时尤其需要注意。同时在仿真方框图中增加了指令软化器 $4/(s+4)$,以软化状态转换中的指令突变现象。仿真的结果如图 9 – 28 所示。

从图 9 – 28 中系统的响应完全按照所设计的仿真状态进行的,当 $\Delta \Gamma < -0.25°$ 进入截获,由于截获时按 $\dot{H}_c = -2.77\text{m/s}$ 的指令控制飞机,尽管飞机从下滑道下方去截获下滑道,飞机没有出现以抬头姿态去截获的情况,此时飞机约飞行了 10s。

当飞机进入下滑道后,并且在 $\Delta \Gamma < -0.047°$ 后进入跟踪状态,$\Delta \Gamma$ 首次(也是唯一的一次)大约为 0.1°,小于规范中 0.16° 的要求此时飞机大约飞行了 34s,跟踪后系统接入了积分环节,因而飞机无误差地稳定飞行在下滑道上。

飞行了大约 200s 后,$R \leqslant 344\text{m}$ 时系统自动断开,表明飞机已到达决断高度,此时飞机已经飞行了大约 12.6km 的距离。

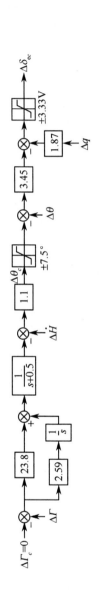

图 9 – 26 跟踪阶段控制律框图

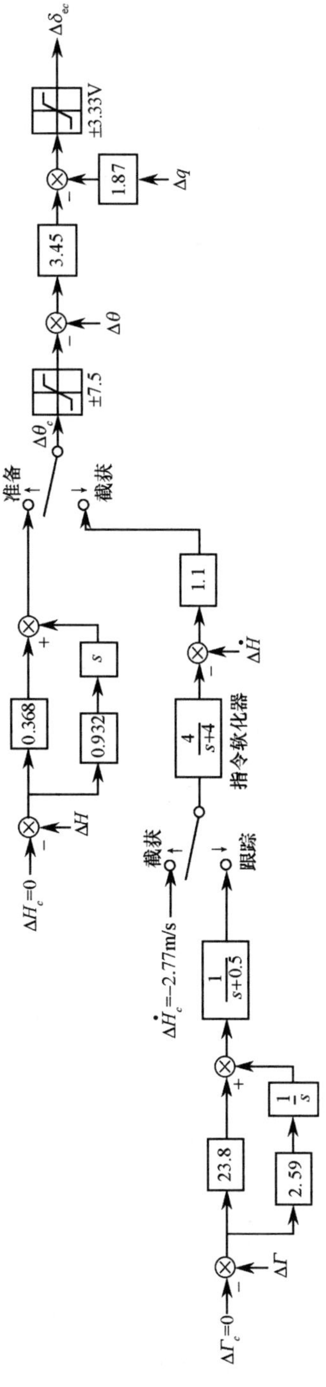

图 9 – 27 GS 下滑导引控制过程的数学仿真方框图

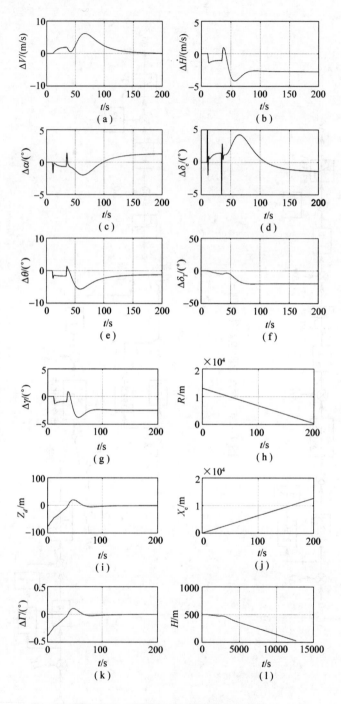

图 9 - 28 下滑导引控制过程响应曲线

第10章 横侧向自动飞行控制系统的数学仿真

10.1 问题描述

横侧向自动飞行控制系统主要对以下模式进行数学仿真研究:①航向保持和航向预选模式;②VOR/LOC 模式;③侧向导航模式;④滚转角控制系统。

注意到 VOR 模式和 LOC 模式是类似的,只是 VOR 模式中有"过台"和"背台"飞行的特殊情况,但这个并不会影响系统性能。在"过台"飞行时,VOR 模式需要将 VOR 导引控制转换为航向保持飞行,"过台"以后再转换为 VOR 导引控制进行"背台"飞行,此时和向台飞行的控制方式完全是一样的。VOR 导引控制系统和 LOC 导引控制系统的组成和控制律结构是完全一致的,只是参数不同而已。VOR 导引控制系统数学仿真时采用的是巡航飞行时的飞机模型,而 LOC 导引控制系统则采用着陆时的模型。

上述①~③自动飞行模式的数学仿真,需要方向舵和副翼通道共同工作才能完成,而对滚转角控制系统的数学仿真只需副翼通道工作。需要指出的是:在有些飞机中设置了所谓"改平"模式和"滚转角操纵"模式,而这两种模式均是单独用滚转角控制系统对滚转角进行控制的,前者是让滚转角指令为零,而后者则是用操纵旋钮给出滚转角指令。因此,对滚转角控制系统进行数学仿真具有重要意义。

对横侧向自动飞行控制系统的数学仿真,不但要考察其单独的功能和性能,更为重要的是要考察其协调转弯的能力。在横侧向运动的控制中协调转弯是主要的形式,由于协调转弯是一个复杂的动力学过程,其动力学响应特性的优劣决定了其控制模式的性能。

与纵向自动飞行控制系统类似,横侧向自动飞行控制系统的数学仿真需要采用横侧向全面运动模型进行,其模型为式(4-69)形式的四阶运动方程,风作用下的模型为式(5-23)。同时系统控制律所产生的指令受到系统控制权限和侧向过载性能的限制,这些限制必然使得系统性能下降,而定量分析和研究无疑通过数学仿真是最为方便和有效的。

本节中所采用的飞机动力学模型分别为巡航和着陆两个状态下的全面横侧向

运动模型,其状态方程形式的运动方程分别如下:

(1)巡航飞行状态,高度4000m,速度130m/s。

$$\begin{bmatrix} \Delta\dot{\beta} \\ \Delta\dot{p} \\ \Delta\dot{r} \\ \Delta\dot{\phi} \end{bmatrix} = \begin{bmatrix} -0.1370 & 0.0499 & -0.9988 & 0.0753 \\ -1.0081 & -0.9716 & 0.2624 & 0 \\ 0.4920 & -0.0403 & -0.1634 & 0 \\ 0 & 1 & 0 & 0 \end{bmatrix} \begin{bmatrix} \Delta\beta \\ \Delta p \\ \Delta r \\ \Delta\phi \end{bmatrix} +$$

$$\begin{bmatrix} 0 & 0.0375 & 0.0011 \\ -2.2356 & 0.3231 & 0.0077 \\ -0.1729 & -1.0281 & -0.0038 \\ 0 & 0 & 0 \end{bmatrix} \begin{bmatrix} \Delta\delta_a \\ \Delta\delta_r \\ v_w \end{bmatrix} \quad (10-1)$$

(2)着陆飞行状态,高度0m,速度63m/s。

$$\begin{bmatrix} \Delta\dot{\beta} \\ \Delta\dot{p} \\ \Delta\dot{r} \\ \Delta\dot{\phi} \end{bmatrix} = \begin{bmatrix} -0.1643 & 0.0530 & -0.9986 & 0.1547 \\ -0.4152 & -0.6724 & 0.3856 & 0 \\ 0.2700 & 0.0272 & -0.1531 & 0 \\ 0 & 1 & 0 & 0 \end{bmatrix} \begin{bmatrix} \Delta\beta \\ \Delta p \\ \Delta r \\ \Delta\phi \end{bmatrix} +$$

$$\begin{bmatrix} 0 & 0.0272 & 0.0026 \\ -0.7014 & 0.1021 & 0.0065 \\ -0.0171 & -0.3784 & 0.0043 \\ 0 & 0 & 0 \end{bmatrix} \begin{bmatrix} \Delta\delta_a \\ \Delta\delta_r \\ v_w \end{bmatrix} \quad (10-2)$$

上述两式中:$\Delta\beta$、$\Delta\phi$、$\Delta\delta_a$、$\Delta\delta_r$的单位为 rad;Δp、Δr 的单位为 rad/s;v_w的单位为 m/s。

10.2 滚转角控制系统数学仿真

10.2.1 数学仿真设计

滚转角控制系统数学仿真,可以考察其控制系统在以下状态时的响应能力。

(1)对滚转指令的响应能力。

(2)在任意滚转角情况下(< ±90°)的情况下,自动改平的能力。

(3)平飞状态下,侧风(10m/s)对滚转角姿态的影响。

数学仿真时,飞机模型采用巡航飞行状态的运动方程式(10-1)。滚转角控制系统的控制律如图10-1所示。

在控制律中设定了副翼的控制权限为 ±7°,折算到舵机的输入端或控制器输出端为 ±5.83V。

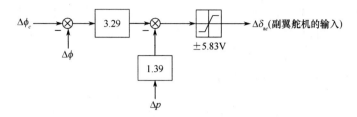

图 10 - 1　滚转角控制系统的控制律

10.2.2　数学仿真结果及分析

1. 对 +30 °右滚转指令的响应能力

在滚转角控制系统的输入端 $\Delta\phi_c$ 施加一个幅值为 +30°的阶跃信号,系统从 $t=0\mathrm{s}$ 开始仿真,系统的响应如图 10 - 2 所示。仿真过程中,方向舵保持不动即 $\Delta\delta_r=0$。

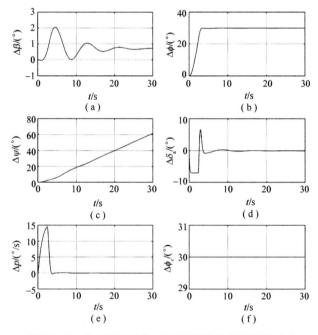

图 10 - 2　在指令滚转角 +30°时滚转角控制系统响应

响应表明了,在 +30°滚转角指令的作用下,副翼偏角 $\Delta\delta_a$ 首先表现为右上(左下)的最大负偏转并饱和(-7°),飞机则产生正的右侧滑;在航向静稳定力矩作用下,偏航角 $\Delta\psi$ 为正并着速度方向增加以消除侧滑角。副翼很快地回到零位,滚转角大约在 3s 以后稳定在右滚 30°上,侧滑角经过 30s 后稳定在 0.72°,表明如果方向舵不参与工作的话,就无法消除侧滑角。由于飞机维持 +30°的右滚转角,因此航向 $\Delta\psi$ 不断地向右转弯(随时间增大)而进行盘旋运动。

上述数学仿真非常清晰地描述了飞机滚转运动的性质和特点,对于了解飞机滚转的动力学过程具有很好的意义。而在另一个方面,数学仿真也说明了采用简化一阶滚转模型所设计滚转控制系统的有效性。

2. 对 + 10°右滚转姿态的改平能力

在飞机模型的滚转角输出端,施加一个 + 10°的常数,而在滚转角控制系统的输入端给定输出指令为0°时,系统从 $t = 0\mathrm{s}$ 开始仿真,响应如图 10 - 3 所示。仿真过程中,方向舵保持不动即 $\Delta\delta_r = 0$。

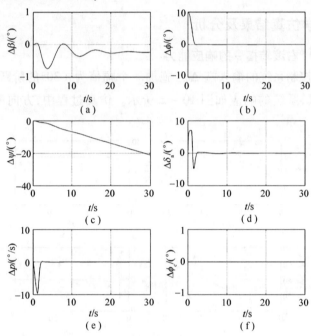

图 10 - 3 滚转角控制系统对 + 10°右滚转姿态的"改平"响应

从响应的结果来看,滚转角经历了 3s 左右从 + 10°向左滚转($\Delta p < 0$)回到零,即飞机机翼为水平姿态,副翼也是在 3s 左右收回舵面,但稳态的侧滑角不为零,因此在航向静稳定性力矩作用下,飞机将不断地向左转弯(负偏航)。这种现象说明,偏航角和侧滑角对副翼的输入是具有误差的,稳定的 Δr 和 $\Delta\beta$ 是由下列方程决定的:

$$N_\beta\Delta\beta + N_r\Delta r = 0$$

因此,飞机在改平后必须要施加以航向保持控制后,才能使飞机的航向保持不变,否则飞机将以稳定的侧滑角和偏航角速度作为新的基准运动。

3. 对 10m/s 常值侧风的响应

设侧风来自飞机的左侧(按飞机前进方向),幅值为 + 10m/s 的阶跃信号,系统从 $t = 0\mathrm{s}$ 开始仿真,系统的响应如图 10 - 4 所示。仿真过程中,飞机初始状态和滚转角指令为零,方向舵保持不动($\Delta\delta_r = 0$)。

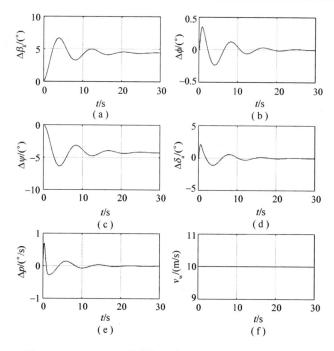

图 10 - 4　+10m/s 常值侧风作用下滚转角控制系统响应

　　响应的结果是:滚转角在控制系统的作用下大约经过了30s回到了零,稳态后的地速矢量在机体轴的右侧,形成了正的地速矢量侧滑角,其大小为:$\Delta\beta_k = (v_w/V_0) \times 57.3 \approx 4.4°$。同时,为了抵抗左侧来风,飞机机头向左转动了 - 4.23°。表明在常值风作用下,滚转角控制系统使得滚转角回到了原状态后,但飞机却以 + 0.18°的航迹方位角偏离原来的轨迹向右侧飞行,而无法使飞机仍按原先的轨迹飞行。从理论上来说在常值侧风作用下,滚转角控制系统是无法维持飞机的横侧向轨迹不变的。

10.3　侧滑角控制系统数学仿真

10.3.1　数学仿真设计

　　侧滑角控制系统主要是用于在滚转转弯时使侧滑角为零的控制系统,保证以协调转弯的形式完成航向的改变,侧滑角控制系统是通过控制方向舵偏转实现的。

　　考虑到侧滑角控制系统是配合滚转角控制系统使用的,并且在侧滑角控制系统设计时其设计模型中含有滚转角控制系统的动力学特性。因此,其数学仿真也必须在滚转角控制系统对滚转角进行控制时,观察侧滑角控制系统对滚转过程中所出现的侧滑角的修正能力,若能使得侧滑角为零,就表明该侧滑角控制系统能够配合滚转角控制系统实现协调转弯的目的。

　　飞机巡航飞行状态的模型式(10 - 1),侧滑角控制律中考虑了方向舵偏转角

权限为 ±3.5°,折算到舵机的输入端或控制器的输出端为 ±2.6V。侧滑角控制系统的控制律如图 10-5 所示,而滚转角控制系统的控制律如图 10-1 所示。

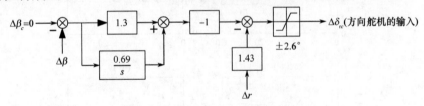

图 10-5　侧滑角控制系统的控制律

10.3.2　数学仿真结果及分析

1. 滚转角指令为 +30°输入下,侧滑角控制为零(协调转弯)的能力

仿真时将滚转角控制指令设定为 +30°的阶跃信号,侧滑角控制系统的指令为零 $\Delta\beta_c = 0$,以观察在滚转角控制中,侧滑角控制系统维持 $\Delta\beta = 0$ 的响应。仿真从 $t = 0$ 开始。

响应曲线如图 10-6 所示。与 10.2 节的结果相比而言,当侧滑角控制系统与滚转角控制系统配合使用后,侧滑角的响应速度得到了提高,用了不到 10s 就进入了稳态,其稳态侧滑角为零,同时飞机以正的偏航角连续地向右转弯,实现了用控制滚转角进行协调转弯的目的。对滚转角的控制几乎没有受到侧滑角控制系统的

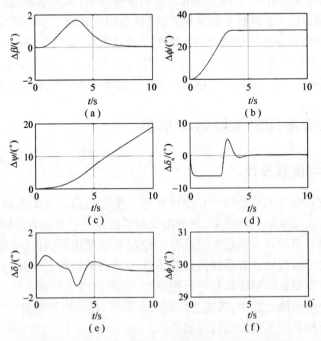

图 10-6　对滚转角指令为 +30°时侧滑角控制系统响应

影响,仍然用了大约 3s 的时间向右滚转了 30°。数学仿真结果表明协调转弯的控制方案是正确和有效的。

2.　+10m/s 常值侧风作用下系统的响应

数学仿真时将滚转角和侧滑角控制指令设定为零,数学仿真从 $t=0$ 开始,响应如图 10 −7 所示。

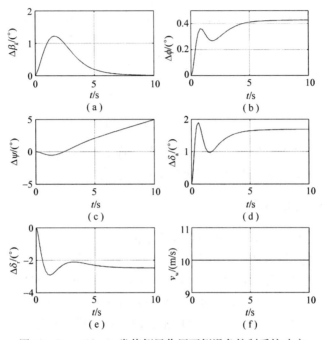

图 10 −7　+10m/s 常值侧风作用下侧滑角控制系统响应

从图 10 −7 中看到,由于侧滑角控制系统中含有积分环节,因此稳态侧滑角为零。但形成稳态滚转角误差,大约向右滚了 0.43°。这样就相当于飞机以此右滚转角进行协调转弯,在侧滑角为零的条件下航向连续地向右偏航。滚转角出现误差的原因在于滚转角控制系统无积分环节,在没有侧滑角控制系统时(见 10.2节),飞机以风标稳定性力矩使得机头向左转动来抵抗来自左侧的常值风;而当侧滑角控制系统存在时,侧滑角将无条件地回到零,这样就不可能出现上述情况了,飞机只能以右滚转的形式响应左侧来风,形成的滚转角稳态误差约 0.43°,并以此进行协调转弯。

10.4　航向角控制系统数学仿真

10.4.1　数学仿真设计

航向角控制系统是在滚转角控制系统上建立的,是将偏航角反馈引入到滚转角控制系统,并辅以侧滑角控制系统的配合,以协调转弯的形式来控制航向,实则也达到对航迹方位角的控制作用,有效地提高了偏航角或航迹方位角的控制效率和精度,为横侧向轨迹的控制提供基础。

飞机动力学模型用式(10-1),副翼和方向舵的控制权限如前一致。航向角控制系统的控制律如图10-8所示,侧滑角控制系统的控制律如图10-5所示。

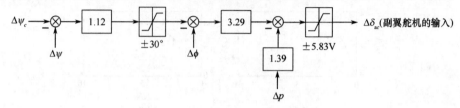

图10-8　航向角控制系统的控制律

在图10-8的控制律中,增加对滚转指令的±30°限制,表示在进行航向机动时对滚转角控制的限制。限制范围应根据侧向过载性能来决定。

10.4.2　数学仿真结果及分析

1. 航向角指令为 +10°时的系统响应能力

仿真时,将航向角指令输入设定为幅值 +10°(向右偏航)阶跃信号,侧滑角控制系统的 $\Delta\beta_c=0$,系统的初始状态为零,仿真从 $t=0s$ 时开始。响应曲线如图10-9所示。

飞机在向右滚转了不到11°的情况下,偏航角大约经过50s的时间向右偏航了10°,在这期间最大侧滑角不到0.8°,11s后侧滑角最大没有超过 -0.08°。说明在航向角响应期间,飞机是以侧滑小于0.08°进行近似的协调转弯的,并使偏航角到达10°。$\Delta\beta$ 的响应过程说明:响应开始时,速度矢量快速转动超前于机体轴 $o_b x_b$,形成正的右侧滑;当滚转角逐步减小后,速度矢量开始落后于机体轴 $o_b x_b$ 而形成负的左侧滑。稳态时副翼和方向舵均收回了舵面,回到了原先出发的位置,机翼也恢复为水平,侧滑角则为零,航向稳定在 +10°上。因此通过数学仿真,航向控制系统基本实现了用协调转弯的形式以滚转来控制航向的目的。实际上,上述数学仿真也是"航向预选"模式的控制过程。

2. 航向角指令为零时,+10m/s 侧风对系统的影响

将航向控制指令设定为零,风设定幅值为 +10m/s(左侧来风)的阶跃信号,系统的初始状态为0,仿真从 $t=0s$ 时开始。这种情况相当于自动飞行控制系统处于"航向保持"模式时,对侧风扰动的数学仿真。响应曲线如图10-10所示。

在常值侧风的作用下,飞机的航向和滚转角均形成了稳态误差,只有侧滑角回到了零,说明航向控制系统对常值侧风的扰动是有稳态误差的。在航向控制指令为零的条件下,飞机的机头将向右滚转大约6.2°、向左滚转了 -6.6°来响应常值左侧风。

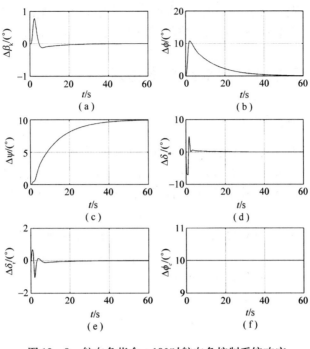

图 10 - 9　航向角指令 + 10°时航向角控制系统响应

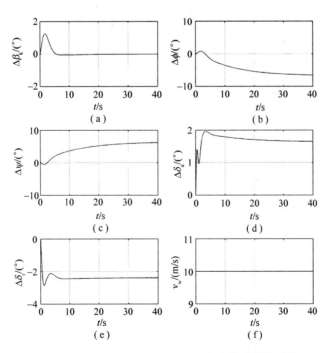

图 10 - 10　 + 10m/s 侧风作用下航向角控制系统响应

因此"航向保持"模式控制时,在常值侧风作用时无法保持原来的航向,并形成了一个新的航向和稳态滚转角。当侧风消失后,系统才回到原来的状态。

10.5 LOC 导引控制系统数学仿真

10.5.1 数学仿真设计

LOC 导引控制系统是在航向控制系统的基础上建立的,主要是引入了 LOC 航道偏差角的反馈形成控制律,且该控制律仅仅在 LOC 导引控制过程中的截获和跟踪阶段使用。因此,LOC 导引控制系统的数学仿真主要是针对截获和跟踪这两个阶段。

由于在截获阶段,LOC 导引控制系统仅仅就是比例控制,而到了跟踪阶段后才接通积分环节形成比例—积分控制。数学仿真时假定截获和跟踪条件分别为:

(1) 截获条件:LOC 航道偏差角 ≤ ±2.5°;

(2) 跟踪条件:LOC 航道偏差角 ≤ ±0.1°。

LOC 导引控制系统的控制律如图 10 – 11 所示。

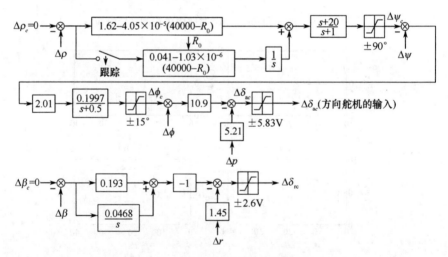

图 10 – 11　LOC 导引控制系统控制律

在航向控制系统的输入端增加了一个 ±90°的航向指令限制器,为防止截获时的航向指令超出 90°而导致的背航道飞行情况的发生,同时将低空飞行时的滚转角限制由 ±30°降为 ±15°。

控制增益采用的是随 R 调节规律,通过实时解算得到。这与实际情况一致,可考察变化的增益对系统性能的影响作用。

LOC 导引控制时,为了能观察飞机相对于 LOC 航道的轨迹,增加了有关运动学方程如下:

飞机水平飞行距离为

$$X_e = \int_0^t V_0 \cos(\Delta\psi + \Delta\beta)\,\mathrm{d}t \qquad (10-3)$$

飞机到 LOC 航道的垂直距离为

$$Y_e = Y_0 - \int_0^t V_0 \sin(\Delta\psi + \Delta\beta)\,\mathrm{d}t \qquad (10-4)$$

飞机到 LOC 台的直线距离为

$$R = \sqrt{(X_0 - X_e)^2 + Y_e^2} \qquad (10-5)$$

式中:X_0 和 Y_0 分别为飞机的起点位置,注意在 Simulink 仿真中要将 $\Delta\psi$ 和 $\Delta\beta$ 转换成弧度,并且用飞机到 LOC 台的距离 R 用来做系统停止工作的条件。

数学仿真状态设定如下:

(1) 只对截获和跟踪阶段进行数学仿真,飞机横侧向运动方程采用式(10-2)以及图 10-14 的控制律。

(2) 飞机的初始位置即是截获点,初始位置为距离 LOC 台 40km,在 LOC 航道左侧 $Y_0 = 1.746$km 处,与航道平行地向台飞行。

(3) 停止条件:假定飞机跑道长度为 5km,LOC 台距离跑道末端约 1km,在决断高度时飞机距离跑道前端约 0.3km,这样系统停止工作的条件设定为:$R_0 = 6.3$km。

(4) 目的:在截获 LOC 航道时的动态性能以及跟踪阶段 28km/h(7.78m/s)侧风的影响。

按照上述设计,将截获和跟踪设置为仿真时间更加方便于在数学仿真中的使用。

截获时间:$t = 0$;

跟踪时间:$t = 51$s;

侧风开始作用时间:$t = 300$s。

10.5.2　数学仿真结果及分析

LOC 导引控制系统截获和跟踪状态的响应曲线如图 10-16 所示。

从图 10-12 中,飞机在 LOC 偏差角小于 2.5° 进行截获时,飞机向左滚转以不到 -50° 的左偏航从平行于 LOC 航道飞行的状态转向 LOC 航道飞行,期间 LOC 航道偏差角开始逐渐减小,直到偏差角小于 0.1° 进入到跟踪阶段后才出现首次(最大的)小于 0.1° 超调,按 MIL-F-9490D 要求可以认为已经进入跟踪状态了。在 300s 时,加入 7.78m/s 的常值侧风(左侧来风),刚开始时飞机向右偏出原先的航道 $\Delta\Gamma \approx -0.186°$,仍然满足 MIL-F-9490D 要求。大约 400s 后飞机稳定在了原来的航道上了,而飞机的姿态改变为:机头(航向)向左偏转 2.3°,左滚转 4.5°,地速侧滑角为 2.3°(右侧滑),这样就保证了地速矢量仍然维持在 LOC 航道上,此时

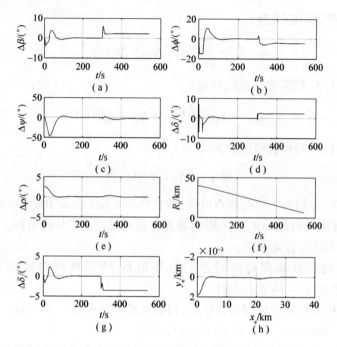

图 10 - 12   LOC 导引控制系统的截获和跟踪阶段的响应曲线

航迹方位角为零。最后,系统在 $R = 6.3\,\text{km}$ 处(约 540s)停止了仿真。

数学仿真表明:LOC 导引控制系统的功能和性能是能满足使用要求,初步方案和设计是可行的。

在这个数学仿真基础上,若再加上"准备"阶段使用航向控制系统进行航向预选控制,这样就可以对整个 LOC 导引控制过程进行数学仿真了。

10.6   VOR 导引控制系统数学仿真

10.6.1   数学仿真设计

VOR 导引控制系统的数学仿真和 LOC 导引控制系统是类似的。所设计的控制律也是在截获和跟踪阶段使用,因此 VOR 导引控制系统的数学仿真从截获点开始,截获和跟踪条件分别设计如下:

(1) 截获条件:VOR 航道偏差角 $\leq \pm 10°$。

(2) 跟踪条件:VOR 航道偏差角 $\leq \pm 1°$。

VOR 导引控制系统的控制律如图 10 - 13 所示,由于在巡航飞行状态滚转角限制为 $\pm 30°$,侧滑角控制系统控制律如图 10 - 5 所示。

数学仿真状态设定如下:

(1) 只对截获和跟踪阶段进行数学仿真,采用如图 10 - 13 的控制律,飞机横

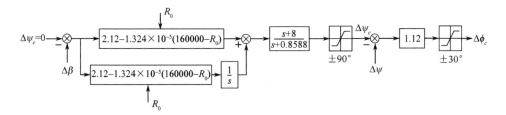

图 10 - 13　VOR 导引控制系统的控制律

侧向全面运动方程为式(10 - 1)。

（2）飞机的初始位置为：距离 VOR 台 160km，在 VOR 航道左侧 $Y_0 = 28.2$km 处，作与航道平行地向台飞行。

（3）仿真停止条件：飞行高度为 4000m 时，其 VOR 台上空的信号盲区的半径为系统的最小工作距离：$R = 4000 \times \tan 50° \approx 4.767$km，这个距离也是 VOR 导引控制系统停止仿真的条件，仿真时 $R_{\min} = 5$km。

（4）在系统跟踪后加入 +10m/s 的常值侧风（左侧来风）。

（5）运动学方程同式(10 - 3) ~ 式(10 - 5)。

在仿真时，也是将截获和跟踪条件转换为时间来进行的：

截获时间：$t = 0$；

跟踪时间：$t = 228$s；

侧风开始作用时间：$t = 800$s。

10.6.2　数学仿真结果及分析

VOR 导引控制系统截获和跟踪状态的响应曲线如图 10 - 14 和图 10 - 15 所示。

图 10 - 14 仅仅给出了 0 ~ 400s 之间的响应曲线，图 10 - 15 则是完整的系统响应曲线。

在截获时由于 VOR 航道偏差角为 +10°，因此飞机向左滚转以最大 - 90°（航向指令限幅器的饱和值）航向飞向航道，滚转角也进入 - 30°的饱和值；当航道偏差角小于 4.5°（约 130s）后，飞机则开始减小航向，使得飞机几乎以无超调的形式切入 VOR 航道；当航道偏差角小于 1°后，系统进入跟踪阶段，期间航道偏差角首次超调小于 - 0.23°，其截获和跟踪时的航道偏差性能完全满足 MIL - F - 9490D 的要求。

侧风在跟踪阶段（800s）加入（图 10 - 15），其系统响应和 LOC 是类似的，经过较长时间的调节（约为 400s）过程后飞机仅出现稳态的左滚转，而航向角和侧滑角均回到了零，飞机航迹仍回到 VOR 航道上，系统在 $R = 5$km 时停止仿真，工作时间大约为 23min。

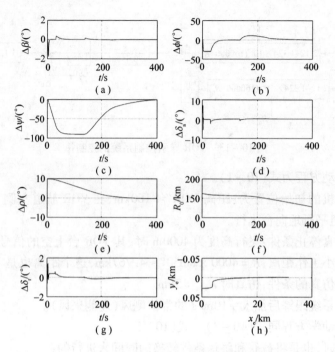

图 10 – 14　VOR 导引控制系统的截获和跟踪阶段响应曲线

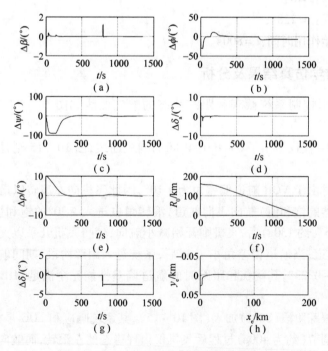

图 10 – 15　VOR 导引控制系统的响应曲线

上述航向角和侧滑角回到零的情况和 LOC 导引控制不同,主要原因是:VOR 导引控制系统中的航向控制系统没有设计超前环节,是一个无差系统;LOC 导引控制时,为了改善航向控制系统的响应特性,增设了一个超前环节来消除系统中一个小极点,而成为了一个有差系统。

10.7 横侧向航迹控制系统数学仿真

系统的数学仿真仍然采用例子飞机的横侧向全面运动方程式(10 - 1),控制律如图 10 - 16 所示,侧滑角控制系统控制律如图 10 - 5 所示。

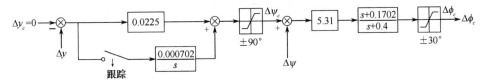

图 10 - 16　横侧向航迹控制系统的控制律

数学仿真状态设定为:
(1) 飞机初始位置在确定航线的左侧 50m 处,做平行于航线的飞行。
(2) 常值左侧风 + 10m/s 作用下系统的性能。
(3) 当飞机已经在稳定在航迹上后(DTK≤0.1m),接通积分器。
(4) 侧向偏差的运动学方程同式(10 - 4)。

数学仿真共进行 400s,积分器在仿真时间 60s 时接通,常值的侧风(左侧来风)在 100s 后作用于系统。系统的响应曲线如图 10 - 17 和图 10 - 18 所示。

图 10 - 17 中飞机在不到 50s 的时间就完成了对航迹的无超调跟踪。由于飞机初始位置在航线的右侧,因此飞机在控制系统作用下向左滚转并左偏航飞向航线,经过动态过程以后稳定飞行在预定的航迹上。在 100s 后 10m/s 的左侧常值侧风作用后,飞机很快向右偏出航迹,其后在横侧向航迹控制系统的控制下,重新又回到了航道,此时飞机已向前飞了约 26km。稳态后飞机以左滚转 Δϕ = - 6.8° 的代价来抵消常值侧风的作用,以保证飞机稳定在航迹上飞行且航向仍指向下一个航路点。

这种在常值侧风作用后出现稳态滚转角是横侧向航迹控制方案的特点,原因在于为了保证横侧向轨迹无误差,则航迹方位角必然为零,这就使得作为内回路的航向控制系统必然使得偏航角 Δψ = 0,从而就使飞机无法用机头向左偏航的形式来抵抗左侧来风,而只能以向左滚转来抵抗侧风。如果横侧向航迹控制系统的内回路是滚转控制系统的话,那么在侧风作用下将用偏航形式来抵抗侧风,而机翼将保持水平。

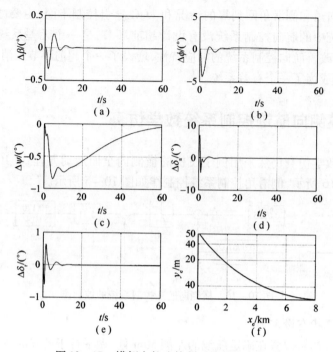

图 10 - 17　横侧向航迹控制系统的响应曲线

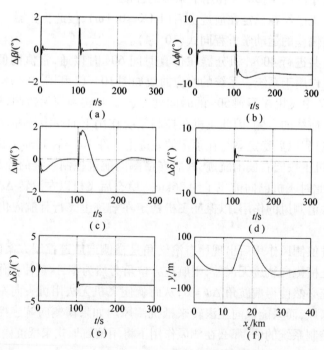

图 10 - 18　+10m/s 常值风作用时横侧向航迹控制系统的响应曲线

附录 A 大气参数随高度的分布

表 A-1 大气参数平均值随高度的分布

H/m	T/K	P/Pa	$\rho/(\text{kg/m}^3)$	$g/(\text{m/s}^2)$	$a/(\text{m/s})$
0	288.15	1.0133×10^5	1.2250	9.8066	340.29
500	284.90	9.5461×10^4	1.1673	9.8051	338.37
1000	281.65	8.9876×10^4	1.1117	9.8036	336.44
1500	278.40	8.4560×10^4	1.0581	9.8020	334.49
2000	275.15	7.9501×10^4	1.0066	9.8005	332.53
2500	271.91	7.4692×10^4	9.5695×10^{-1}	9.7989	330.56
3000	268.66	7.0121×10^4	9.0925×10^{-1}	9.7974	328.58
3500	265.41	6.5780×10^4	8.6340×10^{-1}	9.7959	326.59
4000	262.17	6.1660×10^4	8.1935×10^{-1}	9.7943	324.59
4500	258.92	5.7753×10^4	7.7704×10^{-1}	9.7928	322.57
5000	255.68	5.4048×10^4	7.3643×10^{-1}	9.7912	320.55
6000	249.19	4.7218×10^4	6.6011×10^{-1}	9.7882	316.45
7000	242.70	4.1105×10^4	5.9002×10^{-1}	9.7851	312.31
8000	236.22	3.5652×10^4	5.2579×10^{-1}	9.7820	308.11
9000	229.73	3.0801×10^4	4.6706×10^{-1}	9.7789	303.85
10000	223.25	2.6500×10^4	4.1351×10^{-1}	9.7759	299.53
11000	216.77	2.2700×10^4	3.6480×10^{-1}	9.7728	295.14
12000	216.65	1.9399×10^4	3.1194×10^{-1}	9.7697	295.07
13000	216.65	1.6580×10^4	2.6660×10^{-1}	9.7667	295.07
14000	216.65	1.4170×10^4	2.2786×10^{-1}	9.7639	295.07
15000	216.65	1.2112×10^4	1.9475×10^{-1}	9.7605	295.07
16000	216.65	1.0353×10^4	1.6647×10^{-1}	9.7575	295.07
17000	216.65	8.8497×10^3	1.4230×10^{-1}	9.7544	295.07
18000	216.65	7.5652×10^3	1.2165×10^{-1}	9.7513	295.07
19000	216.65	6.4675×10^3	1.0400×10^{-1}	9.7483	295.07

（续）

H/m	T/K	P/Pa	$\rho/(\mathrm{kg/m^3})$	$g/(\mathrm{m/s^2})$	$a/(\mathrm{m/s})$
20000	216.65	5.5293×10^3	8.8910×10^{-2}	9.7452	295.07
21000	217.58	4.7289×10^3	7.5715×10^{-2}	9.7422	295.70
22000	218.57	4.0475×10^3	6.4510×10^{-2}	9.7391	296.38
23000	219.57	3.4669×10^3	5.5006×10^{-2}	9.7361	297.05
24000	220.56	2.9717×10^3	4.6938×10^{-2}	9.7330	297.72
25000	221.55	2.5492×10^3	4.0084×10^{-2}	9.7330	298.39
26000	222.54	2.1884×10^3	3.4257×10^{-2}	9.7269	299.06
27000	223.54	1.8800×10^3	2.9298×10^{-2}	9.7239	299.72
28000	224.53	1.6162×10^3	2.5076×10^{-2}	9.7208	300.39
29000	225.52	1.3904×10^3	2.1478×10^{-2}	9.7178	301.05
30000	226.51	1.1970×10^3	1.8410×10^{-2}	9.7147	301.71

附录 B

根轨迹的绘制方法

对于如图 B-1 所示的负反馈系统,其闭环传递函数为

$$\frac{Y(s)}{R(s)} = \frac{D(s)G(s)}{1 + D(s)H(s)G(s)}$$

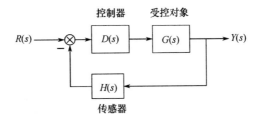

图 B-1　典型的负反馈系统方框图

闭环特征方程为

$$1 + D(s)H(s)G(s) = 0$$

对上述方程中,将感兴趣的参数记为 K,定义其他部分多项式分别为 $a(s)$ 和 $b(s)$,如此特征方程可以变为 $a(s) + Kb(s) = 0$ 的形式。接着在方程的两边同除以 $a(s)$,并将传递函数 $b(s)/a(s)$ 定义为 $L(s)$,此时特征方程可以写为

$$1 + KL(s) = 0$$

通常情况下,参数 K 一般选为控制器的增益,此时 $L(s)$ 和 $D(s)H(s)G(s)$ 成简单的比例关系。闭环特征方程的根随增益 K 从零变化到无穷时而改变,将这些根在复平面(S 平面)绘出后就形成了随 K 变化的轨迹,并称为根轨迹图。

根轨迹图是根据传递函数 $L(s)$ 的零极点进行绘制的,这种方法称为 Evans 根轨迹法。由于闭环系统的动态响应特性主要是由闭环特征根决定,因此可以通过根轨迹图来确定闭环特征根的位置以选择最佳的 K 值;并且也可以通过补偿环节来增加 $L(s)$ 的零极点,以改变根轨迹的形状而对系统造成影响。因此,根轨迹不但可以用于选择特定的参数,也可以用于设计补偿环节。

根轨迹的具体绘制规则可以参见有关《自动控制理论》等教科书。在本文的设计中均使用 Matlab 中根轨迹绘图函数"rlocus( )"进行根轨迹图的绘制。函数

"rlocus( )"对传递函数 $L(s)$ 并无限制。如 $L(s)$ 是非最小相位的($L(s)$ 中含有正零点),则"rlocus( )"函数按 0° 根轨迹的绘制规则进行绘图;若是最小相位系统,则绘制 180° 根轨迹,即常规根轨迹。有关"rlocus( )"函数的使用方法可以参见 Matlab 中的帮助文件。

附录 C
二阶传递函数的时域指标

1. 标准二阶传递函数的时域指标

标准二阶环节传递函数为

$$G(s) = \frac{1}{(s/\omega_n)^2 + 2\zeta(s/\omega_n) + 1}$$

式中:ζ 为阻尼比,ω_n 为无阻尼自然频率。

对于该传递函数的时域响应指标是依据单位阶跃输入下的输出响应作出,各个时域指标如图 C-1 所示。

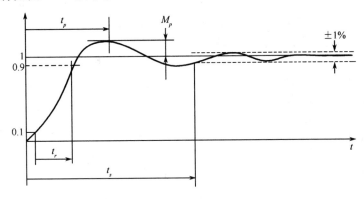

图 C-1 时域指标的定义

（1）上升时间 t_r 为系统响应首次到达新设定点附近的时间。对于欠阻尼（$0 < \zeta < 1$）系统,t_r 是响应幅值从 0 到 100% 的时间;对于过阻尼（$\zeta > 1$）系统来说,t_r 是响应幅值的 10% ~ 90% 的时间。对欠阻尼系统定义为

$$t_r = \frac{\pi - \arctan \frac{\sqrt{1-\zeta^2}}{\zeta}}{\omega_n \sqrt{1-\zeta^2}}$$

（2）调节时间 t_s 为系统瞬态衰减的时间。当响应幅值与终值间的相对误差为 2% 时,其调节时间定义为

$$t_s = \frac{4}{\zeta \omega_n}$$

（3）超调量 M_p 为系统响应幅值超过终值的那部分最大值除以系统响应终值（往往表示成百分数），定义为

$$M_p = e^{-\pi \frac{\zeta}{\sqrt{1-\zeta^2}}} \times 100\%$$

（4）峰值时间 t_p 为系统响应幅值到达最大超调点的时间，定义为

$$t_p = \frac{\pi}{\omega_n \sqrt{1-\zeta^2}}$$

2. 标准二阶传递函数附加零点后对时域指标的影响

标准二阶传递函数附加零点后的传递函数为

$$G(s) = \frac{s/(\alpha \zeta \omega_n) + 1}{(s/\omega_n)^2 + 2\zeta(s/\omega_n) + 1} \tag{C-1}$$

其中附加零点为：$s = -\alpha \zeta \omega_n (\alpha > 0)$，图 C-2 表示了式（C-1）阻尼比 $\zeta = 0.5$ 和不同 α 值时（即不同零点）的单位阶跃响应曲线。由图 C-2 可以看出增加零点后响应的超调量增加了，而对调节时间几乎没有影响。超调量 M_p 和 α 的关系如图 C-3 所示。该图表明当 $\alpha > 3$ 时零点对 M_p 影响就很小了；但当 $\alpha < 3$ 并递减时，零点的影响将增加，特别是 $\alpha = 1$ 左右最为明显。

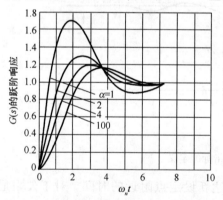
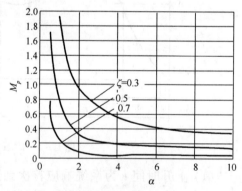

图 C-2　附加一个正零点的二阶系统　　　图 C-3　零点参数 α 和
　　　　　的单位阶跃响应（$\zeta = 0.5$）　　　　　　超调量 M_p 的关系

对图 C-2 可解释如下。附加零点后的传递函数可以写为

$$G(s) = \frac{1}{(s/\omega_n)^2 + 2\xi(s/\omega_n) + 1} + \frac{1}{\alpha \zeta \omega_n}\left[\frac{s}{(s/\omega_n)^2 + 2\xi(s/\omega_n) + 1}\right]$$

第一项定义为 $G_0(s)$，它是标准二阶传递函数；第二项定义为 $G_d(s)$，它是由零点而引起的，是标准二阶传递函数 $1/(\alpha \zeta \omega_n)$ 倍的微分。$G_0(s)$、$G_d(s)$ 和 $G(s)$ 的阶

跃响应如图 C–4 所示。通过对这些曲线的观察,易知为什么增加零点后系统的超调增加了。$G_d(s)$ 具有超前于 $G_0(s)$ 的响应,因此这两者的响应都在较大幅值处叠加,使得具有负零点的二阶传递函数 $G(s)$ 的超调远大于标准二阶传递函数 $G_0(s)$ 的超调。

上述分析同样也适用于 $\alpha<0$,即具有正的零点或为非最小相位系统。在这种情况下,$G_d(s)$ 的作用是削弱 $G_0(s)$ 响应幅值,因此具有正零点的的二阶传递函数 $G(s)$ 的超调要小于标准二阶传递函数 $G_0(s)$ 的超调,如图 C–4 所示。

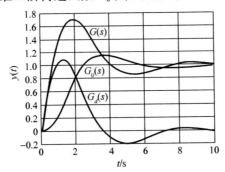

图 C–4　负零点的传递函数 $G_0(s)$、$G_d(s)$ 和 $G(s)$ 的阶跃响应曲线

通过图 C–4 和图 C–5,增加零点后二阶传递函数的调节时间和标准二阶传递函数是基本是一致,而对超调量有影响。

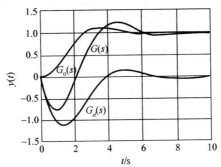

图 C–5　正零点的传递函数 $G_0(s)$、$G_d(s)$ 和 $G(s)$ 的阶跃响应曲线

3. 标准二阶传递函数附加极点后对时域指标的影响

标准二阶传递函数附加极点后的传递函数为

$$G(s) = \frac{1}{[s/(\beta\zeta\omega_n)+1][(s/\omega_n)^2+2\zeta(s/\omega_n)+1]} \tag{C-2}$$

所增加的极点为 $s=-1/(\beta\zeta\omega_n)$ 且 $\beta>0$。图 C–6 所示为上述传递函数对于 $\zeta=0.5$ 和不同 α 值的阶跃响应。从图 C–6 中明显可以看出,与标准二阶传递相比其额外极点的作用是增加了上升时间 t_r。对于式(C–2)中不同 ζ 值的上升时间

t_r 和 α 的关系如图 C-7 所示。

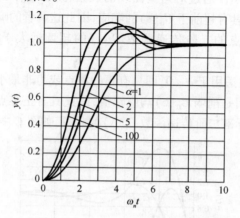

图 C-6   当 $\zeta = 0.5$ 时，三阶系统的阶跃响应曲线

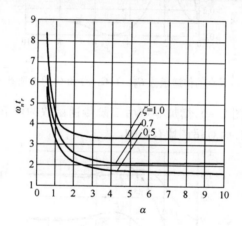

图 C-7   极点参数 β 和上升时间 t_r 的关系

附录 D

纵向气动系数的计算

用表 4-5 中公式计算状态方程矩阵中的系数时,需要用到气动系数(C_L,C_D,$C_{m\alpha}$,C_{LM},$C_{D\alpha}$,C_{DM},C_{mM})。这些气动系数是由风洞试验得到的气动导数(C_{LDM},C_{mCL},$C_{L\alpha}$)和最小阻力系数 C_{Dmin} 以及全机诱导阻力因子 A 等数据计算得到,它们均为马赫数的函数,一般用表格函数的形式给出。以下给出气动系数的计算方法。

1. 计算 C_L

平飞时其升力等于其重力,于是有

$$C_L = \frac{mg}{\frac{1}{2}\rho V^2 S_w} \tag{D-1}$$

根据所计算飞行状态的速度和高度(对应密度 ρ),就可计算出每个飞行状态下的 C_L。

2. 计算 C_D

$$C_D = C_{Dmin} + A(C_L - C_{LDM})^2 \tag{D-2}$$

式中:C_{Dmin} 为最小阻力系数;C_{LDM} 为全机最小阻力状态下的升力系数,均为所计算飞行状态下马赫数所对应的值。C_L 则用式(D-1)在该飞行状态下计算得到。

3. 计算 $C_{m\alpha}$

$$C_{m\alpha} = C_{mCL} C_{L\alpha} \tag{D-3}$$

式中:C_{mCL} 定义为 $\frac{\partial C_m}{\partial C_L}$ 是 $C_{m\alpha}$ 的另外一种表达形式。C_{mCL} 和 $C_{L\alpha}$ 均是飞行状态下马赫数 M_0 所对应的数值。

4. 计算 C_{LM}

(1)由已知的 $C_{L\alpha}$—Ma 表格函数数据以及 $C_L = C_{L\alpha}(\alpha - \alpha_0)$,就可以得到用马赫数作为参变量的 C_L—α 曲线族,如图 D-1 所示。

(2)由飞行状态(速度和高度),得到平飞时的平衡迎角为

$$\alpha_e = \frac{mg}{\frac{1}{2}\rho V^2 S_w} \cdot \frac{1}{C_{L\alpha}} + \alpha_{e0}$$

α_{e0}为该飞行状态下马赫数所对应的零升力迎角，$C_{L\alpha}$是该飞行状态下马赫数所对应的升力导数。

（3）在上述（1）中的 C_L—α 曲线族上，作直线 $\alpha = \alpha_e$ 并与每条曲线相交，如图 D - 1 所示。

（4）根据图 D - 1 中的该直线和曲线的交点 C_L 以及每个交点所对应的马赫数，就得到了在平衡迎角 α_e 下的 C_L—Ma 曲线如图 D - 2 所示。

（5）再由飞行状态所对应的马赫数 M_0，在图 D - 2 所表示的曲线上求出 M_0 处的导数（或切线斜率）就是 $C_{LM} = \partial C_L / \partial M$。

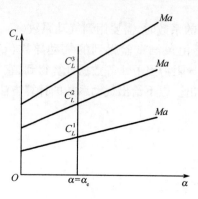

图 D - 1　$C_L \sim \alpha$ 曲线族

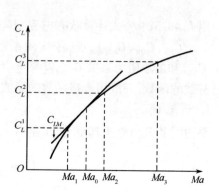

图 D - 2　α_e 下的 C_L—Ma 曲线

5. 计算 $C_{D\alpha}$

根据极曲线方程：$C_D = C_{D\min} + A \cdot (C_L - C_{LDM})^2 + \Delta C_D$，由于 $C_{D\min}$、C_{LDM} 与 α 无关，这样极曲线方程对迎角 α 求导后即得

$$C_{D\alpha} = 2C_L A(C_L - C_{LDM}) C_{L\alpha} \qquad (D-4)$$

式中：C_{LDM}、$C_{L\alpha}$ 和 A 是所计算飞行状态下马赫数所对应的数值，C_L 则是按式（D - 1）在该飞行状态下计算得到。

6. 计算 C_{DM}

仍然根据极曲线方程

$$C_D = C_{D\min} + A(C_L - C_{LDM})^2 + \Delta C_D$$

对马赫数求导后得

$$C_{DM} = \left(\frac{\partial C_{D\min}}{\partial M}\right)_{M_0} + \left(\frac{\partial A}{\partial M}\right)_{M_0}(C_L - C_{LDM})^2 + 2A(C_L - C_{LDM})\left[C_{LM} - \left(\frac{\partial C}{\partial M}\right)_{M_0}\right]$$

式中：$(\partial C_{D\min}/\partial M)_{M_0}$、$(\partial A/\partial M)_{M_0}$ 和 $(\partial C_{LDM}/\partial M)_{M_0}$ 分别为曲线 $C_{D\min} \sim M$、$A \sim M$ 和 $C_{LDM} \sim M$ 在飞行状态马赫数 M_0 处的导数。C_{LDM} 是飞行状态下马赫数对应的数值，C_L 则是按式（D - 1）在该飞行状态下计算得到。

7. 计算 C_{mM}

$$C_{mM} = C_{mCL} C_{LM}$$

式中：C_{mCL}是所计算飞行状态马赫数 M_0 所对应的数值。C_{LM}则是在该飞行状态下按前述的方法计算得到。

参 考 文 献

［1］李成智,李小宁. 征服天空之翼:跨世纪的航空技术[M]. 武汉:湖北教育出版社,1997.

［2］钱翼稷. 空气动力学[M]. 北京:北京航空航天出版社,2004.

［3］吴子牛. 空气动力学(上下册)[M]. 北京:清华大学出版社,2008.

［4］B.埃特肯. 大气飞行动力学[M]. 何植岱,等译. 北京:科学出版社,1979.

［5］胡兆丰,何植岱,高浩. 飞行动力学[M]. 北京:国防工业出版社,1985.

［6］刘同仁,肖业伦. 空气动力学与飞行动力学[M]. 北京:北京航空航天出版社,1987.

［7］何植岱,高浩. 高等飞行动力学[M]. 西安:西北工业大学出版社,1990.

［8］肖业伦,金长江. 大气扰动中的飞行原理[M]. 北京:国防工业出版社,1993.

［9］Bernard Etkin, Lloyd Duff Reid. Dynamics of Flight: stability and control[M]. New York: John Wiley & Sons Inc. 1996.

［10］斯麦塔那.飞行器性能与气动操纵[M]. 詹浩,译. 北京:航空工业出版社,2010.

［11］刘沛清. 空气螺旋桨理论及其应用[M]. 北京:北京航空航天大学出版社,2006.

［12］樊思齐. 航空发动机控制(下册)[M]. 西安:西北工业大学出版社,2008.

［13］徐鑫福,冯亚昌.飞机飞行操纵系统[M]. 北京:北京航空航天出版社,1989.

［14］莫伊尔.民用航空电子系统[M]. 范秋丽,等译. 北京:航空工业出版社,2009.

［15］朱代武,何光勤. 目视和仪表飞行程序设计[M]. 成都:西南交通大学出版社,2004.

［16］张明廉. 飞行控制系统[M]. 北京:航空工业出版社,1994.

［17］布罗克豪斯.飞行控制[M]. 金长江,译. 北京:国防工业出版社,1999.

［18］尼尔森.飞行稳定性和自动控制[M]. 顾均晓,译. 北京:国防工业出版社,2008.

［19］Ashish Tewari. Automatic Control of Atmospheric and Space Flight Vehicles: Design and Analysis with Matlab and Simulink, New York: Springer Science + Business Media, 2011.

［20］Eric Nelson, Meir Pachter. Adaptive and Reconfigurable Flight Control Using Feed-Forward Action[C]. Proceedings of the 2006 American Control Conference. Minneapolis, Minnesota, USA,2006: 5990 – 5995.

［21］Masafumi Morimoto, Kenji Uchiyama, Yuzo Shimada, et al. Adaptive Attitude Control with Reduced Number of Estimated Parameters for Automatic Landing System[C]. International Conference on Control, Automation and Systems. COEX, Seoul, Korea. 2007: 2865 – 2870.

［22］Gianfranco Morani, Umberto Ciniglio, Federico Corraro. An Efficient Algorithm for On-Line Automatic Detection of Flight Control Instabilities[C]. Conference and Exhibit. Rohnert Park, California. 2007: 1 – 9.

［23］Jih-Gau Juang, Kai-Chung Cheng. Application of Neural Networks to Disturbances Encoute-rned Landing Control[J]. IEEE TRANSACTIONS ON INTELLIGENT TRANSPORTATIO-N SYSTEMS. 2006, 7 (4): 582 – 588.

［24］Eri Itoh, Shinji Suzuki, Architecture for Harmonizing Manual and Automatic Flight Controls [J]. JOURNAL OF AEROSPACE COMPUTING, INFORMATION, AND COMMUNICA-TION. 2009(6):553 – 569.

［25］Mihai Lungu, Romulus Lungu, Lucian Grigorie. Automatic Command Systems for the Flight Direction Control during the Landing Process[C] 3rd IEEE International Symposium on Logistics and Industrial Informatics. Budapest, Hungary. 2011: 117 – 122.

[26] Manolis A Christodoulou, Sifis G Kodaxakis. Automatic Commercial Aircraft-Collision Avoidance in Free Flight: The Three-Dimensional Problem[J]. IEEE TRANSACTIONS ON INTELLIGENT TRANSPORTATION SYSTEMS. 2006, 7(2):242 – 249.

[27] Donald E Swihart, Arthur F Barfield, Edward M G riffin, et al. Automatic Ground Collision Avoidance System Design, Integration, & Flight Test[J]. IEEE A&E SYSTEMS MAGAZIN- E,2011: 4 – 11.

[28] Yuta Akai, Kenji Uchiyama, Akio Abe, et al. Automatic Landing System for Spaceplane Bas-ed on Model Predictive Control Using State Mapping[C]. International Conference on Control, Automation and Systems. COEX, Seoul, Korea. 2007: 287 – 292.

[29] Guowei Cai, Ben M Chen, Tong H Lee. Design and Implementation of Robust Flight Con-trol System for a Small-scale UAV Helicopter[C]. Proceedings of the 7th Asian Control Conference, Hong Kong, China,2009: 691 – 697.

[30] Richard Hess, Kent Stange. Distributed Flight Control System with Automatic Transient Disturbance Recovery [C]. AIAA Guidance, Navigation, and Control Conference and Exhibit. San Francisco, California. 2005: 1 – 10.

[31] Ben Yun, Kemao Peng, Ben M. Chen. Enhancement of GPS Signals for Automatic Control of a UAV Helicopter System[C]. 2007 IEEE International Conference on Control and Automation. Guangzhou, CHINA-May 30 to June 1, 2007:1185 – 1189.

[32] Yoshimasa Ochi,Takeshi Kominami. Flight Control forAutomatic Aerial Refueling via PNG and LOS Angle Control[C]. AIAA Guidance, Navigation, and Control Conference and Exhibit. San Francisco, California, USA. 2005:1 – 11.

[33] Naoharu Yoshitani, Shin – ichi Hashimoto, Takehiro Kimura, et al. Flight Control Simulators for Unmanned Fixed-Wing and VTOL Aircraft[C]. ICROS-SICE International Joint Conference 2009. Fukuoka International Congress Center, Japan. 2009:3211 – 3216.

[34] Sanghyo Lee, Taikjin Lee, Sungmin Park, et al. Flight Test Results of UAV Automatic Controll Using a Sin-gle-Antenna GPS Receiver[C]. AIAA Guidance, Navigation, and Control Conference and Exhibit. Austin, Texas. 2003:1 – 8.

[35] Agnaldo V Lovato, Ernesto Araujo, José D S da Silva. Fuzzy Decision in Airplane Speed Control[C]. 2006 IEEE International Conference on Fuzzy Systems. Vancouver, BC, Canada. 2006:1578 – 1583.

[36] Kim H J,Shim D H,Sastry S. Flying robots: modeling, control and decision making. Proceedings of the 2002 IEEE International Conference on Robotics and Automation, Washington DC, 2002:66 – 71.

[37] Jih-Gau Juang, Hao-Hsiang Chang, Kai-Chung Cheng. Intelligent Landing Control Using Linearized Inverse Aircraft Model[C]. Proceedings of the American Control Conference. Anchorage, AK. 2002:3269 – 3274.

[38] Damien Poinsot, Caroline Bérard, Roman Krashanitsa, et al. Investigation of Flight Dynamics and Automatic Controls for Hovering Micro Air Vehicles[C]. AIAA Guidance, Navigation and Control Conference and Exhib-it. Honolulu, Hawaii. 2008:1 – 18.

[39] Guowei Cai, Ben M Chen, Kemao Peng, et al. Modeling and Control of the Yaw Channel of a UAV Helicopter [J]. IEEE TRANSACTIONS ON INDUSTRIAL ELECTRONICS. SEPTEMBER 2008,55(9):3426 – 3434.

[40] Sherif F Ali, Akif Shaikh. Modeling and Simulation Needs for Automatic Flight Control System Development [C]. AIAA Modeling and Simulation Technologies Conference and Exhibit Honolulu, Hawaii. 2008:1 – 13.

[41] Dr. Hugh H. T. Liu. Multi-objective Design for an Integrated Flight Control System: a Combination with Mod-el Reduction Approach[C]. 2002 IEEE internatimal Symposium on Computer Aided Control System Design Proceedings. Glaylow, Smtland, U. K. September 18. 20, 2002:21 – 26.

[42] Rini Akmeliawati, Iven M. Y. Mareels. Nonlinear Energy-Based Control Method for Aircraft Automatic Landing Systems[C]. IEEE TRANSACTIONS ON CONTROL SYSTEMS TECHNOLOGY, JULY 2010,18(4): 871 – 884.

[43] Ju Jiang, Mohamed S Kamel. Pitch Control of an Aircraft with Aggregated Reinforcement Learning Algorithms [C]. Proceedings of International Joint Conference on Neural Networks. Orlando, Florida, USA. 2007.

[44] Guillaume Ducard, Hans Peter Geering. Stability Analysis of a Dynamic Inversion Based Pitch Rate Controller for an Unmanned Aircraft[C]. 2008 IEEE/RSJ International Conference on Intelligent Robots and Systems. Acropolis Convention Center Nice, France. Sept 22 – 26 2008;360 – 366.

[45] Chung-Cheng Chiu, Ching-Tung Lo. Vision-Only Automatic Flight Control for Small UAVs[C]. IEEE TRANSACTIONS ON VEHICULAR TECHNOLOGY, JULY 2011,60(6):2425 – 2437.

[46] Chih-Cheng Peng, Thong-Shing Hwang, Shiaw-Wu Chen. ZPETC Path-Tracking Gain-Scheduling Design and Real-Time Multi-Task Flight Simulation for the Automatic Transition of Tilt-Rotor Aircraft[C]. IEEE Conference on Robotics, Automation and Mechatronics 2010;118 – 123.